绿意城市

——21世纪城市的可持续性

[美] 欧仁妮·L·伯奇
苏珊·M·瓦赫特 编著

贾 濛 王思思 译

U0332726

中国建筑工业出版社

著作权合同登记图字：01-2011-1646

图书在版编目（CIP）数据

绿意城市——21世纪城市的可持续性 /（美）伯奇，瓦赫特主编；贾濛，王思思译. — 北京：中国建筑工业出版社，2014.5
ISBN 978-7-112-16763-0

Ⅰ. ①绿… Ⅱ. ①伯… ②瓦… ③贾… ④王… Ⅲ. ①城市景观—景观设计 Ⅳ. ①TU-856

中国版本图书馆CIP数据核字（2014）第079309号

Growing Greener Cities: Urban Sustainability in the Twenty-First Century by Eugenie L. Birch and Susan M. Wachter
© University of Pennsylvania Press, 2008

责任编辑：程素荣　段　宁
责任设计：陈　旭
责任校对：李美娜　刘梦然

绿意城市
——21世纪城市的可持续性

[美] 欧仁妮·L·伯奇　　苏珊·M·瓦赫特 编著
贾　濛　王思思 译
＊
中国建筑工业出版社出版、发行（北京西郊百万庄）
各地新华书店、建筑书店经销
北京三月天地科技有限公司制版
北京中科印刷有限公司印刷
＊
开本：787×960毫米　1/16　印张：25½　字数：428千字
2015年1月第一版　2015年1月第一次印刷
定价：**79.00**元
ISBN 978-7-112-16763-0
　　　　　（25515）
版权所有　翻印必究
如有印装质量问题，可寄本社退换
（邮政编码　100037）

目　录

第二部分　绿色行动的实施

第三部分　测量城市绿色

序言：公共的土地，公共的利益

艾米·古特曼（Amy Gutmann）

　　自从记事起，我就一直热爱我生活的城市。我出生在布鲁克林区，在纽约郊区长大，但我定期的朝圣之地，却是我们称之为"城市"的迷人地方。对于童年的我来说，没有比花一天时间在下东区逛街然后再去看一场百老汇的演出更美妙的事情了，第一次是与我的父母，后来是与我的朋友。在这个城市所有狂热的景点、诱人的气息和热情的喧嚣之中，去寻找那种讨价还价能让人出一身冷汗的感觉，一直使我流连忘返。

　　当这座城市的不和谐之音已超出我的感觉承受极限之时，我发现了中央公园之中的避难所，并在整洁祥和的草坪、草地上，或在宁静的湖畔，或在绵延数英里的绿荫小道旁喝上一杯。作为一个孩子，我曾想当然地猜测，这些"自然奇观"一直以来就是为曼哈顿岛增光添彩的。

　　后来我才了解到，原来中央公园是 19 世纪中叶一个耗时 15 年的巨大绿化工程的结果。该工程拆除了很多街区，清理了 1000 多万车的土石方，并种植了 400 多万棵乔木、灌木及其他植物。

　　我还了解到，中央公园源于景观设计大师弗雷德里克·劳·奥姆斯特德（Frederick Law Olmsted）的远见，他将公平地到达绿色空间和开放空间视为追求生活、自由和幸福权利的重要组成部分。在将中央公园项目形容为"民主进步最高境界"的同时，奥姆斯特德向这个正在成长的国家提出了宝贵意见：如果你想要一个健康的民主，那就必须培育更环保的城市。

　　我非常赞赏这种存在于健康的民主和更绿色的城市之间的密不可分的纽带

关系。当我 2004 年来到费城并成为宾夕法尼亚大学校长的时候,宾夕法尼亚大学正在着手一个持续了一个世纪的校园开发项目,该项目将向东扩展到市中心并覆盖闲置的工业地块。正如我们讨论的那样,我们的未来将与周边的居民和企业同在,也与我们自己的教职员工同在。我和我的同事都充分地意识到,在确保宾夕法尼亚大学未来成为费城首屈一指的教学科研型大学的同时,绿色停车场的规划将能显著地提升费城的文化品位、游憩价值和经济健康。

我们的计划,被称之为“宾夕法尼亚大学互联”(Penn Connects),已经接受了所有踊跃参与的成员,同时也获得了多项设计与规划奖。今天,当我们开始将这些停车场地转化为城市公园场址的时候,我们正期待着宾夕法尼亚大学能作为一个引领城市思想和行动的代表,实时地抓住这一为我们的城市、国家和世界作出贡献的历史时刻,这一贡献将有助于支撑人类的今天、明天和千秋万代。

这要感谢一系列因素,包括美国前副总统阿尔·戈尔(Al Gore)关于全球气候变暖的纪录片《难以忽视的真相》的普及,也包括由海啸和卡特里娜飓风造成的巨大破坏,还包括汽油价格惊人地飙升到了历史的最高位。现在许多美国人正在思考,确保我们这个星球未来的健康,将是我们这个时代必须应对的挑战。

在满足这一全球性挑战方面,今天的研究型大学可以发挥什么样的关键作用? 对于不断增长带来的紧迫感,我们怎样才能帮助挖掘最大的潜力?

我相信,高等教育机构能以三种方式产生深刻的影响:作为创新理念的孵化器,作为最佳实践的示范地,以及作为城市可持续发展的合作方法的催化剂。

首先,我们可以保证,为了解决这些复杂的问题,最好的研究和学术活动能在全球性范围内传播。

追溯 20 世纪 50 年代,尽管按简·雅各布斯(Jane Jacobs)的说法,大型开发项目“正在把城市和农村降格为单调乏味的缺乏营养的稀粥”,但宾夕法尼亚大学创建了自己的道路,将景观设计与区域规划系一分为二。该系的创始人伊恩·麦克哈格(Ian McHarg)是一位充满激情的苏格兰人,他开创了设计结合自然(designing built projects with nature)这一概念。他创建了一系列的地图,这些地图能使设计师将基本要素,如野生动物的栖息地、历史古迹、风景和现有土地的使用状况纳入规划之中。他的地图为以计算机为基础的地理信息系统(GIS)奠定了基础,而地理信息系统至今依然为城市规划者们所依赖。到了 20 世纪 60 年代,充满魅力与个性的麦克哈格举办了一个全国性的电视系列节目“我们生活中的住宅"(The House We Live In),该节目介绍了数以百万计的美国人围绕环境所出现的宗教、伦理和哲学问题。

在麦克哈格正将自然纳入分析领域的同时,他的同事,城市与区域规划系教授大卫·华莱士(David Wallace),正在与一些城市合作进行废旧工业用地的再开发工作,特别是那些滨水的工业用地。巴尔的摩的内港和曼哈顿下区的炮台公园城的开发就属于这类工作。

在宾夕法尼亚大学,麦克哈格和华莱士共同孕育并催生了一代城市规划师、设计师和环保主义者。

宾夕法尼亚大学的教职人员,目前仍然活跃在强化全球可持续发展理念的最前沿。他们正在向美国联邦政府提供维护生物多样性的策略。他们正在使用尖端技术,与欧洲和亚洲的合作伙伴一起,设计更节能的建筑。他们正在探索利用太阳能的更有效方式。他们正在解决当前环境问题中存在的专业、法律和伦理方面的内在制约因素。与此同时,宾夕法尼亚大学正在建立新的环境研究项目和企业实习活动,同时正在开发新的研究生学位课程,以培养未来的领导人。

然而,城市研究型大学可以而且必须回答和解决以上的问题。著名历史学家雅罗斯拉夫·伯利坎(Jaroslav Pelikan)在他的著作《大学的理念》(The Idea of the University)中指出,"作为机构、雇主、工资支付者和财产所有者,大学是奉献于当地社会的,反过来又依赖于它:如果这两个合作伙伴之一出了麻烦,另一方也同样会出问题"。

作为固定的研究机构,像宾夕法尼亚大学这样的大学,有责任为建立和实施最佳的可持续发展实践作出表率。例如,在一段时间里,宾州大学曾一直是美国国内最大的风力发电私人买家之一,在美国的能源中,风力发电占30%。在现有建筑物和材料的合理再利用方面,宾夕法尼亚大学也一直都是全国校园的领导者。在用电高峰时段,我们削减能源使用量近20%,并正在试验用餐厨垃圾制造车用燃料。

同样重要的是,我们一直让学生从事可持续发展活动,这些活动包括循环再生、能源使用管理、支持当地农民以及堆肥等。2007年早些时候,为了制订到2009年的可持续发展综合计划,我们签署了一份具有历史意义的高等教育公约。为了指明向环境友好方向前进的道路,我们正致力于寻找可以做得更好的方式。

与此同时,可持续发展的挑战是全球范围的。根据联合国人口委员会的数据,世界上一半的人口居住在城市。很多的世界性问题,包括住房、婴儿死亡率上升、哮喘、肥胖和营养不良、文盲、收入不平等和犯罪率上升等,在城市中的发生率都更高而且程度更严重,这些问题严重地威胁着未来的可持续发展。

而绿色城市工程正在形成能改善其他方面的潮流。例如,北费城的艺术家叶莉莉(Lilly Yeh),通过将一个破旧的场地转变成一个雕塑园,推出了她的"艺术与人文的村庄"(Village of Arts and Humanities)。作为一个充满活力的社区,今天的"艺术与人文的村庄",经营着260平方米的场地,包括充满艺术的花园、绿地和树木加工厂。它为改善邻里健康、社会服务、教育和安全,作出了巨大努力。

城市研究型大学有能力和资源为绿色措施建立有效的伙伴关系,同时绿色措施也能为振兴我们的社区提供动力。城市研究型大学也与政府、企业、非营利性机构和公众利益具有紧密的联系,这些合作伙伴必须共同努力,才能使我们的城市更加宜居。为了我们城市可持续发展的共同利益,为什么不利用这些伙伴关系,启动一个新的合作框架呢?

在费城,宾夕法尼亚大学的城市研究学院向着开发这样的合作框架方面迈出了第一步。该学院与宾夕法尼亚园艺学会一起,组织了于2006年10月16日到17日召开的"发展中的绿色城市"大会。在大会中,200多名社区领导人、决策者、非营利开发商、园艺家和研究者,讨论了从"绿色建筑"的商业前景到环境教育竞赛等方面的问题。

本书中的论文,代表了当今在城市可持续发展方面一些最有创意的理念、规划和实践策略。他们也强调,为了创建所有城镇居民都能见得到并能居住的绿色城市,还有多少工作有待完成。

雅罗斯拉夫·伯利坎提醒我们,在佛罗伦萨,由"公民人文主义"和"古典主义"互动而创建的意大利文艺复兴主要是一种城市现象。今天,在巨型大学强大的教学和研究驱动力与城市之间的动态相互作用,可以激发被我们的后代形容为"21世纪伟大城市文艺复兴的后继力量"。因此,我们能极大地改善子孙后代的未来,使他们能继承大型的城市公园、健康的民主和可持续发展的地球等财富。

引言:城市绿色行动与绿色城市理念

欧仁妮·L·伯奇、苏珊·M·瓦赫特

(Eugenie L. Birch and Susan M. Wachter)

　　几种现象的融合正在将城市绿色运动推向美国人思想与行动的最前沿。超过70％的人口居住在城市、对全球气候变暖的日益关注、能源价格的上升,有增无减的全球化步伐以及来自石油生产国的恐怖威胁,迫使今天的美国决策者们需要找到现代美国生活如何适应这些紧急状况的方法。一个重要的方法就是建设更加绿色的城市,这是本书的主题。

　　更加绿色的城市包括推动人们认识、使用和保护大自然的活动,它将以多种形式支持城市生活并限制或减少消耗。这其中包括对区域生态系统的支持,也包括对市政基础设施的改善,同时还包括对房地产和公共资本投资决策的绿色评估。建设更加绿色的城市还包括:建筑节能(提高使用效率并节约资源)、减少住宅面积的同时实现多功能化;设计上,城市建筑能提供多种规格的开放空间,以满足临时休息、游憩、含水层保护、雨水管理、防洪以及都市农业的需要。落实这些新措施已成为众多城市的首要任务。这些新措施正通过政府、宣传部门、专业组织以及合作伙伴和个人而发挥作用。

城市绿色运动源自哪里?

　　现代的城市可持续发展努力,源自一代代环保主义者的传承。美国的环保主义本身,深深扎根于美国文化之中,其源头可追溯到早期的美国总统托马斯·

杰弗逊(Thomas Jefferson)、伟大的公园设计者弗雷德里克·劳·奥姆斯特德,以及西奥多·罗斯福(Theodore Roosevelt)和富兰克林·罗斯福(Franklin Roosevelt)。美国的绿色城市运动具有广泛的基础,一直受到公共组织、私人以及非营利部门的支持。美国的绿色城市运动已得到各级政府、私营部门、个人以及由私人组成的团体越来越多的认可,但为了实现绿色城市的理念,有必要不断创新绿色行为。

如今,美国的许多州和地方政府机构,正在资助绿色城市项目中发挥主导作用。例如,宾夕法尼亚州州长爱德华·伦德尔(Edward Rendell)的绿色成长 I 期和 II 期项目(Growing Greener 1 and II programs),已拨款 6 亿美元给州政府所属机构,主要是环保局、自然资源保护局以及社区与经济发展局,用于创新的绿色工程,包括可再生能源项目、新型废水处理项目、棕地修复项目、流域和公园恢复项目、保护含水层和其他自然资源的保护地获得项目,以及自然游憩道项目。其他州也有类似的举措。

庞大的民用基础设施、充足的社会资本、丰富的智力资源、富裕的资金和能源,也直接地巩固了城市绿色运动。在国家级组织中,自然资源保护理事会、环境保护联盟、公共土地信托基金等,在绿色城市项目中异常活跃。在州和地区级的城市绿色运动的倡导者中,包括 10000 多名来自宾夕法尼亚州、myregion. org网站(佛罗里达州)、纽约区域规划协会、树人(TreePeople 洛杉矶),和其他许多不胜枚举的朋友。仅仅在纽约市和费城,就有宾夕法尼亚园艺学会的“费城绿色”组织(Philadelphia Green)和纽约绿色游击队(Green Guerillas)这样的团体,它们都是有规模、有能力和有关注重点的。在这些团体中,来自费城的费尔芒特公园的朋友(Friends of Fairmount Park),致力于创建社区花园;来自纽约的中央公园、希望公园和炮台公园的保护委员会,支持全市范围内的绿色措施。对于更一般的地方环保组织来说,如费城的可持续发展组织,则通过开展全市性的报告、论坛和媒体宣传活动,提高市民的绿色城市意识和绿色城市项目投票权意识。特别值得一提的是那些环境正义团体,它们关注的焦点集中在低收入和中等收入社区的环境恶化方面,呼吁关注这些社区日益严重的公共健康问题(例如,因空气污染而导致哮喘的高发病率)和生活质量下降的问题。绿色工人合作社(The Green Worker Cooperatives)就是一个例子,其执行主任奥马尔·弗里拉(Omar Freilla),是第一位获得简·雅各布斯创新理念和实践者奖章的人。

　　由于拥有出版、广播电视和互联网等媒体，因此地方和国家的基金会在支持这些团体方面发挥着举足轻重的作用。在这一领域，报纸突显了城市环保绿化方面的问题以及成功的经验。一个典型的例子来自《费城咨询报》(Philadelphia Inquirer)的报道。仅仅在 2007 年 6 月的两天里，《费城咨询报》分别特别刊登了两篇报道，2007 年 6 月 14 日刊登了珍妮·林(Jennifer Lin)的"更多的降雨和陈旧的下水道引发的令人讨厌的故事"，讨论由降雨径流引发的问题；第二天，该报特别刊登了斯特凡妮·索尔兹伯里(Stephanie Salisbury)的"理事会背后任命公园委员会"(2007 年 6 月 15 日)，预示着管治变革，其目的是提醒人们对该市 9200 英亩闲置土地的关注。在电视领域，"伊甸园的遗忘和发现"(Eden's Lost of Found)，是一个四小时的美国公共广播电视公司(PBS)的系列节目。该节目特别关注西雅图、洛杉矶、芝加哥和费城的绿色城市工程，堪称媒体在这方面的典范。最后，互联网已成为信息的巨大来源和交流平台。随着来自美国国内有关当地活动的日常公告，互联网促进和支持了重要的公民对话。

　　在各种倡议和项目方面，绿色城市涉及许多类型的专业人才。为了有助于人们明确应该在何地以何种方式开展绿色战略，绿色城市采用的是鼓励市民参与的规划方式。为了帮助人们确定绿色工程的形式和结构，绿色城市需要具有专业知识的城市规划师、环境工程师、景观设计师，以及其他类型的专业人才。为了共享信息、数据和技术，绿色城市工程需要媒体的广泛宣传。对于新型的公私合营伙伴来说，绿色城市工程可以为其提供发展的舞台，包括提供关键要素和精心安排具有创造性的融资方案。绿色城市激励企业家和社会活动家在各自关注的领域，追求或改善绿色机会。

绿色城市的界定和测量

　　什么是绿色城市？首先它是一种理念，但目前世界上任何一个地方的城市尚未达到，但肯定可以在 21 世纪实现。在最完美的形态下，绿色城市是碳中性和全面可持续发展的。据经济学家马修·卡翰(Matthew Kahan)的理念，绿色城市是一个健康的地方，有"干净的空气和水，有宜人的街道和公园"。绿色城市"在面对自然灾害时具有抵抗力，在面对传染性疾病时风险较小。它的居民都具有强烈的绿色行为方式，如采用公共交通工具，实行资源回收和节约用水，利用可再生能源"。

在回答什么是绿色城市的问题时,还需要区分现有的居住空间和未来兴建的居住空间之间的差别。现有的居住空间有基本的形式和结构,而新的居住空间则不同。现有的居住空间可能需要适应和降低非绿色的环境条件,而新的居住空间则能够发明自己的方法。老工业城市有着广泛的公园系统,但也有大量的工业废弃地,同时也有合流制管道系统。而发展迅速、外延扩张型的新城市只有很少的公园绿地,在交通方面严重依赖汽车。这样的城市根据区划条例,将绿色空间转变为低密度、占地大、功能单一的场地,以容纳城市的发展;但这类城市,正越来越多地通过有关开放空间的倡议,来实施保护开放空间的城市发展战略。

无论是新的还是老的,绿色城市都有一个共同的核心特征:即充分利用大自然来维持人类的生活。绿色城市利用太阳、土地和植被,来供给、利用和重复利用基本的生活必需品。绿色城市都减少或尽量减少在土地上留下痕迹。为了满足这些目标,绿色城市都采纳公共意识和现代技术。

测量一个城市的"绿色"程度可采取多种形式,从设计的排名到吸引媒体和公众对于某一具体领域指标的关注,这些领域包括公众健康、城市生态环境以及城市规划和经济等方面。其中流行的排名是《国家地理》的"绿色指南"(Green Guide),以及"地球日网络"(Earth Day Network)和可持续发展社区组织(SustainLane)的调查,该调查通过整合多种来源的数据再计算出绿色城市的排名。[1]公共卫生检测是通过制表的方式,图示与环境条件有关的疾病的发生率和死亡率。此外,在过去的五年中,疾病控制和预防中心(CDC)一直进行的国家环境与健康跟踪计划(National Environmental Health Tracking Program),是为了创建一个有关环境危害(在空气、水、土壤或其他介质中,有害环境因素的状况)和暴露程度(个体接触环境介质中某种有害环境因素的状况)的国家数据库。这一数据库建成后,将成为绿色城市测量公共健康的有用工具。城市规划师对土地利用、交通运输方式,以及它们与自然景观特征的整体性进行制图和测量。城市规划师需要平衡区域环境资产与城市发展之间的关系。关注自然因素的生态学家们,热衷于对一个地方的"生态足迹"进行评估,也评估个人消耗自然资源的数量,进而对城市一级、州一级,或对整个国家的生态足迹进行评估(见 http://www.ecofoot.org/)。经济学家们使用回归分析法找出绿色城市建设影响市场价格(特别是房地产价格)的特征点。经济学家们还开发了评估生态服务系统价值的技术，包括空气和水的净化以及雨水的回收。

　　无论以何种标准来测量，在向着绿色城市目标迈进方面，一些地方已经比其他地方更超前了。一些地方正在有意识地试图在生活方式方面进行必要的变革，而其他地方则不愿或不能进行必要的变革。一些城市的名字，如波特兰、俄勒冈、丹佛、西雅图、奥克兰和明尼阿波利斯，已经作为城市绿色运动的领导在媒体中反复出现。

城市绿色运动：从工业整治到全球变暖

　　一代人以前，美国联邦政府率先倡导净化空气、水和受污染的土地。通过《清洁空气法案》(1970年)和《洁净水法案》(1972年)，美国制定了国家级的最低标准。随后的立法重点放在交通、污水处理和工业废弃地修复方面，对原有法律进行了完善，并为相关项目提供了大量资金。这项立法是受关注环境质量的驱动，而不是受更广泛的绿色问题的驱动。在治理工业污染方面，这项立法成为一个重要的里程碑，因此也有助于建设更加绿色的城市。

　　此外，在处理各种利益集团的需要方面，联邦政府总是对法律进行拙劣的修补，从来没有将它们作为环境整体立法体系的一部分，而这些利益集团的需要与目前推动城市绿色行动的关注有关联。例如，美国的联邦交通立法，要求遵守联邦空气质量方面的条款，成功地迫使各地认真考虑其交通投资对环境的影响。然而，监测的污染物只包括6种排放物(二氧化氮、二氧化硫、铅、一氧化碳、颗粒物和臭氧)，并不包括二氧化碳，而二氧化碳排放却是全球变暖的一个重要因素。20世纪清洁空气的一个目标是处理正在排放污染的机构，而不是处理二氧化碳的制造者。二氧化碳的主要来源是使用石油的车辆和燃煤燃气的火力发电厂，它们在美国人的生活方式中扮演着重要的角色。

　　在复杂政治因素的纠缠下，美国没有批准《京都议定书》(1997年)，同时质疑温室气体减排目标的费用。在有关纠纷中，美国联邦政府在继续对绿色城"头痛医头、脚痛医脚"的态度下，进入了21世纪。这种做法在美国的城市中已经产生了不同的后果，很多城市的空气和水是相当干净的，但是效果却被人口的分布和扩散所抵消，同时诱导联邦出台政策，减免边远地区公路建设和住房的所得税率。这些因素本身不会导致城市蔓延，但这样做产生了意想不到的后果。

在缺乏全国性绿色政策的情况下，各大城市和州已经开始绿色运动，并取得了不同的成功。近来，由于对全球气候变暖的担忧正在推动这些努力，所以，城市绿色运动虽然没有成为政策的焦点，却成为新型地方政策的副产品。自 2005 年以来，在西雅图市长格雷格·尼克尔斯(Greg Nickels)的努力和推动之下，美国市长会议通过了由 600 名市长签署的《美国市长气候保护协议》(U. S. Mayors' Climate Protection Agreement)。根据这一协议，从 1990～2012 年，二氧化碳的排放将减少 7%，这一标准比《京都议定书》的目标还高。为了保证实现这一目标，市长们的精力集中在交通运输、土地利用、建筑法规以及城市能源消耗上。芝加哥这个自称美国最绿色的城市，采取了很多措施，包括绿色屋顶(大约有 200 个，面积约 2.5 万平方英尺，环线内的地区享受一项专门立法的税收增量资金的支持，其他通过城市资金资助)，植树(在过去十年中大约种植 40 万株，其中有 5000 株栽种在新建的 60 英里长的市区道路中央绿化隔离带上)和自行车道(约 250 英里)。最近，纽约市颁布了《纽约规划 2030》(PlaNYC 2030)，承诺到 2030 年，二氧化碳排放减少 30%，但由于州议会的强硬，纽约市政府未能确保征收城市拥堵费这一关键措施的实施。尽管如此，纽约市正在制订种植一百万株树的计划，并继续执行区域购买，旨在保护流域和避免建设一个工业规模的水处理厂。

州一级的举措也不断出现。在过去的一年里，加利福尼亚、新泽西、夏威夷、佛罗里达等四个州已制订措施，州长将按照严格的目标，减少温室气体排放。为了保护自己辽阔的海岸同时也关注减轻气候变暖问题，加利福尼亚州和佛罗里达州各制订了 2050 年温室气体排放水平达到只有 1990 年 80% 的目标。此外，美国东北部的 10 个州已签署了区域温室气体倡议(RGGI)，其最初的规划是设计一个排放上限和排放交易方案，包括电厂的二氧化碳排放量，但在未来可能会采取其他举措，这将有助于利用其他的方式开展绿色城市建设。

绿色标准的出现

在绿色城市发展方面，在能源与环境设计先导(Leadership in Energy and Environmental Design— LEED)绿色建筑评估体系下进行项目认证的绿色建筑标准机构,做出了让世人瞩目的成绩。LEED 评估体系是 1998 年由美国绿色建筑理事会、新城市主义大会和自然资源保护委员会发起建立的。迄今为止,美国绿色建筑标准机构已经为全球约 6000 个项目进行了 LEED 评级。最近,针对LEED 绿色建筑评级系统,增加了一项新的内容,即 LEED-ND。经过 2007~2008 年的试行,结果表明,LEED-ND 鼓励的重点是密集而紧凑的开发,得分点包括区位(邻近现有开发场地和基础设施,或位于再开发场地)、步行性(有遮荫树和其他休闲功能的宽阔人行道)、混合利用(住房、商店和工作场所的邻近)、多种交通方式(公共交通、自行车道的可达性),以及水和能源的保护(景观特征的使用以减少径流,雨水收集,中水回收利用,太阳能电池板,或其他可再生能源的利用)。对于力争实现更绿色的城市来说,LEED 评估是重要的工具,因为预计在未来的 30 年内,美国将增加 1 亿人,为了适应这种增长,将会掀起一个巨大的建设热潮。分析人士预测,到 2025 年,美国约有一半的建筑环境将是全新的,将包括 5000 万套新建和重建住房以及 1000 亿平方英尺的非住宅建筑。

全球性的城市绿色运动

美国很多关于城市绿色运动的理念是从世界各地学来的。欧洲的示范城市紧凑发展,具有多式联运系统和大量的开放空间系统,并实施能源节约。例如,英国从第二次世界大战结束以来,就有一个在其最大城市周边建设环城绿带的传统。伦敦的道克兰(Doclands)棕地填海工程,将面积为 8.5 平方英里的土地改造成了 20 世纪的土地混合使用的绿色城市。最近,伦敦已在《市长气候变化行动计划(2007 年)》中,批准了应对全球变暖的预防措施,作为对伦敦综合规划的补充。哥本哈根和其他欧洲城市都通过建设从市中心到郊区的大型非机动车网络,鼓励骑自行车和步行出行,并使用交通稳静化技术,保证行人和骑自行车人的安全。新加坡是绿色行动的典范。早在 20 多年前,新加坡就开始实施一项《远景概念计划(1972 年)》。该规划提出,在环中心商务区地带建设新城镇,同时用公共交通系统将它们连接起来。在该规划的后续修编中(1991 年和 2001年),集中开发了四个拥有公共交通服务的高密度区域中心,并使城市土地利用的重点从重工业用地转化为复合功能用地,同时提高了居住密度,将开放空间的面积扩大一倍并进行升级改造,也解决了就业与居住用地之间的平衡。

可实现的目标

　　本出的作者,都来自实践一线和学术界,他们对本书中讨论的城市绿色发展议题都提供了自己的见解。他们克服困难,打破传统反绿色的陋习,并引入新的理念和做法。他们详细阐述了成功的策略和不同尺度的做法,从区域的流域管理,到雨水桶的位置。他们的论述证明,对于 21 世纪的城市来说,只要具有发展重点、意愿与决心,将城市空间转化为绿色城市是一个可以实现的目标。

参考文献

Friedman, Thomas. 2007. "The Greening of Geopolitics. " *New York Times Magazine*, April 15: 40-51, 67, 71-72.

Kahan, Matthew E. 2006. *Green Cities, Urban Growth, and the Environment*. Washington, D. C.: Brookings Institution Press

Levin, Aaron. 2007. *Keeping Track ... Promoting Health*: CDC *National Environmental Public Health Tracking Program*. Atlanta: Centers for Disease Control and Prevention.

Nelson, Arthur C. 2006. "Leadership in a New Era. " *Journal of the American Planning Association* 72, 3 (Autumn).

Nelson, Arthur C., and Robert E. Lang. 2007. "The Next 100 Million. " American Planning Association, February, http://www. vt. edu/spotlight/next_100_ million. pdf.

Pagiola, Stefano, Konrad Ritter, and Joshua Bishop. 2004. *Assessing the Economic Value of Ecosystem Conservation*. Washington, D. C.: World Bank.

United Nations. 2005. *World Urbanization Prospects*: *The 2005 Revision*. Nairobi: Department of Economic and Social Affairs/Population Division.

U. S. Green Building Council. 2007. "Certified Project List. " April 12. http:// www. usgbc. org/ DisplayPage. aspxPCMSPageID = 1452&.

第一部分

不同尺度的绿色行动：
从国家层面到绿色屋顶

第1章

采取主动：为什么从现在开始建设绿色城市

汤姆·丹尼尔斯（Tom Daniels）

大约40年前，美国联邦政府开始颁布并实施了一系列旨在提高全国环境质量的法律。当时的美国，几乎三分之二的水道不适合游泳或作为饮用水源。城市上空阴云密布，笼罩着来自汽车和工厂的烟雾与褐色的阴霾。数以万计含有未知有害物质的原工业用地，处于被抛弃的状态。整个运输系统分崩离析。城市，特别是东北部地区的城市，被视为不适合人类居住的并已生锈的灰色地带，并成了迅速逝去的工业时代的遗留之地。而郊区则代表着更健康、更环保、更安全的生活居住之地。

尽管早在30年前，美国联邦政府就制定了覆盖全国的环境立法体系，但为什么直到最近，美国的各个城市才出现"绿色"热潮，出现屋顶绿化、新建公园、植树以及推广更高效节能公共汽车的热潮？很简单，美国城市的领导者们已认识到，一个清洁的环境对于提供良好的生活质量，以及提高城市在全球经济竞争中的竞争力都是必需的。20世纪的美国经济，已经从以制造业为主转变为以服务业为主的知识型经济。信息时代的经济，环境质量是一项重要的经济资产。熟练工人的流动日益自由，他们可以在任何地方定居，并有宽带互联网接入，他们已被吸引到更健康、更美观的环境中居住。此外，绿色城市正在向人们证实，那种只能在就业机会和环境之间寻找平衡的选择方案是错误的。优质的环境产生就业机会；污染的环境增加就业成本。

在一个绿色城市中，人们可以选择多种交通方式，可以拥有休闲娱乐场所，可以有机会在街上和公共场所进行社会交往。而且有迹象表明,生活在绿色城市中,比生活在郊区更健康。2003 年的一项研究报告表明,城市居民的体重平均比郊区居民低 6 磅,血压也较低,因为城里的人走路更多,开车更少。

绿色城市可以增进公民的自豪感,并可以成为其他城市的榜样。在 1969 年,田纳西州东南部的查塔努加,是美国污染最严重的城市。但到今天,它是全美国最干净的城市,是一个蓬勃发展的旅游目的地。2007 年,纽约市市长迈克尔·布隆伯格提出了一项雄心勃勃的计划,该计划包括:改善空气质量、保障供水、改进公共交通、栽种百万棵树,并扩大公园空间等 127 个项目。市长布隆伯格希望,纽约的环保措施,能成为美国其他城市在经济、环境和社会可持续发展方面的典范。纽约市的例子也反映了各地方政府领导和公民在解决国家和全球环境的挑战,如节约能源和气候变化方面所作的努力。

在未来几十年,许多城市都面临着大幅增长的可能性。美国人口普查局预计,到 2050 年,美国人口将达到 4.19 亿,比 2000 年的人口普查数量(2004 年美国人口普查局统计)增加 1.3 亿多人;到 2030 年,纽约市预计增加居民一百多万;为了保持并提高其宜居能力,纽约和其他城市必须更环保。

具有讽刺意义的是,美国绿色城市日益普及的另一个原因是,自 2001 年布什政府执政以来,美国的大多数州都缺乏州一级的环境领导人。事实上,追溯到里根总统执政时代,美国联邦和各州都缺乏环境方面的管理,当时美国环境保护署(EPA)被视为公然亲商和反政府调控。接着,在克林顿政府执政时期,环境保护署开始将几个全联邦的环保计划的监测和执法权委托给各州来执行。因此,即使不是非常宽松的话,整个美国联邦的环境法的执法权也是不一致的。

为了保护公众健康,美国联邦的环境法律体系建立了一套空气和水的质量标准。为了评估拟议发展项目对环境的影响,联邦环境法律体系已建立起一套评估环境影响报告的方法,并对污水处理厂、多式联运以及一些棕地整治项目提供了主要的资金资助。但是,联邦已建立的环境法律基本上都是被动型的"指挥和控制"系统,环境法律并不提倡开发和维护良好的居住与工作环境。

许多城市领导人已经认识到,在如何创建绿色城市的具体意见或拨款问题上,他们不能求助于联邦或州政府。新奥尔良提供了一个悲惨的案例。2005 年,在"卡特里娜"飓风肆虐期间,该市依靠联邦政府维护的沿密西西比河和邦加纯湖(Lake Ponchartrain)的堤坝,眼睁睁地看着被淹没并摧毁。另一方面,由于成千上万英亩湿地的排水和灌溉系统被破坏,使新奥尔良失去了吸收洪水的能力。

底线是美国城市已经意识到他们对于环境质量方面需要承担的责任。这意味着,在这些城市中,当地政府、企业和业主在投资和生活方式方面必须有所改变。同时,为了促进城市绿色行动,大量的非营利组织如雨后春笋般涌现,从流域联盟到公园协会再到社区公园以及农贸市场。因此,城市绿色行动已加到了当地公私部门的伙伴关系之中。联邦政府已为改善环境提供了一些工具,特别是在提供清洁的空气和水方面。然而,创造这些变化的城市本身也应该获得褒奖,奖励给人们生活中注入的绿色城市主义。

奠定绿色城市的基础

对于使城市更加可持续这个目前城市工作中的重点来说,1970~2005 年的美国联邦环境法律为当前绿色城市的创建奠定了基础(表 1-1)。这些法律创建了个人、公司和各州政府保护空气和水的质量以及公众健康的行为准则。法律和法规影响了当地的环境规划工作,并导致全美空气和水的质量的改善。法律和法规在应对污染损害的被动性规划方面和防止污染或退化的主动性规划方面,将二者有机地结合起来。

1970~2005 年期间影响城市的主要联邦环境法　　　　　表 1-1

1970 年	《国家环境政策法》(PL Law 90-190)
	《清洁空气法案》修正案(PL91-224)
	《资源回收法》(PL 91-512)
1972 年	《联邦水污染控制法》修正案(清洁水法)(PL92-500)
1973 年	《安全饮用水法案》(PL930-523)
1976 年	《资源保护和回收法》(PL94-580)
1980 年	《综合环境反应、补偿和责任法案》(超级基金法)(PL96-510)
1984 年	《危险废物和固体废物修正案》(PL98-616)
1986 年	《超级基金修正案和重新授权法案》(PL99-499)
1990 年	《清洁空气法案》修正案(PL101-549)
1991 年	《路面多式联运效率法案》(ISTEA)(PL102-240)

1996 年	《安全饮用水法》修正案(PL104-182)
1998 年	《面向 21 世纪的交通平等法》(TEA-21)(PL105-206)
2002 年	《小企业责任救济和棕色地块振兴法》(PL107-118)
2005 年	《安全、负责、灵活、高效、运输公平法案:用户的遗产》(SAFETEA-LU)(PL109-59)

美国的国家环境政策法

1970 年的《国家环境政策法》(NEPA)建立了一个程序,要求联邦机构对可能影响环境质量和不可逆转的自然资源使用的项目和政策进行审查。因此,任何一个城市的联邦项目,必须首先通过国家环保署的审查程序,以确定其在环境方面的潜在影响。这种对环境"三思而后行"的方法,在 20 世纪 50 年代和 60 年代的市区重建项目中是少见的。

《国家环境政策法》包含以下重要概念:在绿色城市中,每一代人都是其子孙后代的环境受托人,同时,所有美国人都应该享有安全的、健康的、高效的,并在美学上和文化上令人赏心悦目的环境;其他的主要概念包括:在不降低健康水平和风险的情况下,最广泛地利用有益环境;保护国家重要的历史、文化和自然方面的遗产,同时维持一种能支持多样性和个性化选择,并能实现人口和资源之间协调发展的环境;这种环境能够承载高标准的生活水平以及设施的广泛共享;提高可再生资源的质量并最大限度地回收可再生资源(参见美国法典第 42 卷第 4331 款以及后款)。

《国家环境政策法》创建了制订环境影响报告书(EIS)的程序,对于联邦机构来说,环境影响报告书可用来评估其拟议的项目对环境的潜在影响,并对其在资金、许可证、政策和可行性方面进行评估。一份环境影响报告书必须描述和评价如下内容:

- 拟议行动的现状和环境影响;
- 将要实施的拟议行动具有的任何不可避免的环境影响;
- 拟议行动的替代品以及这些替代品可能产生的影响;
- 短期使用当地环境以及与长期保持和增强生产力之间的关系;
- 对将要实施的拟议行动中涉及的任何不可逆转和不可挽回的资源承担

责任;

- 尽量减少拟议行动所产生负面影响的方法[美国法典第 42 卷第 4332 款(2)(C)]。

联邦机构,首先决定《国家环境政策法》是否适用于特定的项目或行动。如果《国家环境政策法》适用,该机构必须确定,在项目或行动开始之前是否需要制订一份环境影响报告书。制订环境影响报告书的目的是,充分披露这些可能对联邦环境产生的影响。州和地方政府以及公众有机会参与环境影响报告书的评估,并可以在法庭上挑战评估结果。在 20 世纪 70 年代和 80 年代,超过 20 个州通过了它们自己的环境影响报告程序,这些州还要求所属城市,在审查市政项目和政策以及私人开发项目时,也使用环境影响报告书的方式进行环境评估。

《国家环境政策法》的缺点是,该法是一种被动的规划工具,只能对设计的建议作出反应,而不是积极地进行规划。《国家环境政策法》采取的是对项目逐项评估的方式,而不是随着时间的推移,累积评估发展项目对环境的影响。此外,环境影响报告书应该是一种建立在“完善的科学”基础之上的方法。对于什么是“完善的科学”的辩论似乎层出不穷,但人类对环境影响的相关知识会随着时间的推移而改变。然而,布什政府承认,由于联邦在认识气候变化对人类活动影响方面进度缓慢,因而导致一些城市自己采取行动来减少温室气体的排放。

在城市地区,《国家环境政策法》通常涉及的是大型的联邦项目。但对城市的环境质量来说,关系更密切的却是空气和水的质量以及旧城改造项目,但这些项目一直以来是由美国国家环保署管理的。然而,自 20 世纪 90 年代初以来,环保署已将这些项目更多的控制权,向各个州放权,并取得了不同程度的成功。

1970 年里查德·尼克松总统创立了环境保护机构,从那时起,环境治理立法已开始出现。在美国,环保署具有广泛的监管权力,对每一个行业和城市都有重大的影响。环保署负责实施并执行一些环境法,如:《清洁水法案》、《安全饮用水法案》、《清洁空气法案》、《有毒物质控制法案》、《资源保护和恢复法》(RCRA),以及《综合环境反应、补偿和责任法案》(CERCLA),也被称为《超级基金法》(见表 1-1)。为了执行和遵守环境保护法规,大城市已成立环境质量管理部门(见联邦法规法典 40 章)。

环保署具有广泛的权力,这些权力可直接影响城市环境。环保署有权力和能力进行下列活动：

- 对成块的大型开发项目进行执法，这些项目中含有环保署认为会造成不可逆转的环境损害或可能违反联邦法律的行为；
- 对州和大都市政府机构的不执行环境法律和规章的行为进行执法；
- 对违反环境法规与标准的行为采取法律行动和征收罚款；
- 负责开始清理具有危险废物的场所；
- 从不符合联邦空气质量的州和大都市地区的联邦公路基金中提留。

环境保护署负责保护美国的公共健康和环境。但在试图履行其职责的过程中，该机构一直受到入主白宫政党的冲击。此外，因为环境保护署已基本上向各州移交了清洁空气和清洁水的监督与执法权，因此，与 15 年前相比，今天的环境保护署其影响力已经较小。

空气质量

空气质量是一个首要的公共健康问题。空气污染可引起或加剧哮喘、支气管炎、肺气肿、肺癌等呼吸系统疾病，或造成循环系统问题，从而导致人过早死亡。环境保护署设置了两套空气质量标准。一套是环境空气质量标准，该标准设置了在空气中某些污染物的最大允许。另一套是针对新的固定污染源（电厂和工厂）和移动污染源（小汽车和卡车）的空气污染排放标准。环境保护署、州和大都市对维护和改善环境空气质量分担责任，政府、企业和个人对控制空气污染排放承担责任。

1970 年的《清洁空气法案》授权环保署制定国家环境空气质量标准，该标准设置的六种"标准"污染物是：二氧化氮、二氧化硫、一氧化碳、铅、颗粒物和臭氧。城市、州和大都市地区必须符合环境空气质量标准或履行计划草案。环保署有一份明晰的时间表，表中列出了各地达标的期限，从 3 年到 20 年不等。但这个时间表并没有得到认真执行；在数十个"不达标"的城市中，只有丹佛遵守时间按时达到了清洁空气的标准。此外，《清洁空气法案》列出的环境空气质量标准鼓励新企业入驻符合联邦环境空气质量标准的区域，而不是选择可能需要发展经济但空气质量不达标的城市。

为了使交通规划与空气质量以及有资格使用联邦交通资金相关联，1990 年的《清洁空气法案》修正案要求,每一个主要城市都需要成为都市规划组织(Metroplitan Planning Organization)的成员。在联邦政府资助的运输项目上,《路面多式联运效率法案》(Intermodal Surface Transportation Efficiency Act)赋予了每个都市规划组织成员更大的局部控制权。这种授权对于社区来说,是一个可喜的变化,方便各地建设连接城市的州际高速公路。《路面多式联运效率法案》强调多种交通方式联运,包括汽车旅行的替代方式。《路面多式联运效率法案》还拨出了一些基金建设自行车道和人行通道。然而,《路面多式联运效率法案》超过 6000 亿美元基金中的大部分以及后来追加的运输资金都已用于郊区公路的建设和维修,而不是城市的轨道交通系统美国公共交通协会。

　　首先,每个都市规划组织的成员城市,必须采取一种交通规划程序,要么是能保持该地区的空气质量良好,要么是每隔 3 年使一个联邦空气质量标准非达标区域成为达标区域(美国法典第 42 卷第 7511 款 a(g))。其次,都市规划组织成员城市的交通规划必须包括一个 20 年的区域交通计划,该计划必须符合州的运输规划和州的空气质量改进规划,同时还必须符合一项为期三年的交通改善计划(Transportation Improvement Plan)。三年的交通改善计划必须明确,区域内车辆行驶里程和车次的任何增加,不会阻碍改善空气质量。三年计划中,既包括建议由联邦资金支付的具体项目,也包括完全由州政府、当地政府或私人资金承担的项目。第三,为了有资格获得联邦资金,个体运输项目,比如公路线路、公共汽车路线或铁路线,必须在区域交通规划中列明并提示,同时必须符合州运输规划、州三年的交通改善计划以及州空气质量改进规划。

　　根据 1990 年的《清洁空气法案》修正案,环保署可以扣留空气质量低于联邦标准的城市或地区建设新公路的部分联邦资金。这种权力环保署只用了一次,就是 1998~2000 年的亚特兰大大区案件。但环保署可以合法扣留数十个不遵守联邦空气质量标准的城市的公路建设资金。显然,环保署不愿意冒抑制经济增长的风险,以及承受国会代表和当地政客的政治责难。

　　从 1970 年到 2000 年,由于六种标准污染物的排放量下降了 29%,美国的空气质量整体上得到了改善(美国环保署,2001a)。一些大城市的空气质量警报天数也下降了一半,少于每年 300 天。但在许多城市地区,由烟雾和机动车辆排放造成的臭氧以及由机动车辆和燃煤发电厂排放的微粒,仍是目前影响空气质量的根本问题。

温室气体和气候变化。尽管在减少二氧化碳排放量的同时,也会降低颗粒物、臭氧、氮氧化物和硫的排放,但美国尚未建立减少二氧化碳和其他导致气候变化的温室气体的排放标准。1997 年,163 个国家签署《京都议定书》,呼吁工业化国家限制排放二氧化碳和其他温室气体。但美国参议院没有批准《京都议定书》,认为守法成本太高。2007 年,根据《清洁空气法案》,美国最高法院裁定,美国环保署负责监管温室气体如二氧化碳的排放。与此同时,一些美国企业自己也设定了目标,以减少温室气体的排放。20 个以上的州和一些城市,要求一定比例的电力来自于可再生能源,以减少对化石燃料的依赖,从而降低二氧化碳的排放。

土地利用、交通及空气质量的关联性

一个城市可以提供多种方式进行市内运输和城际运输,运输方式包括小汽车和卡车、公共汽车、火车、地铁、自行车、徒步、船只和飞机。运输方式在很大程度上决定了一个城市的自然环境和发展模式,但对一个城市来说,不同的运输模式,在财政费用、能源利用以及对空气和水的质量影响方面,却存在着很大的差异。特别是在那些城市意识到,他们不能靠建造更多的公路来解决交通拥堵,尤其是如果他们同时还想保持或改善空气质量的时候。2003 年以来,石油价格的翻番一直鼓励各个城市寻求替代交通工具,同时公共交通的比例正在上升(美国公共交通协会,2007)

对于致力于执行公共交通导向开发规划(TOD)(transit－oriented development)的城市来说,联邦交通基金根据《路面多式联运效率法案》及后续相关法案和 1990 年的《清洁空气法案》修正案,向很多城市提供了资金和管理激励。例如,在 20 世纪 90 年代,波特兰大区和俄勒冈州出台了两份著名的研究报告,内容是土地利用与交通及空气质量的关联。在 1991 年到 1997 年之间,共撰写了 11 份关于土地利用与交通及空气质量 Land Use, Transportation and Air Quality)的报告,同时得出结论认为,轨道交通对环境的影响较小,而且与汽车运输方式相比,能源利用效率更高。报告建议在波特兰扩大轻轨系统,以方便从东部郊区进入西部郊区。1998 年,西郊轻轨线路开通,这在很大程度上得益于联邦基金。

土地利用与交通及空气质量的报告中还精选了新城市主义建筑大师彼得·

卡尔索普设计的交通导向开发方案,卡尔索普的方案中试图重现 20 世纪初期的郊区有轨电车。在一份公共交通导向开发规划中,通常有一个半径约四分之一英里的核心区,以及一个附加的向外延伸约四分之一英里的附属区,在这个区域内,最大密度地开发住宅、公寓和袖珍公园,同时开发与人行道、自行车道和方便进出城市中心的交通枢纽相连接的商业空间。

根据《2040 地铁发展规划》,波特兰大区的民选政府确定了 35 个潜在的公共交通导向开发规划区。这些中心约占该大都市四分之一的面积,以及覆盖大约一半的城市人口。一些美国城市已经注意到了波特兰轻轨系统的成功。美国 25 个以上的大都市地区已有轻轨交通线路,同时其他一些大都市也在酝酿之中。

水的质量及供应

对于一个现代化城市的可持续运转来说,清洁的淡水和废水的处理是必不可少的。对于水的使用来说,新的方式就是减少水的用量、提高水的再利用率并及时进行水的回收利用。尤其是在美国南方的阳光地带十分必要,那里的淡水资源正在逐步减少。另一方面,许多污水处理系统已经老旧,需要进行大的升级换代,以减少污水中氮的含量,同时避免暴雨时的合流制溢流。与此同时,更大的发展意味着会增加更多的道路、停车场和地面建筑物等不渗水地表,这是增加雨水径流和城市水污染的主要原因。

1974 年的美国《安全饮用水法案》授权环保署可以制定国家饮用水水质标准;可以要求对水质和水处理进行监测,同时要求水供应商对公众饮用水的污染物进行报告(美国环保署强制性地规定了饮用水中 90 种污染物的最高含量);为了保护流域内的地下水免受污染,环保署对水资源保护项目提供基金;同时,环保署还对向城市提供饮用水的公共供水系统进行规范。

1989 年以来,美国环保署已出台了一系列法规,以保护地表水的供应,因为地表水是城市饮用水的主要来源。根据《安全饮用水法案》中的加强地表水处理法规,所有利用地表水或受地表水影响的地下水公共供水系统,在将水供应给消费者之前,必须进行过滤并消毒。制定这一新规则的部分原因是,1993 年在威斯康星州密尔沃基地区爆发的隐性孢子虫微生物污染饮用水供应系统的事故,该事故导致超过 50 人死亡和 40 万人生病。

如果一个城市的供水系统,具有良好的水质和水资源保护计划,并可以控制潜在的污染,环保署可以给予该城市豁免执行加强地表水处理法规的权限。例如,纽约市通过在上游的卡茨基尔和特拉华流域地区进行水源保护,避免了建立一个60亿美元的自来水过滤厂,但纽约市将必须花15亿美元在克罗丹(Croton)流域附近建立一个水处理厂,因为那里的城市雨水径流已经降低了水质。

为了保护饮用水的供应,美国《安全饮用水法案》要求,各州和地方政府对水资源采取分流域进行管理的办法。流域指的是一个水系的干流和支流所流过的整个地区,城市的水资源来自于这个水系。一个城市必须首先确定其流域。一些大城市主要的水源都来自数英里之外的地方,如纽约、波士顿、旧金山都是从遥远的水库获得水源的。

1972年的《清洁水法案》,包含若干影响城市地区水质的规定(表1-2)。在20世纪70年代早期,由于污染的点源是工厂,所以城市水污染的主要原因明确,因此市政当局可以确定在哪里建立污水处理厂。根据《清洁水法案》第201节,环保署已发放300亿美元的补助金用于资助州和地方政府建设污水处理厂。因此,现在污水处理的能力已大大增加,对于那些非点源的地方,现在则被视为水体污染的主要原因。

每个州必须确定受污染的流域的各种污染物的最大容许量,并能保证流域水质满足饮用水标准或游泳标准。各州也必须能对私人的点源(如工厂)和非点源(如建设场地)进行识别和定位,以保证不超过最大污染上限。最后,各州必须强制实行每个流域的最大日负荷总量计划(Total Maximum Daily Loads)。为了城市水域的清洁,有关最大日负荷总量的议题,还有更多的工作需要完成。

影响城市水质的《清洁水法案》行动计划　　　　　　　表1-2

第201款——资助建设公共污水处理厂

第308款(d)——确定受损的水道并起草最大日负荷总量计划,以清理这些水域使之满足饮用或游泳的标准

第319款——州计划和方案以及联邦贷款和拨款,旨在控制非点源的污染并向公众发表报告

第402款——(美国国家污染物排放消除系统NPDES)许可制度,对水的点源和非点源污染,包括雨水管理许可和城市雨水排入水系的监测

第403款——工业污水排放到市污水处理厂前进行预处理

第404款——在通航水域进行疏浚和向湿地排水发放许可证

第402款要求,任何政府、企业和个人,如果将来自点源(例如,一个工厂或污水处理厂)的污染物排放到可通航的水域,必须获得由州环保机构或美国环保署颁发的国家污染物排放消除系统许可证。自20世纪90年代初以来,环保署已经把大部分国家污染物排放消除系统许可权下放,由各州的环境机构来监管和执行。

联邦立法将国家污染物排放消除系统的雨水规划分为两个阶段处理,涵盖了两种不同类型的径流,来自雨水管道和来自于地表的径流。在第一阶段,对于大中城市的独立雨水管道系统(MS4s)和面积超过五英亩以上的大型场址建设项目,要求必须获得美国环保署颁发的国家污染物排放消除系统许可证。第二阶段针对城市人口少于10万人的市政雨水径流项目以及占地面积在1~5英亩的建设项目。

大约700个城市建设了合流制管道系统,同时合流制溢流也成了水污染的主要源头。在下暴雨或积雪大量融化的时候,受细菌感染的有危险污水,会进入水域,威胁饮用水供应并往往导致海滩关闭。

第404款对在通航水域进行疏浚和向湿地排水的行为进行了规范。土地所有者、开发商和政府,要求在通航水域进行疏浚和向湿地排水的,必须首先取得由美国陆军工程兵部队颁发的许可证。部分建在平原上的老城市,仍在遭受定期泛滥的洪水的蹂躏。湿地和泄洪平原在吸收洪水方面仍然发挥着重要的作用。卡特里娜飓风的来袭,给了新奥尔良大区一个深刻的教训,由于成千上万英亩的湿地被填平,大大降低了吸收洪水的能力。湿地的丧失和不透水地表的增加,使流速加快和土壤侵蚀加剧,从而使洪水更具威胁。

城市供水。根据《安全饮用水法案》中的水资源保护规划和井口保护规划,美国联邦政府大力推进城市供水规划。对于正经历城市人口快速增加和急剧发展,同时必须从远处调水的城市来说,供水规划是非常重要的。对于很多城市来说,要谨慎地实施土地利用规划,在保证供水的同时容纳更多人口和发展经济,这无疑是一个特别严峻的挑战。例如,根据《安全饮用水法案》,城市可以使用"国家饮用水循环发展基金"来建设绿色基础设施,如透水地面、绿色屋顶、屋顶花园和其他设施,这些设施有助于减少城市热岛效应、节约能源,并控制雨水径流。为了保护水资源,城市也可以用这笔资金购买土地并保护土地的地役权。

在地区水资源保护工作方面,位于奥斯汀大区和得克萨斯州的巴顿泉流域提供了一个有趣的案例。巴顿泉流域面积超过 360 平方英里,含水层的水为 45000 人供水。1992 年,奥斯汀市通过一项法令,限制不透水地表面积,规定在巴顿泉含水层上面,任何住房开发区和建筑物,新建的不透水地表面积不得超过占地总面积的 15%～25%。1998 年,为了购买敏感的土地并保护这些土地的地役权,奥斯汀选民批准发行 6 500 万美元的债券,捐助巴顿泉及所属的补给区。

城市需要警惕供水与人口增长之间的潜在不匹配,需要警惕不确定的后备水源与扩大的供水需求之间的潜在不匹配,同时要警惕竞争对手的管辖范围和污染源对供水的威胁。从长远来看,为了确保拥有足够的清洁淡水,城市必须越来越多地在流域层次上,制定区域性的供水规划。

棕色地块

清理并重新利用棕色地块,已经成为建设绿色城市的一项最重要的工作,锈迹斑斑的老旧工业城市,是可以振兴并变成绿色城市的。环保署将棕色地块定义为“废弃的、闲置的,或未充分利用的工业和商业设施,在那里,由于实际上是被污染的,或感觉上是受污染的,所以扩建或重建都很复杂”(见 2001 年美国环保署的棕地主页)。在美国,估计有 50 万个棕色地块,这些地块主要位于城市里。1994 年,美国的市长会议上,将棕色地块清理作为市长工作的第一要务,因为清理棕色地块的结果,意味着潜在的工作岗位、新的商业投资机会、新的税收来源、新的城市居民以及社区的振兴。

棕色地块包括由于地下储油罐泄漏而废弃的加油站,也包括早期的干洗店和空闲的工厂。棕色地块周边的居民,往往有方便的交通网络、良好的下水道和供水设施。棕色地块已经被改建为办公室、住宅、科技园、新工厂、仓库、博物馆、餐馆或公园等。棕色地块改建,既涉及新的建筑物,也包括现有建筑物的重新利用。

在棕色地块的重建过程中,城市和私人开发商都曾经面临各种障碍。多年来,主要的问题是责任不清。1980 年,美国国会通过了《综合环境反应、补偿和责任法案》,也称为超级基金法案。《综合环境反应、补偿和责任法案》要求清理大型的危险废物场并要求与倾倒垃圾有责任的当事人承担清理恢复的费用。《综合环境反应、补偿和责任法案》的严格责任规定,使得无论是以前的业主还是现在的业主,或者排污者,都有责任承担清理费用,即使个人或公司不知道购买的有形资产含有危险废物。《综合环境反应、补偿和责任法案》的"连带"条款允许环保署在其他人不能发现污染或其他人没钱支付清理费用的情况下，明确由公司或个人承担责任。风险责任使得企业和地方政府不愿意购买和恢复那些已经倾倒了危险废物的任何有形资产。

对于超级基金项目来说，棕色地块中虽然存在一定量的危险废物，但棕色地块中污染物的数量还没有达到环保署超级基金项目优先处理的要求。即便如此，棕色地块可能会对公众的健康构成威胁，同时清理的费用昂贵。棕色地块的成功清理和重建，取决于未来的责任是否明确，以及是否有一套可靠的污染风险评估标准，同时政府的财政奖励必不可少。此外，棕色地块改造是以合作关系出现的，一方是公共管理和出资机构，另一方是私人投资者、开发商和社区团体。

20 世纪 90 年代，在棕色地块的认定、监测和重建方面，以及在棕色地块的恢复和清理费用方面，美国环保署开始赋予各州更大的责任。根据《超级基金法》，对于在中轻度污染地块重新开发房地产的公司和投资者，各州应当承担资助的责任。在没有进行任何清理恢复之前，根据对棕色地块污染情况的评估结果，州环保机构和一个阐述了清理条件的开发商签署开发协议。作为一种鼓励整治和重建棕色地块的措施，2002 年的《小企业责任减免和棕色地块振兴法案》，降低了棕色地块买家的责任。

对于棕色地块的开发商来说，减轻未来业主的责任是必不可少的，因为对于购买商业性房地产，贷款机构在发放贷款之前，需要对标的物可能存在的危险废物，如地下储油罐的泄漏物或石棉等的含量进行评估。此外，通过对棕色地块的逐块清理，州政府可以制定与重建用途相匹配的清理标准，例如与重建公园相比，重建仓库所涉及的整治项目肯定要少。

清理棕色地块代价高昂。1993 年以来，通过拨款给各州和各个城市，环保署已经资助了一批国家级的和区域级的棕色地块清理和重建项目。作为重建这些资产的第一步，环保署的资助已经使得社区能够评估和储备这些棕色地块。例如，巴尔的摩已经利用环保署的资助建立了一个用来查明现有的空地和土地利用不充分的地理信息系统（GIS），普查对象的一半是棕色地块。2002 年的棕色地块法案还规定，联邦应资助棕色地块的评估和清理。

以联邦环境法律为基础的建设

美国联邦政府曾主要通过设立空气和水的质量标准以及对基础设施进行拨款，来帮助城市改善环境。但自 1990 年通过《清洁空气法案》修正案以来，美国联邦政府没有颁布更多的具有开创性的环境法规。特别是在引导节能和发展可替代能源系统方面，联邦政府几乎没有施加什么影响。进一步改善城市空气质量，将在很大程度上取决于增加使用公共交通（减少驾驶小汽车出行里程数）、增加使用可再生能源（减少化石燃料）以及整体节能。联邦交通发展基金已偏向于道路的建设及维修。都市规划组织的方法在一些城市发挥了作用，如旧金山市和华盛顿特区。但 341 个都市规划组织成员中的大多数仍执着于道路建设和机动车出行。随着美国人口接近 4 亿，联邦政府需要投入更多的资金到轨道交通建设上。

同时，为了改善空气质量并减少导致气候变化的温室气体的排放，一些城市正在推广替代能源和发展节能措施。2007 年，纽约市市长布隆伯格提出，在这个美国第一拥堵的城市，对小汽车和卡车征收交通拥堵费，以鼓励纽约市民使用公共交通（征收拥堵费：是一种降低交通流量的措施，指在特点的时段，对进入城市部分地段的司机征收费用的做法）。此外，征收的拥堵费将用于改善公共汽车和地铁的服务。

布隆伯格市长还提出，到 2030 年，要将纽约市的温室气体排放量减少30%。这里有一个自身利益的因素，因为纽约是一个容易遭受洪水的沿海城市，而温室气体带来的气候变化容易导致海平面的上升。几十个其他的美国沿海城市也像纽约一样脆弱。

为了减少温室气体排放，23 个州和一些城市，如哥伦比亚、密苏里、杰克逊维尔和佛罗里达等，都已要求当地的电力供应商，在提供的电力中，可再生能源产生的电力必须占有一定的比例。而联邦政府并没有强调可再生能源在电力供应中的百分比。

在推进节能的事业中，非营利部门正发挥着越来越重要的作用。美国绿色建筑委员会主持的能源与环境设计先导（LEED）绿色建筑标准，已经受到了开发商、投资者和最终用户的重视。包括旧金山、波士顿和奥斯汀等城市已出台条例,要求所有新建市政建筑和改建市政建筑必须符合 LEED 的绿色建筑标准。

对于城市复兴来说,绿色空间是必不可少的。纽约市长布隆伯格已设定了一个目标,就是每一个纽约人应该生活在离公园不超过步行 10 分钟的范围之内(纽约市已经制定了一份绿色空间覆盖地图)。一些联邦基金,已经以"土地与水源保护基金"和"城市公园与娱乐重建项目"的名义,用于那些经济困难的城市社区的公园建设。但"土地与水源保护基金"的款项是遍布整个美国的,往往倾向于农村项目,而"城市公园与娱乐重建项目",自 2002 年以来,尚未资助任何项目。因此,各个城市不得不寻找其他方式来承担新建公园、绿色空间和绿色通道的费用。印第安纳波利斯有一个 35 英里长的绿道系统,而查塔努加正在建设一个 75 英里长的休闲大道。而非营利部门在创建和维持城市的绿色空间方面再次起到重要的辅助作用。例如,宾夕法尼亚的园艺学会曾对本书进行了描述并在"伊甸园的遗忘与发现"节目上刊登了视频,该学会曾与社区一起共建社区花园、修复公园以及一般的公园改造项目。成立于 1972 年的"公共土地信托基金",与全美国的城市一起,共同保护和创建用于公众休闲和社区集会的公共场所。

美国联邦政府并没有建立家庭废物的回收标准。对城市来说,固体废弃物的处理通常是继教育和交通之后的第三大政府开支。废物的回收有几个好处,例如可以避免因焚烧垃圾而造成的空气污染,同时可以减少二氧化碳的排放量,并可以减少树木的砍伐,目前,美国全国的废物回收率约为 30%,远远低于日本和德国,在日本和德国,回收率在 70% 或更高。加利福尼亚州要求回收一半的废物,洛杉矶已经达到了该标准。

对城市而言,一个很重要的新兴做法是设立环境改善的基准。例如 2001 年,俄亥俄州的哥伦布市发表了一份针对环境进展基准的报告。这使得民选官员能更好地查明绿色行动的成功和不足;同时选民和市政府可以监督民选官员在这方面的责任。

城市的未来

对于参与绿色行动的城市来说,"放眼全球,立足本地"这个口号具有重要的参考性。美国在温室气体排放以及能源和自然资源消费方面是全球前列的。同时，美国的贸易赤字和依赖外国石油的数量持续增长。这种状况是不可持续的。

1990 年的美国人口普查显示，美国已经成为郊区化国家，即与居住在中心城市的人口相比，更多的人住在郊区。郊区生活方式在很大程度上依赖于廉价而丰富的石油供应和无处不在的小汽车。此外，如果还要承载 1 亿美国人并且对环境影响最小，那么城市应该能提供更有吸引力的生活与工作环境。所以，郊区化的生活模式是不可持续的。

为了改善当代人的生活质量，绿色城市不仅是一种尝试，而且是一个关系到国家安全的问题。绿色城市建设是以减少生态足迹的方式与大自然更和谐地相处，同时为子孙后代创造更优质的生活空间。

参考文献

American Public Transportation Association. 2007. *Bidership Report*: *Fourth Quarter*, 2006. Washington, D. C.: APTA.

Beatley, Timothy, and Katherine Manning. 1998. *The Ecology of Place*: *Planning for Environment*, *Economy*, *and Community*. Washington, D. C.: Island Press.

Coequyt, John, and Richard Wiles. 2000. *Prime Suspects*: *The Law Breaking Polluters America Fails to Inspect*. Washington, D. C.: Environmental Working Group.

Columbus Health Department. 2001. *Environmental Snapshot*, 2001. Columbus, Ohio: Columbus Health Department.

Daniels, Tom, and Katherine Daniels. 2003. *The Environmental Planning Handbook*: *For Sustainable Communities and Regions*. *Chicago*: American Planning Association.

Dunn, Seth, and Christopher Flavin. 2002. "Moving the Climate Change Agenda Forward." In *State of the World* 2002: *A Worldwatch Institute Report on Progress Toward a Sustainable Society*, ed. Linda Starke. New York: Norton.

The Economist. 2007. "Greening the Big Apple." April 28: 34.

Ewing, Reid, Tom Schmid, Richard Killingsworth, Amy Zlot, and Stephen Raudenbush. 2003. "Relationship Between Urban Sprawl and Physical Activity, Obesity and Morbidity," *American Journal of Health Promotion* 111, 12.

Johnson, Mark. 2002. "Brownfields Are Looking Greener." *Planning* 68, 6: 14-19.

Lash, Jonathan, Katherine Gillman, and David Sheridan. 1984. A *Season of Spoils*: *The Reagan Administration's Attack on the Environment*. New York: Pantheon.

Metro. 1995. MetroGrowthConcept www. metro—region. org/article. cfinParticle ID = 231.

1000 Friends of Oregon. 1991—1997. *Land Use Transportation and Air Quality* (*LUTRAQ*) *Reports*. Portland: 1000 Friends of Oregon.

Shutkin, William A. 2001. *The Land That Could Be: Environmentalism and Democracy in the Twenty-First Century.* Cambridge, Mass.: MIT Press.

U. S. Bureau of the Census. 2004. *Census Bureau Projects Tripling of Hispanic and Asian Populations in 50 Years: Non-Hispanic Whites May Drop to Half of Total Population.* Washington, D. C.: Bureau of the Census.

U. S. Environmental Protection Agency. 2001a. *Latest Findings on National Air Quality: 2000 Status and Trends.* Washington, D. C.: EPA.

———. 2001b. http://www. epa. gov/swerosps/bf/index. html.

U. S. Supreme Court. 2007. *Massachusetts et al. v. Environmental Protection Agency et al.* 549 U. S. Supreme Court No. 05-1120 (2007).

Wiland, Harry, and Dale Bell. 2006. *Edens Lost & Found: How Ordinary Citizens Are Restoring Our Great American Cities.* White River Junction, Vt.: Chelsea Green.

第2章
日益增长的绿色区域

罗伯特·D·亚奥、大卫·M·古立思
(Robert D. Yaro and David M. Kooris)

  截至 2007 年,美国人口已接近 3 亿;与此同时,全球人口达到了 60 亿。最近以来,气候变化和生态破坏的程度史无前例。风暴已经变得越来越不稳定并出现极端化的趋势。在印度沿海,第一块人类居住地已被上升的海平面淹没。森林砍伐、土地沙漠化和过度开发已极大地减少了全球生物的多样性和可耕种土地的面积。全球变暖已毫无争议。联合国气候变化小组(IPCC)的最新报告揭示,土地和海洋温度的升高与过去一个世纪以来的人类行为密切相关。因此,推动绿色发展的最大动力源自于迫在眉睫的气候变化威胁。

  许多这类生态问题都是人类活动造成的。例如,在美国的阿巴拉契亚地区和世界其他的矿区,为了获取自然资源,矿工们挖掉山峰、填满河谷,并在地球表面留下矿坑。使用化石燃料的运输和制造业,对所在地的空气、海洋及生物造成了污染,最令人担心的是,工作和生活在这些地方的人以及他们的孩子还必须使用这些受污染的空气、海洋和生物。正如人类创造了这些问题一样,人类也可以通过实行绿色发展模式来缓解这些问题。最重要的是,人类可以减少对能源的需求,并通过绿色区域设计,以及遏制温室气体的排放,来实现人工环境与自然环境之间的更大平衡。

  为了抵御气候变化的威胁,采取区域规模的干预措施不但是可行的,而且是必要的。在本章中,我们将定义绿色区域设计的关键要素。为此,我们将以纽约、新泽西和康涅狄格州的大都会地区作为案例,来研究区域性绿色设计的应用问题,并详细说明绿色设计在创建开放空间、建立运输网络(及相关的土地利用问题)和能源网络方面的应用,这些要素构成了一个地区经济增长和社会发展的框架。我们将展示,如何在解决全球变暖问题的同时,使该地区更适宜居住并增强其竞争力的。

全球性挑战需要的区域性及局部性的解决方案

最大的温室气体排放源(主要是二氧化碳)来自于汽车和发电厂。在美国的能源消费中,小汽车和卡车占了近三分之一,建筑物占了近一半。严重地依赖化石燃料,意味着美国是世界上最大的二氧化碳排放国。与美国大多数地区相比,东北部地区人均消费能源的数值是较低的,但按绿色消费的标准来说,仍然偏高。

虽然气候变化是一个全球性的挑战,但是美国目前的政治体制表明,即使在国家层面上,也几乎不会应对这种挑战。为了限制碳排放和实现未来的发展,虽然几乎所有的工业化国家都已制定了与环境协调发展的国家政策,但美国联邦政府却没有制定类似的政策。因此,在不久的将来,美国的下级政府将率先制定并实施绿色战略。由于美国的建筑环境是刺激能源需求并驱动温室气体产生的,所以这种下级政府先实施的方式将是美国实施绿色进程的基础,在这种方式里,下级政府将决定能源的分配和发展的模式。

在过去的 60 年,一种普遍的本土化模式主导了美国的发展,这种模式就是低密度郊区的无序蔓延。这种模式的特征是,依靠公路和街道,将分散的郊区与大都市捆绑在一起,这是一种高度依赖汽车同时大量消耗化石燃料的模式。这种模式反映了在不管具体的机会或限定地域的情况下,现代工业社会如何主导大自然,并使人们实现共同理想。这种对城市及区域的设计实行一刀切的办法,在能源昂贵和气候变化的时代,是一种不可持续的发展模式。

今天,80%的美国人居住在大都市地区,这种模式在未来将继续保持。据预测,到 2025 年,美国的人口将增长 40%,达到 4.2 亿,为了容纳这些新增的人口,从现在起到 21 世纪中叶,需要建设的生活、工作、购物场所,将相当于过去 200 年建设的总和。仅仅截至 2025 年,一半以上的 2000 年时的建筑环境将不存在。此外,正如宾夕法尼亚大学的师生以及区域规划协会(RPA)的工作人员最近的研究所称,10个相连接的"巨型区域"的人口增长将占总人口增长量的70％——这些巨型区域由若干个大都市区整合为一个网络。这些大都会地区一直享有人口、经济、交通网络和环境方面的支持系统,这些支持系统既与现状又与未来紧密相连。因为大都市地区主导了国家增长的份额,所以这种增长方式对环境具有深远的影响,在这种增长方式里,大都市和巨型区域自己决定其发展规划,区域自己选择自身的发展方式。他们既可以选择加剧气候变化的发展方式,也可以选择减轻气候变化的发展方式。如果他们采取绿色的区域设计模式,他们则可以达到均衡发展的愿望,真正获得既有竞争力又能繁荣经济的绿色发展模式。

绿色区域设计的定义

虽然不存在绿色区域的标准定义,但在最基本的层面,绿色区域是一个居民可以循环利用材料并消费当地生产的有机产品的区域。在高度城市化的地区,绿色区域既要求具有较高的公交客流率,同时建筑法规符合 LEED 认证标准。绿色区域是一种与环境相和谐的区域。

绿色区域也是一种能体现设计策略的区域,在特定的环境的条件下,这种设计策略能体现本地的自然环境和人工环境这两个构成区域的要素。因此,绿色区域设计必须开辟一条道路,这条道路既能体现自然和气候等地理环境,也能体现遍布整个景观的人造基础设施以及建筑环境。绿色区域可以采取多种形式,这些形式会在下面的案例研究中见到。

有关纽约-新泽西-康涅狄格三州大都会地区绿色区域设计的案例研究

本案例研究将详细地描述绿色区域的设计方法,介绍纽约、新泽西和康涅狄格州这三个州的大都会地区,正在规划或处于概念阶段的开放空间、交通系统(及相关的土地使用)和能源系统。该区域的开放空间系统支持该区域的水源供应、生态保护、农田和森林等"绿色基础设施"。它们也是该区域风景和游憩资源的主体。该区域的交通系统将决定个人选择以何种方式出行,出行方式是以方便性和实用性相结合为基础的,同时也是以土地利用的分布情况和人口活动方式为基础的。每种交通方式或多或少都是适合某种特定环境的,同时,每种交通方式也都会对气候变化、空气质量以及公共卫生产生不同的深刻影响。最后,该区域的能源生产和分配系统向该区域的建筑和交通系统提供能源。

美国东北三州区域的开放空间系统

在三州区域的绿色设计中,为了实现人工环境与自然环境之间的和谐,第一步是确定哪里应该发展以及哪里不应该发展。作为美国最高度城市化的地区之一,网络状的区域景观(其中最重要的是阿巴拉契亚高地和其提供的丰富地表水的供水景观)不仅提供了自然资源,也是当地人的心理寄托。这些以"绿色草皮"形式构成的景观,对于该地区的城市这个"阳"来说,就是自然界这个对称的"阴"。它能确保该地区的人口获得清洁的饮用水,为该地区布满森林的山峦以及湖泊和河谷年复一年地无偿提供自然服务,这本身就是一笔巨额的财富。这些具有多样性的原始美景,在很好地提供休闲娱乐机会的同时,也构成了该地区生活质量的基础。为了提高生活质量,在知识和信息经济行业从业的人士正越来越多地选择在这些地区生活和工作,这造就了俄勒冈州的波特兰市、得克萨斯州的奥斯汀市以及旧金山市的成功。

由于"绿色草皮"涵盖了十几个大型自然系统,包括占地百万英亩的阿巴拉契亚高原和占地十万英亩的长岛松林,因此构成了三州地区的基本框架。保护工作已成功地指向了最敏感的生态核心区。同时,规划工作也关注到了生态核心区的边缘地带,在那里,不规则的开发已破坏了生态核心区的完整性。正如后文所述,在保护区域内最珍贵的资源方面,综合保护策略已经取得成功。

根据真正的麦克哈格式方法,区域规划协会首先根据一系列生态因素和绿色基础设施(例如,每一个系统中公共供水系统的质量和范围),优先保护乡村景观和自然景观,同时根据区域规划协会制定的三州规划中的区域风险图,确定最重要的保护区域。他们识别了五大系统,这五大系统承担了该地区大部分的供水功能,占据了该地区未开发土地的主要部分,奠定了该地区公园和游憩道网络的基础。大型水源景观沿着纵贯三州地区的阿巴拉契亚山脊蜿蜒分布。这些水源景观包括,阿巴拉契亚高地、基塔廷尼山脉和谢南多厄山脉(这些水源景观从高地以西的特拉华水口向东北延伸),还包括纽约州中部的卡茨基尔山脉。另外两个大型地下供水系统是长岛松林和新泽西的松林,它们为三州提供额外的饮用水供应(见插图 1)。

"绿色草皮"也全部或部分地包含了特拉华、哈得逊以及康涅狄格这三条主要河流的流域。这些水道排入一个由河口组成的水网,这些河口包括纽约港、长岛、科尼克湾和长岛及新泽西海岸的沿海港湾,其完整性在很大程度上依赖于上游土地的开发程度。这些自然系统和水体是该地区最基本的景观元素,这些景观造就了三州地区的独特美景,对这些独特美景中任何部分的破坏,将对整个地区的生活质量和经济活力带来负面影响。

早在 20 世纪 20 年代,区域规划的先驱本顿·麦凯就确定了阿巴拉契亚高地的重要作用。本顿·麦凯建议保护整个阿巴拉契亚地区,并使其成为美国东北部的一块永久性绿地。在他的倡导下,联邦政府和一些州政府,建立了一些公园和森林,从缅因州到佐治亚州,这些公园和森林通过地标性的阿巴拉契亚的山间小路连接在一起。但直到最近,三州地区部分高地的保护工作一直滞后。

区域规划协会是高地保护措施的早期支持者之一。在区域保护规划的第一期(1929 年)和第二期(1968 年),区域规划协会提出了雄心勃勃的保护方案。由于区域规划协会的持续宣传,联邦立法机构建立或扩大了几个关键的州立公园,包括新泽西的玲武德州立公园(Ringwood State Park)(1964、1966 和 1995 年)和纽约的迈呐瓦什卡州立公园(Minnewaska)(1993 和 2006 年)。在 20 世纪 80 年代后期,区域规划协会开始实施主动性的高地保护新举措,其最终目的是保护沿着纽约和新泽西边界之间的占地 25000 英亩的斯特林森林(Sterling Forest)。

在 20 世纪 90 年代,来自高地附近的郊区不断发展的压力,迫使区域规划协会和其他组织提出,要对整个生态系统采取更广泛的保护措施。2004 年,美国国会颁布了《高地管理法案》,对从宾夕法尼亚到康涅狄格的四州区域内的规划工作和土地与资源的保护工作提供资金支持。同一年,新泽西州立法机关通过了《高地水资源保护与规划法案》,授权规划并建立一个 40 万英亩的高地保护区,并授权高地委员会进行管理。在纽约和康涅狄格州,区域规划协会对类似措施正在施加压力。

保护这些生态宝藏的关键是保护其边缘的景观。沿着大自然和市区之间的模糊边界是非常重要的,因为这里的生物多样性是最高的,正是在这条边界上社会决定了整合水准,这种整合是允许出现在自然世界和人工世界之间的。东北地区几乎所有的土地利用管理工作都与当地政府的责任相关,都具有规划、区划和分区规则。对于保护如高地这样的大型生态资源来说,需要邻近的城镇和与其他机构进行协调与合作来应对这种行政区划的分割。今天,在沿着高地附近的城市,许多协调规划和区划的试验正在进行。

纽约东南的奥兰治县(Orange County)就是一个例子。该县位于纽约高原的北部边缘,横跨被保护的山脉,由于靠近大都市核心区的城镇和村庄开发过度,使这里成为一个受郊区化威胁的地区。该地区附近有一些同样生态敏感,但目前未受保护的土地。它们位于哈里曼州立公园(Harriman State Park)、帕立萨德斯州立公园(Palisades Interstate Park System)、西点军校(West Point Military Academy)和斯特林森林保护区(Sterling Forest Reserve)周边,由于住宅小区和零售商场的需求不断增长,该地区正受到城镇化的威胁。对这个地区的许多居民来说,虽然城镇化对自然环境的威胁是明显的,但同时他们也承认,交通和道路拥挤是最明显的不受管控的外部扩张形式。1998 年,在奥兰治县计划委员会的主持下,七个涉及交通和运输问题的行政区(三个镇和四个村),形成了一个联合规划小组。该规划小组后来参与了一项交通问题的研究,该项目促成了目前正在实施的若干具体的交通改善工程。合作者们得到的结论是,这些措施只能对日益增长的交通拥堵状况稍有缓解。他们发现,解决问题的唯一途径是通过城市之间相互协调的方法,对土地利用进行合理规划。

在与这些行政区和其他一些利益相关者一起工作的同时,区域规划协会受奥兰治县计划委员会的委托,将当前的土地利用决定和今后的交通以及对生活质量的影响联系在一起。该项目的一个主要目标是,以容易接受的图形语言,证明未来的发展轨迹是适合该地区的。作为项目的第一步,区域规划协会根据现有的区域划分和相关的法规,进行了预景分析。在"传统发展模式"预景下,未来的发展情景被呈现出来。预景展示了建筑足迹和公路网络,反映了这个地区近来的开发模式。由于只有为数不多的道路横贯该地区,同时大部分景观未受到保护,所以造成了机动车蔓延的发展格局,即交通流量集中在几条主要的公路上。在这样的条件下,数千英亩的土地被转换成由一个个独幢住宅构成的住宅区和被停车场淹没的大型商业机构。这将导致持续的拥堵,由此造成的开放空间损失,总体上降低了该地区的生活质量。奥兰治县东南地区最近的趋势表明,占主导的统一开发类型(独栋住宅占据大片土地),已经导致整个地区承载能力的明显下降。

为了制订不同于现状的规划方案,区域规划协会召开了一个专业研讨会,与会人员包括经国家认证的城市设计师、景观设计师、土地利用方面的法律专业人士以及利益相关人员。会议首先定位区域内生态最敏感的景观,然后确定优先发展的地域,同时针对完善和营造地区中心提出推荐的发展战略。生态敏感的景观形成了一个绿色网络,这个网络不仅整合了这七个村镇,同时也将周围的公园与地区中心连接起来。由此产生的绿色基础设施,渗透到各个村庄和居住区中心。绿色网络起始于一个荒野公园,通过休闲娱乐地区,沿着火车道、游憩道和绿色街道,最终到达一个村庄的绿色空间。

规划后的这个绿色网络,由该地区的河流廊道、冲积平原、湿地、农业用地、山脊以及必要的桥梁建筑组成。保护这些土地,也给该地区带来了一些其他的区域利益。这些利益包括:雨水管理、地下水补给、防洪减灾、游憩场所以及其他改善生活质量方面的好处。总之,这些绿色基础设施,指出哪些地方不应开发,同时也为未来发展提供了一个框架。

交通系统:交通及相关的土地利用规划

在绿色区域设计中,一旦景观被保护下来,下一步就是确定支持性交通系统和相关土地利用。最理想的状态是,这两类计划相互促进,即交通基础设施最适合于土地利用的空间布局,同时这种发展模式有利于强化交通基础设施投资[1]。绿色区域设计的基本假设是,区域内的道路体系存在等级差别,从步行道路到公路再到轨道交通。绿色区域设计拒绝那种"一种方式适合所有地方"的交通规划,拒绝那种只依靠宽敞的车道加路边停车场同时人行道最少的交通规划。在绿色区域设计中,将优先考虑从城市中心到社区的非机动车交通。在最大的程度上,绿色区域设计的目的是改善现有的连接区域中心和郊区以及各个腹地的铁路网。在较小的程度上,绿色区域设计的目标是创建短距离行人活动的节点,对于较长的距离来说,绿色区域设计的目标是创建自行车道与公共交通相结合的道路体系。在绿色区域设计中,将小汽车视为偶尔前往较远地区、不方便地区或去休闲娱乐的有用工具。绿色区域设计的目标是机动车蔓延的交通方式转变为强化人行设施、自行车基础设施和公共交通基础设施上来。

三州地区或者更大的东北部地区,可以成为绿色区域设计的示范区域,因为那里有完善的公共交通系统、有功能强大的区域中心、有著名的历史城镇以及当初开发的时候是以步行为主的村落中心。为了重现纽约大都会地区当年历史中心的生活质量和活力,近些年,整个美国的城市和郊区市政当局,都倾向于高密度和以行人为导向的开发模式。随着人们对能源安全和气候变化的关注与日俱增,全美的社区继续期待纽约市和它的区域中心在绿色城市方面成为范例。

历史上,交通运输成就了三州地区。首先三州地区不断发展周边的有轨电车、地铁,以及后来的通勤铁路网,后来,三州地区则沿着公路不断扩展。如今,纽约市人口和就业的增长(在 20 世纪 90 年代,纽约的人口增加了 100 多万),已经造就了拥堵的公路,并将乘客推向许多已不堪重负的地铁和通勤铁路。到 2030 年,纽约市人口预计将增加 100 万,而同一时期,整个东北三州地区预计将增加 400 万居民和 300 万个就业岗位,容纳这种增长需要扩张整个区域的铁路网。

纽约市目前拥有世界上最强大的区域性铁路、地铁和轻轨网络,900 多个车站分布在数千平方英里的地面上。在过去的 25 年里,本地区的运输部门已投资 600 多亿美元用于关键设施的改造。尤其是新泽西,已进行系统性扩展的项目,包括新建三条轻轨线路,以及建设新的转运点,并对现有线路进行了升级,同时为了恢复 20 世纪后半段退役的一些线路,目前正在对其进行检修。对于去纽约旅行的人来说,以前的终点站是新泽西的霍博肯,那里提供与铁路连接的轮渡,而近期建设的斯考克斯中转站,通过允许直接连接到纽约的宾夕法尼亚站,从而削减了整个线路的运行时间。由于对几个以前的燃油线路进行了电气化改造,所以对位于商业和住宅区的中间地区已产生了深远的影响,既缩减了旅行时间,同时位于步行直达车站范围内的房地产也大大升值。

新泽西的交通系统,每日为超过五百万前往纽约市的人员提供交通服务。随着近几年该地区的公路系统变得更加拥挤和不可靠,许多去纽约旅行的人将轨道交通作为选项。目前,新泽西正规划一项 6 亿美元的投资,建设一个"进出该区域核心地带的通道"(Access to the Region's Core),该项目的主体是在哈德逊河底建造的一条双向通勤铁路隧道,以服务了一个新的新泽西交通枢纽,该交通枢纽位于曼哈顿城区中西部以北的宾州车站。这一规划将允许新泽西周边不断延伸的通勤铁路网持续扩大(见插图 2)。

为了满足该地区增加的交通需求,该地区目前正在推进两个额外的"巨型"交通项目:分别是建设第二地铁干线以及建设长岛铁路的东部通道项目(East Side Access)。由于正在使用的第一条扩展型交通线路已经服役了超过 60 年,所以这两个额外的"巨型"交通项目的经费将由纽约大区交通局(Metropolitan Transportation Authority)、纽约和新泽西的港务局以及联邦政府承担。位于该地区核心地带的第二地铁干线,于 2007 年春天开始建设,运行的长度将延伸到曼哈顿的东侧,最终可能扩展到纽约市最北的布朗克斯区,并向南扩展至布鲁克林区和皇后区,并通过一站直达的地铁将肯尼迪国际机场和中心城区的工作区以及下曼哈顿区连接起来。这将减轻交叉通过列克星敦地铁干线的压力,同时为不同经济实力的人提供现代交通服务,其中有些人很少乘坐地铁。东部通道项目对长岛铁路(Long Island Railroad)是一个激励措施,鼓励在进入到宾夕法尼亚隧道车站之前,旅客向阳光大道和皇后区分流,并导致在曼哈顿中心区东部的中央车站下面出现一个新的地铁终端。这项投资将为 1000 万通勤人士每天节省下 20 分钟的旅行时间,这些通勤人士的目的地是纽约东部地区。这将同时为长岛铁路现有的火车站枢纽和东河(East River)之下的铁路线路提供免费空间,并将通勤里程延伸 20 英里,直到长岛。东部通道项目和曾被称为该地区核心通道的项目,因为能提供康涅狄格、新泽西和纽约三州之间的直通服务,所以将对该地区的铁路系统产生重大影响,同时遍布该地区的巨大人口和就业中心,将被可靠、有效地连接在一起。

除了向这些固定线路进行投资,该地区还向更便宜和更灵活的快速公交系统(BRT,Bus Rapid Transit)进行投资。在推广新技术(如减少温室气体排放的混合或氢动力公共汽车)的同时,为了减少对小汽车的依赖,这些项目将与绿色区域设计同步进行。在采用快速公交系统方面,纽约有着悠久的传统。例如,纽约港务局的林肯隧道专用快速公交车道使用了几十年。在成功建设市区快速公交系统的同时,纽约市交通局和纽约大区交通局正共同在纽约市外部的行政区寻找建立五条额外的快速公交线路。在纽约市之外,两条有前景的快速公交项目正在规划。在康涅狄格州的哈特福德县,康涅狄格州交通局已经规划了一条从州首府哈特福德到第二大城市新不列颠市之间的快速公交线路。为了与各个社区相连,这条快速公交线路将利用一条与 1-84 号公路平行的废弃铁路。新泽西交通局正在新泽西的艾塞克斯县规划建设第二条快速公共交通线路。这两条快速公共交通线路,将从该地区的主要交通枢纽纽瓦克宾州车站,辐射到郊区的欧文顿和布卢姆菲尔德。这些快速公交线路分流了一小部分建设新型轻轨系统所需的资金和时间。对于围绕每个车站创造新型公共交通导向的发展节点来说,这些快速公交线路也具有成为催化剂的潜力。

正如这些改进措施将催生出区域性的交通系统一样,通过大量减少小汽车在大都市地区的行驶里程,来达到限制碳的排放并减少对环境的不利影响的目的,交通系统的支持者正在关注类似的交通战略,这种战略将提供一种能替代原来城际旅行模式的绿色、高效的交通方式。从波士顿到华盛顿的大东北都市带概念是由地理学家让·特曼在他的著作《大都市圈》(Megalopolis,1961)中首先确定的,该书描述了解决城际铁路问题的最适当尺度。这条都市带的密度,对于支持高速铁路的连接提供了一个难得的机会,同时也为美国其他的新兴大都市带将来的交通政策提供了一种范本。大东北地区三分之二的旅客是公交乘客,同时超过百分之八十的旅客是通勤铁路的乘客。虽然大东北走廊的铁路系统运载了美国国家铁路客运公司(Amtrak)一半以上的乘客,但是,相对于汽车和航空运输那种相对缓慢而昂贵的服务来说,铁路客运一直保持强大的竞争力。美国国家铁路客运公司的阿西乐高速公交列车的设计时速为 140 英里,但从波士顿到华盛顿之间的大部分区段,其运行的时速不到设计时速的一半。然而,阿西乐高速公交列车证明,对于 100~500 英里的旅行来说,人们对能有效和可靠地替代拥挤的高速公路和机场交通的出行方式有很大需求。

尽管美国政府以有限的资金维持东北走廊的铁路客运系统,但是,其他工业化国家已确认,对大都市圈来说,轨道交通在环保和节能方面的效益是明确的。1964 年以来,亚洲和欧洲建立了广泛的高速铁路(High-Speed Rail)网络,清楚地表明,在类似的大都市圈,高速铁路在与汽车和飞机的竞争中,具有潜在的竞争力。罗得岛经济政策委员会主任基普·伯格斯特罗姆(Kip Bergstrom)曾预测,在 21 世纪,对于超过 500 英里的大都市之间(如美国东北地区)的旅行来说,高铁将成为首选的交通工具。从这个意义上来说,高铁将促进大都市地区的发展和一体化。同样,正是由于高速公路网络的发展,才促进了 20 世纪末大都市地区的发展。在美国的东北地区和其他大都市圈,用可行的铁路客运系统替代其他城际旅行工具,将需要大量的财政投资并需要附加实质性的体制变革。

为了充分发挥交通投资的潜力,地方政府和规划部门,必须通过公共交通导向开发模式(TOD),组织好本地的土地利用,以发挥新的改进型交通系统的优势。在为沿途的每一个车站提供旅行目的地的同时,在关键车站为交通系统提供站内的人行道以及行人与车辆混合使用的公交通道。虽然没有满足所有公共交通导向开发系统的统一模式,但每一个社区,都应该充分利用铁路和公交车的优势,为本社区内的车站规划应对各种密度客流的服务。服务于单一线路的郊区车站的客流密度,与服务于市区或多条铁路线路的车站相比,其客流密度要低几个等级。

与宾州车站相连的曼哈顿中城区的西侧,是纽约高密度中心城区的最边缘,那里最近正在制定新的 TOD 规划。早在 1964 年,这一区域就被区域规划组织确认为最具有成为曼哈顿第三综合就业中心的潜力,1996 年,第三区域规划的概念被复活;从 2004 年开始,这一规划被大规模变更,允许对多达 5000 万平方英尺的土地进行综合开发,这些变更正使得这一理想成为现实。以宾州车站为交通枢纽(目前有服务 14 个区域的铁路线和之前讨论的新连接线路以及 6 条地铁线,并有前往新泽西的线路),该地区最适合高密度开发。目前的规划要求对宾州车站进行较大的改进,包括将附近的地标建筑法利邮局改造为新的莫伊尼汉车站,将现有的宾州车站改造成 21 世纪现代化的交通中心,这将使宾州车站地区成为这个特定的公共交通导向开发区的最大交通枢纽。

来自曼哈顿地区的第二个事例是关于西村(West Village)的开发,该村位于这一地区历史上著名的肉类加工区之内,尽管交通可达性不如区域中心,但对于以行人和自行车优先的开发来说,西村提供了更好的框架。尽管宽阔的鹅卵石街道折射出该地区曾经有过的工业历史,但肉类包装行业已基本上离开了该地区,与之相依赖的货运也消失了。在整个曼哈顿地区,只有这个地区发展形成了最大的社区。餐厅、精品店、画廊、豪华酒店、公寓和夜总会成了这个社区的经济遗产。其他的预期投资,将吸引更多的人来这一地区,这些投资包括,惠特尼艺术博物馆开设的分馆、高架铁路线的南部终点站、沿着以前的高架货运铁路修建的新公园。该地区所作的对行人更友好的最初努力,包括鼓励在以前空荡荡的街道上开设精品店,安装部分街道设施,包括新的照明设施和新的垃圾桶,同时在第十四街和第十大道交叉路口的中间隔离地带进行植树绿化。

为了更好地平衡整个地区汽车和行人的活动范围,区域规划组织与当地社区的领导人一起工作,召开一系列设计研讨会,以找到更多的综合性策略。纽约市交通局已同意将两条从第九大道开始向北的车道移走,这两条车道位于第十四大街和第十六大街之间,并允许在原址建造新的公共空间,同时将一条宽敞的大街转变为林荫大道。作为绿色战略的一部分,这个社区正在规划新的公共空间、统一的街景以及人行设施,并将在几年内实施。城市的每一个街区和地块都是独一无二的,都需要根据局部地点的各种交通模式进行独一无二的设计。在曼哈顿下城区富尔顿街区东村的圣马克大街,以及纽约市很多其他人流庞大的地方,都需要一种能更合适地解决绝大多数人对步行环境质量需求的设计方法。

对于某些出行来说,各种交通方式的选择以及步行区域的改进,将使那些汽车出行的替代方式更有吸引力。三州地区可以进行其他方面的改革,这些改革将通过限制汽车的吸引力,来强化绿色区域设计。对于限制汽车出行的方式来说,可以通过最适当的管理来实行,如征收交通拥堵费以及其他的激励和管理措施。这方面可以向伦敦学习,在伦敦,通过将填海造路的三分之一路面重新用于自行车和行人交通,降低了伦敦市核心区的交通流量。三州地区可以使用这种行人优先技术的区域有很多,包括几十个城市、中心城镇、村庄和社区。

整个三州地区都存在选择新交通模式的机会,与以汽车为主要交通工具的模式相比,新的交通模式是更可持续发展的。区域规划组织已在该地区工作40年以上,该组织认为对于将三州地区发展为一个多核心的大都市圈来说,在曼哈顿外围的10个区域中心,都存在选择以公共交通为导向的开发模式的机会。区域规划组织最近正在新泽西州的纽瓦克和康涅狄格州的布里奇波特这两个中心城市开展活动,演示这两个中心城市的振兴如何成为绿色区域设计的楷模。重筑这两个城市昔日辉煌的关键是将它们的发展模式从灰色转变为绿色。每个城市都有昔日强大工业基础的残余,都残留着位于水边的烂尾楼,以及难以清除的断壁残垣和缺乏维护的老旧交通基础设施,这些大都市圈内的工业遗产,可以被开发利用,使之成为可持续发展的区域中心。

在纽瓦克,区域规划组织与新当选的理念超前的市长形成了伙伴关系,启动了一个以社区为基础的规划程序。参与者的目的是巩固过去规划中的最佳建议,并用新的创新理念填补过去规划中的空白,同时改变该市目前的衰败状况。纽瓦克市现有的一个积极因素是,历史上,该市曾在交通基础设施上进行了大量的投资。在成功地运营沿特拉华河南岸从哈得逊河到卑尔根河沿线的轻轨铁路的基础上,2001年,新泽西州交通局升级了纽瓦克的地铁站和运行的列车设施,并于2006年开通了连接宾夕法尼亚和宽街地区的铁路车站。此外,新泽西州交通局还承担了一系列重要的大型市区重建项目,包括一个竞技场(正在建设中)、一个表演艺术中心、一个医疗学校、一些办公楼和几个住宅改造项目,以实现全方位的土地利用,形成真正的 24 小时运转的社区。

　　但是,纽瓦克市严重缺乏连接到帕赛克河畔和周边自然环境的交通体系。该市没有任何一座沿滨水区建设的办公大楼利用了这一天然优势,这些建筑物背对帕赛克河,并常常把停车场设置在沿河一面。拟议中的新建滨河公园将滨河体育场和华盛顿公园附近的市中心北部地区,与市中心的新泽西表演艺术中心和军事公园相连接,最终与河畔公园和社区相连接。滨河公园土地开发的第一阶段,是通过绿色空间将该市的不同元素连接起来,绿色空间将通过重建城市门户来重新定义城市,乘坐火车、汽车和飞机进入该市的人们都可以看到这个门户。作为一条绿色丝带,它将该市与其最主要的自然资源帕赛克河连接起来。该网络将扩展为由一系列绿色街道,以及行人和自行车优先的走廊所构成的覆盖整个城市的绿色网络,绿色网络会将市中心与滨水的科布鲁克公园(Branch Brook Park)和威克西克公园(Weequahic Park)以及遍及整个城市的各个充满活力的社区连接起来(见插图 3)。

　　对于以公共交通为导向的开发模式来说,布里奇波特市中心也在进行振兴行动,通过将绿化纳入振兴规划之中,将这个地区变为一个更富有魅力的地方。由于三面受限于州际高速公路,第四面也受限于从南向北的高架地铁线路,所以该市是孤立在其主要的滨水资产比康诺克河(Pequonnock River)和长岛海峡(Long Island Sound)之外的。布里奇波特是美国铁路客运公司东北走廊线从华盛顿到波士顿这一地段的唯一一城市,从火车站步行就可以到达世界一流的海滩。这个海滩位于弗雷德里克·劳·奥姆斯特德设计的田园诗般的海滨公园之内。此外,比康诺克河将这个海滨公园与奥姆斯特德设计的另一个公园比尔兹利公园连接在一起,比尔兹利公园坐落在城市北部的一个社区之中。对连接市区与周围地区的地下通道进行绿化,以及建造连接两座公园的沿比康诺克河的绿道和林荫道,将创建步行欣赏美景的体验,这对打破被交通线环绕的城市边界是必不可少的。振兴和绿化这个海滨,将把康涅狄格州人口最多的城市和该州两个最大的公园连接起来,同时将首次使游憩道与公园网对接起来,从而将该州黄金海岸的人口中心与海滨以及遥远北方连绵起伏的丘陵连接起来。

　　进行绿色建筑设计,特别是进行绿色屋顶设计,对纽瓦克和布里奇波特两市来说都是额外的机遇。两市市区中心的核心地段,都有几十英亩的空地,在纽约大都会地区房地产市场日益严峻的情况下,两市都可以充分利用这份宝贵的资产。在大都会地区,将社区可持续发展与建筑设计最佳地结合起来,这一潜在的开发规模,代表着一个几乎无与伦比的机会。

能源系统:为区域提供能源

　　在绿色区域设计领域,人类在景观保护,以及在强化交通与土地利用之间的关系方面,还有很长的路要走,在向着降低区域生态足迹和气候变化影响的前进道路上还有很长的路要走。即使在能源效率最高的情况下,建筑物对电力也具有较高的需求,所以,绿色区域设计中还包括能源方面的内容。一般情况下,建筑物的能源需求包括照明、电器、供暖与制冷等三大类。节能的重点集中在两个领域:一是通过现代绿色建筑技术,减少单体建筑的能源需求;二是在一个地区的供电组合中,寻找多样化的新型绿色能源供应。

　　通过在价格和进货方面对私营业主和企业进行奖励,鼓励他们向生产节能效率更高的照明和电器产品方面过渡,从而向消费者提供合适的节能产品。尽管低能耗照明灯和具有能源之星标识的电器的价格已经降低,但可能仍然需要州政府和地方政府在政策方面提供奖励,以达到最优的价格和实用性,并鼓励商家和消费者加快对这类产品的销售和使用。纽约能源研究与发展局(New York's Energy Research and Development Agency)在这方面就是一个范例,该局创建了一个鼓励进货和购买节能空调的计划。该计划一直非常成功,在纽约,住宅和公寓中的近 25 万台低效空调已被替换为更高效的节能空调。[2]

　　关于能源供应,三州地区有许多来源多样化的机会,但基本上都未实现。几个最雄心勃勃的绿色建筑项目,除了在建筑设计中推广节约能源和减少能源需求的措施,为了满足其余的大部分能源供应需求,还将建筑结构内的发电系统与外部供电系统合并运行。例如,位于第四时代广场的康德纳斯大楼和位于布莱恩特第一公园的美国银行大厦,建筑物上都包含各种光伏发电板和氢燃料电池,同时在美国银行大厦,还有一个能满足该建筑基本能源需求负荷的热电发生器。将供暖与发电相结合的热电厂以及余热发电技术(利用发电厂的废热向附近的建筑物供暖并提供热水)也是推广节能措施的证据。纽约的中城区和曼哈顿下城区是美国最大的集中供热服务区(district-heating)。来自该地区发电厂的蒸汽管道,通过大多数城市街道下面的管道,向大型的办公室、商场和公寓楼提供供热服务。在加拿大安大略省的多伦多,已经证明了区域制冷技术的成功,在夏季,从安大略湖提水冷却在湖岸上的能量转换站。

理论上还有其他的能源解决方案,包括太阳能发电、风力发电、潮汐能发电、余热发电,以及地热冷却等。在三州地区,无数的建筑物在接收太阳的辐射能量。目前,利用太阳能是一种责任,每隔十年左右,就有无数的屋顶材料被更换为造价昂贵的光伏发电材料。利用这种能源发电,是全世界普遍接受的做法,但在三州地区却没有出现。然而,纽约市长期规划和可持续发展局(New York City's Department of Long-Term Planning and Sustainability)的工作表明,该市现有建筑物上安装的太阳能电池板理论上可以产生全市所需电力的18%。

尽管在靠近三州人口和就业中心的地带,有很多像在北美大平原和北海的丹麦那样可以建造陆上和海上风力涡轮发电设施的机会,但是,风力发电在三州地区并不普遍。然而,正在与不断上升的财产税和能源成本进行顽强抗争的纽约州北部地区的农民,却已经建造了一些小规模的风力发电场。风能产生的收入正使他们的土地更有利可图。与纽约北部地区相比,大西洋沿岸近海地区的风能潜力更大。长岛电力局曾提议,在长岛琼斯南部的海滩建立一个由40多个风车组成的海上风电场,该风电场能产生100～140兆瓦的电力(足以向3万～4万个家庭提供电力),但当地的物业业主反对这个提议。反对的主要理由是,这样的海上风电场,对于沿着南海岸居住的富裕家庭来说,在眺望海平线时将引起视觉上的杂乱无章。然而,与此同时,构建一个新的天然气发电设施的计划正在向前推进,该设施位于岛上一个更有经济竞争力社区的附近。为了满足该地区未来的能源需求,将需要利用很多分布式发电设施,这些设施可能位于能源需求中心和人口中心的内部及周边地区(图2-1)。

一个几乎完全未开发的能源是月球每天引起的潮汐能。在北美,很少有地区可以利用潮汐发电,但在纽约港和东河有一些最有前途建造潮汐发电站的潜在地点。绿色电力公司(Verdant Power)是水波动发电的先驱。该公司从2006年开始进行了一个试验,该试验通过在罗斯福岛附近的东河上安装用锚固定的一些涡轮发电机组,来测试这一方法。此演示由几个涡轮机组成,产生的电力供应岛上的一个杂货店。如果成功,绿色电力公司准备在未来几年安装400台发电机组,发电10兆瓦。纽约市长期规划和可持续发展局和纽约大学已经确定,纽约州的水波动发电的潜力在600～1000兆瓦,同时,绿色电力公司的目标是利用至少一半的潜力。这一方法是非常可靠的,并像潮汐一样可以预见,这种能源

图 2-1   使农民利用风能并增加其土地价值的小型风力发电场
(资料来源：大卫·M·库瑞斯摄)

是完全可再生并可持续开发的，同时也能从潜水员和海洋生物的视线中消失。由于这些原因，对于纽约市和其他具有较强潮汐流动的地区，发展这项绿色发电技术具有巨大的潜力，这些地区包括毗邻长岛湾以及附近海湾和水口的康涅狄格州和长岛的一些区域。

由于节约和创新只能部分地满足该地区的能源需求，所以煤炭和核能仍然是备选能源。可怜的煤炭开采，再加上会产生空气污染和排放温室气体，使得美国依赖于煤炭的前景不那么吸引人，但美国拥有世界上最大的煤炭储量，因而具有选择煤炭作为能源的可能性。因此，美国需要在新型清洁煤技术方面加大投资力度，包括煤的气化和碳的封存技术。同样令人关切的是，如何努力减轻核能对外部环境的负面影响。即使在严格的安全措施下，仍然有发生核电灾难事故的可能性，同时，即便任何社区都愿意储存核废料，那也意味着局部的土地几乎数万年都不再适合利用了。这些解决方案都是不容易实行的。未来，显然会有一些属于绿色范畴的发电方法，如太阳能电池板和风力涡轮发电机，同时会有其他一些介于绿色和棕色之间的发电方法,如核电。

绿色区域设计及前景

在 21 世纪,气候变化引起的全球变暖,将是一个持续的挑战。美国是温室气体的主要排放国,而温室气体的排放加剧了这一问题。美国的建筑环境形态以及全国性、区域性的交通系统,促使美国对能源需求旺盛,导致美国温室气体排放大增。绿色区域设计提供了一个改进这种状况的方法。如本章概述的那样,绿色区域设计,将开放空间、交通系统和能源系统,作为决定土地利用布局和密度,以及出行方式的因素。绿色区域设计,从维护最敏感的生态景观开始,进而将绿色系统渗透到城市地区。绿色区域设计,围绕着行人、公共交通以及其他可持续的交通形态组织土地的开发。绿色区域设计认识到,即使在以公共交通为导向的最紧凑的区域开发模式中,对能源的需求仍然很高。因此,绿色区域设计要求使用创新、绿色、可替代的发电技术。美国这个国家的预期增长率比其他任何工业化国家都高;我们的社会如何选择适应这种增长,将决定我们的环境质量和未来几代人的竞争力。

参考文献

Adams, Thomas et al. 1929. *Regional Plan of New York and Its Environs*. New York: Committee on Regional Plan of New York and Its Environs.

Florida, Richard L. 2002. *The Rise of the Creative Class: And How It's Transforming Work, Leisure, Community, and Everyday Life*. New York: Basic Books.

Gottman, Jean. 1961. *Megalopolis: The Urbanized Northeastern Seaboard of the United States.* Cambridge, Mass.: MIT Press.

Intergovernmental Panel on Climate Change (IPCC). 2007. *Climate Change* 2007. IPCC Fourth Assessment Report.

Nelson, Arthur C. 2006. "Leadership in a New Era." *Journal of the American Planning Association* 72, 4: 393-407.

Regional Plan Association. 1964. *The Second Regional Plan*. New York: RPA.

——. 2006. *America* 2050: *A Prospectus*. New York: RPA.

U. S. Environmental Protection Agency. 2006. *EGRID* 2006. Version 1. Washington, D. C.: EPA.

第3章
跨区域维度:伦敦和泛东南地区的绿化

罗宾·汤普森 (Robin Thomrson)

只有从区域的层面进行考虑,我们的城市绿化才能更充分、更有效。一些最紧迫的绿色问题,需要战略层面的政策并以区域治理的形式采取行动,气候变化的挑战就是一个明显的例子。城市与其腹地具有强大的相互关系,例如,水和能源流入城市而废物则讲入其腹地。城市规划通常将绿带、绿色网格、绿楔和其他类型的绿色空间延伸到周围地区。主要的大都市地区,其生态足迹远远超出都市地区本身的承载能力,所以它们与周边区域有着特别强烈的相互依存关系。

这一点可以从伦敦在建设绿色城市的努力以及试图整合周边的泛东南地区的尝试中看出。本章将描述大都会地区和当前的绿化战略,包括遏制城市快速增长和促进可持续发展的政策,以及跨区域综合开发的方法。其结论是,限制城市增长和跨区域合作,与在战略层面促进城市绿化密切相关。

区域背景

英国的泛东南地区是一个大都市地区(类似于美国东北海岸的城市群)。该地区约有1900万人口,其中800万生活在伦敦的周边。如第4章所述,该地区北至牛津和剑桥,南到英国海岸。虽然城市性质各有特色,但该地区的城市结构基本上是以伦敦为主导,同时周边散布着星罗棋布的中小城镇。

在过去的一个世纪,受人口和产业向泛东南方地区移动的驱动,伦敦与其腹地之间的关系一直保持紧张。为控制这种蔓延,曾有许多理念和战略规划被提出并实施。这其中也包括埃比尼泽·霍华德的田园城市理念,这个理念掀起了战后的新城建设运动。几届中央政府试图制定区域总体战略,最近,本届政府指定了增长区,作为可持续社区倡议的一部分。

尽管有这样那样的措施,但泛区域规划的协调仍然是一个问题。伦敦边界以外地区的居民,一直不愿接受新的房产开发所带来的额外人口。直到最近,伦敦当地政府在城市与腹地的关系上,一直无所作为。中央政府一直不愿意将战略规划的权力移交给地方,即使这个地区的人口占英国总人口的三分之一,同时又是英国经济的发动机。

区域机制

对于 20 世纪的大部分时间来说,所有各方都不愿意接受英国泛东南地区需要自己的规划机构。1962 年,为了协调规划,当时的英国政府创建名为"东南区域规划"(South East Regional Planning)的组织,作为规划协调的重要工具。其成员包括来自伦敦和整个泛东南地区地方政府的代表。虽然中央政府会对出版的指导文件作出最后的决定,但东南区域规划组织有责任为泛东南地区准备正式的区域规划指导文件。然而,东南区域规划组织在解决泛区域冲突和引进新举措方面有着光荣的记录。例如,东南区域规划组织是可持续发展的早期的积极倡议者。但是,东南区域规划组织的成员,在支持泛地区住房开发的数量和位置方面,存在着常年的分歧。这最终导致该组织的失败,并于 2000 年被迫解散。

在同一年,作为权力下放计划的一部分,当时的英国政府重新调整了英国的区域界线和机构,表面上向区域政府下放了更多的规划职责。在泛东南地区,过去一直使用一套奇怪的边界划分。如插图 4 所示,伦敦的边界是不变的:以围绕城市核心的绿带作为开发建设的界限。然而,围绕伦敦城市的周边地区分布在两个区域,这两个区域分别是伦敦的东南地区和英格兰东部的部分地区。伦敦的东南地区包括了环绕伦敦城市的周边地区中的一个 L 形区域,其余部分则分布在英格兰东部的部分地区。对于泛东南地区的传统同心开发模式来说,对于社区身份感或忠诚度来说,这些边界与历史上的边界没有任何关系。英国中央政府采取的是分而治之的方法。这样的边界增加了协调解决这三个地区之间分歧的困难。

区域机构也很复杂。东南地区和东部地区都有与会者参与区域机构的议事日程,与会者由地方政府、企业、志愿机构代表以及永久性的官员代表小组构成。这些与会者制订区域空间战略规划(Regional Spatial Strategies)的初步草案,草案为整个地区制定了长期规划(这些草案是区域规划指导的进一步完善,同时以更广泛和更具有战略性的方式进行描述)。然而,这些规划草案必须提交给中央政府,再形成最终稿并出版。事实上,作为中央政府的监管机构,区域机构政府办公室一直在"指导"着每个与会者。此外,执政的中央政府还委任区域开发机构在其预算范围内,行使经济开发的实质性权力。对于间接选举出来的与会者来说,这样的制度安排严重限制了他们的行动空间。

在英国,有关区域规划需要适应法定规划的政策,基本上是始于 1947 年。1947 年颁布的《城乡规划法》,通过一个对开发进行控制的综合系统,制定了法定规划的基本框架。目前在英国,包括区域空间战略规划的开发规划,比美国的同类区域规划功能更强大。规划具有法律效力这一原则对于英国的区域空间战略规划来说是适用的。开发控制是一种比区划更复杂、更严格的制度安排。所有的开发(只有小量和少数的例外)都需要规划的许可。这是一个比较强硬的和开放的许可程序,一个开发者必须证明,他(或她)的建议是与地方、区域和国家的规划政策兼容的。

或许是因为托尼·布莱尔首相对美国城市市长系统的欣赏,当时的布莱尔政府在伦敦建立了一个新的市长办公室,这个办公室有权编制并最终审批区域空间战略规划。不过,许多关键的行动超越了市长在空间规划方面的权限。例如,虽然伦敦市长有进行重大经济开发和交通规划的权力,但中央政府在伦敦也有其监管办公室,同时也保留了许多在重要的交通以及其他基础设施方面的投资决定权。此外,由于对地方的规划和法规负有主要责任的是伦敦下属的自治市镇,所以尽管法律要求自治市镇的规划需要符合伦敦的规划,但伦敦市长的执行权力是有限的。

2000 年,伦敦市民选举肯·利文斯通为第一任市长。本书撰写的时间正处于他的第二个 4 年任期期间。2004 年,利文斯通制定了《伦敦规划》(London Plan),作为他的第一份区域空间战略规划。《伦敦规划》预期,伦敦的人口会持续地增加,同时经济也会快速地增长,《伦敦规划》也试图将这种增长控制在其边界之内。尽管这将增加伦敦的人口密度,特别是核心地区的密度,但利文斯通认为,要想实现可持续发展,对伦敦来说,实现自给自足并最大化地利用土地、能源和交通基础设施等资源,是必不可少的。作为高密度开发的推论,市长制定了一个禁止损失任何开放空间的强力政策。此外,《伦敦规划》强调需要将绿色空间连接起来:《伦敦规划》认为,在一个土地价格昂贵、经济高度发达的城市地区,建造新的大型公园是非常困难的,将一系列绿色空间完美地连接起来可以提供一个令人满意的替代品。事实上,在利河谷(Lea Valley)区域公园建立的这样一个线性空间已经提供了一个很好的范例。

为了实现《伦敦规划》,作为伦敦地区的领导人,利文斯通正在与能够促进城市可持续发展的社区机构一起积极行动。例如,他已经建立起自己亲自领导的"伦敦气候变化"机构,以提供切实可行的咨询建议,同时采取激进的措施,如在伦敦运输车队推广替代燃料并支持更分散的能源供应方式,以减少或彻底消除碳排放。

总的来说,在布莱尔政府启动的权力下放过程中,英国地方当局的权力仍然大大低于美国目前体制下州政府和主要城市政府在这方面的权力。英国的中央政府,在区域规划方面,干预得更多、保留得更多、对支出控制得更多,很不情愿向区域一级机构授权。在伦敦、伦敦东南和伦敦东部这三个地区之间,也没有建立新的区域协调系统。过去的东南区域规划组织是一个具有法定地位的实体,受到官方的支持,并在政府内外受人尊重。而这三个新的区域实体是在自愿的基础上,以区域论坛的形式聚集在一起,没有行政权力、没有可用资源、没有官方支持。在一个没有希望的制度背景下,协调三区之间的绿化政策和建议。

泛东南区域的城市绿化

在英国,城市绿化运动具有悠久的历史。从17世纪开始,英国的作家就赞美公园和开放空间。城市中建设公园的传统深深地扎根于英国文化之中。亚当·斯密首当其冲地成为经济成功人士的楷模,他不但赢得了经济上的成功,而且退隐之后使其经济理论成为大英帝国的遗产。慈善家们在伦敦城的内外修建了公园。英国在景观与花园设计方面具有非凡的优良传统。早在1877年,《都市开放空间法案》就为伦敦开放空间的扩展提供了法律依据。

　　工业革命带来的居民健康状况不佳和开放空间损失等不良影响,导致了最早的一批城市规划立法的诞生,尤其是在 20 世纪早期。当时,田园城市理论倡导,通过发展那些具有大量绿色空间、低密度、带花园并能高度自给自足特征的卫星城镇,以遏制城市中心周边地带的快速发展。一些早期的田园城市,如莱奇沃思(Letchworth),保留了许多这样的特征。然而,尽管有大量的志愿机构进行了很大的努力,但是政府并没有为泛东南地区制定一个有效的总体区域规划;由于上面讨论的体制上的制约,伦敦在这方面失败了。

　　在伦敦,最有效的绿化规划是 1945 年由帕特里克·阿伯克隆比制定的《大伦敦规划》。在预测了很多现代绿色运动的目标和政策的同时,阿伯克隆比倡导建立公园系统,它们相互连接成绿楔并与伦敦周围的绿带连接在一起。这些绿色区域具有多种功能,包括休闲娱乐功能。阿伯克隆比还建立了开放空间标准(每千人 4 英亩),该开放空间标准已被证明是具有持久性的,直至最近仍被作为规划目标。他的规划对伦敦和其他城市具有巨大的影响。1947 年英国国会的一个法案,为伦敦创建了一条绿带,作为空间规划的主要手段,直至今日仍然具有生命力(见彩图 4)。

　　1976 年的《大伦敦开发规划》,引入了都市开放土地的概念,指定了需要保护的绿色空间。保护对象不仅包括公园,而且也包括高尔夫球场、苗圃、林地、墓地和其他的绿色空间。

　　英国政府 1996 年制定的规划指导文件,规定了开放空间的等级体系,地方当局应寻求达到这些标准。[1] 到 2004 年,这些等级中的大多数内容已被更新和改进(表 3-1)。《规划政策指南》(Planning Policy Guidance)的第 17 部分,规定了英国在开放空间、体育和娱乐方面的国家政策。国家政策强调绿化带来了更广泛的益处,包括社区健康和居民福祉,支持和促进社会包容,以及促进生物多样性保护和自然保护。国家政策代表了对绿色城市的整体设想,是预防绿色空间损失的一个强有力工具,是对绿色领域和公共领域的拓展,同时也是对公众更好地到达绿色空间的重要性的确认,而不管他们的收入和流动性如何。

　　尽管伦敦市在开放空间规划方面的历史令人印象深刻,但在 20 世纪的最后几年,伦敦在开放空间规划方面失去了部分动力。例如,截至 2003 年,学校运动场地的损失(归因于教育机构在房屋土地和金融方面的压力),成为后来布莱尔政府推出可持续社区规划的动机。该规划在绿色效益和城市可持续发展方

伦敦的公共开放空间等级体系 表 3-1

开放空间种类	指导规模	住宅到开放空间的距离	距离 (考虑到达的障碍)
区域公园	>400 公顷	3.2~8 公里	—
大都市公园	60~400 公顷	3.3 公里或更长	—
地区公园	20~60 公顷	1.2 公里	—
本地公园	2~20 公顷	400 米	280 米
小型本地公园	0.4~2 公顷	400 米	280 米
袖珍公园	<0.4 公顷	400 米	280 米
线性开放空间	可变	不限	—

资料来源：Mayor of London，2004b.

面,予以了更新和更强烈的关注。该规划呼吁建设更多、更好、更容易到达的绿色开放空间,认为绿色开放空间对于城市的再生和可持续发展,对于乡村抵御城市的扩张,对于景观的提升都是必不可少的。

伦敦的绿色政策

这三个区域的政策在强调绿色空间的保留和拓展方面保持一致。特别是在伦敦,利文斯通市长,将城市密度增加、利用以前的土地进行重建,以及保留绿色空间视作必然之事,同时预测伦敦的人口和经济将以持续的方式增长。因此,2004 年的《伦敦规划》中包含了对开放空间进行严格保护的政策,规划要求 32 个下属的地方规划主管部门(行政区)制定自己的开放空间战略。这些政策已被证明是非常有效的:监测报告显示,在伦敦,新开发项目所使用的土地总面积中的 97% 是以前使用过的遗弃场地。利文斯通出版了指导文件,规范了这些开放空间战略应如何制定以及应包含什么内容。

除了认可绿色空间在过去十多年来对可持续发展所具有的价值以外,也逐渐认可绿色空间在减轻和适应气候变化影响方面的必要性。对制定城市环境战略负有责任的伦敦市长,已发表了一系列有关空气质量、生物多样性、环境噪声、适应气候变化、能源供应和市政废物处理的政策文件。根据最近扩大的职权范围,伦敦市长将对气候变化承担责任。这些市长环境战略中的每一项空间政策,都包含在《伦敦规划》中，因而具有法律效力。同样，伦敦东南地区和英格兰东部地区的空间战略草案，也都强调可持续发展。

　　在日益关注气候变化的同时，利文斯通正在修改《伦敦规划》，仅仅三年之后，利文斯通就大大强化了在该领域的政策。[2]修改后的规划草案，包含应对气候变化的激进政策。政策认识到，由气候变化引起的海平面上升、冬季降雨以及夏季更潮湿、更炎热、更干燥的气候，可能会使伦敦的洪水、地面下沉、温度过高和淡水供应短缺等问题加剧，使环境的脆弱性增加。修订后的《伦敦规划》的主旨是，所有的发展应尽量减少二氧化碳的排放量，尽可能使用可持续发展的设计和施工措施，并支持分散式的能源供给，包括可再生能源。长期的碳减排目标是到2050 年降低 60％（加利福尼亚和其他一些机构也有类似的减排目标），短期目标是到 2015 年降低 20％。

　　该规划要求，所有对本规划的重要应用都要说明其使用方法，在使用方法中需要利用可持续发展的设计与施工形式，同时需要提供其能源需求和碳排放水平的评估方法。所有的开发应通过利用现场的可再生能源以实现二氧化碳排放量减少 20％的要求。虽然只是作为一个远期目标，但该规划仍然将氢作为化石燃料的替代能源。该规划还包含提高适应不可避免的气候变化所造成的影响的措施。这些措施包括降低城市高温和热岛效应、最大限度地利用太阳能、减少洪灾、提高水的利用效率和质量以及推广可持续排水系统等政策。

　　2007 年夏季，修改后的《伦敦规划》在政府任命的小组面前，通过了"公众审议"的正式程序。产业发展与一些原有政策相违背，因为这些政策实施起来异常昂贵，同时会削弱伦敦未来的竞争力。审议的结果在 2007 年底之前不会明晰，但科学上的推动和公众对气候变化的关注，使得利文斯通对《伦敦规划》的修改将有很大可能获得通过。

遏制泛东南地区的增长

　　泛东南地区的人口和经济已经历了几十年的持续增长，同时这种增长还将继续。因此，整个区域绿色运动的焦点主要集中在保护绿色空间，防止被开发侵占。彼得·霍尔曾将英国规划政策的基本特征归结为"遏制城市"，这一特征在泛东南地区显然是正确的。

几十年来,规划的重点是找到以最可持续和最少争议的方式进行增长的战略。例如,二战后,新城镇规划倡导的是,使伦敦绿带外围的城镇集中增长。这种倡导成为许多国家的范本,同时也是成功的方法。然而,新城镇无法吸收规模庞大的人口增长,同时也从未实现它们设计的各个层次的自给自足。其他的政策措施包括城镇扩展计划,在这些计划中,伦敦"溢出"的人口被安排居住在泛区域内的城镇。同样,这些政策措施不足以满足人口增长规模的需要,并且经常在整合外来人口与现有居民方面遇到困难。

作为一个联盟,东南区域规划组织不能制定出一个具有说服力的、现实的并能满足政府需求的增长战略。最终证明,地方的利益和保护主义者的势力过于强大,以至于无法出台一个令人信服的"清晰"规划。政府在区域增长方面是有明确战略的:促进泛东南地区东半部的发展,因为东半部地区相对投资不足;制约西半部的经济增长,因为高需求造成了交通拥塞、土地价格上涨以及劳动力短缺。由于担心在国家经济业绩方面的潜在影响,政府在愿意支持东半部发展的同时,却不愿抑制西半部的过快增长。

如前所述,英国政府在2003年的《可持续社区规划》中,制定了增长和可持续发展的战略。这些战略鼓励各地形成更大程度的自给自足的、绿色的、均衡发展的社区。发展战略明确了泛东南地区四个主要的增长点(见插图5)。迄今为止,这些新的开发和再生战略中最重要的是泰晤士河口区的发展战略,其范围包括从伦敦中心到海岸的这一段泰晤士河两岸的区域。政府已承诺在交通和再生资源领域加大公共投资,同时承诺支持河谷地区成为东部城市复兴的旗舰。发展战略还明确了伦敦—剑桥—斯坦斯特德—彼得伯勒的开发区,该区域从伦敦东北沿着军用高速公路直到另一边的阿什福德,在那里已经建造了与英吉利海峡隧道铁路连接的车站。第四个开发重点是围绕密尔顿凯因斯到米德兰南部再到伦敦西北部的这一大片区域。

泛东南地区发展战略为城市增长提供了强大的指导,同时为开发提供了大量的公共开支。然而,由于东南地区外围地区的很多新开发规划仍有待确定,如插图5显示的那样,泛东南地区发展战略仅为该地区的发展提供了部分解决方案。这些外围地区中,很多都有较高的景观和历史价值,其开发往往会受到当地社会和环保团体的有力挑战。此外,《可持续社区规划》基本上是中央政府强加于区域和地方当局的。伦敦地区、东南地区和英格兰东部地区这三个区域,只能通过区域空间战略规划完成长期规划的程序。伦敦市长利文斯通已经公布了其2004 年版的《伦敦规划》,在本文撰写的时候,正处于规划更新和修订的高级阶段。其他的两个地区也已经制定了区域空间战略规划的草案,在本文撰写的时候,这两个草案正处于政府评估的阶段。

在利文斯通市长已经能够确定伦敦地区的大部分发展战略的同时,主要是鼓励高密度开发,东南地区和英格兰东部地区却仍在为如何在发展战略中安排足够的承载能力而奋战。不受欢迎的额外房屋,往往位于具有相对较高景观价值的区域,或位于充满活力的绿色资源丰富之地。而相关的社区团体,使当地政客在他们走进区议会大厅时,已经对大力发展住房的提案有所畏惧。政府已经对当地缺乏雄心壮志和对开发地点确认过程的缓慢越来越不耐烦。事实上,英国财政大臣针对的目标是住房供需之间的不匹配,这是引起房价螺旋式上升同时工人又缺乏经济适用住房的一个关键因素。2005 年,政府对规划程序推出了自己的修改方案,希望找到一个解决办法。

为了满足规划执行过程中的需要,根据修改方案产生的报告考虑了一些加快规划执行速度和加快规划决定速度的方法,这包括减少一些微不足道的小建议,这些小建议原先需要通过开发控制过程来进行正式的规划审批。报告也确定了伦敦周边的绿带将有可能发生改变。对于第二次世界大战以后就立即成立的各级政府来说,这个绿带基本上仍然是神圣不可侵犯的。报告也明确地制止了不受约束的城市蔓延,这种蔓延已经使很多美国和其他国家的城市被破坏。然而,有些人认为,伦敦周边的绿带是不可持续的。经过半个多世纪的发展,以伦敦为驱动力的发展已跳过这个绿带进入紧邻的地区。因此,在人们以通勤和其他旅行方式跨越这个绿带的时候,每天都消耗大量的能源同时产生大量的排放。为了更有效地利用被保护在绿带之中的楔形绿地,一项战略选择是沿着穿越绿带的主要交通干道来配置增长要素。这将是类似于斯堪的纳维亚半岛的"绿手指"式的发展模式。由于担心一旦开始就很难停止,所以这三个区域都会强烈地抵制这种变化,共同抵御入侵绿带的计划。

区域级的绿化促进机构

在政府和区域当局将焦点集中在需要控制增长和保护绿色空间的同时,有一些组织谋求建立一个跨越这三个地区的积极的共同绿化方案。在伦敦的内区和外区,地方当局已经提出了一些"绿色网格"议案。议案的目标是创造内部相通的高品质绿色开放空间网格,这些网格将把城市中心的公共交通节点与周边的绿色地带、整个供水系统以及重要的居住和就业区域连接起来。例如,利文斯通市长出版了《伦敦东部绿色网格框架》。为了给伦敦东部地区提供一个绿肺,同时促进生物的多样性,鼓励景观多样性和提供游憩场所,利文斯通试图协调已建立起来的开放空间网格,与更广泛的地区再开发项目之间的关系。该框架的覆盖范围广阔,包括泰晤士河口地区,同时拥有大量的国家级、区域级和地方级的伙伴。该框架覆盖了六个分区,并阐述了每一个分区扩大开放空间和增加生物多样性的机遇,同时,在各个层面确定了主要的生态和景观保护区域,以及开放空间匮乏区。

伦敦东部的绿色网格止步于伦敦市长的权力边界,在那里绿色网格遗憾地终止了。然而,在伦敦地区之外的泰晤士河口的部分地区,正在开发类似的绿色网格,所以在实践中,它是一个综合的绿色网格系统。

很多"绿色弧线"(Green Arc)的成员在一些区域已经形成了伙伴关系,这些区域往往涉及伦敦外围的部分地区以及毗邻边界的另一部分地区。这些有特点的非正式合作伙伴包括,来自区域和地方当局的机构代表,如,林地信托基金(Woodland Trust)、全英林木(Trees for All)、林业委员会(the Forestry Commission)、英格兰自然基地(Natural England Groundwork),以及经常受到部分政府基金支持的各种社区和志愿机构的代表。例如,"绿色弧线"的东部地区(the East Green Arc)就占地 400 平方英里,覆盖到伦敦的北部和东部地区(见网址 woodland-trust. org. uk)。其最近的活动包括,为了帮助保护 1000 多种动植物物种以及现有森林的自然再生,在绿带内购买了 50 多公顷的耕地并将其转变为森林保护地。学童们将在这里种植 65000 多棵树,同时该地区将对所有人开放。"绿色弧线"的一个目标是帮助减轻开发这一指定地区所造成的影响。政府已承诺,作为《可持续社区规划》的一部分,对"绿色空间项目"提供 2400 万英镑的财政支持,这笔资金对所有的"绿色弧线"合作伙伴提供了帮助。

这些伙伴关系的一个特点是本地社区的广泛参与,至少作为志愿者开展种植、清洁以及其他活动的平台。在操作层面,区域层次的正式规划的空间层次过高,对很多与当地环境有更直接关系的参与者来说是难以企及的。而"绿色弧线"是在次区域一级的层次上运行的,所以,其绿化战略更易于参加,同时可以通过当地团体在实际行动中的积极参与来进行实证。

在伦敦地区,"伦敦公园与绿色空间论坛"在城市的整体绿化策略与众多当地团体之间起到了桥梁的作用。该论坛促进了伦敦公园的可持续利用,成为一个交流专门知识、经验和信息的网络。该论坛收集数据并确定最佳做法,并在城市和国家层面上成为一个有影响力的说客。该论坛能直接反映社区和群体用户的实际问题,如提高可达性,特别是那些最需要解决的困难问题。对于伦敦的重要开放空间的发展战略来说,该论坛是一个起关键作用的促进因素。

伦敦也曾受益于其他欧洲城市的区域绿化经验。伦敦正在参与欧盟支持的并在欧盟区域间倡导实行的项目"可持续并可到达的城市景观"(Sustainable and Accessible Urban Landscapes)。可持续并可到达的城市景观项目以财团的组织形式运作,除了伦敦外,还包括阿姆斯特丹、法兰克福、卢森堡和德国的莱茵—鲁尔和萨尔州的城市地区,其预算为 2200 万欧元,探索在这些城市地区开展绿化。可持续并可到达的城市景观项目发现,正在培育的高素质城市景观,构成了城市地区最具竞争力的关键因素之一。一些优秀的示范项目吸引了公众对绿化项目的特别关注,吸引了当地社区中的倡导者、顾问、志愿者和维护者在各个阶段进行积极参与。

也许最重要的新倡议是泛东南地区所属的三个地区在气候变化方面形成的合作关系。为了协调行动,2005 年,他们建立了"三区气候变化小组"(Three Regions Climate Change Group)。"三区气候变化小组"已经制定了一份地域清单,在清单中列举的地域内,发展应考虑气候变化。《伦敦气候变化合作伙伴》(The London Climate Change Partnership)已出版了自己的官方权威指南《适应气候变化》(Adapting to Climate Change),指南评估了世界各地多个城市的最佳做法,并得出了对伦敦的结论。虽然这些努力没有合法地位,但它们对英国观念转变的贡献是明显的,使舆论普遍赞成对气候变化采取强硬措施。

这些努力反映了泛东南地区在绿化战略方针上的突破。当然,泛东南地区还有许多其他的绿化行动,本文就不详细介绍了。

结论

理论上,在英国和泛东南地区存在着需要捍卫其绿色空间并尽可能扩展这些绿色空间的共识。在一个认为开放空间与景观具有较高价值的国家,人们普遍认识到,这要求当地人的全面参与。各个级别、各个部门的机构与社区的合作伙伴方式,是人们普遍接受的一种做法。

根据法律,为了保证区域内和区域间政策的一致性,法定规划政策是从中央政府到区域政府再到地方政府一层层落实的。事实上,所有的规划文件都渴望保留开放空间并实现可持续发展。同样,近年来,在事关生物多样性、公园可达性、景观设计以及影响自然资源等敏感问题方面,针对个人开发的规划方案和规划审批决定变得更加严格。在制定和审批的规划中,也有将适应气候变化与减缓气候变化加以整体考虑的趋势。

然而,实践中,在区域内落实统一的绿化战略,存在着压力。这主要是因为,占主导地位的辩论主题是由高速和持续的增长所引发的。区域治理的宗旨是调解国家和地方层次的政策,但这可能使协调受到国家和地方的一方或双方的制约。缺乏协调规划政策的有效机制,意味着伦敦等三个地区在最适当的住宅增长这一总体战略问题上,争议将持续下去。缺乏一个区域战略所造成的真空,将由中央政府填补,尽管中央政府的职能是选派代表。

伦敦等三区在增长规划方面缺乏共同的战略,使得易于掩盖一些针对绿化、可持续发展和气候变化方面的丰富举措。人为划定的区域边界抑制了更有效地解决这些区域问题。然而,正如"绿色弧线"倡议所展示的,更加非正式的机制以及较少受行政边界约束,为实现跨边界的合作提供了宝贵手段。

建立一个使区域内部更加协调的办法是发展前景。这三个地区都曾忙于建立新体制以及制定自己的区域发展战略。随着这一过程的基本完成,三个地区将有更多的机会寻求合作。事实上,合作在明显地增加。日益增长的对气候变化威胁的认知,将不可避免地使战略决策者们更加密切地合作。

参考文献

Barker, Kate. 2006. *Review of Land Use Planning*. London: HMSO.

EDAW/Greater London Authority. 2006. *London Strategic Parks Project Report*. London: Greater London Authority.

Hall, Peter Geoffrey. 1974. *The Containment of Urban England*. London: Allen and Unwin.

Hall, Peter Geoffrey, and Kathy Pain, eds. 2006. *The Poly centric Metropolis: Learning from Mega -City Regions in Europe*. London: Earthscan.

London Glimate Change Partnership. 2006. *Adapting to Climate Change: Lessons for London*. London: Greater London Authority.

Mayor of London. 2004a. *London Plan*. London: Greater London Authority.

——. 2004b. *Best Practice Guidance: Guide to Preparing Open Space Strategies*. London: Greater London Authority.

——. 2006a. *Further Alterations to the London Plan*. London: Greater London Authority.

——. 2006b. *East London Green Grid Framework*. London: Greater London Authority.

ODPM (Office of the Deputy Prime Minister). 2003. *Sustainable Communities Plan*. London: HMSO.

——. *Planning Policy Guidance* 17. 2002. London: HMSO.

SAUL. 2006. *Vital Urban Landscapes*. London: Greater London Authority.

Three Regions Climate Change Group. 2005. *Adapting to Climate Change: A Checklist for Development*. London: Greater London Authority.

Wannup, UrlanA. 1995. *The Regional Imperative: Regional Planning and Governance in Britain, Europe, and the United States*. London: Jessica Kingsley.

第4章
城市绿化：公共空间规划设计方法

亚历山大·加文（Alexander Garvin）

　　大学毕业前夕，我的室友给了我一本改变了我生活的书——1961年出版的简·雅各布斯所著的《美国大城市的死与生》。一年后，又一本书出现了，它改变了很多人的生活：这就是雷切尔·卡森所著的《寂静的春天》。没有这本书，我们就不可能讨论城市绿化问题，因为《寂静的春天》打开了一个全新的思维模式。《寂静的春天》和卡森随后的著作，导致美国通过了1969年的《国家环境政策法》，随之而来的是公众要求披露环境问题并评估对环境的影响，这有助于我们了解大型联邦项目对环境的影响。这种有意识地关注环保的做法与LEED标准一道，伴随我们至今。LEED标准，分析了建筑如何很好地节约资源。随着气候变化议题的广泛讨论，我们也试图建立可持续发展的城市，以实现能源的自给自足。

　　然而，我相信，所有这些努力的结果对于绿化我们的环境来说都是过于狭隘的甚至是吝啬的。目前，改善环境的主要方法都是被动和保守的，没有与发展过程同步前进。我们不应通过诉讼来促进环境的进步，也不应该试图恢复遥远过去的"自然"条件，无论这种条件是真实的还是虚构的。我们必须承认，有时候什么都不做对环境并不是好事，同时也必须承认，开发既能危害环境也能改善环境。此外，我们需要将"人"置于考虑的中心，使人类活动和公众参与成为规划过程中的重要元素。

　　幸运的是，有一个人的著作可以指导我们进入这个领域。在我看来，在理解自然与美国城市之间复杂的相互作用方面，没有任何人比美国的首席景观设计大师、最伟大的规划家,弗雷德里克·劳·奥姆斯特德理解得更深刻。从童年的时候起,奥姆斯特德就是一个伟大的自然爱好者,但在他的理解中,大自然不是独立于人类的存在。与此相反,他承认,人类不可避免地影响了自然,同样重要的是,大自然也可以对人类产生深远的影响。

没有任何项目能比奥姆斯特德为波士顿设计的"翡翠项链"(Emerald Necklace)更能说明人与自然的这种复杂相互关系了。在 19 世纪末,波士顿市为一个称为"沼泽"(the Fens)的区域举行公园设计竞赛。最初这个盐沼位于查尔斯河(Charles River)的河口,若干个铁路栈桥的建设切断了流向上游水道的潮汐水流,使得此地成为一个受污染的沼泽,成为一个恶臭熏天、害虫出没的垃圾场。当波士顿的城市官员问询奥姆斯特德的建议时,他阐述说,一半进行排水规划,一半进行游憩规划,但不是二者的相加。然后波士顿聘请奥姆斯特德设计整个公园系统,包括沼泽地区。由此产生的翡翠项链工程简直就是一个史无前例的杰作。

虽然翡翠项链是一个新的公园体系,但除了无拘无束的自然环境以外,什么都没有。例如,奥姆斯特德在对堤岸重新进行景观设计的同时,重新设计了淤泥河(the Muddy River)的流向,使其流入沼泽地。翡翠项链公园体系中有一条沿着查尔斯河岸边运行的铁路线——马萨诸塞州海湾运输局(MBTA)运营的绿线,奥姆斯特德创建了一个隔离铁路的护堤。所以,在公园散步的人对火车毫无知觉,而经常乘坐火车的人却能享受在森林环境中穿行的好处(图 4-1)。这样设计的结果是,在延绵的公园系统的两边,既有排水系统,又有休闲娱乐设施,既有铁路运输线路,又为房地产开发构建了框架。

但翡翠项链公园系统的作用远不止这些。翡翠项链恢复了波士顿市的自然属性;在沼泽地,奥姆斯特德巧妙地创建了一个与过去的盐碱沼泽性质不一样的盐沼。当然,这个新的盐沼也是一个人造产物,具有精心设计后的外观轮廓,同时具有复杂的排水系统。奥姆斯特德"提升了"自然。与此同时,他也期望公园为波士顿市民提供一个放松、冥思和体验大自然奇迹的场所,让自然改善市民的物质与精神生活。

所以,奥姆斯特德给我们上的第一堂课就是,目前的景观都是人类改造过的产品,未来的景观依然是这样。因此,当代的规划设计应体现最佳的生态实践,而不是试图冻结现有的条件或重现以前的状况。由于自身的性质,所以最佳的

图 4-1　奥姆斯特德的杰作：淤泥河流过翡翠项链公园的部分河段

[资料来源：亚历山大·加文（Alexander Garcin）摄]

生态实践排斥那种功能单一的规划设计。当代规划设计的目的是创建具有综合功能的公共空间，这种空间能容纳和支持每一种植物和动物，也包括人类。

好的开发与不好的开发

让我们将今天视为环保的建设方式与奥姆斯特德的做法来进行一下对比。当前的做法是，把本地的排水系统、植被、土壤、地形、能源利用、植物和动物，以及自然环境的其他方面，都认为是好的。但由于这些环境因素通常被认为是彼此分开的,同时也独立于人类围绕这些环境因素进行的活动,所以,这样产生的景观往往是不可取的。例如,这样的景观往往包括保留池塘,这样的池塘可以排水但往往不美观,而且对环境而言也没有经济价值。这样的景观可保留濒危动植物的栖息地,但无法改善人们的日常生活品质。

虽然在城市绿化过程中,考虑基本环境条件的规划是必要的第一步,但这显然是不够的,因为这种规划在对待自然时没有考虑人类活动,或者说是在处理人类活动时,把自然与人类活动分离开来。我建议,我们别只想着如何防止或减轻自然环境的退化,同时也要开始思考,为了共同的利益,人类与自然环境应如何相互作用。

让我来讲述一个关于纽约市西侧高速公路(West Side Highway)的不幸故事,这是一条位于曼哈顿区,沿着哈得逊河修建的 4.2 英里长的高架动脉(图4-2)。以米勒高速公路(the Miller Highway)闻名,这是 20 世纪 20 年代开始建造的工程,比罗伯特·摩西负责纽约城市干道建设项目早十年。到 20 世纪 70 年代,这条高速公路开始瓦解。事实上,1973 年就出现部分倒塌,导致道路的关闭,同时也给司机们带来了很多麻烦,因为它是一条重要的商业动脉。有鉴于

图 4-2　1981 年的西侧公路

[资料来源:纽约市公园局(New York City Parks Department)]

此，纽约市和纽约州提议重建此高速公路并作为州际公路系统的一部分，为此这次提出了一个"西大道"（Westway）的大胆计划。新道路建设在地下，需新填埋土地178英亩，其中82英亩作为新建公园用地，35英亩作为房屋用地，53英亩作为加工制造业用地（图4-3）。为满足《国家环境政策法》的要求，西大道的支持者们尽职尽责地进行了环境审查，进行了公路研究并制订了各种改造的方案。法律要求的审查范围过于狭窄，侧重于运输效率以及交通流量和路线对环境的影响。至于是否应该花费数十亿美元在交通建设上，而不是花费在建设公立学校、加强治安，或其他任何纽约市可能需要的项目上，没有进行研究。也没有研究花在该项目上的钱是否应当用于轨道交通、公路货运或客运方面。它只是研究了建设公路的不同选择。

图4-3　设想的西大道

（资料来源：纽约市公园局）

但该研究马上遭到环保团体的法律攻击。哈得逊河渔民协会宣称，这项研究计划没有适当考虑西大道项目对条纹鲈（纽约捕鱼业的一个主要种类）产卵习性的影响。法院认可了渔民协会的诉讼请求，并下令制订另一研究计划。在诉讼压力下，政府官员在没有通过广泛论证的情况下，取消了西大道项目。事实上，该项目可能是纽约市在使用联邦资金方面的最好方式，也是最有效率的方式，还可能是解决重大环境问题的正确决策。

事实上，这是错误的决策过程导致的结果，而这样的决策过程现在已经根深蒂固了。我们有一个环境审查过程,但针对的是环境因素,而不是人为因素。也许最重要的错误之一是,在这个案例中,在整个案件的讨论中,将项目的功能单一化了,只局限于运输功能。即使是 1956 年开始建设的州际公路系统,也被视为一种人和货物的运输方式,而不是作为一个会影响公路两旁社区的政府行为。在内布拉斯加州的乡村,这样的看法是可以接受的,那里的公路两侧一般是玉米田。但这样的看法对于像纽约这样复杂的城市来说,是没有意义的。

　　然而,这个故事却有个美满的结局。随着西大道项目的夭折,纽约州又回到了规划阶段。纽约州用西大街(West Street)项目取代了西大道,西大街是一条八车道的林荫大道,西临哈得逊河公园,这是一个 5 英里长,占地 550 英亩,从炮台公园延伸至第五十九大街的滨河带状公园。西大街项目的构想是,将公园与林荫大道相结合,成为一个具有综合功能的公共空间,既能骑自行车、晒太阳、慢跑,也能行驶小汽车、卡车和公共汽车(图 4-4)。这个项目开始的时候,引起了很多热爱运动锻炼的人的反对,他们认为这只是一条公路,但结果却是一个同时考虑了周边社区居民以及整个纽约社区用户和交通的综合公共设施。假设我们需要更加绿色的城市,那么,我们就需要提供更平衡的视野,更平衡的视野中应包括人类,而不仅仅是"濒危野生动物";不只是包括交通,也包括复杂的土地利用。这就是我所谓的公共空间规划设计方法。

图 4-4　哈得逊河公园:公共空间规划方法的范例

(资料来源:亚历山大·加文摄)

　　环境和经济方面可持续发展的公共空间的改善所带来的潜在机遇,应该优先于任何重大的规划或开发项目。对于创建绿色城市来说,公共空间规划设计提供了最大的机会。作为一个发展框架,公共空间可以设置标准,以使未来的增长可以分享健康环境带来的所有好处,同时使我们的城市更加充满活力,成为子孙后代理想的生活和工作场所。

　　我目前正从事的一个项目提供了如何运用公共空间规划设计方法的范例。应马里兰州乔治王子县公园与娱乐局(Department of Parks and Recreation of Prince George's County, Maryland)的请求,GB 开发公司(GB 开发公司是当地的一个房地产开发公司)聘用我为其重新设计一个预计占地 150 英亩的公园,该公园曾是一个广遭抨击的郊区开发项目。有关这个公园的最初设想是有严重缺陷的。该公园场址的环境错综复杂。一条由马里兰州交通局确定的标准行车道将把这个公园一分为二。另外,几条遭污染的溪流流过该公园,但这些污染却被马里兰州环境与自然资源局排除在"环境因素"之外。该局有一个错误的看法,认为正在"保护"这些溪流(属于切萨匹克湾流域的一部分)的人会阻止人为的进一步污染。他们禁止公园游客进入溪流 50 英尺范围内的所有土地,尽管这些溪流是狗、小孩和其他任何人都非常想去的首选之地。这一特别的禁令让我深感奇怪,因为从 20 世纪 20 年代起,马里兰州乔治王子县就一直在河床之外建立公园。由于我反复推敲了该规划,所以我制定了以下三条指导原则:① 将这个场地连接为一个公园;② 利用水文学原理建立可自我持续发展的生态环境;③ 在不造成环境退化的前提下,允许男人、女人和各个年龄层次的儿童充分享用该公园。

　　让我们再一次讨论奥姆斯特德的作品,特别是他规划的两个主要公园。这两个公园是优诗美地国家公园(Yosemite National Park)和尼亚加拉大瀑布(Niagara Falls)公园,这两个公园的规划设计启发了公共领域的设计战略。奥姆斯特德总是把公园和人民设想为一个整体。1864 年,美国国会将优诗美地割让给加州,受加利福尼亚总督委任,奥姆斯特德领导一个委员会来决定应该利用这块新的资产做点什么的时候,奥姆斯特德写道:

　　　自从 16 年前优诗美地被白种人见到以来,一些游客已经旅行了几千英里、花费了很大的成本来优诗美地游览,尽管现在有一些困难干扰,但每年有关优诗美地的报道也有几百份。如果很多年以前就提供适当的设施,那么这几百份报道就会变成几千份,同时一个世纪之内来优诗美地的游客将数以百万计。

　　对于公共娱乐来说,奥姆斯特德为我们设计了一个保存了世界上最神奇自然景观的公园。在他完成其震撼世界的大作 100 多年以后,他的预言成真。1999 年,共有 360 万人游览了优诗美地国家公园(图 4-5)。对环境规划来说,这是一个真正的公共空间:在容纳 360 万人的同时,这个世界上最神奇的自然景观之一,并没有受到伤害。

图 4-5　优诗美地的游客

(资料来源:亚历山大·加文摄)

　　20年之后,在为保护尼亚加拉大瀑布进行设计工作时,奥姆斯特德提出的问题更尖锐:"如何能恢复适合尼亚加拉大瀑布的自然景观? 如何持续抵制盗贼们的无意识错误行为? 如何对明知故犯的行为却保持沉默的做法表示强烈的愤慨?"奥姆斯特德了解那些马里兰州环境官员不知道的东西:即人类占有和使用了自然景观。所以,他在了解这一点的基础上,设计了占地200英亩的尼亚加拉瀑布州立公园(Niagara Frontier State Park)。他设计了能让游客欣赏这壮观景色的游憩道,同时又不影响尼亚加拉大瀑布成为当地动植物的栖息地。

　　由于受到奥姆斯特德设计理念的指引,所以我决定,在马里兰州的项目中,让这些溪流成为公园的一部分,游客可以欣赏到溪流。同时我也决定,通过恢复为湿地的方式,净化进入公园的污水。那里以前曾是湿地,由于农业开发而被清理了。我呼吁取消溪流周边50英尺的缓冲区。同时,我决定将溪流改造为水景,使它实现其他目标。通过扩大流经这条公路下面的溪流的那一部分水面,我创建了一个湖。这种设计将这块场地统一为一个公园整体。该湖成为这个公园的核心,将公园一分为二的公路则变成了跨越该湖的一座小桥(图4-6)。总之,我一直遵循奥姆斯特德的设计理念:我将环境规划视为规划公共空间的途径,这

图4-6　人与自然的整合(马里兰州乔治王子县的公园项目)

(资料来源:亚历山大・加文摄)

样规划将人与大自然相结合。

人与大自然的整合

在人与自然的整合方面,奥姆斯特德是杰出的大师,我一直深受他的启发。奥姆斯特德为波士顿设计的翡翠项链,一直具有特殊的影响力。从我去翡翠项链的那一天起,我一直受奥姆斯特德在整合水利工程、交通走廊、动植物栖息地、娱乐设施与城市发展方面的能力所鼓舞。同样重要的是,我也一直考虑如何将精心设计的公园作为综合性公共空间的一部分,开始认真规划那种既允许多种用途同时独立出现,又彼此互不妨碍的公共空间。

我想把奥姆斯特德的方法运用到纽约申办 2012 年奥运会的规划设计竞赛当中,我是该项目的总经理。一个例子是关于在 2000 米长的平坦水面上建设划船设施的建议(图 4-7、图 4-8)。与此相反的设计是 2000 年的悉尼奥运会,悉尼奥运会将划船设施放在离悉尼市 20 或 30 英里以外的城镇,我决定在纽约市内寻找建设划船设施的地方,这样,奥运会结束之后,我在纽约的同伴就可以使用这些划船设施了。经过广泛的搜寻,我选择了法拉盛草坪科罗娜公园(Flush-

图 4-7 法拉盛草坪科罗娜公园中的两个湖

(资料来源:亚历山大·加文摄)

图 4-8 为纽约申办 2012 年奥运会建议的划船设施

（资料来源：亚历山大·加文摄）

ing Meadows Corona Park），该公园内有 1939 年和 1964 年世界博览会遗留下来的两个湖泊。[1]

很久以前，该地区已经被法拉盛湾的潮汐淹没为沼泽地。但倾倒的垃圾堵塞了这个过去的沼泽。创建法拉盛草坪科罗娜公园的罗伯特·摩西，通过用地下管道疏导海湾的潮汛，将沼泽地变成了湖泊。两条繁忙的交通动脉，范怀克高速公路和中央公园大道从公园的旁边经过，道路带来的雨水径流污染了该湖。因此，该湖不能供养更多的鱼类或其他的野生动物。我的建议是，疏浚和连接这些水体，并通过种植合适的植被恢复周围的湿地，这样可以净化雨水径流，使该湖适合游泳和钓鱼，同时适合数十种当地鸟类、鱼类和植物在这里栖息生存。不幸的是，伦敦赢得了 2012 年的奥运会举办权，纽约落选，所以这个设想无法实施。

我们能推广这个方法来创建一个更加绿色的规划方式吗？我相信可以。首先，我们必须停止单一土地功能的思维模式，思考如何让一块土地在同一时间内具有多种用途。虽然早些时候我用纽约西大街、哈得逊河公园来说明土地如何综合利用，但那不是一个完美的案例。在炮台公园和运河街（Canal Street）之间,西大街是失败的西大道项目遗留下来的 240 英尺宽的残余物,西大道项目原先设想的是成为一个行驶机动车的交通大动脉。西大街是如此的难以行走,以至于纽约市不得不在一些地方架设了高架行人天桥(图 4-9)。世界上还有另一条宽度大约相同的大街,那是一个很好的例子,我所说的就是巴黎的香榭丽舍大街(图 4-10)。这条林荫大道有 230 英尺宽,交通流量巨大(也许甚至超过西大街),但它的功能远不止交通大动脉。香榭丽舍大街是一个可以坐在咖啡厅里喝咖啡、休闲散步、逛街购物、骑车赶路,或做其他任何事情的地方。香榭丽舍大街向我们展示,应如何放弃公共空间只能有单一功能这一思维模式,开始考虑公共空间在同一时间如何能进行多层次的工作。

　　当我们根据综合利用的思路来考虑公共空间问题时,我们才是真正地在进行环境规划。在美国,按照这种类型来思考的一个例子,是由纽约市公园与娱乐局(the Department of Parks and Recreation)监管的绿色街道项目。这个项目的目的是开发和绿化城市道路系统遗留下来的未使用的交通岛和其他的零散剩余空间。在第一百一十六号大街(West 116th Street)西段和克莱蒙特大道(Claremont Avenue)的小块土地就是很好的例子。这种形式的绿化为市民提供了视觉

图 4-9　只有小汽车:在曼哈顿下城区,失败的西大道项目的遗留

(资料来源:亚历山大·加文摄)

图 4-10　在巴黎,人与汽车共享香榭丽舍大街

(资料来源:亚历山大·加文摄)

上和身体上的放松(图 4-11、图 4-12),也提供了气候的改善(据估计,如果一个城市的树冠层增加 5%,气温将下降华氏 2～4 度,因为树叶降低了周围空气的温度。由于树木的蒸发,所以产生了制冷效果)。绿化也减轻了空气污染。如果环境温度降低,那么空调用电也较低。此外,树木还能过滤空气并消除一些灰尘。最后,树木作为绿色板块加入到城市的生态系统,成为城市廊道的连接组织,这些树木能庇护和供养鸟类、蝴蝶、蜜蜂、松鼠和其他城市野生动物。总之,绿色街道项目开发了部分被废弃的公共空间,并创造了显著的环境效益。

　　我们需要重新考虑,如何利用公共空间来新增健康的交通系统,以替代单一的高速公路。我们有些美国的例子,但都是错误的例子。其中一个例子就是旧金山备受尊敬的英巴卡迪诺(Embarcadero)码头。虽然英巴卡迪诺已经认真地标记了自行车道(图 4-13),但自行车道过于狭窄,同时与机动车混行,所以骑自行车的人经常受机动车的侵犯。骑自行车的人总是占用人行道,他们在那里是安全的,但反过来,他们的行为又危害了行人。纽约的哈得逊河公园在这方面做得更好,因为它的自行车专用通道与机动车道和人行道在空间上是分开的(图 4-14)。哈得逊河公园的做法更好,但仍然不够。这些例子带来的问题是,自行车专用道是孤立的而不是综合性公共交通网络的一部分。

图 4-11　街道绿化之前

(资料来源:纽约市公园局)

图 4-12　街道绿化之后

(资料来源:亚历山大·加文摄)

图 4-13　由于沿着旧金山英巴卡迪诺景观的自行车道过于狭窄，
骑自行车的人已经转到旁边的人行道上

（资料来源：亚历山大·加文摄）

图 4-14　纽约的哈得逊河公园在自行车与机动车道和人行道之间提供了缓冲地带

（资料来源：亚历山大·加文摄）

　　哥本哈根提供了最好的例子。在这里，规划者已将自行车纳入城市的交通循环系统，提供了专用通道并规范骑车人的行为（骑自行车的人使用手势，表明他们正在停止,遇到红灯他们下车,机动车司机尊重他们的空间;图 4-15)。哥本哈根自 20 世纪 30 年代开始建立自行车专用车道,到 2005 年已经在城内建成了 343 公里的受保护的自行车道。该系统允许骑自行车的人骑往城市的任何目的地。此外,该市建有 900 个免费的自行车停车场,同时每个停车场都有超过 2000 辆的廉租自行车供无期限租借。因此,在哥本哈根,每天上午和下午,36% 的上班族骑自行车上下班,32% 的人使用公共交通,而只有 27% 的人使用小汽车上下班。该市的机动车停车场数量已经从 1995 年的 3100 个减少到 2005 年的 2700 个。值得注意的是,哥本哈根与完全依赖于汽车、卡车和公共汽车而遭受污染的城市不一样,其居民是更加健康的。关于运输,哥本哈根已经建立了一套非常成功的多用途公共空间。因此,哥本哈根的市民并不认为街道只是将人放在小汽车里进行移动的走廊。

图 4-15　哥本哈根在整合骑自行车者与机动车驾驶者方面已经有长时间的经验
(资料来源:亚历山大•加文摄)

我们不仅需要重新思考如何处理城市功能,而且需要重新定义可持续发展的规划设计,使其具有包容性。作为曼哈顿下区开发总公司(Lower Manhattan Development Corporation)(负责 9•11 恐怖袭击后世界贸易大厦旧址的实际重建任务)负责规划、设计、开发的副总裁,在公众参与的重要性方面,我强化了自己的信念。如果你那时正在密切关注这一消息，你可能记得，"专家们"将六个重建方案放在一起，同时曼哈顿下区开发总公司与一同工作的很多其他组织，通过一个为期一天的称为"倾听纽约城市声音"的活动，征求公众意见。由于这是一个史无前例的规划，所以聚集了 4500 人讨论这六个重建方案。会议结束时，与会者提出了一个相当明确的结论：这些规划令人不满意。他们告诉专家重新开始。

我们中的一些人非常高兴。我们抓住这个机会，组织了一场国际竞赛，为世界贸易大厦遗址（Ground Zero）制定总体规划方案。九个世界上最著名的设计师提出了完全不同的方案。有些方案是可行的，有些则不行。曼哈顿下区开发总公司在其网站上展示了这些规划方案，这些方案被点击了数百万次。曼哈顿下区开发总公司还举办了一个具有模型和大型规划图的公开展示。数以万计的人们观看了这个展示并提供了很多书面建议。最终，曼哈顿下区开发总公司、纽约州州长和纽约市市长选中了丹尼尔·里伯斯金（Daniel Libeskind）的方案。一个惊人的事情发生了：在一个像纽约这样充满争议的城市里，竟然几乎没有人批评这个选择。人们接受这个选择是因为他们一直积极参与规划的全过程。

对于纽约申办 2012 年奥运会，我使用了类似的方法为奥运村制定一个可接受的规划。在申办规划中，我的最大问题之一是交通系统：对所有的奥运场馆来说，每天有 50 万名观众，1500 名运动员和教练员，25000 名新闻记者和 75000 工人在来来往往。地铁可以轻松地运送 100 万观众中的一半。我通过制定一个"×"来解决其余人的运送问题，"×"用两种交通方式来运送运动员、教练员、记者和贵宾（图 4-16）。"×"的南北轴线是渡船系统；"×"的东西轴线是长岛铁路和火车。我为奥运村选择的场址位于两个"×"相交的位置，在这个位置的地面上，纽约市正在计划开发新的住宅。于是，我参与了这个地段的开发过程，这样有助于告知开发方关于奥运村的设计思路。

我组建了一系列的咨询小组。一个小组由以前参加过奥运会的运动员组成，他们知道奥运村的生活。另一个小组由环保人士组成，他们想举办一届绿色的奥运会。第三个小组由开发商和政府官员组成，他们参与了整个城市的建设项目，知道将如何建造真正的奥运村。第四个小组由居民和周围的社区组织组成。

于是，我根据他们提供的信息，制订了一份入围方案资格要求。一个由建筑

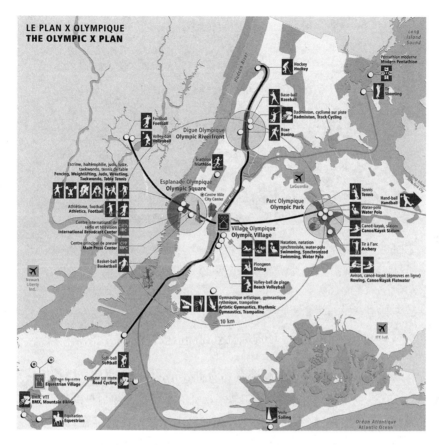

图 4-16　纽约市申办 2012 年奥运会的规划图,该图展示了如何在纽约这个
大都市运送成千上万的观众和数千名奥运村居民

(资料来源:亚历山大·加文摄)

师、环保人士、奥运选手、开发商、物业管理和公共管理人员组成的陪审团,选定
了五名入围方案。在 3 个多月的时间里,入围者进一步完善了规划方案,然后我
们将这些规划在中央车站和纽约市申办 2012 年奥运会的网站上公开展示。再
次出现了很多建议意见。我们选择了来自加州圣·莫尼卡的一个建筑公司的规
划方案,由墨菲西斯(Morphosis)领导的设计师团队成为胜利者(图 4-17),因为
这个方案中包括了社区的希望、奥运选手的建议和绿色元素。由于制定了一个
合适且非常理想的设计方案,所以爱争议的纽约人再次欣然接受了这个获胜
方案。

图 4-17　获胜的奥运村方案,纽约申办 2012 年奥运会提交的部分方案之一

(资料来源:亚历山大·加文摄)

把 19 世纪波士顿的翡翠项链带给 21 世纪的亚特兰大

　　公共空间的规划框架能赢得适合私人市场的反应吗? 奥姆斯特德的翡翠项链项目再次提供了答案。如前所述,翡翠项链起始于沼泽地河口湿地的改造,接下来是淤泥河上游的开发,目的是使人们在马萨诸塞州海湾运输局绿线朗武德车站(The Longwood Station)的一侧能进行散步、慢跑、骑自行车或晒太阳等活动,使相邻的土地对住宅开发更具吸引力。从那里开始,翡翠项链穿过波士顿市到达牙买加池塘(Jamaica Pond),牙买加池塘成为一个季节性的娱乐之地(钓鱼、划船和滑冰)。接下来,翡翠项链继续向下,穿过绿树成荫的阿波尔公园大道(The Arborway)直达阿诺德植物园(Arnold Arboretum),阿诺德植物园是一个展示世界各地花草树木的公园。翡翠项链接下来穿过另一条公园大道,终点是富兰克林公园。富兰克林公园占地 527 英亩,其贫瘠的岩石性土壤对于将其转变为富有想象力的公园来说实在是过于昂贵了。在这里,奥姆斯特德重塑了地形和岩石,以创建林木地区、开阔草地(后来成为高尔夫球场),甚至还有一个小池塘。再次强调的是,翡翠项链不是一个自然景观,这一点非常重要。其中的小路、水道、运动场、树林和草地都是人工系统。在接下来的建设年代,翡翠项链为其周边物业开发提供了美好前景(图 4-18)。

图 4-18　翡翠项链成就了其周边的物业开发

(资料来源:亚历山大·加文摄)

一个像波士顿翡翠项链那样的公共空间将如何重塑一个城市? 2004 年夏天,公有土地信托基金(the Trust for Public Land)要求找解决佐治亚州亚特兰大市的一个问题。这个城市只有 3.5% 的土地面积用于公园,相比费城的 12% 和纽约的 19%,这个比例低得令人震惊。在美国大城市中,在公园用地占城市总用地比例的排名上,亚特兰大甚至没有排在前 50 名。

亚特兰大有一条环绕其市中心的货运线路。几年前,毕业于格鲁吉亚技术学院的瑞恩·格拉夫(Ryan Gravel),提出了重新将这条货运环线用于公交线路的建议,这一想法已经开始受到支持。当我开始承担这个项目时,我联想起了奥姆斯特德的翡翠项链项目,特别是翡翠项链在朗武德车站的交汇点,在那里公园和交通线路会合在一起。这个联想启发我为亚特兰大设想一条翡翠腰带,建造一条 20 英里长的交通环线,附带 23 英里长的人行道(图 4-19)。我设想用 13 个公园作为这条腰带上的"珍珠翡翠"。其中四个公园是新建的,每个占地 204 英亩,另四个公园是扩建的,每个占地 185 英亩,其他五个公园是混合使用的,公园总的核心开发面积大约 2000 英亩。这些公园共同构建了一个占地 2500 英亩的公园系统,但其中只有 500 英亩已经建成。现有的、同时也可能是最著名的珍珠翡翠之一是占地 185 英亩的皮埃蒙特公园(Piedmont Park),该公园是我建议扩建的四个公园中的一个。潜在的新核心公园开发项目包括,一个被围起来的水库,一个距桃树街大约一英里远的货场,一条亚特兰大中心城区的交通要道,还包括一个离市中心只有 3 英里远的采石场。

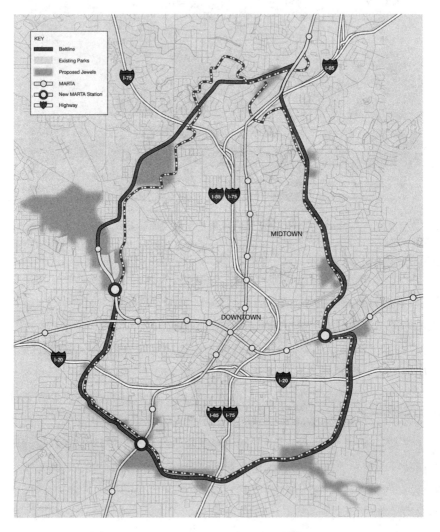

图 4-19　环绕亚特兰大的翡翠腰带

(资料来源:亚历山大·加文摄)

我于 2004 年 12 月完成了绕城翡翠项链带项目。它立刻得到了公众的支持。一年后,亚特兰大市政委员会同意将绕城翡翠项链带项目列为税收分配区。

2006 年 4 月,市长雪莉·富兰克林宣布城市将购买本区域,使其成为城市最大的公园。

当我构思这些公园的时候,我从未想过将这些珍珠翡翠作为自然保护区,虽然在许多地方,这样的公园将为动植物以及人类提供生存空间。我将这些公园设想为一个背景,在这个背景周围,将开发大量新的住宅,通过这条 23 英里长的环形公园系统,将提升新开发住宅的品质。因此,这条翡翠腰带的作用将远超一个简单的公交环线和公园,它将变成一个多用途的公共空间,为亚特兰大的 21 世纪未来发展提供一个框架。

费城的一个故事

一个综合用途的公共空间值钱吗? 半个世纪前,费城证明,在综合用途的公共空间进行明智的投资绝对是有回报的。1950 年,费城的船坞街市场(the Dock Street Market)是一个活跃的农产品配送中心。每天清晨四五点钟,是交通最繁忙的嘈杂时刻。丢弃的农产品所产生的害虫使那里的生活令人很不愉快。费城的规划总监埃德蒙·培根(Edmund Bacon)认为,这个市场不应该位于那个地方,就像我认为亚特兰大离桃树街仅三英里的采石场,在土地价值利用方面没有达到最高也不是最佳的使用方式一样。埃德蒙说服费城将这个市场移到费城南部,并花费 1700 万美元用于收购土地和基础设施建设。此外,使用市场的企业也投资了 1 亿美元。

那个时候,农产品市场占据的地方被称为社会山(Society Hill),而社会山作为住宅小区的需求并不高。住宅区的理想选择是里顿豪斯广场(Rittenhouse Square),1950 年,那里的房子卖到了 15000 美元(当时社会山的住宅均价是 5000 美元,而费城的平均房价是 3700 美元)。培根建议,利用这个市场的地面重建公寓楼,这意味着将建造一个象征市中心复兴的地标。费城为此举行了一场设计竞赛,最后的胜出者分别是开发商威廉·齐肯多夫和建筑师贝聿铭。今天,费城的地标——社会山塔(Society Hill Towers)就位于原来的农产品市场旧址。

围绕原来市场的社区中包括一些闲置和被遗弃的物业,培根决定将这些物业进行重建或重新装修,同时新建和恢复公共开放空间。培根还将现有的街道改造成具有 18 世纪和 19 世纪早期风格的令人流连忘返之地。培根创建了一个新的公共空间框架,用绿道将小公园、标志性建筑、教堂和其他的目的地相连接。美国联邦都市更新资金(Federal Urban Renewal Funding)支付了这个项目成本的三分之二,包括修建鹅卵石街道、花岗石路牙,以及地砖铺设、气灯设置和街道植树等。该基金还对住宅的恢复与建设提供了抵押贷款担保。

自20世纪50年代以来,社会山地区已发生重大变化。今天,社会山的绿道已将各个社区连接起来,同时赋予了它们与众不同的特征(图4-20)。从1950年以来,社会山公寓或独栋房屋的价值已增加78倍,相比之下,里顿豪斯广场只增加了18倍,而整个费城地区平均只增加了16倍。在费城,社会山已成为社区的首选。正如我的著作《美国的城市》(The American City)中介绍的,费城社会山项目展示了一个规划的成功案例,这个案例说明:"公共行动在私人投资市场

图4-20 费城社会山的绿色走廊赋予周边社区鲜明的个性

(资料来源:亚历山大·加文摄)

上产生了广泛和持续的反应。"这种广泛的私人市场的反应之所以成为可能,是因为培根创建了一个不限于单一功能的公共空间框架。这个公共空间既是一个公园,也是一个运输系统,又是住宅的背景,同时还有更多的内涵。这个公共空间将社会山地区变成了一个更好的、也更环保的宜居之地。这个公共空间当然很值钱。

　　这些经历使我确信,在重新界定"环境"规划这一概念时,第一要点是包括人;第二要点是,必须围绕私人业主开发来考虑公共空间框架的规划设计。一个可持续发展的公共空间框架,可以使一个城市成为更适合居住和工作的地方。我们已经从公众参与的规划中得到了好处。然而,我们开始慢慢地建设绿色城市了。但是,为了进一步培育环境上可持续的综合性公共空间,我们必须采取下一个步骤,就是在所有规划中,必须优先考虑公共空间。公共空间的改进,为我们提供了一个让城市更加绿色的最大机遇。现在不仅是规划人与地球共生关系的时候了,而且也是使这个至关重要的问题成为任何规划或开发项目的驱动力的时候了。只有文化率先变革,才能唤醒人们在创建绿色城市方面更广泛、更持续的反应,才能使我们的城市更加可持续,也更适合于居住。

参考文献

Beveridge, Charles E. 1985. *The Distinctive Charms of Niagara Scenery: Frederick Law Olmsted and the Niagara Reservation*. Niagara Falls, N. Y.: Niagara University.

Carson, Rachel. 1962. *Silent Spring*. Boston: Houghton Mifflin.

Garvin, Alexander. 1996. *The American City: What Works, What Doesn't*. New York: McGraw-Hill.

Jacobs, Jane. 1961. *The Death and Life of Great American Cities*. New York: Random House, 1961.

Olmsted, Frederick Law. 1993. *Yosemite and the Mariposa Grove: A Preliminary Report*, 1865. Yosemite National Park: Yosemite Association.

第5章
更加绿色的城市:纽约模式

雷切尔·温伯格（Rachel Weinberger）

　　世界各地的城市正在努力迎接绿色交通系统的挑战。2004 年,伦敦在减少小汽车的使用并承诺增加公共交通的同时,开始征收拥堵费。每年夏季的几周,巴黎沿塞纳河专门重新分配一条公路给巴黎海滩,同时将巴黎到巴黎海滩的道路变为行人专用空间和人造海滩。巴黎还在全城配置了数千辆用来租借的自行车,这些自行车可租借给在巴黎所属城镇作短途旅行的人使用,这些自行车可在任意一个租借站点挑选,并可以在任何一个站点退还。在美国,像盐湖城、芝加哥、旧金山和丹佛这样的大城市,正通过倡导使用公共交通与自行车,来推进在可持续/绿色运输方面萌生的变革趋势。

　　纽约市正在将绿色交通规划提升到特别令人瞩目的位置。2007 年 4 月,迈克尔·布隆伯格公布的《纽约市 2030 规划》(The Plan for New York City by 2030),将有助于纽约市实现到 2030 年二氧化碳排放量降低 30％的承诺,同时也有助于纽约在未来进一步降低碳排放的进程。本章将讨论这一倡议和交通问题。在纽约,一般首先要讨论的负面外部因素就是交通,同时也展示这些负面问题导致纽约市如何采取相应的指导原则。相对于其他的美国城市,纽约市在交通方面有一个优势:居民主要依赖城市的交通基础设施,同时纽约在规划中也将利用这个优势。纽约目前的交通需求,为未来模式提供了一个窗口。在为一个城市提出解决方案时,关键的一步就是解决运输问题。最后,本章将以描述纽约规划倡议结尾,该倡议对纽约如何达到可持续发展目标提出了建议。

在美国的大都市之中,纽约的独特之处在于,其拥有小汽车的程度是如此之低同时使用公共交通的程度又是如此之高,这两个正面的积极因素必须保持,同时必须建立在能实现更高水平的可持续性上。尽管有其独特性,但纽约市可以并应该成为其他城市的楷模。即使纽约市在交通方面也不得不进行改进,但在交通运输领域达到可持续性发展的可能性方面,纽约市仍是一个活生生的范例。

交通的外在负面因素

交通系统是纽约市成功的关键。管理不当将给纽约的成长能力带来格外沉重的压力。到 2030 年,预计纽约的城市人口将增加 10%,可以预期纽约市在交通方面的需求也将相应地增加。[1] 此外,根据预期,纽约市郊区的通勤者和游客也将激增,这将进一步增大运输系统的压力。挑战是这一交通系统需提供额外的运力,而目前该系统在许多地点、一天的许多时候已经超负荷运转;而这样做的同时,还要减少碳排放。适应这些新的需求,将需要用新的策略获得交通资源。

为了确保未来的交通顺畅,作为纽约市的发展对策,必须记住交通系统对环境的影响和对土地的需求。一个理想的解决方案,是能最大限度地减少坏境的破坏并保存尽可能多的土地用于其他用途。纽约市在试图通过规划来解决交通系统的问题时,至少将面临三个负面的外在因素:

1. 污染。机动交通降低空气质量,引起不良健康反应。1994 年,美国环保署确认,驾驶汽车成为大多数美国人最严重的污染行为。根据美国国家安全委员会(The National Safety Council)的报告,这是一个长期现象。

2. 拥堵。当一个交通系统的运输能力达到饱和时,其用户将不合理地拖延自己和其他人的时间。例如,当一列火车满员时,乘客仍抓住车门往上挤,在妨碍下一列火车进站的同时,也使已经乘坐的人等待的时间更长,并且继续延误后面的其他列车。同样,当太多的车辆同时尝试使用桥梁和隧道时,设施的通过能力也将降低。

3. 土地。交通运输对空间的需求与城市在其他方面对土地的需要形成竞争关系。停放 50 辆车所需的地面空间,与一个小操场或容纳 30 人的中等密度住宅所需的面积是相同的。

了解这些外在因素,对《纽约规划》中的交通要素具有指导意义。下面将对这三个外在因素进行详细的描述。

污染

　　排放既加剧了水的问题也加剧了空气的问题。以化石燃料为动力的小汽车、公共汽车和卡车,增加了空气污染,也增加了空气中的毒素,同时也增加了温室气体。根据 1990 年的《清洁空气法修正案》,美国环保署对《国家环境空气质量标准》(the National Ambient Air Quality Standard)中列举的六种空气污染物进行监测,它们是:臭氧、挥发性有机化合物、一氧化碳、氮氧化物、直径 2.5 和 10 微米的颗粒物、铅。然而,《国家环境空气质量标准》中不包括空气中的毒素,这些毒素包括,会引起癌症、呼吸系统疾病、白血病和其他血液疾病的空气中的其他有害物质。例如,甲醛、苯、甲苯、丙烯醛和乙醛等。此外,还有吸热气体或温室气体,如二氧化碳、氮氧化物、甲烷等化石燃料燃烧产生的副产品。

　　就美国全国来说,乘客乘坐公共交通工具每英里使用的燃料是小汽车的一半(图 5-1),纽约节省得更多。乘客乘坐公共汽车每英里使用的燃料比驾乘小汽车少 60%,地铁系统节省得更多。乘客乘坐公共交通与驾乘小汽车相比,每

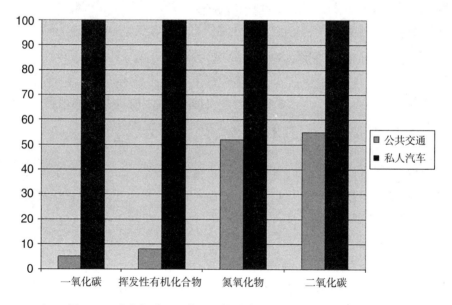

图 5-1　乘客每乘坐 1 英里的排放水平:公共交通与私人汽车

〔资料来源:夏皮罗(Shapiro),哈西特(Hassett),阿诺德(Arnold),2002〕

英里的排放是相当低的。就美国全国来说,乘坐公共交通乘客每英里一氧化碳的排放量是私人小汽车排放量的 5%,挥发性有机化合物的排放量是私人小汽车排放量的 8%,氮氧化物是 52%,有害的温室气体是 55%。

在纽约市,小汽车和轻型卡车排放的二氧化碳占了 78%,但只承担了 60% 的机动车客运量。相比之下,公共交通工具承担了 40% 的城市机动车客运量,而二氧化碳的排放量只占 12%。公共交通工具的碳利用率超过目前小汽车碳利用率的四倍以上。如果纽约新的政策指向获得成功,那么公共交通的碳效率将变得更高。此外,正如将显示的那样,交通环境越好,越有利于步行和骑自行车,这将进一步帮助减少排放。目前在纽约市,将小汽车客运与其他组合交通客运模式相比,可以看出,私人机动车客运的污染是公共交通、步行和骑自行车的 10 倍以上。

尽管每个乘客的碳效率较高,但纽约市产生的空气污染物程度仍然较高。载有一名乘客的小汽车,1 加仑汽油可以排放出近 1 磅的一氧化碳,0.07 磅的氮氧化碳,20.7 磅的二氧化碳。目前,在纽约市,登记注册的司机每天行驶约 5100 万英里,因而,每天仅路上行驶的车辆,就产生了 837 吨的一氧化碳,103 吨的氮氧化物,2.8 吨的粗颗粒物,34000 吨的 CO_2e(CO_2e 是释放到大气中的二氧化碳、甲烷和一氧化二氮以及非二氧化碳调整为相应的二氧化碳排放水平当量后的基础数量,即主要的温室气体)。由于行驶里程多,所以出租小汽车和出租卡车造成了明显的空气污染和温室气体排放。出租小汽车和出租卡车每年总共排放约 160 万吨的温室气体,约占纽约每年温室气体排放总量的 3%。一个出租小汽车司机每年大约行驶 10 万英里,其中百分之四十的行驶里程是空驶,仅这一项每年排放的二氧化碳当量就超过 23 万吨。尽管应该追求降低空驶率,但纽约市强大的出租汽车行业也有助于降低小汽车的拥有率,这是纽约人均汽车排放相对较低的一个非常重要的因素。出租汽车行业作为交通手段的补充,意味着纽约人使用小汽车的机会少于其他地方的美国人。选择不拥有私人汽车有助于纽约市居民显著提高步行和使用公共交通的比率。

拥堵

速度不同的时候,道路的容量也不同。例如,一条设计安全时速为每小时 50 英里的公路,以最大设计速度行驶,每条车道每小时的容量约 600 辆车。当速度慢的时候,道路的容量就会增加。当车辆的运行速度为每小时 35 或 40 英里的时候,设计时速为每小时 50 英里的道路设施的通过能力达到最高,约为每车道每小时 1500 辆。因此,尽管个体的流动性会降低,但整个交通系统的容量和总的流动性会提高。但如果超出了交通系统的最大容量,那么速度甚至会进一步减慢,同时系统的性能和个体的流动性都饱受折磨。对于每天的固定时段来说,纽约市通向主要商业区的所有通道,特别是瓶颈设施如隧道和桥梁等,都在以超出其最大容量的状态下运行。如果某天较少的人尝试使用这些设施,那么立刻就能使更多的人通过。为了迎接这一挑战,纽约已采取需求管理战略,减少高峰时使用这些交通瓶颈的需求。

在公共交通系统中,当一个抓住地铁列车车门的乘客延误后面列车的时候,虽然可以节省他自己几分钟的旅行时间,但整个系统的延迟可能也延迟了他,并会导致整个系统的运行能力降低,与原来正常的情况相比,服务旅客的数量更少。例如,在纽约最拥挤的地铁线路,列克星敦大道线,站内的延误会妨碍纽约大都会交通局(The Metropolitan Transportation Authority)调度所有可用的列车,导致在每天最繁忙的时段,线路只能达到大约 90% 的运营能力。

纽约市的方法是,通过提供额外的交通设施,鼓励使用在空间和碳排放方面效率更高的公共交通工具和步行,同时加强小汽车的管理,在每天的不同时段,重新分配进入某些地段的出行,或使其直达交通系统中的公交交通和非机动车通道。

土地

运输系统需要大量的土地来移动和停放车辆。纽约市 19000 英里的市区车道约折算 23000 英亩(几乎相当于布朗克斯区的面积)。此外,纽约人拥有的小汽车约占地 5500 英亩,其面积约是中央公园的七倍。这个数量是不包含卡车、出租小汽车和其他出租车辆的,同时也不包含数千辆通勤的小汽车以及住在邻近的县定期驶往纽约市的小汽车。纽约人少拥有的小汽车部分(指如果纽约人按美国人均拥有小汽车的比例也拥有同样数量的小汽车)可能就需要 11000 英亩的土地,或相当于将整个曼哈顿区作为停车场的面积。其他的交通方式在空间方面更有效率。汽车不仅消耗土地,也加剧了其他的环境问题。不透水地面,如沥青和混凝土路面,会阻止雨水渗透到地下。由于来自街道上的雨水作为径流也流入了城市的排水系统,所以径流也将轮胎灰尘、泄漏的油污和防冻液以及其他污染物带入了城市的排水系统。图 5-2 显示了曼哈顿将占用多少面积用作额外的小汽车停车场。图 5-3 显示了在一个标准的车道内，有多少人能行驶

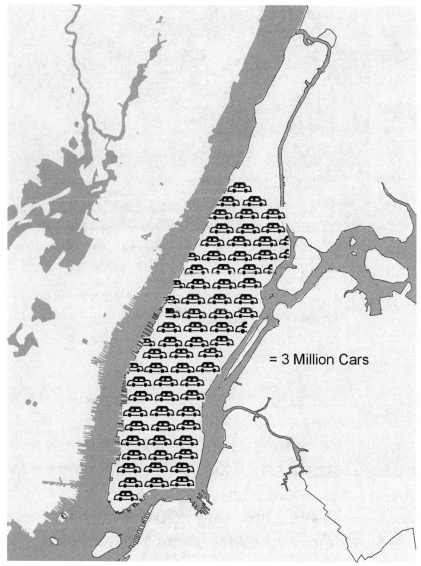

= 3 Million Cars

图 5-2 如果纽约市的小汽车拥有量与美国其他城市一样高，
几乎曼哈顿全区的地面都将要作为小汽车停车场

［资料来源：纽约市长办公室的可持续性长期规划
（New York City Mayor's Office of Long-term Planning and Sustainability）］

一英里、两英里和五英里,在前两项中,分别是步行和骑自行车,在第三项中,分别是驾驶小汽车、骑自行车和乘公共汽车。

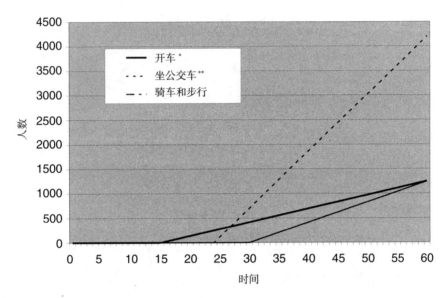

图 5-3　纽约市一条 10 英尺宽的车道,移动 5 英里的每小时的运输效率

* 假设每辆小汽车有 1.5 名乘客;

** 假设每小时有 35 辆公共汽车(大约是快速公交一半的能力)

纽约的优势

美国的城市都在争相建设新城市主义的社区,并鼓励以公共交通为导向的开发,而纽约认为这种模式是理所当然的。小汽车在运输系统中占有重要的位置,但对汽车的依赖于环境、经济或社区却是不健康的,这已成为所有美国城市的共识,在沉湎于这种共识日益增长的同时,这些城市都正在试图创造公共交通系统、公共交通节点和以行人为导向的广场。但在几乎所有的大城市中,这些社区仅仅是刚在开始建设轨道交通系统的基本要素。休斯敦正在扩大它的轻轨,丹佛有一个雄心勃勃的计划,新建 120 公里的通勤铁路、轻轨和快速公交系统(BRT)。盐湖城最近也在新建轻轨交通系统。美国正在向着有利的方向发展,什么可以缓解交通压力、什么可以减轻对汽车的依赖、什么可以增加运输的选

择、什么可以满足交通需求且占用空间较小、什么可以减少污染物和温室气体排放,就发展什么。

如图 5-4 所示,与美国五个最大的公共交通系统相比,纽约市的交通网络能输送更多的乘客。[2]纽约市的交通系统是适合步行的系统,与只依赖汽车的交通系统相比,能提供更有效的流动性。根据纽约市汽车运输总公司 1998 年的居民出行调查(可得到的最新数据),纽约的市内道路交通系统在 19000 英里长的线路上,每天可提供 600 万人次的交通服务;而 660 英里长的地铁线路,却可提供 350 万人次的轨道交通服务,所以地铁系统的空间效率是市内道路交通系统的 17 倍。在最大容量的情况下,纽约市的地铁系统,其空间效率可能是小汽车的 25 倍以上,而公共汽车可能是小汽车的 10 倍以上(图 5-5)。事实上,纽约市将需要至少增加 50%的市内道路容量,才能提供与现有公交系统相同水平的服务。令人好奇的是,与大多数城市不一样,纽约在公共交通系统没有设置直接的

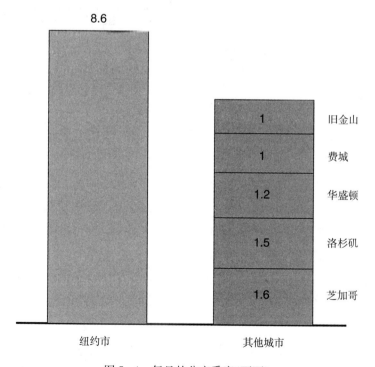

图 5-4　每日的公交乘客(百万)

[资料来源:美国公共交通协会(American Public Transit Association),2006]

管控部门。相反,公共交通系统必须将区域伙伴的利益与自身的利益协调一致以实现公交乘客的最高化。

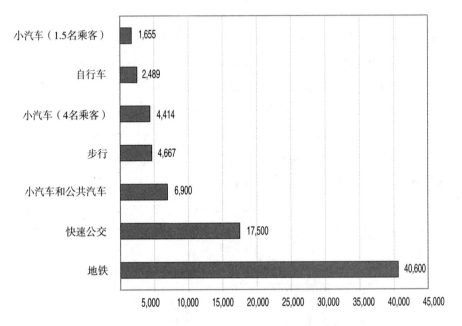

图5-5　每小时每条道路运送的乘客数量

（资料来源：Highway Capacity Manual,2000）

即使有这样高的效率,纽约市交通系统排放的尾气中,一氧化碳的排放量约占全市总排放量的61%、更加危险的颗粒物（PM 2.5）约占7%、氮氧化物约占32%、挥发性有机化合物的排放量约占26%。氮氧化物和挥发性有机化合物会形成臭氧,这是城市烟雾的主要成分。纽约市的空气不符合美国联邦空气质量标准,同时很大一部分比例的纽约人面临着感染呼吸道疾病的高度风险,如哮喘病。

相对于美国其他城市的居民,纽约人对公共交通的依赖程度较大,但与全球竞争对手相比,纽约市却可以做得更好。与纽约相比,伦敦的人口密度较低,公交服务也更差,但伦敦人使用公共交通的比例却超过依赖公共交通的纽约人的两倍（图5-6）。

纽约是一个多式联运的城市。纽约人在出行方式的选择方面远超其他美国人,他们可以根据个人情况用最适当的方式到达目的地。比如,纽约人不得不开车去剧院,因为公交车辆深夜在剧院不停,不开车他们没有办法回家。又如,纽约

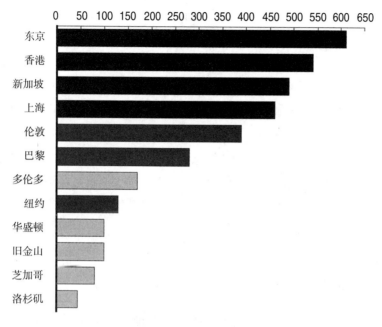

图 5-6　大都市地区的人均公交乘客数值(1995 年)

(资料来源:莫道克大学可持续性与技术政策学院)

人在很疲劳或下雨的时候,他们可以打出租车或能相对容易地得到叫车服务。实际上步行就可以满足很多纽约人的出行需要。三分之一以上的纽约人在出行的时候选择步行,这是由于纽约市与众不同的土地利用方式造成的,同时又因为有广泛的交通系统供其居民使用,所以拥有自己的汽车并不是纽约人的必然选择。

从美国全国来说,90%的家庭拥有一辆或一辆以上的私家车,88%的人口是以小汽车、卡车或面包车作为通勤交通工具的。其中,75%以上是单人驾乘。大部分人别无选择只能拥有自己的小汽车。事实上,整个美国,除了最贫穷的人以及那些因为年龄和身体条件不能驾车的人以外,几乎所有的公民都拥有自己的小汽车。但在纽约市,大部分人拥有小汽车的状况与其他城市的美国人都是不同的。纽约的斯塔滕岛(Staten Island),是纽约市每个家庭拥有小汽车最高的行政区,可以说是整个纽约市在土地使用方面与美国其他地区最类似的行政区,该区 82%的家庭拥有私家车。但总的来说,纽约市家庭拥有小汽车的只占 44%,其中曼哈顿区家庭拥有小汽车的仅有 22%。在纽约,只有 26%的人开车上班(曼哈顿区开车上班的比例低于 5%)。事实上,在纽约市的全部交通出行中,只有 33％ 是靠私人汽车承担的,其余的出行是靠渡轮、铁路、地铁、公共汽车、自行车和双腿来完成的。

虽然就美国全国而言,拥有小汽车与收入高度相关,但在纽约市,拥有小汽车不但取决于收入也取决于其他因素。人口密度和到达公交线路的方便程度对是否拥有小汽车具有更强的影响。例如,在斯塔滕岛地区,收入最低的群体可能比曼哈顿区各种收入阶层的人都更喜欢拥有自己的小汽车。在布鲁克林区,年收入超过 15 万美元的家庭,比那些年收入为 10 万～15 万美元的家庭更不愿意拥有私家汽车,也比斯塔滕岛地区年收入为 2.5 万～5 万美元的家庭以及收入更高的家庭不愿意拥有私家汽车。这些差异是由城市结构和那些不拥有小汽车家庭所处位置的公共交通可达性决定的。

纽约市的交通模式

了解不同的出行目的及其基本特征(如出行的距离和在每天出行的时段)可以指导交通规划的制定并有助于确定最佳的交通方式以及配置最佳的交通系统。

像每个城市的情况一样,交通出行也是纽约人生活中的一个组成部分。为了上班、上学、购物、探亲访友或去公园享受,纽约人每天都要出行。纽约人每天外出都有广泛的出行方式可供选择:他们可以步行、骑自行车、叫出租车、乘私家车、乘坐公共汽车,或乘坐火车。每天去曼哈顿中央商务区、长岛新的市中心,以及去布鲁克林、法拉盛、牙买加和布朗克斯等区闹市中心的人中,45％ 是公务出行。纽约市民也依赖定时的货物配送服务,货物配送按时向商店运送商品、为居民运送包裹、提供建筑材料,并运走垃圾。卡车几乎运送所有的货物。本节介绍了一些纽约人出行的细节。

街道和人行道是纽约交通基础设施中的最基本元素。乘坐地铁和通勤火车的出行一般是从步行到车站开始的;大多数城市中驾驶小汽车外出旅行的还包括步行到一个车位或车库的距离。如前所述,在纽约人所有的出行中,步行的出行方式占三分之一以上,同时步行也是所有出行方式中的一部分。在纽约,步行者和骑自行车的人自己到达目的地,小汽车和出租车为个人提供私人交通服务,公共汽车为大众提供公共交通服务,卡车运送货物,大家共享城市的街道。因此，必须有效地分配街道空间以容纳所有的出行需要。

每天，纽约人都要在市内和全区进行无数次的出行。纽约人每天平均出行约 3.4 次，出行距离约 21 英里。为家庭事务和个人私事而外出的活动包括购物和就医，这类外出占所有出行的 44%；社交和休闲活动，包括体育锻炼、外出就餐或娱乐、探亲访友等，占所有出行的 25%；通勤上班占 25%；上学和去宗教场所占 11%。所有出行中，超过半数的出行时间少于 20 分钟，不论出行模式如何，三分之一的出行距离不到一英里。

交通的需求

目前，纽约市的出行模式分布为：34% 的出行是步行，33% 是私人小汽车，19% 是铁路或渡轮，11% 是公共汽车，3% 是出租车或搭乘。2006 年全年，纽约市街道和公路上所有车辆行驶的总里程为 200 亿英里。其中，小汽车和轻型卡车（通常是单人驾乘）约占城市行驶总里程的 95%，重型卡车占 3%，公共汽车占 1%。分析师预计，到 2030 年，小汽车交通将增加 10%，卡车运输增长速度更快，将增加 64%。[3]

从几方面来的数据构成了下面几部分内容的分析基础，数据描述了出行的特征和旅游者的旅行目的。[4] 分析数据将纽约人在一天和一周的时间内的出行模式、出行次数、出行距离，以及在不同的时段出行的数量进行了详细描述，这些分析数据可以更好地服务于交通规划和交通干预，以减少拥堵、改善空气质量，并减少汽车尾气排放。

因家庭和个人事务的出行活动

对纽约人来说，家庭和个人事务是外出活动中最大的一类，占出行总数的 44%。这一类外出活动包括购物、看医生、访问牙医、前往日托以及其他的家庭和个人事务。平日，家庭和个人外出的时间主要分布在上午 9 点至下午 7 点；在周末，这种类型最多的出行发生上午 9 点至下午 1 点，其余时间的外出数量逐渐减少。与周末平均出行 5.2 英里的距离相比，平日里家庭和个人外出的距离更短，平均只有约 3.1 英里。在因家庭和个人事务而外出的活动中，二分之二的出行时间少于 20 分钟，其中近一半的出行时间不到 10 分钟。在因家庭和个人事务而外出的出行模式中，步行和驾驶小汽车的比例十分接近，只有 14% 的出行是乘坐公共交通。

在因家庭和个人事务而外出的活动中,购物的时间是最短的,平均 16 分钟。在这些出行中,只有 6% 是从其他行政区去曼哈顿区的。大多数购物活动是靠步行或开小汽车的,但在纽约的五个行政区中,出行模式有着显著差别。在曼哈顿区,70% 的从家里发出的购物是步行的;布朗克斯区的步行比例是 55%,布鲁克林区的这一比例是 47%,而皇后区的这一比例是 42%。在史泰登岛区,小汽车的拥有率和对小汽车的依赖程度是最高的,外出购物时,只有 9% 是步行。就纽约全市来说,在所有的外出购物活动中,36% 是开小汽车的。然而,相比史泰登岛地区的外出购物活动中,85% 是开小汽车,而在曼哈顿,外出购物使用小汽车的只有 6%。在曼哈顿,其他类型的个人业务更多地依靠公共交通,曼哈顿区依靠公共交通处理个人事务的占 40%,而纽约全市的平均数值是 28%。

因社交和休闲娱乐的出行活动

社交和休闲娱乐占所有外出活动的四分之一,这些活动包括:旅游、探亲访友、外出吃饭、锻炼身体或体育活动,以及其他娱乐活动。平日,这些活动的出行时间主要集中在晚上 7 点到 10 点之间(约占 36%)。在周末,纽约人开展社交和休闲娱乐活动的数量是平日的两倍以上,而外出更是超过平日的三倍以上。在周末,所有的外出中,距离最长的是社交和休闲娱乐活动,平均达 10.6 英里。

社交和休闲娱乐活动比因家庭和私人事务外出的时间稍长,平均为 27 分钟。平日,纽约人社交和休闲娱乐的起点和目的地,按照出行方式进行分析,各个区之间有很大的区别。例如,在史泰登岛行政区,在这些社交和休闲娱乐活动中,超过四分之三的出行是开小汽车,但在其他行政区,这一比例要低得多,皇后区为 50%,布鲁克林区为 37%,布朗克斯区为 18%,曼哈顿区为 9%。

上学出行

对于较年轻的纽约人来说,"往返"学校是他们最重要的日常出行。纽约有 150 万人参加学前教育,或上小学和中学,另有 50 万人是大学生或研究生。就全市而言,35% 的学生是步行往返学校,30% 是乘公共汽车,20% 是乘火车或渡轮,15% 是乘小汽车。

如同其他出行方式一样,在史泰登岛区,上学也是很重要的跨区出行,41%

的学生乘小汽车往返学校,42％的学生乘公共汽车,13％的学生是步行。在皇后区,40％的学生乘公共汽车,而在布朗克斯区和曼哈顿区则只有不到20％的学生使用此方式。在离市中心较远的区,乘地铁上下学的比例在20％左右或更低。在曼哈顿区,学生步行的比例比布朗克斯区低,可能是因为有吸引力的学校分布集中以及去曼哈顿的大学上学通勤的距离较远,所以去曼哈顿区上学通常乘坐公共交通工具。

工作出行

工作出行是出行领域中研究得最多的,可能是因为工作出行是最稳定的和最可预见的。因此,规划者往往具有这类出行的最多数据。尽管有相关数据,但这一数量只占纽约人出行总数的16％。纽约人中大约有43％是有劳动能力的。通勤往往是纽约人最长的出行,出行距离平均大约8~12英里,花费的时间大约是34分钟。然而,具有讽刺意味的是,纽约人通勤时间长是由于其使用公共交通(一种内在就较缓慢的出行方式),如果纽约人主要用小汽车来通勤,那么通勤的时间会更长,因为纽约根本就没有用小汽车来通勤的街道系统,同时也没有能力有效地服务这么大数量的小汽车。

大多数纽约人工作在他们所生活的行政区之内,但相当大一部分人(约占纽约工作人数的47％或大约1372000人)的工作需要通勤出行到曼哈顿区第九十六大街以南。各区去曼哈顿中心区工作的人数变化很大,曼哈顿区约530200人;皇后区约329000人;布鲁克林区约325600人;布朗克斯区约135400人;史泰登岛区约51700人。大容量公共交通工具承担了大多数前往曼哈顿中心区的通勤出行,还有许多人开小汽车出行。皇后区用小汽车通勤的数量最高,约60000人,包括搭车一族。而史泰登岛区用小汽车通勤的数量只有16000人,具有最低的绝对数量,但却占据了通勤小汽车来曼哈顿的最高比例(占32％)(见彩图6,有关来曼哈顿下区第九十六街通勤者的来源;以及彩图7,通勤小汽车占比最高的行政区)。

货运

由于纽约市越来越多地支持服务型经济,所以纽约几乎所有的商品都是从其他各州或海外输入的,输入的商品包括从食品到办公用品以及建筑材料等。

同时,纽约也出口废品,因为纽约没有主动型垃圾填埋场,也没有焚烧垃圾的发电厂。纽约市将近99％的货运依靠卡车。

在过去的20年,伴随着纽约市的人口增长和经济发展的是,卡车流量也增加了35％。如前所述,预计到2030年,卡车流量将增加64％。纽约拥堵的道路减缓了卡车的行驶速度并延迟了货物的交付时间,从而给企业和货运行业带来了巨大的成本。卡车交通也给纽约市带来了巨大的成本。在道路上的所有车辆中,卡车只占了很小的一部分,但在污染和安全方面却产生了不成比例的影响。例如,从温室气体排放方面来说,重型卡车每英里排放的二氧化碳是小汽车和轻型卡车的三倍以上。此外,因为卡车是用于商业运输,所以卡车行驶的里程更长,使用街道系统也比小汽车更多。卡车不仅加剧了区域的空气污染,而且在卡车交通排放浓度较高的社区,排放量也加剧了公众健康问题,如哮喘和其他呼吸系统疾病。在这些社区,卡车交通也是危害行人安全的一个重要因素。

近年来,为了减少卡车运输的负面影响,纽约采取了一系列措施。例如,2006年批准设立的公共环境固体废物管理规划局(The Department of Sanitation's Solid Waste Management Plan)用驳船和火车输出了90％的城市居民生活垃圾。预计该计划每年将削减纽约市近300万英里的卡车行驶里程。根据卡车行驶路线管理局(The Department of Transportation Truck Route Management)和减少社区影响研究(Community Impact Reduction Study)的报告(发表于2007年3月),呼吁改善道路标志和卡车运行线路,同时建立一个管理货物流动的办事处。这些措施可以提高卡车运输密度高的社区的安全性。

定义问题

《纽约规划》解释了纽约市交通系统在可达性与可持续发展方面存在的问题。从历史上看,流动性曾是交通性能测试的主要内容(测试行人和车辆可以到达多远的距离)。从最近来看,可达性的概念已经成为交通性能测试的核心。可达性被定义为,在一定的时间内有多少人能到达指定的位置,所以可达性具有测试周边土地利用状况的功能,也具有测试周边土地利用密度的功能。因此,与土地利用结合在一起的流动性可用来解释可达性。

交通和土地利用之间的关系,间接地受到有多少土地必须专门用于交通基础设施的制约,同时也受到交通系统能力的制约。一块土地仅被设计为用于小汽车通行的城市街道(通行小汽车的公路网),那么,这块土地就不能容纳高密度的开发,因为,这样的道路客观上就不可能用小汽车将大量的人员运送到指定的地点,小汽车在本质上就是一种低密度的运输模式。此外,必须专门用于小汽车通行的车道和停车的空间容量,也减少了可用于其他用途的土地的开发空间。同样,一块被规划为低密度开发的土地,也不可能有完善的交通选择,因为这样的地块缺乏足够的人口来支持频繁的综合交通。因此,被规划和建设为使用小汽车进出的区域(具有停车要求的低密度开发空间)几乎都有各种保证小汽车使用的优势。为了解决这个问题,《纽约 2030 规划》要求,发展更大规模的交通基础设施,同时合理地利用专用于交通的土地,以倡导更有效的交通模式(轨道交通、公共汽车、自行车和步行)。幸运的是,这些更节省空间的交通模式往往也更节省能源。

对于可持续发展,纽约市考虑了交通对空气质量的影响,也考虑了燃烧化石燃料对全球气候变暖的影响。在保持纽约市特殊的交通特征的同时,明确了可以减少交通负面影响的三个领域:

1. 在满足同等出行需求的同时,减少燃料的消耗。这些措施包括转向更节能的出行模式,例如,将小汽车出行转为乘公共汽车出行,将乘公共汽车出行换为乘火车出行,将乘公共汽车、火车和小汽车,换为步行或骑自行车出行。措施还包括更换节能效率更高的车辆。除了更换市政府所拥有的车队外,还包括更换出租车以及鼓励市民更换节能效率更高的车辆。措施还包括通过减少并排停车、降低交通拥堵以及出台针对空驶的法律法规。

2. 使用清洁燃料(使用生物燃料或清除燃料中的有毒有害物质,如清除汽油中的苯)。

3. 使燃料燃烧得更彻底(通过更经常、更严格的检验,确保汽车的燃烧状态良好,经常提升发动机的排放标准,经常提升微粒过滤器的等级,尤其是使用柴油的卡车和公共汽车)。

后两项干预措施,不仅能解决交通部门存在的问题,也会影响能源的生产和消费,如建筑和其他相关行业的能源消费行为。《纽约 2030 规划》,以通过提升空气质量为契机,倡议解决这些领域的问题。《纽约 2030 规划》的重点是第一项措施,该规划在提倡更少地使用燃料的同时,特别倡导减少私人小汽车的使用,同时倡导出台新的开发政策,以确保能鼓励人们采用人均能源效率更高的非机动车出行模式。因此,《纽约2030规划》中交通方面的战略重点是,在满足出行需求的同时,减少燃料的消耗。

总之,纽约市采取了一种与每个人的出行模式相匹配的交通规划战略,这些出行模式具有最小的污染物排放和尽可能小的总碳排放。在这样做的同时,纽约市还试图用土地利用效率最高的生产方式来分配交通资源,其做法是,充分考虑各种不同的出行特征和周围的条件:如出行距离,是否需要出行,以及合理地选择出发地点和目的地。例如,通常情况下,一个人去社区内的杂货店购物,可以步行、驾乘小汽车、乘公共汽车或骑自行车往返。在增加可达性和可持续性方面,《纽约2030规划》中有一项政策指导,其中的一个基本规定是,步行将成为最愉悦、最方便、最可取的出行方式。对于距离较长的出行来说,人们可以骑自行车、乘公共汽车、坐地铁或驾乘小汽车。同样,《纽约2030规划》也积极支持自行车出行,将骑自行车作为最方便、最舒适、最可靠的出行方式。日常的上班对于步行来说,距离太远了,通常骑自行车或许是最好的交通方式。对于单独的出行,如从城市的一个区去另一个区的家庭登门拜访,这种情况下不能很方便地直达,例如,布鲁克林和布朗克斯两区之间的出行,现在就不方便,纽约市正在寻求开发更多的跨区连接方式。同时,小汽车可能是这种跨区出行的最好选择,无论是私人小汽车或出租汽车。在某种程度上,纽约人可以依靠出租汽车出行,他们拥有私人小汽车的需求将减少,从而降低纽约人错误地倾向于选择小汽车进行其他方面的出行,在这些出行方面其实存在着更有效的选择。随着时间的推移,这将导致减少必需的容纳小汽车的土地资源。

伴随着决定采用最舒适、最方便的非机动交通出行方式的同时,纽约市制定了针对方便通行的基本规划原则和以行人空间为导向的基本政策,这些政策包括:

- 提供安全的与公共交通站点相连的步行空间;
- 设计方便换乘其他公共交通服务的站点;
- 确保步行环境舒适、安全,并在可能的地点鼓励多用途利用。

车站的可达性是交通规划的一个关键环节,因为如果到达和离开公交车站的成本昂贵、费时且不可靠,那么潜在的乘客也许气馁,而选用其他出行模式,如私人汽车。规划的目标是创建一个公共交通系统，该系统能提供无缝的多式联运，同时为乘客提供舒适而满意的交通服务。设计进出车站的行人通道，包括创建安全、有保证并能直达的线路。行人总是寻找最短的路径，往往选择与小汽车、公共汽车，或自行车相互争道的线路。规划进出车站的通道，必须满足行人直接和安全的需求，同时保护行人免遭其他交通工具的威胁。另一个令人关注的问题是确保公共汽车和地铁车站的入口处有足够的人行道，以增加行人的安全性和舒适性。

车站的设计也应方便乘客换乘其他交通工具，比如换乘公共汽车、地铁或铁路等。指示系统、适当的标志、舒适的候车区以及换乘等待时间等实时信息，可以让出行更加可预测，并能在整个行程中为乘客提供统一的高水平服务。在车站进出通道的规划中，也应包括骑自行车的人。在车站附近，必须相应地设计安全、方便的自行车停车场，或容量比较大的空地，以免骑自行车的人在恶劣天气时可能遇到的麻烦。

尽管步行是最早的和最基本的出行方式，但在美国，一直是一个被严重忽视的交通出行方式，直到 1991 年，当美国联邦政府立法授权为自行车和行人设施提供规划，并提供联邦政府项目支持之后，步行才到重视。步行拥有众多的好处。首先，步行是最环保的交通方式。其次，步行不产生任何排放，也无噪声的影响，同时与其他交通方式相比，需要的空间较少。另外，步行还促进当地的经济活动并有利于当地企业的发展。现在已有确凿证据证明，步行对身体和精神健康大有益处。在纽约，大量居民采用步行作为出行方式，而不只是为了娱乐。如前所述，有 34% 的纽约人以步行的方式出行。[5]

设计人行道和其他的步行道，安全、方便、舒适和视觉多变是关键要素，视觉多变包括土地的综合利用和景观宜人的街道。这些要素并不总是一致，对规划者和设计师的挑战是，在这些要素中取得适当的平衡，必要时优先考虑某些要素。在某种程度上，投资步行交通可以鼓励人们远离小汽车，在减少纽约的交通堵塞和排放的过程中，制定行人交通规划是一项重要的战略选择。此外，对于短途出行来说，步行出行还有其他好处，可以提高公共汽车和小汽车交通的效率。在服务于长距离出行的同时，通过转向步行交通规划而释放出来的道路空间，带来了对道路空间的更多需求，这种需求总是与承载能力相一致的。对长距离出行来说，步行是不合理的。

纽约为 2030 年制定的交通策略

在制定《纽约 2030 规划》时,纽约市评估了该市的过去和未来的潜力。纽约市长迈克尔·布隆伯格得出的结论是,在认识到该市的潜力和良好目标的同时,纽约市民需要减少小汽车的数量并加强公共交通优先的战略。因此,在承诺减少温室气体排放并承认纽约市的实际客观容量的同时,通过再生和拓展纽约现有的交通结构来容纳城市的预期增长。为了完善可持续发展的交通系统,《纽约 2030 规划》概述了四个重点领域:① 建设和扩大交通基础设施;② 改善现有的交通;③ 鼓励其他可持续发展的交通模式;④ 通过减少小汽车的使用,来减轻由此带来的拥堵,进而提高交通流量。《纽约 2030 规划》包括一个额外的关键因素:征收拥堵费。征收拥堵费是第四部分的重点,它既可解决交通问题又能创收,这部分创收可作为完成该规划的部分资金。

第一部分的主要目标是解决现有交通改善方面积压的重大问题,这些问题已被确定为纽约及周边区域的重要工程项目。这些项目包括建设第二地铁干线;完成东西走向的交通动脉,使长岛的铁路列车被纳入纽约地铁网络,目前长岛铁路列车只能通过佩恩车站转入纽约中央火车站;这些项目还包括进入纽约中心及周边地区中心的通道,其中的一个项目是在哈德逊河底下增加一条铁路隧道,这将增加纽约和新泽西两州之间的运输能力。这些项目,一些早在 20 世纪 20 年代就开始构思,如第二地铁干线,其他的则是最近才开始规划。所有的这些项目都是基础设施的长期改善,需要数年才能完成,同时需要源源不断的大量资源。实际上,很多项目都不是纽约市政府的职责,而是区域伙伴城市的基本职责。《纽约规划》的贡献是表达了纽约市自己的强烈诉求,也扫除了纽约市改善交通环境的相关障碍,同时也有助于用项目基金弥补长期积累下来的财政资金缺口。

第二部分的主要内容是改善现有的交通,《纽约 2030 规划》确定了一系列纽约市自己可以完成的改善交通的短期措施。在接下来的几年里,为了吸引和容纳更多的乘客,纽约市将与大都市交通局进行合作。纽约市与大都市交通局提出的一个合作项目是快速公交试点工程,该工程是对纽约地铁系统的补充完善。与之相关的努力是,在城市的街道和桥梁上创建更多的公交专用车道,以提高现有公交系统的效率和可靠性。其他的公共汽车和地铁的服务措施包括,改善进出车站的通道,改变道路走向,并对交通服务不足的地区加强或补充相关服务。此外,纽约市还将通过制订多式联运走廊计划,解决小汽车行驶道路上的拥挤瓶颈,同时,为了增强其促进低碳生活的承诺,纽约将在全市范围内开发各种步行广场。

《纽约 2030 规划》要求支持其他可持续发展的交通模式,包括自行车和渡轮。通过完成 1800 mi 长的自行车道路总体规划并安装 1000 个以上的路旁自行车停放架,纽约希望增加自行车出行的数量,并使骑自行车上下班的比例在现有的 1% 基础上有所增加。在威廉斯堡和布鲁克林区,纽约市已将地铁站附近的小汽车停车场的两三个车位替换为自行车停放架。接下来将对更多的小汽车停车场进行重新分配。此外,纽约市正在采取措施,与私人渡轮经营者合作,为沿东河分布的渡轮提供相关服务。这项服务将帮助布鲁克林和皇后区的那些在新的滨水地区发展的市民,满足他们前瞻性的交通需求,这些市民受到 2006 年重振老工业区政策的激励来这里发展。理想的情况下,渡轮公司将通过提供公共汽车服务并整合票价,使滨水地区与纽约市的轨道交通网络实现无缝连接。

《纽约 2030 规划》中最广为人知的内容是征收交通拥堵费的建议。该规划设想利用这一机制,减少主要商业区的小汽车交通,与此同时,还可为前面讨论的曼哈顿南部第八十六街主要基础设施的改善筹措资金。在曼哈顿一天中最繁忙的时段,通过对进入该区域的司机征收交通拥堵费,纽约市希望在收费区段,车辆行程能减少 6.3%。这项建议预计还将带来可观的收入,据估计,每年约 1 亿美元。其他城市,如伦敦、斯德哥尔摩和新加坡也发现征收拥堵费是一个有效的工具,可减少堵塞,不仅在收费区,而且在周边地区也减少了拥堵,因为经过交通拥堵收费区的车辆少了,周边的车辆也少了。执行此政策需要州立法机构批准。

由于没有认真的审查,在最后的立法会议上,立法机构推迟了该规划的投票表决。相反,立法机构却投票通过了建立一个委员会来制订可行的拥挤定价计划或提出一个替代方案,替代方案能完成同样的目标。该委员会的主任马克•萧看到,他的职责是确保制订一个可行的计划。他声称,成功的关键是如何将收入用于改善公共交通。美国运输局(U. S. Department of Transportation)拟拨款 3.54 亿美元,条件是该委员会制定积极的推荐项目,包括道路定价。纽约市政府正在与州立法机构和该委员会一起辛苦工作,以通过有效的决议,使纽约成为该计划的试点城市。

《纽约规划》前景展望

为了使交通政策成为一种手段,达到更广泛的目标,特别是减少碳足迹(carbon footprint),《纽约规划》在其战略描述中,已经为纽约塑造了一个美好的远景,包括扩大运输能力、提升现有的服务水平、鼓励其他可持续发展的交通模式、加强交通管理,并通过征收交通拥堵费提高城市收益。如此大规模远景规划的一个好处是,在对城市的未来进行广泛对话的同时,也提出了一系列需要意识到的问题。例如,征收交通拥堵费的政策,会使人们在驾驶小汽车之前,考虑再三,尤其是假设他们有轨道交通出行方式供选择的时候。

《纽约规划》是一个在许多领域能激发变化的动态的纲领性文件。为了实施该规划,纽约市交通局进行了调整,新创建了由副州长直接领导的规划与可持续发展局(Department for Planning and Sustainability)。纽约市和纽约州交通管理局[6],经常对有争议的问题纠缠不休,但目前的合作程度前所未有,能证明这一点的是,他们成功地提交了共同申请美国交通部拨款 3.54 亿美元的议案,这笔拨款将用于改善纽约市的交通和实施拥堵收费。其他合作的成果包括,2007 年 5 月,布隆伯格市长宣布,到 2012 年,纽约市将把 13000 辆出租车全部强制更换为混合动力的新车。纽约市的标志符号——黄色出租车,其油耗将从每加仑汽油行驶 14 英里提高到每加仑汽油行驶 30 英里,每年将节省近 5000 万加仑汽油,同时这也是纽约市对实现其可持续发展目标承诺的一个强力表态。

在为纽约市充满期待的未来搭建舞台的同时,《纽约规划》既雄心勃勃又小心谨慎,纽约所作的重要努力与自身的政治地位是适应的。因为纽约市将持续不断地实现该规划,所以,为了让人们了解《纽约规划》的基本价值以及提出各种倡议的背景,持续的宣传推广是必不可少的。征收拥堵费更广泛的好处,包括较低的交通流量、改善的空气质量、更快捷的公共汽车服务、筹集资金支持轨道交通建设,也可以使开车到交费区的人在支付适当费用的同时,获得更舒适的行车环境。此外,《纽约规划》成功的关键是,纽约市将获得更广泛的支持,这种支持最终将超越 2009 年到期的布隆伯格政府。《纽约规划》可以帮助利益相关者掌握未来城市管理者的职责，同时确保可持续性作为重要的政治问题。特别是，纽约市必须与区域伙伴保持良好的关系，这些伙伴包括纽约州交通管理局、纽约州港口管理局以及新泽西州交通局，这些伙伴在《纽约规划》的实施方面都将扮演重要的角色。

参考文献

American Public Transit Association. 2006. http://www. apta. com/research/status/ridership/ riderep/ documents/06q2rep. pdf, accessed July 1,2007.

Highway Capacity Manual (*HCM*). 2000. U. S. Customary Version. Washington, D. C.: Transportation Research Board.

National Household Travel Survey (NHTS). 2001. http://nhts. ornl. gov/.

National Safety Council. 2002. *Outreach and Education on Air Quality*, *Climate Change*, *and Transportation*: *Youth Initiatives*, http://www. nsc. org/ehc/mobile/ozone. htm.

Neuman, William. 2007. "Members Named for Panel Studying Traffic Cutting Plan. " *New York Times*, August 22.

New York Metropolitan Transportation Council (NYMTC). 1998. Regional Travel Survey 1998.

Shapiro, Robert J., Kevin A. Hassett, and Frank S. Arnold. 2002. "Conserving Energy and Preserving the Environment: The Role of Public Transportation. " Report prepared for the American Public Transportation Association. July. http://www. apta. com/research/info/online/shapiro. cfm.

U. S. Census Bureau. 2000. *Census Transportation Planning Package. Journey to Work*. Washington, D. C.: U. S. Census

U. S. EPA Office of Mobile Sources. 1994. *Automobile Emissions*, *an Overview*. http://www. epa. gov/ otaq/consumer/05−autos. pdf.

Weinberger, Rachel. 2007. *New York City Mobility Needs Assessment* 2007−2030. New York: City of New York.

第6章

绿色家园,绿色城市:通过可持续住宅开发扩大经济适用住宅的比例并巩固城市地位

斯托克顿·威廉姆斯、戴娜·L·包尔兰
(Stockton Williams and Dana L. Bourland)

在许多城市,当建设与修复经济适用住宅的时候,采用可持续发展的设计与开发理念正变得越来越常见。"绿色的"经济适用住宅可以为低收入和少数民族家庭创造更健康的生活环境,这些人因为室内空气质量而饱受哮喘和其他健康问题的折磨,他们患呼吸系统疾病的比例明显偏高。可持续的经济适用住宅也可以减少公用设施,并可减少整个住宅楼的运营费用,同时也削减了居民的居住成本并提升了建筑物的残值。成规模地开发绿色经济适用住宅,能有助于更广泛地强化城市的环境质量战略,改善公众健康,并鼓励机构之间加强合作,以解决当地的问题。

虽然在刚刚过去的几年里,有令人鼓舞的迹象表明,绿色建筑在经济适用住宅开发商眼中正变得越来越有吸引力,开发绿色建筑有了明显的激增,但对于许多经济适用住宅专业人士来说,可持续性的设计与开发理念,仍然是一个新的概念。为了引导经济适用住宅提供者了解开发可持续发展的好处,以及使开发商在成本效益的基础上融入绿色要素,还有更多的工作有待去做。需要进一步研究开发绿色经济适用住宅的成本和效益。公共政策也应支持更明智、更健康的经济适用住宅。这些领域的进展,可以鼓励金融机构、评估师,和其他市场参与

者,考虑在开发绿色经济适用住宅的过程中,新的计算和分配的价值。这些方式可以创建一个"转折点",在这个"转折点"上,可持续发展的设计与开发理念,将成为开发经济适用住宅的主流。城市和低收入居民,将从这样的市场转型过程中,获得极大的收益。

　　"经济适用"(affordable)这一概念涉及一些关键术语。在这篇论文中,"经济适用"的定义是以业主负担得起的合理价格出售房屋,业主的收入不超过当地中等平均收入的 80%;对于出租公寓,租赁者负担得起的合理价格是不超过当地中等平均收入的 50%;根据美国联邦住房方案,这样的租赁公寓价格被认为是"相当低的"。

　　对于收入很低的承租人来说,房租价格是非常敏感的问题。根据美国住房及城市发展部(The U. S. Department of Housing and Urban Development)的数据,美国有近 600 万个收入很低的家庭"处于最坏的状况"。他们无法接受美国联邦出租住房的援助,并且要用可能一半以上的收入支付房屋租金或者居住在质量严重不合格的房屋之中。根据美国住房及城市发展部的数据,2003 年以来,处于最坏状况的家庭增加了 16%。此外,根据美国住房及城市发展部的报告,到 2003 年,在每 100 个收入很低的租房者中,认为能负担得起房租,并且所住的房屋是适合的,同时空间也是足够的,从 81 人下降到只有 77 人。

　　这篇论文中,"绿色"或"可持续"是一种专业概念,并被交替使用,是指针对公寓或单一家庭住宅等建筑物的一整套有关设计、建造及维修的基本特征,旨在提高房产的效率、性能和耐久性,同时提高居民的健康水平,并减轻建筑物在建设和运行过程中对环境的影响。最重要的是,这一概念是全面的,外延远超单一的绿色要素,既包括了建筑物场地的特征,也包括了建筑物的区位特征(如密度、适合步行的程度和交通可达性等),同时也包含了建筑元素(如能效系统,环保、可再生的材料和改善室内空气品质的特征等)。

绿色住宅的过去与现在

　　尽管希腊人早在公元前 5 世纪就已经将绿色的特征纳入了他们的家园中,但直到最近,有远见的先驱,才成为可持续住宅的倡导者。古希腊的房子,被设计成能最大限度利用太阳辐射热能并减轻冬季寒风的影响,正如剧作家埃斯库罗斯(Aeschylus)所描述的,只有原始人和野蛮人才"缺乏房屋知识,面对冬日的阳光,却像拥挤的蚂蚁一样,成群地居住在昏暗的地面之下"。从 20 世纪 30 年代开始,巴克明斯特·福勒(Buckminster Fuller)的三座原型节能房屋(prototype dymaxion houses)采用了许多减少资源使用的技术,如"雾状"淋浴头、封闭厕所和真空涡轮发电机。在 20 世纪 70 年代,太阳能住宅成为时尚,像爱德华王子岛上的方舟社区建造的"bioshelters"住宅也成为时尚,"bioshelters"使用风力抽水和发电,并建有封闭的污水回收系统,回收的废水消毒后作为肥料注入养鱼的水槽。"Earthships"住宅也出现在 20 世纪 70 年代,主体结构用灌满泥土的轮胎建造,热量完全依靠太阳能,生活用水完全依靠雨水,这种建筑至今仍然可以在美国的一些州见到。

在 20 世纪 90 年代,通过各州的倡议,绿色住宅成为美国住宅建设的主流,倡议的内容是,在住宅建设中,推行实用的节约能源和资源的方法。得克萨斯州的奥斯汀是最先倡议并推广的,紧跟其后的是科罗拉多州的博得和丹佛、加利福尼亚州的圣芭芭拉县、华盛顿特区的基特萨普县以及亚利桑那州的斯科茨代尔。倡议通常是由州或地方政府、当地住房协会、公共事业公司、非营利组织发起的,当地的倡议步骤通常是提供一个清单,该清单包括与能源利用、废物管理、施工现场环境、节约用水以及室内环境质量相关的指标。由于获得足够数量积分的建设者就可以荣获绿色住宅标志,所以,荣获绿色住宅标志可以从市场认可、积极的公众形象以及与当地政府官员的关系改善等方面获益,当地政府官员控制区划、建筑许可证的颁发以及建筑规范的制定。根据美国绿色建筑委员会(The U. S. Green Building Council)提供的资料,北达科他州当地有 70 多个住宅项目拥有绿色标志("Frequented Asked Questions"n. d.)。

绿色住宅没有准确的数据。2003 年的一次调查发现,30 多个地方绿色住宅项目,就已经认证了 3000 多个住宅家园。两年后,全国住房建筑商协会(The National Association of Home Builders)的报告指出,根据当地的项目标准,已有超过 61000 个住宅被确定为绿色住宅,其中 14000 个是在两年前确定的。

根据当地程序认证的绿色家园,大多数曾是独栋住宅和市价住宅,目前在市价住宅建筑商中,对绿色住宅认证感兴趣的正越来越多。2006 年,全国住房建筑商协会对其成员进行的一项调查显示,到 2010 年,在所有新开工的住宅中,绿色住宅所占的比例将从 2006 年的 2% 增长到 10%。这项调查预计,到 2010 年,绿色住宅的市场价值将从 2006 年的 20 亿美元上升到 190 亿～380 亿美元之间。笔者的一项研究报告指出,"在建筑商中间,绿色住宅建设是一个转折点……10 年内,每一个建筑商都将在他们建设的住宅中纳入绿色的做法。"[1] 许多人推测,在某种程度上,传统的住宅行业采取的绿色行动,以及这种行动在建筑师、承包商和供应商之间产生的连锁反应,应该能提高经济适用住宅开发商对绿色住宅的认识。

　　一些地方项目已经把重点集中在鼓励建设经济适用住宅方面。这些项目包括:索斯菲斯(Southface)的 EarthCraft 多家庭住宅项目;一种先进的能源远景系统;西雅图市的绿色海洋倡议;俄勒冈州波特兰市的经济适用住宅绿色设计与建设指南;以及新泽西州社区管理局绿色住宅办公室的项目等。在过去的几年里,绿色住宅已经在经济适用住宅开发商中间得到了广泛的推广。2006 年的《慈善年鉴》(Chronicle of Philanthropy)指出,更多的慈善工作已被纳入环境友好的绿色住宅项目之中,《慈善年鉴》报告说,一些全国性的住房组织正在提供绿色住宅方面的培训和技术援助。家得宝基金会(The Home Depot Foundation)已经开始把捐助重点

图 6-1　"奥尔森的森林",建筑师卡尔顿·哈特在泰格德开发的绿色社区,
位于俄勒冈州波特兰市西南,32 幢绿色环保节能住宅被茂密的树冠覆盖,
周围是扩建的湿地和雨水过滤系统,社区内鼓励步行和骑自行车

放在绿色的经适房方面,同时承诺将从进取基金(Enterprise Foundation)里面为绿色社区倡议提供 5.55 亿美元的"迄今为止最大的一笔资助"(图 6-1)。

绿色社区倡议

为了在绿色经济适用住宅运动方面取得规模效应,2004 年,进取基金开展了绿色社区(Green Communities)活动,其最终目标是使所有美国的经济适用住宅具有环境可持续性。进取基金通过绿色社区活动,向建造和改建住宅的开发商提供资金和专业技术支持,从而使这些住宅对环境来说更环保、更节能,同时也能使开发商不必承担额外的费用。绿色社区活动还协助州和地方政府确保其住房和经济发展政策是灵活和可持续发展的。到 2007 年中期,进取基金已在 23 个州的近 200 个绿色社区投资了 4.25 亿美元支持近 9000 幢住宅的开发。此外,进取基金已经培训了 3000 多名绿色经适房方面的专业人员,同时,进取基金在 20 多个城市和州,与州和当地的机构合作,制定创造绿色项目的政策。

绿色社区标准(The Green Communities Criteria)是美国第一个全国性的住宅可持续发展的框架标准,是专门为经济适用住宅开发的,绿色社区住宅都是根据这一标准建造的。该标准是 2004 年由进取基金召集的一个工作组制定的,这个工作组成员包括,美国建筑师协会(The American Institute of Architects)、美国规划协会(The American Planning Association)、美国自然资源保护委员会(The Natural Resources Defense Council)、索斯菲斯(Southface)、环球绿色美国组织(Global Green USA)、美国最具潜力建筑系统中心(The Center for Maximum Potential Building Systems),以及美国环保住宅中心(The National Center for Healthy Housing)。为了建造更环保、更节能的住宅,绿色社区住宅都是根据高效的建筑策略而设计的,从而不会给开发商增加过分的复杂性和不可承担的开发成本。工作组制定的绿色社区标准,是根据各地领先的绿色建筑项目,专门为经济适用住宅设计的。特别是根据西雅图的绿色海洋项目(见下文)和美国绿色建筑委员会为大型综合建筑制定的 LEED 评价系统而专门设计的。2006 年,美国绿色建筑委员会开始对美国的住宅评价系统进行小规模的试点,称为"LEED 住宅评价系统",2007 年,该评价系统与规划一起正式公布实行。[2]

州级和地方级在经济适用绿色住宅建设方面的努力

绿色经济适用住宅会变得更加普遍的另一个佐证是,在州和地方层面都在制定鼓励绿色经济适用住宅的政策。各州的住宅管理机构负责管理美国联邦的低收入住房税收抵免(Low Income Housing Tax Credit)事务,该事务几乎囊括了所有低收入人群租赁的新建和改建的出租公寓,在某些情况下,各州正越来越鼓励低收入人群租赁出租公寓,同时也要求开发商使用绿色措施争取积分,以获得税收抵免。现在,几乎每个州都鼓励某种程度的可持续发展措施,在许多州,计划开发的项目必须包括绿色特征,以便在最强烈的竞争中获得好处。最明显的是,从 2006 年到 2007 年,有 28 个州或地方政府的住宅管理机构,针对其低收入住房税收抵免项目增加了新的绿色政策,与此同时,从 2005 年起,36 个州或地方政府的住宅管理机构已经这样做了。[3]

各州在绿色经济适用住宅方面的行动不受低收入住房税收抵免方案的限制。缅因州房屋管理局要求几乎所有的住宅项目全面实行绿色建筑标准。明尼苏达州住宅金融机构也倡议将绿色标准整合纳入到租赁住宅和独幢住宅的建筑项目之中。华盛顿州的经济适用住宅信托基金也已经全面采纳了绿色标准,该基金每两年扶持 4500 套新的住宅建设。

各个城市也正在提供令人兴奋的范例。对许多城市来说,气候变化的威胁已经激发它们思考城市重建的新方式,前总统比尔·克林顿提出的有关的气候倡议正在帮助世界范围内的大城市减少温室气体的排放,克林顿在公开宣讲的倡议中表示:

每个国家都面临这一挑战。我们如何去应对这一挑战? 这就是严肃地承诺在未来使用清洁能源。我们可以从风能、太阳能、生物燃料、混合动力燃料中创建就业机会,可以从系统性地决定改变所有建筑物的照明模式和家电的能效标准中创建就业机会。在美国,我们可以做很多没人告诉你如何做的事情来创建就业岗位,前提是如果我们正好在新奥尔良重建的时候决定使用清洁能源,那么重建的新奥尔良就可以成为美国的第一个"绿色"城市。我们将恢复所有的湿地,同时每一座建筑物都将使用太阳能电池。

　　处于领导地位的市长们知道,对于一个真正可持续发展的城市来说,绿色经济适用住宅是不可或缺的。[4] 例如,自 2002 年以来,西雅图在格雷戈·尼克尔斯市长的领导下,通过绿色海洋倡议,鼓励开发商将环境原则纳入住宅开发建设之中,尼克尔斯将绿色经济适用住宅建设项目作为他任期的目标之一。在西雅图,这一突破性的项目,提供了需要纳入经济适用住宅开发的关于绿色特征的详细信息。2005 年,旧金山市市长加文·纽森承诺,将根据进取基金的绿色社区标准,确保所有旧金山市支持的经济适用住宅开发项目,都包含全面的环境标准。

　　其他城市正在把绿色经济适用住宅发展战略,整合起来纳入重塑环境可持续的城市结构和提高城市经济竞争力的更广泛的努力之中。2007 年 1 月,华盛顿特区成为第一个要求私人开发商在商业住宅项目中,满足美国绿色建筑委员会 LEED 标准和绿色社区标准的第一个城市。[5] 在华盛顿特区,通过了新建住宅和老住宅的重大翻修都需要满足绿色标准的相关立法。波士顿市的经验已经显示出,在绿色经济适用住宅方面的承诺,可以加强机构间的合作,同时也可以保证用于绿色经济适用住宅的新资金来源,这两点对于当地政府来说,往往是主要的目标。波士顿市长托马斯·M·梅尼诺,组建了波士顿市绿色经济适用住宅合作伙伴,由波士顿社区发展局、波士顿房屋管理局、波士顿重建管理局、波士顿公共卫生委员会、市长办公室和环境与能源服务局的全体内阁成员组成。合作伙伴已收到马萨诸塞州科技合作基金(Massachusetts Technology Collaborative)和可再生能源信托基金(Renewable Energy Trust)提供的 200 万美元赠款,另外还收到当地一名匿名者捐助的 10 万美元,用于绿色经济适用住宅项目的宣传、培训,以及支持开发商对绿色经济适用住宅项目的管理和对 200 套公寓安装光伏设施提供援助服务。

美国联邦对绿色经济适用住宅的支持

　　美国联邦政府对绿色经济适用住宅的支持主要是通过绿色"能源之星"计划来进行的,绿色"能源之星"计划是美国能源部(The U. S. Department of Energy)和美国环保署联合提出的一个倡议。"能源之星"于 2004 年推出,保证产品、设备和建筑物(包括住宅)满足能源效率标准(详见 www. energystar. gov)。获得能源之星认证的住宅,应至少比 2004 年的国际住宅标准在能源效率方面高

15%,同时应该含有各种节能的特征,如高效的隔热材料、高性能的窗户、密闭的管道、高效的取暖和制冷设施,以及符合能源之星标准的照明和电气设备。美国环保署报告,仅在 2006 年,就有 75 万个住宅申请能源之星认证,其中的 20 万个获得了认证。根据美国环保署的数据,这些住宅每年可为业主节省 1.8 亿美元。三层或低于三层的住宅可以参与能源之星的认证程序,迄今为止,几乎所有参与能源之星认证的都已经是商品住宅了。对于较大的综合性住宅的能源之星认证工作,正在进行试点,而较大的综合性住宅正是绿色经济适用住宅的重要希望所在。

虽然能源之星认证通常只限于能源效率方面,但能源之星认证已为绿色住宅项目作出了重要的贡献,并受到了广泛的关注。许多绿色住宅项目都参考能源之星的认证标准,并将其作为绿色住宅标准的一部分。此外,涉及能源之星住宅认证的住宅能效评级系统,已经扩大了美国基础设施方面的专家队伍,这些专业人士通过对住宅的管道泄漏和风机门进行检测以测试住宅的能源使用效率。这些基础设施使得住宅项目的认证成为可能,例如,使符合绿色社区标准和符合 LEED 住宅标准的项目,与国家评级系统联系起来,获得可量化的性能测试标准。

美国联邦政府还有支持绿色经济适用住宅的其他政策领域,此外,这些政策能让绿色经济适用住宅节省大量的成本。例如,美国住房及城市发展部在每年的年度预算中花费约 40 亿美元,超过总预算的 10%,作为公共事业补贴,用于资助低收入租户的租金以及间接补贴经营公共住房的机构。通过建立绿色能源需求计划,可以节省更多的资源,以资助绿色经济适用住宅——每年只要节省 5%,那么五年就可以节省 10 亿美元。2006 年,美国住房及城市发展部在提供给国会的一份报告中,概述了在公共事业领域和受资助住宅领域,降低能源成本的行政和管理措施。

2007 年,美国住房及城市发展部公布了一个全国性的试点项目,鼓励综合性大型住宅的业主,在重建和运营中应用绿色标准。通过该项目,美国住房及城市发展部将支付几乎所有的改善成本,根据美国住房及城市发展部的规定,当综合性大型住宅的业主为其房地产进行再融资的时候,如果这些改进是环境可持续发展的,那么综合性大型住宅的业主可以要求美国住房及城市发展部为其支付额外的改善成本。

2007 年举行的美国国会第 110 次大会,见证了鼓励绿色经济适用住宅立法的激增。众议院的领导成员提出了在大型公共住宅的重建中需要采用绿色标准的建议;提出了对购买房利美(Fannie Mae)和房地美(Freddie Mac)的具有环保特征的抵押住房的业主进行奖励的建议;提出了确保各个城市和州,根据经济适用住宅开发满足绿色社区标准的程度,能从拟建立的国民经济适用住宅信托基金中获得奖励资源的建议;并提出了向能发行新的融资债券的城市和州,提供财政援助支持其绿色经济适用住宅项目和经济开发项目的建议。所有的建议在2007年国会住房代表的提案上都是优先的;利益相关者都看好这些建议在2008年参议院审议中的表现。

绿色经济适用住宅的优势

绿色经济适用住宅能为公用事业和交通运输降低成本,并为低收入的群体带来健康环境,这些绿色经济适用住宅表现出来的潜在优势,才是最令人信服的理由。越来越多的研究表明,建筑环境可以对居民的身体和精神健康,带来"长远和近期可量化"的后果,"特别是对受疾病困扰的少数民族人口和低收入社区的居民来说……研究表明,建筑环境的负面影响往往相互作用并加大对健康的危害程度"。绿色发展可以视为一种公共卫生战略。"通过采用绿色建筑技术来提高能源使用效率以及采用环境可持续的技术新建和重新装修住宅,大型社区的居民,可能因为减少了暴露在化石燃料燃烧排放造成的烟雾、酸雨和空气污染等不利的环境的几率而受益"。

长期以来,住宅条件一直被视为影响健康的重要因素。根据美国全国健康住宅中心研究室主任,美国住房及城市发展部健康家园与铅危害控制办公室前主任,戴维·E·雅各布斯(David E. Jacobs)的研究:"住宅的物理结构,以及住宅和周围的邻居对业主在社会和心理方面的影响,都与许多决定健康的关键因素相关……住宅的具体危害包括,可能引起或加重哮喘的接触性过敏源、有毒的含铅油漆、真菌与湿度过大、意外伤害、杀虫剂、室内空气质量和其他有害因素"。

虽然研究人员和公共卫生专家才开始全面理解建筑环境与健康相互作用的具体后果,但绿色建筑的实践可以解决类似的住房问题。雅各布斯认为,"有新的证据表明,住宅干预确实能有效地减少哮喘的发作或发作的严重程度,对于其他的健康问题,也有类似的证据……但是,还需要更多研究来了解哪些住宅干预能最有效地解决问题"。同样,豪厄尔、哈里斯和波普金指出"住房质量差和哮喘发作之间有关系",并认为"由于房屋质量对幼儿哮喘发作或加重有明显的影响,因此,改善住宅质量的一个主要好处是很可能改善儿童的健康状况",但他们也警告说,"很难作出住房质量和健康之间有直接关系的推断。"

虽然研究人员保持谨慎,但许多公共卫生专家和越来越多的经济适用住宅开发商相信,有足够的证据表明,"健康住宅"所采用的基本做法是正确的,如保持住宅干燥、清洁、通风良好、无病虫害和可燃及有毒物质。在绿色经济适用住宅的示范过程中,这样的做法在不同程度上得以体现。

同样重要的是,可以通过绿色经济适用住宅,以节能和节水的方式,向低收入人群提供潜在的财政补贴。公共收费账单经常给生活困难的低收入家庭带来沉重的经济负担,迫使许多家庭在取暖、用电和其他家庭生活基本必需品之间作出取舍。2005 年,美国国家能源援助协会(The National Energy Assistance Directors' Association)颁布了一项研究成果,报告显示,根据低收入家庭能源援助计划(The Low Income Home Energy Assistance Program),全国有超过 1100 个家庭受到援助。这项研究记录了,在面对无法负担的家庭能源账单时,低收入家庭能源援助计划接受者的选择。在过去的五年里,57%的非老年业主和 36%的非老年房客没有进行过医疗或牙科保健;25%的房客只支付了部分房租或一点房租也没支付或用抵押贷款支付房租;20%的房客至少一天没有食物。

新生态与地球研究所(New Ecology and the Tellus Institute)最近的一项研究发现,有力的证据表明,对低收入居民来说,绿色经济适用住宅的经济利益是长期的。"对于居住在经济适用单元的居民来说,每个使用寿命周期的财务结果几乎都是积极的,每个单元的现值净额在 140～59861 美元之间。在 16 个单元中,14 个单元的业主、房客从绿色住宅得到净收益;在其中的一个案例中,居民的财务状况未受影响,这是因为他们不用承担任何实际的公用费用;在剩下的一个案例中,居民感受到了绿色行动带来了更高的净成本负担,虽然该项目的开发商认为这种异常是由于项目设计和居住人口数量方面的原因造成的"。

最后,绿色经济适用住宅项目的好处是,提高了资金的流动性,可以提供大量的储蓄。交通成本占据了低收入家庭收入的很大一部分份额,根据地面交通政策项目(The Surface Transportation Policy Project)的数据,对贫困家庭来说,收入的 40%以上要用于交通。此外,地面交通政策项目通过研究 28 个大都市地区发现,对于年收入在 2 万～5 万美元的家庭来说,平均收入的 29%要花费在交通上,28%花费在住房上。在过去,缺乏规划的发展,使低收入人群远离工作地(图6-2)。

图6-2　托立广场(Trolley Square),马萨诸塞州剑桥郡开发的一个绿色社区,有步行
可达的轨道交通和社区公园,建筑物及周围的场地也有节约能源和水资源的特性

[资料来源:© 2007 劳埃德·沃尔夫(Lloyd Wolf)]

　　绿色经济适用住宅的好处并不只限于低收入居民。对于业主和经营者来说,绿色出租公寓可以节约运营成本,同时随着时间的推移,其效果将越来越好。这表明,对房地产业主来说,绿色经济适用住宅也可能是更有价值的房地产资产。尽管这些好处在一定程度上是投机行为,但本文之后的初步研究表明,在这方面已经取得了令人鼓舞的结果。[6]

绿色经济适用住宅的问题

　　制约更广泛地采用绿色建筑的一个主要障碍是,开发商和决策者担心建设成本上升。一般来说,对于经济适用住宅的建设,在较高的住宅成本与较少的可负担单元或较低的业主负担能力之间,存在着直接的相关性——通常大多数经济适用住宅开发商和政策制定者不愿意在二者之间折中(事实上,在经济适用住宅的补贴过程中,正是由于这个原因,限制经济适用住宅的总成本,也限制补贴的具体金额,是很常见的)。然而,有越来越多的证据表明,经济适用住宅可以在有效控制成本的基础上,取得显著的环境效益。

上述分析关注的是分布在美国各地的 16 个绿色经济适用住宅的数据。平均的"绿色补贴"只有 2.4%。这些增加的费用主要是由于建设成本的增加,而不是设计成本的增加。进取基金资助的绿色社区开发项目的早期评估结果也表明,普遍出现类似的平均开发成本小幅度上升的现象。

可持续发展的一个核心宗旨是:采用绿色设计和建设措施的建筑,由于使用期限较长或按照"生命周期"来计算,其成本一般是较低的,同时也能抵消任何前期较高的成本。因为在大型的非住宅类建筑的成本方面,有大量的证据可以证明这一命题。通过分析 33 个获得 LEED 认证的办公或文教大楼的开发成本和财务效益,最终的研究成果发现,绿色建筑的开发成本补贴,略少于总开发成本的 2%。该研究报告发现,与财务效益相连的是,较低的能源、废物处理、水、环境、运营和维护成本,再加上上升的生产力和健康水平,绿色建筑的财务效益是其增加的额外费用的 10 倍。

对于绿色经济适用住宅的整体开发而言,上面的分析很有可能也是正确的。根据新生态与地球研究所进行的成本—效益分析发现:

案例研究表明,用建筑物生命周期现价成本的方法进行分析,绿色经济适用住宅的优势是真实存在的,在某些案例中,这些优势是巨大的。在几乎所有的案例中,绿色经济适用住宅在能源和供水成本方面都比传统的方式低。在很多案例中,按目前的价值计算,仅运营成本降低的数额就远远超出绿色工程初始投资中额外增加的开支。在一些案例中,由于使用了寿命更长的材料和设备,导致工程项目降低了更换成本,同时提供了额外的使用寿命和经济效益。此外,虽然没有掌握定量的分析数据,但对居民来说,提高了居住舒适度和健康水平,同时减少了对环境的影响,其价值更是无比巨大。

经济适用住宅的成本问题特别复杂,因为这些住宅大部分是多户家庭租赁的住宅,其开发者(通常会承担绿色工程建设产生的所有额外费用)往往不是物业的所有者或经营者(所以往往认识不到绿色特征带来的经济效益)。即使当业主对物业进行了绿色改进,但由于大多数的好处都被租户得到了,而租户通常很少参与绿色升级,所以仍然可能存在问题。新生态与地球研究所的研究发现,在16个案例中,有5个案例中的开发商从绿色工程中得到净效益;2个案例中的开发商,其财务没有受到绿色工程项目的影响;但在9个案例中,相较传统的项目投资,开发商在绿色工程中承受了净损失。

在普通商品房领域,开发商可以将额外的开发成本转嫁给租户或买家。但在经济适用住宅开发领域,由于是含有公共资金的项目,所以经济适用住宅的租金水平总是受到限制,因此,一般情况下,较高的开发成本肯定会侵蚀开发商的利润。

解决经济适用住宅的开发会侵蚀开发商的利润问题的部分解决方案是,设法找到资助低收入房客租金的政策,该政策通常向低收入房客提供部分"公共费用补贴",作为总房租的一部分,业主可以收取低收入房客的房租,通常不超过月收入的 30%。当公共房屋管理部门或私人业主直接支付公用事业费用的时候,受援助的家庭支付房租总额的 30%。当一个家庭直接向公用事业公司支付房租时,为了代替相应数额的预计公共事业费用,该家庭将得到降低租金的优惠(公共费用补贴)。确实,在某种程度上,通过绿色工程项目,公共费用减少了,并且公共补贴也降低了,同时物业资产的业主有机会获得额外的现金流,并可以用这笔现金重新投资物业资产。[7]

解决方案的重点,也包括对开发商进行教育,通过教育使开发商理解,某些绿色改进措施实际上可能比传统的建筑做法成本更低,同时,可以帮助弥补与这个项目相关的其他绿色特征所增加的成本。例如,适当规模的供暖通风空调系统(HVAC),可能费用较低,先进的框架结构可以少用木材,同时回收建筑废料可能减少倾倒费用(更大型、更密集的开发,可以节省基础设施的占地成本)。

在绿色经济适用住宅领域,另一个问题是,由于开发商之间的能力差异,在成本效益的基础上,要想成功地将所有的绿色要素纳入到一个项目中去,对开发商是一个挑战,特别是在自身基础设施比较薄弱的地区开发经济适用住宅社区的时候。对于很多经济适用住宅开发商来说,尽管可持续发展经常是有吸引力的,但仍然是陌生的概念。

令人鼓舞的是,在不影响成本或成本不太高的基础上,一些基层的经济适用住宅开发商获得了开发可持续发展项目的经验,他们的开发实践表明,什么是可行的。一些项目中,如绿色社区工程(图 6-3),通过将技术援助与适度的财政奖励相结合,使得一些经济适用住宅开发商有能力实现绿色建筑。目前,这需要更多的资源，对绿色项目开发团队中的组织者、承包商、工程师和建筑师，进行教育、培训和技术援助。

图 6-3　"春天的阳台"(Spring Terrace)，是由得克萨斯州奥斯汀市开发的一个绿色社区。在装修一新的汽车旅馆里，居住着 140 户收入极低或从前无家可归的家庭。项目开发中，集成了太阳能、雨水收集技术并使用环保的建筑材料

[资金来源：基金社区(Foundation Communities)]

　　此外，某些类型的经济适用住宅开发项目，对于可持续发展的实际应用来说，也可能是一种特殊的挑战。现有建筑物的修缮，本身就是建筑物延长内在寿命的一种可持续活动，同时，在很多住宅区，现有建筑物的修缮，也是社区开发的基础工程，需要严谨的成本效益分析，同时，也需要确定最符合成本效益的绿色能源供应模式。对于与绿色经济适用住宅的利益相关者来说，无论是独幢住宅还是多单元公寓，确保经济适用住宅的开发是可持续的，对提出的预算、建设方案和选址进行限制，是其重点关注的一个新兴领域。

　　对于较小的城镇和农村社区来说，建设有助于促进步行和公交换乘的绿色住宅，并确保一定的开发密度是一个挑战。在较小的城镇和农村社区，现有住宅

118

缺乏基础设施,同时各区不一样的限制性政策可能超出开发商对其进行改造的能力。

另一个问题是相关研究的开展。关于绿色经济适用住宅的开发成本、经济效益、长期性能和对健康的影响,需要更多的数据。随着绿色开发项目越来越多的出现,人们将会有更多的机会评价这类项目,这必然成为利益相关者优先考虑的事情。从这些研究得出的数据,应该有一些实用价值,例如,这些数据可以使支持绿色经济适用住宅的组织为开发商确定更有效的开发资源,同时确保致力于支持绿色经济适用住宅的市长和决策者们,能够调整他们的决定,并扩大他们的领导能力。

绿色经济适用住宅的性能数据,以及开发经验方面的信息,对于主要的金融机构来说,也是至关重要的。为了加快市场转型,使经济适用住宅成为可持续发展的主流,主要的金融机构正在改变其政策和产品,将投资重点转向经济适用住宅这个最终有可能成为增长潜力最大的领域。根据资产评估和其他数据,绿色住宅相比传统的住宅具有更大的耐久性和更优越的性能,如果银行愿意向绿色住宅开发领域提供低成本的贷款和更灵活的担保,那将会对整个经济适用住宅产业产生重大的影响。

有迹象表明,一些银行正在考虑这些问题。一些大型银行已经对环境作出了相关的承诺。截至 2007 年 7 月,超过 50 家银行已采纳赤道原则(Equator Principles),来管理融资项目中的环境和社会问题,据估计,赤道原则现在已经覆盖大约 80% 的全球融资项目。[8] 已通过赤道原则的银行包括,美国银行、花旗银行、汇丰银行和富国银行(Wells Fargo)等。

一些银行已开始进行试点,在其对国内社区进行再投资活动的时候,将环境问题纳入其中。2007 年 3 月,美国银行宣布了一项 200 亿美元的承诺,重点对环境保护项目发放贷款并进行投资,其中广泛涉及住宅项目,包括"绿色贷款计划"(green mortgage program),并承诺,通过美国银行的基金会,支持绿色经济适用住宅工程。富国银行有一个"绿色股权等价投资"(Green Equity Equivalent Investments)产品,该产品向非营利组织提供资金,这些非营利组织在中低收入社区从事环保实践,如绿色经济适用住宅的开发,包括经济适用住宅周边的交通走廊或连接公共交通的通道。洛斯阿拉莫斯国家银行(Los Alamos National Bank)已为"生态智慧(EcoSmart)"土地和房产项目,留出 5000 万美元的贷款额度。这些贷款将以非常低的利息，贷给获得 LEED 称号和标准的建筑商和开发商。该银行还为购买和安装节能汽车、电器、设备和器材，留出 1000 万美元借贷成本较低的消费贷款。该银行计划在未来两年履行这笔 6000 万美元的"生态智慧"贷款承诺。

另一个可以说服银行让其对绿色经济适用住宅开发项目提供更优惠的贷款期限和条件的强大潜在因素是，随着时间的推移，绿色住宅项目比传统住宅项目更有资产价值；对于多家庭物业资产来说，这可能特别重要，这些业主往往选择在未来的某个时段出售自己的产权。目前还没有足够经验证明，绿色经济适用住宅和这类住宅的开发是更有价值的房地产投资这个假设。但有迹象表明，已运行较长时间的绿色商业地产及办公地产，可能比非绿色地产更有价值。例如，特纳建筑基金（Turner Construction Found）最近的一项调查发现，84％的绿色建筑经理认为，绿色建筑产生了较高的房产价值。此外，75％人的主管说，他们的绿色物业比非绿色物业赚取了更高的投资回报。

在 120 个国家，有 11 万名专业人员为英国皇家特许测量师学会（The UK-based Royal Institution of Chartered Surveyors）工作。该学会发布了一份研究绿色建筑的报告，报告揭示"房地产的市场价值与环境友好性之间有明确关联"。皇家特许测量师学会的研究发现，绿色物业可以获得更高的租金和价格，可以更迅速地吸引房客和买家，减少租户的流失，并有利于居住者降低运营和维护成本。研究还发现，绿色物业能吸引补贴，提高能源效率，提高使用绿色物业的企业的生产力并留住租户，而节约的成本超过相关资产的成本或价值。

最后，公共政策必须参与支持更加可持续的经济适用住宅项目。尽管如前所述，在美国的许多州和城市取得了令人鼓舞的进展，但是，更常见的状况是，住房项目、区划政策差异和建筑法规，阻碍了为低收入群体开发更环保、更节能的绿色经济适用住宅。例如，在一些案例中，对于那些使得使用寿命延长又使得运营费用降低的开发项目的建设成本，应重新考虑其成本的上限，减少未来注入公共资金的可能性。城镇要将区划政策作为一种工具，在交通、公园和服务设施齐全的地区附近，以适当的密度开发混合收入者住宅。当地的建筑规范建立的初衷往往是促进公众健康，当很明确这些建筑规范已经妨碍公众健康的时候，就必须加以修订。

绿色城市中绿色住宅的展望

美国的各个城市,为了降低二氧化碳的排放,为了创建健康的环境,为了提高市民的生活质量,正在制定广泛的规划。承诺开发绿色经济适用家园,将成为任何一个可持续发展城市努力的核心。

在地方层面,经济适用住宅的开发,往往要经过激烈竞争才获得足够的资金,同时还会遇到担心其会降低他们生活质量的居民的反对。确保经济适用住宅能得到持续的开发和维护,可以帮助改变这种现实。请设想绿色家园和相应的开发能带来的好处:截留和过滤雨水;主动或被动地利用太阳能;使用建筑垃圾,或在施工过程中使用过的材料可以分解,并能在未来重复使用;采用负担得起的技术,来减少家庭中水和能源的消耗,同时能使家庭保持舒适;只需要很少量的水或不用灌溉,就可以使本土植物生长,同时不侵犯其他物种;能有助于保留地方感和历史文脉。绿色经济适用住宅开发的增长数量虽小,但速度惊人,这充分显示,经济适用住宅可以在成本可控的基础上,承担起这些功能。

真正可持续发展的城市,应能随着时间的推移,减少资本的预算需求,同时能重新分配节省下来的资金用于更迫切的需求,包括经济适用住宅的建设和修缮。举一个小而真实的例子:丹佛市通过使用更节能的交通信号灯,每年可节省80万美元,这笔钱被用于援助部分无家可归者。通过建设绿色经济适用住宅,丹佛可以节省更多的资金和保持其他方面的健康,同时环境效益也成为可持续发展回赠社会的一部分。

说到底,美国各城市之所以采纳经济适用住宅和可持续发展作为城市首要考虑的因素,其最主要的原因是为了提高居民的生活水平。经济适用住宅作为一个环保城市基础设施的一部分,本来就应该是绿色的。环保城市的基础设施包括人力资本和物质资本两个方面。杰姆斯•洛慈(James Rouse),是一位有远见的规划师、开发者,也是进取基金的创始人,他认为,城市应该是养育人的花园。通过将绿色建筑和经济适用住宅开发作为更广泛发展战略的一部分,美国的城市都有机会在成为这样的花园方面领先一步。现在是各个城市抓住机会的时候了。

参考文献

Bradshaw, William et al. 2005. *The Costs and Benefits of Green Affordable Housing*. Boston: New Ecology.

Clinton, Bill. 2005. Remarks by President William J. Clinton at the United Nations Climate Change Conference, Palais des Congrds, Montreal, Quebec, Canada, December 8.

Cohen, Rebecca. 2007. *The Positive Impacts of Affordable Housing on Health*: A Research *Summary*. Washington, D. C.: Center for Housing Policy and Enterprise.

"Frequently Asked Questions: LEED for Homes." U. S. Green Building Council. www. usgbc. org.

"Green Building Comes Home." 2004. *Building Design and Construction*. Supplement: Progress Report on Sustainability. November.

Hood, Ernie. 2005. "Dwelling Disparities: How Poor Housing Leads to Poor Health." *Environmental Health Perspectives* (May).

Howell, Embry M., Laura E. Harris, and Susan J. Popkin. 2005. "The Health Status of HOPE VI Public Housing Residents." *Journal of Health Care for the Poor and Underserved* 16.

Jacobs, David E. 2005. "Housing and Health: Challenges and Opportunities." Keynote Address, Proceedings of the 2nd WHO International Housing and Health Symposium, WHO European Centre for Environment and Health (Bonn Office), Noise and Housing Unit, Bonn Germany, September 29–October 1, 2004.

Kats, Greg. 2003. The Costs and Financial Benefits of Green Buildings: A Report to *California' s Sustainable Building Task Force*. Washington, D. C.: Capital E.

McCann, Barbara, and Reid Ewing. 2003. *Measuring the Health Effects of Sprawl: A National Analysis of Physical Activity, Obesity, and Chronic Disease*. Washington, D. C.: Smart Growth American and Surface Transportation Policy Project.

National Energy Assistance Directors Association. 2005. 2005 *National Energy Assistance Survey*. Washington, D. C.: National Energy Assistance Directors Association.

Office of Housing, City of Seattle. 2002. *SeaGreen: Greening Seattle's Affordable Housing*. Seatle: Office of Housing.

Office of the Mayor, City and County of San Francisco. 2005. "San Francisco Becomes First City in the Country to Adopt Green Building Standards." Press release, August 2.

Royal Institution of Chartered Surveyors. 2005. *Green Value: Green Buildings, Growing Assets*. London: Royal Institution of Chartered Surveyors.

Tassos, James. 2006. *An Even Greener Plan for Affordable Housing*. Columbia, Md.: Enterprise Community Partners.

Tohn, Ellen. 2006. *Building Guidance for Healthy Homes*. Rev. ed. Dorchester, Mass.: Asthma Regional Council of New England.

Turner Construction. 2004. "Turner Green Building Market Barometer." Sacramento, Calif.; Turner Construction.

U. S. Department of Housing and Urban Development (HUD). 2006. *Promoting Energy Efficiency at HUD in a Time of Change; Report to Congress. Washington*, D. C.; U. S. Department of Housing and Urban Development.

——. 2007. Affordable Housing Needs 2005; Report to Congress. Washington, D. C.;

U. S. Department of Housing and Urban Development).

U. S. Environmental Protection Agency (EPA). 2007. Press release, July 12.

Wallace, Nicole. 2006. "Building Green." *Chronicle of Philanthropy* (October 26).

第二部分

绿色行动的实施

第7章

城市河流的治理:修复退化流域的生态系统服务

卢瑟福·H·普拉特、提摩太·比特利、莎拉·迈克尔斯、南茜·古彻和
贝丝·芬斯特曼彻(Rutherford H. Platt,Timothy Beatley,Sarah
Michaels,Nancy Goucher, and Beth Fenstermacher)

总部设在阿默斯特市马萨诸塞州大学的"生态城市项目"(The Ecological
Cities Projects),最近完成了一项为期三年的调查研究,题为"振兴美国的城市流
域:在多目标管理下的区域经验对比"。[1] 这项研究假设,城市社区(街区、城市、
地区)正在开始认可并修复"生态服务系统",而不是忽视它或寻求替代技术。研
究人员按城市流域,在追求多种环境、社会和经济目标的前提下,进行了区域经
验的个案研究。指导他们研究方向的是五个问题:① 城市流域是如何构成的?
② 政策问题和管理目标是如何确定的? ③ 科学和科学家在流域修复方面起到
什么样的作用? ④ 流域管理战略通常是什么? ⑤ 联邦(州)的法律是如何影响
城市流域管理的? 以下的讨论总结了三个案例的研究结果,总体代表了不同尺
度和政府在城市流域振兴方面的态度:这三个案例分别是,华盛顿特区的阿纳卡
斯蒂亚河流域(The Anacostia River);匹兹堡的九英里跑支流(Nine Mile Run);
安大略湖畔滑铁卢市的月桂河流域(Laurel Creek)。

阿纳卡斯蒂亚:环形河道的政治学[2]

过去,阿纳卡斯蒂亚河通常被称为华盛顿特区的"其他河流",它在很大程度

上被当地居民和华盛顿特区政府的领导人忽视了,尽管它流经美国国会大厦的最近距离只有 2000 英尺。像所有最靠近城市的流域一样,阿纳卡斯蒂亚河也饱受城市发展带来的压力。人口的增长、污染的增加以及不可持续的土地管理做法都严重地重创了这一有活力的生态系统。最近,这条河已经开始显现康复的信号,因为市、县、州的领导已经开始解决河流及其流域的环境问题。虽然仍处于起步阶段,但这些修复活动提供了新的希望,阿纳卡斯蒂亚河流域将成为一个诱人的、多功能的区域资源。

阿纳卡斯蒂亚河流域的面积为 176 平方英里,其中的 87% 位于马里兰州蒙哥马利和乔治王子县的交界处,其余的下游地区属于哥伦比亚特区。因为完全位于华盛顿大都市区,所以改革周边的土地被密集开发,覆盖的人口超过 80 万。该河与多条高速公路纵横交错,包括 95 号州际高速公路和首都环线以及通勤铁路干线等,到 2000 年,该河在首都华盛顿地区的流域面积中,约 70% 已被开发(图 7-1)。

该河的流域涵盖整个首都区域经济最贫困的地区。据布鲁金斯学会(The Brookings Institution)1999 年的报告,首都地区和郊区具有明显的收入和种族差异。根据 2000 年人口普查提供的数据,在华盛顿特区和乔治王子县的居民中,56% 的人口生活在贫困线以下。此外,近 80% 享受福利的人口居住在这两个地区。这两个地区也是该区域大部分非洲裔美国人的居住地,其中的约 70% 生活在首都地区或乔治王子县。尽管在华盛顿特区,该河两岸都是贫困的社区,但在上游的马里兰州,贫困率相对较低。

华盛顿是一个贫富分化严重的城市,在华盛顿,居民的机遇和生活状况相差悬殊,这取决于居民所处的社区和社会经济地位。阿纳卡斯蒂亚河是华盛顿居民社会和经济地位划分的一条粗略的地理分界线,阿纳卡斯蒂亚河将华盛顿的居民分为西北部的"富人区"和东南部的"贫困区"。振兴阿纳卡斯蒂亚河,有助于华盛顿市弥补一些社会和经济方面的裂痕。

整个流域多年来的大规模城市化开发,导致阿纳卡斯蒂亚河的生态功能严重退化。无序开发导致栖息地不断丧失、河道侵蚀和泥沙沉积,无序开发还导致湿地遭到破坏、河道被渠化,并受到有毒物质的污染。这些生态退化的后果,剥夺了人们游泳、钓鱼、划船等水上娱乐的机会,并切断了该河与日益破败的社区及滨水地区之间最紧密的关系。

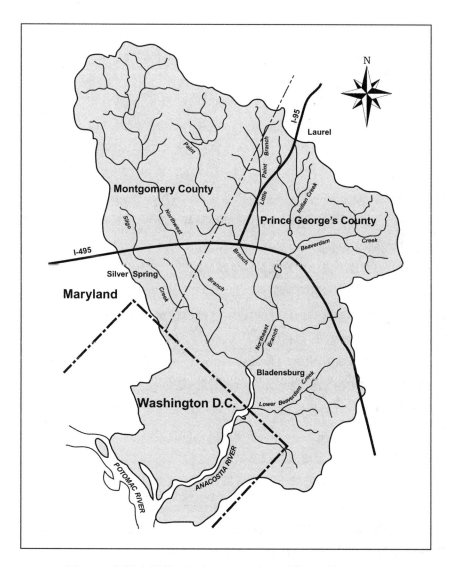

图 7-1　阿纳卡斯蒂亚河流经马里兰州和哥伦比亚特区的流域

(资料来源:改编自 http://anacostiaws. org.)

　　阿纳卡斯蒂亚河流域主要包括三个子区域:东北排水分区、西北排水分区和潮汐河谷。东北和西北两个排水分区在哥伦比亚特区边界附近的布莱登斯堡(Bladensburg)汇集,形成了阿纳卡斯蒂亚河的主河道。主河道流淌 8.4 英里,穿过华盛顿东北的部分地区,流入波托马克河(Potomac River)在海恩斯角(Hains Point)的河口。由于河床的坡度很小,再加上波托马克河的潮汐作用,阿纳卡斯蒂业河在下游流动得非常缓慢。河水的缓慢流动阻碍了对污染物的迁移转化。事实上,阿纳卡斯蒂亚河在下游形成了一个浅湖,正在起到收集和拦阻沉淀物的作用,沉淀物中包含大量的污染物和有毒物质。

人们对阿纳卡斯蒂亚河现状的看法和感觉千变万化,这在很大程度上是由于来此地的人所考虑问题的角度不同。哥伦比亚特区内的河堤是高度工程化的,具有很多防洪墙和排水口。而在华盛顿特区西南部的河段是无法到达的,因为那里有华盛顿海军船厂(The Washington Navy Yard)、阿纳卡斯蒂亚高速公路(The Anacostia Freeway)、国家植物园(The National Arboretum)(游客不能进入)和一个正在为华盛顿国民队建设的棒球场。在乔治王子县和蒙哥马利县的上游河段,阿纳卡斯蒂亚河及其支流,都保留了更自然的外观。

混凝土和其他不透水的地表覆盖了该流域近一半的面积。城市的发展已经严重改变了河流的生态和自然条件。对湿地和沼泽边缘进行的疏浚或填充、对森林的大肆砍伐以及自然栖息地的减少,已经使该流域大大地缩减。只有25%的流域面积还是森林。即使被保留下来的森林,大部分也都是非常分散的,除了乔治王子县东部比弗达姆湾(The Beaverdam Creek)支流的几千英亩森林。湿地只占流域总面积的3%(3200亩)。根据阿纳卡斯蒂亚流域网(The Anacostia Watershed Network)的数据,在过去的300年,农业和城市开发已经摧毁了约4000亩的非潮汐湿地和2500亩的潮汐湿地。目前,只有180亩的潮汐湿地仍然存在,已经损失了原来湿地总面积的90%。

阿纳卡斯蒂亚河是美国十条污染最严重的河流之一(www. nrdc. org/water/pollution/fanacost. asp)。阿纳卡斯蒂亚河每年向下游排放约2万吨垃圾。阿纳卡斯蒂亚河每年约接收20亿加仑的雨水和来自华盛顿陈旧的下水道的合流制溢流(CSOs),其中大肠杆菌的落群总数比美国联邦规定的限制标准高出21倍。除了生活污水之外,工业生产、政府机构、华盛顿海军船厂(是美国环保署指定用超级基金治理污染的场所)、华盛顿煤气与电力公司(Washington Gas and Electric)、圣伊丽莎白医院(St. Elizabeth's Hospital)和巴尼环形填埋场(The Barney Circle Landfill)是其他的污染源(最具讽刺意义的是,作为流经美国国会大厦的污染最严重的河流,美国联邦政府所属的物业资产,向阿纳卡斯蒂亚河排放的径流占总径流的18%)。在上游的马里兰州,污染来自破裂的管道、非法连接的下水道以及来自街道和地面停车场的径流。根据阿纳卡斯蒂亚流域社团

(The Anacostia Watershed Society)的统计数据,马里兰州布莱登斯堡排出的污水中,大肠菌群数往往比下游哥伦比亚特区的高。

　　在阿纳卡斯蒂亚河流域,河水中的沉积物含有众多的有毒污染物。多氯联苯(PCB)、农药、除草剂、重金属等有毒物,通常以微粒状态持续地悬浮在水中,并可以被鱼类和其他水生生物摄入体内。对该河潮汐进行的一些研究发现,该河中的多氯联苯、滴滴涕、氯丹和微量金属的含量已经达到有害的程度。1995年,这些结果提示华盛顿市政委员会切萨匹克湾项目管理部门(The Metropolitan Washington Council ofGovernments Chesapeake Bay Program),将阿纳卡斯蒂亚河认定为,在切萨匹克湾流域构成"水生生物重大风险"的三个水域之一。

阿纳卡斯蒂亚河流域清理过程中的利益相关者

　　在 20 世纪的大部分时间里,很少有人认识到阿纳卡斯蒂亚河在经济、休闲、生态方面的价值。那些生活在该流域的人,对改变阿纳卡斯蒂亚河现状,既没有在政治上也没有在经济上进行过任何努力。居住在华盛顿更富裕的西部地区的居民,几乎对此没有采取行动的任何积极性,因为他们很少冒险去华盛顿东南部地区或乔治王子县。虽然波多马克河作为该地区娱乐和经济发展的引擎,曾经历了一次大的复兴,但阿纳卡斯蒂亚河在华盛顿东部贫困潦倒的地区,却失去了活力。

　　20 世纪 80 年代初,当地环保团体和政府开始认识到,阿纳卡斯蒂亚流域的环境质量与当地和下游社区居民健康之间的关联。支持对阿纳卡斯蒂亚流域进行大规模治理的呼声,开始在当地政府基层代表之中逐渐蔓延。今天,一些政府间机构和公共及私营部门,正在处理各种改善阿纳卡斯蒂亚河及其流域的议案。

　　阿纳卡斯蒂亚流域修复委员会(The Anacostia Watershed Restoration Committee)是主要的政府间机构,该委员会是根据阿纳卡斯蒂亚流域修复协议(The Anacostia Watershed Restoration Agreement),于 1987 年组建的,该委员会是由马里兰州的蒙哥马利县和乔治王子县以及哥伦比亚特区共同创建的,哥伦比亚特区是振兴该流域的平等合作伙伴。美国联邦政府也派代表参与该委员会,包括美国陆军工程团、环保署和国家公园服务局(作为该流域最人的土地所有者)。华盛顿市政管理委员会(MWCOG)负责协调阿纳卡斯蒂亚流域修复委员会的活动。

阿纳卡斯蒂亚流域修复委员会通过其成员机构和政府单位,规划和协调流域内修复项目的实施。截至1990年,阿纳卡斯蒂亚流域修复委员会已经在该流域内,确定了207项雨水改造、河流修复、湿地创建以及滨水植树造林工程。1991年,阿纳卡斯蒂亚流域修复委员会为阿纳卡斯蒂亚流域治理工程(Restoring the Anacostia River)制定了"六点行动计划"(Six-Point Action Plan),作为今后20多年的行动蓝图(表7-1)。

六点行动计划指南与阿纳卡斯蒂亚河的目标及指标 表7-1

目标1:为满足水质标准和目标,大大减少污染物的负荷,如沉积物、有毒物质、合流制溢流、其他不明污染源流入的污染物,倾倒在潮汐河及其支流的垃圾等
目标2:保护和恢复阿纳卡斯蒂亚河及其溪流的生态完整性,使其拥有水生生物的多样性、增加水域的娱乐用途,并提供具有商品品质的城市渔业
目标3:恢复常栖鱼类和洄游鱼类的自然栖息地
目标4:通过大幅增加潮汐和非潮汐湿地的面积和质量,增加该流域的自然净化能力和生物多样性
目标5:保护和扩大整个流域的森林覆盖面积,在溪流、湿地、河流的附近,创建连绵不绝的滨水森林缓冲区
目标6:提高公民和私营企业的意识,发挥他们在该流域的清理和经济振兴中的重要作用,同时增加该流域治理活动中的志愿者和公私合营合作伙伴

资料来源:阿纳卡斯蒂亚流域修复委员会,2001。

阿纳卡斯蒂亚流域有毒物联盟(The Anacostia Watershed Toxics Alliance),成立于1999年,是一个公私合营的合作伙伴,致力于有毒物污染治理及相关的协调工作。阿纳卡斯蒂亚流域有毒物联盟的25个成员,包括了美国联邦和相关州的重要部门,也包括阿纳卡斯蒂亚流域治理委员会的成员。"通过集中财力和技术资源,在一个正在开发的流域,阿纳卡斯蒂亚流域有毒物联盟在处理有毒沉积物的基本方法方面,已取得了成功"。阿纳卡斯蒂亚流域有毒物联盟项目的重点是制定一个"综合管理有毒沉积物的战略",以指导未来的清理和修复工作。截至2007年年初,阿纳卡斯蒂亚还没有一个全流域的综合治理规划。

为了得到一个更清洁、更健康的阿纳卡斯蒂亚流域,阿纳卡斯蒂亚流域社团成为了一个至关重要的民间倡导机构。由罗伯特·布恩(Robert Boone)于1989年成立的阿纳卡斯蒂亚流域社团,其工作涉及湿地恢复、植树、水质监测和标记、清除杂物等工程,以及社区宣传和流域教育等事务。在与众多不同的团体共事的同时,阿纳卡斯蒂亚流域社团在管理大型流域方面,起到了粘合剂的作用并提供了一种良好的观察角度,同时也是小型组织的保护伞。此外,阿纳卡斯蒂亚流域社团还清楚地了解自己的使命,其中之一就是致力于为阿纳卡斯蒂亚流域制定新的规则和纲领。

自从 1989 年建立以来,阿纳卡斯蒂亚流域社团已经积极发展了一个庞大的志愿者网络,估计约有 4.1 万名成员。志愿者参与的活动范围从清理河流一直到游览巡视河流。在阿纳卡斯蒂亚流域社团的项目和活动中,一个引人注目的特点是年轻人的参与。布恩认为,让年轻人参与阿纳卡斯蒂亚流域的治理活动,不仅扩宽了他们的视野,同时也从根本上改变了这些年轻人的生活。

通过其志愿人员,阿纳卡斯蒂亚流域社团已种植了 11000 多棵树,截留了 1100 多根雨水管,并从河中清理了 500 多吨垃圾和 11000 多个轮胎。阿纳卡斯蒂亚流域社团每年举办的手划船航行大赛和每周举行的独木舟旅游活动,已经向数以千计的人介绍了该河的各种环境条件和问题。已有 5500 多名学童参加了"河流栖息地流域探险"(The Watershed Explorer River Habitat)的教育活动(www. anacostiaws. org)。

由于能无偿使用当地律师事务所提供的法律援助服务,所以阿纳卡斯蒂业流域社团也从事过某些环境诉讼事项。阿纳卡斯蒂亚流域社团起诉了华盛顿特区供水和污水管理局(The D. C. Water and Sewer Authority),要求其加快建设一个雨水收集与处理项目,该项目被称为长期控制计划(The Long–Term Control Plan)。阿纳卡斯蒂亚流域社团其他的诉讼项目已经解决了影响阿纳卡斯蒂亚河的具体问题。为了控制阿纳卡斯蒂亚河的不明污染源,阿纳卡斯蒂亚流域社团还起诉了美国环保署,要求其加速实施每日污染物最大总负荷(Total Maximum Daily Load)项目。

阿纳卡斯蒂亚流域社团总裁罗伯特·布恩描述了当前的工作,称其为"一个没有头的躯体"。他指出,当前的工作缺乏协调,甚至很多利益相关者之间也缺乏沟通。他认为,大都市政府理事会(The Metro Council of Governments)虽然提供了表面上的协调,但对于真正地支持阿纳卡斯蒂亚河治理工程来说,缺乏资源和领导力。他不耐烦治理工作的步伐和程序,他将该工作描述为"慢得像岩石沉积"。

由电视制作人兼导演罗伯特·尼克松(Robert Nixon),在 20 世纪 90 年代组建的地球资源保护公司(The Earth Conservation Corps),是工作在阿纳卡斯蒂亚流域治理现场的另一个关键的非政府组织。地球资源保护公司的总部设在马太·汉森地球保护中心(The Matthew Henson Earth Conservation Center),那里有一个演示治理策略的巨大模型,重点演示低影响开发(Low-impact Development)策略。中心设在一个闲置多年的古老泵房内,泵房内有四个大水槽,含铅和石棉的有毒废水正源源不断地流入阿纳卡斯蒂亚河。马太·汉森地球保护中心是在美国海军工程营的帮助下恢复使用的,它现在具有行政管理和教育培训的功能。该中心也有一个又大又漂亮的绿色屋顶,同时还有几座雨水浇灌的花园。

像阿纳卡斯蒂亚流域社团一样,地球资源保护公司强调扩大社区对阿纳卡斯蒂亚流域治理活动支持的力度和承诺。对于地球资源保护公司来说,治理活动让周围社区的孩子参与是非常必要的。许多年轻人居住在非常靠近阿纳卡斯蒂亚河的地方,却从来没见过该河,甚至不知道它的存在。对于其他人来说,该河"不再神秘",有关的神话和偏见正在被揭穿,随着孩子们的成长,诸如该河已经死了、河水是危险和有害的等偏见(过去确实是这样)正被揭穿。地球资源保护公司已经吸引住了约4000名孩子在该河活动。在其他活动中,地球资源保护公司请孩子们上地球资源保护公司为他们"购买的船",在船上,孩子们描绘河流和捕鱼的拖网。然而,正如罗伯特·尼克松(2003)指出的那样,地球资源保护公司已经失去了一些年轻的参与者,他们是附近地区滨水社区街头暴力活动的受害者。

地球资源保护公司的主要项目之一是,修建一条沿着阿纳卡斯蒂亚河畔的滨水人行道,类似于沿着波托马克河畔的弗农山间游憩道(The Mount Vernon Trail)。这一理念已经考虑了30多年。目前正在成为现实;大部分行人优先的沿河路段已经受到保护。海军船厂已同意开放其长廊作为该滨水人行道的一部分。随着华盛顿特区交通局资金的到位,地球资源保护公司正在建设该滨水人行道的三段示范路段,包括紧邻地球资源保护公司总部所在地第一街的路段。地球资源保护公司也设计了为该滨水人行道服务的雨水收集设施和雨水花园。该滨水人行道也含有其他的低影响开发要素。

其他几个团体正在进行阿纳卡斯蒂亚河的清理工作。它们包括切萨匹克湾基金(The Chesapeake Bay Foundation),该基金发起了一个"阿纳卡斯蒂亚河倡议",还包括阿纳卡斯蒂亚河商业联盟(The Anacostia River Business Coalition),联盟对治理阿纳卡斯蒂亚河的社区进行商业奖励。其年度活动是在对模范企业认可的同时,对阿纳卡斯蒂亚流域治理方面的管理者进行奖励。获奖者曾包括超级打捞公司和马里兰公园的雨水控制、回收和防泄漏项目。一些公司,包括波托马克电力公司(The Potomac Electric Power Company)和 Results 效果公司(The Results Gym),因为使用低影响开发技术而被认可,这些技术包括安装雨水储存罐和雨水花园等。肖生态村(The Shaw Ecovillage),由于使用低影响开发技术和开展青年教育项目,也受到关注(www. potomacriver. org/ arbc/arbc. html)。

哥伦比亚特区的倡议

　　2004 年,哥伦比亚特区公布了该区的阿纳卡斯蒂亚流域治理倡议(Anacostia Waterfront Initiative),并将该倡议作为哥伦比亚特区重新开发阿纳卡斯蒂亚两岸滨水地区的指导框架。2004 年年初,由于阿纳卡斯蒂亚流域治理倡议在美国国家建筑博物馆中成为主要展品,所以它曾受到媒体广泛的报道,因为它是第一个被采纳的全面整治阿纳卡斯蒂亚河两岸滨水地区的方案。很多人将阿纳卡斯蒂亚流域治理倡议的大胆设想与华盛顿特区麦克米兰委员会 1902 年的规划(The 1902 MacMillan Commission Plan for Washington,D. C.)进行了比较,该规划实现了华盛顿林荫大道的修复和公园系统的扩大。阿纳卡斯蒂亚流域治理倡议对华盛顿市的开发重点进行了重新定位:

　　随着华盛顿市现有中心的建设已接近完成,城市的开发重点正向东转移,并转向整个阿纳卡斯蒂亚两岸的滨水地区。作为美国的首都和世界上的主要城市之一,华盛顿的命运与沿着阿纳卡斯蒂亚河重建城市中心工程有着千丝万缕的联系,同时城市开发重点的转移,可以使长期被华盛顿忽视的城市公园、城市环境和城市基础设施建设,成为一个国家级的优先战略加以重点考虑。阿纳卡斯蒂亚流域的治理,将有助于华盛顿市,在经济、层面和社会层面重新聚集资本。(www. planning. dc. gov/planning/cwp/view, a,1285,q,582130,planning Nav_GID,1708. asp)

　　阿纳卡斯蒂亚流域治理倡议框架规划(The AWI Framework Plan)确定了五个主题或者说是五项目标:

　　1. 成为一条清洁并有活力的河流;
　　2. 排除障碍并方便到达;

　　3. 建造一个大型的城市公园系统；

　　4. 建立独具特色的文化氛围；

　　5. 建设功能强大的滨水社区。

　　阿纳卡斯蒂亚流域治理倡议的第一个详细方案是关于华盛顿西南滨水地区的开发规划，该规划的目的是建设真正的滨水城镇，在那里，商业、文化、居住和社区生活能完全融合在一起。该规划包括建造一条从潮汐盆地到麦克奈尔堡（Fort McNair）的 1 英里长的滨水长廊。该规划设想建造全新的公共场所（集市广场和市民公园），当然还有与扩建和改建的滨水长廊相连的其他较小的广场和公园。该规划呼吁从市民公园延伸建设一个"公众大码头"。这些公共投资将刺激开发 6～12 层的综合型新住宅，能提供 800 套居住单元。沿着缅因州大道建造的一条新的轻轨路线，辅以水上巴士及渡轮，将把西南滨水地区与华盛顿的其他城区连接起来。

　　围绕阿纳卡斯蒂亚流域治理倡议的实施，哥伦比亚特区的 18 家联邦或地方机构，通过执行阿纳卡斯蒂亚流域治理倡议谅解备忘录（Memorandum of Understanding,2000），已经达成共识，这 18 家机构包括，哥伦比亚特区、美国国家公园服务局、美国联邦管理和预算办公室、陆军工兵团、华盛顿特区房屋管理局、华盛顿特区体育与娱乐委员会、华盛顿特区华盛顿供水与污水管理局等。由于被称为新世纪充满活力的滨水开发工程的"新型合作伙伴"，该协议呼吁合作各方，共同努力，将建设滨水新区的梦想化为现实。

　　由于需要调节阿纳卡斯蒂亚流域治理倡议的 18 个成员组织和机构之间的利益，同时需要调节许多相关的其他协会、政府机构和社会团体之间的利益，所以，滨水地区的规划和管理，是一个巨大的政治挑战。尽管华盛顿特区规划办公室已率先实施这一倡议，但其实施的大部分开发，却落后于 2004 年 7 月特别成立的国家首都复兴公司（The National Capital Revitalization Corporation）。

　　阿纳卡斯蒂亚社区低收入居民关注的一个主要问题是，害怕廉租住宅被中产阶级的各用户有独立产权的高档公寓和普通公寓所替代（Wilgoren,2004）。为了解决这一问题，国家首都复兴公司已规划了若干重大项目，包括"希望"第六期项目（HOPE VI project），用 1000 套经济适用住宅，来取代现有的 700 套公共住宅单元。这一举措将吸纳一些低影响开发需求，同时也将有利于该项目的居民加强与阿纳卡斯蒂亚河的联系。

　　尽管在阿纳卡斯蒂亚流域治理倡议的开发规划中有公众的广泛参与，但仍然令人关切的是，开发商和建设者得到的好处会大于市民和周围的社区。地球资源保护公司的詹姆士·威利（James Willie），是阿纳卡斯蒂亚流域居民咨询委员会（The Anacostia Citizen Advisory Committee）的成员，他认为，沿河居民仍持怀疑态度，怀疑阿纳卡斯蒂亚流域治理倡议展望的美好前景无法实现，怀疑很多美好想法会在房地产交易的实际执行过程中大打折扣。

　　除了阿纳卡斯蒂亚流域治理倡议的治理活动之外，哥伦比亚特区也一直在处理由合流制溢流产生的水污染问题。阿纳卡斯蒂亚流域约 60% 的污水是通过哥伦比亚特区的这套过时的下水道系统排出的，包括大约 17 个主要的雨污混合的排水口。根据大都市政府理事会（The Metro Council of Governments）1998 的数据，每年的污水溢流事件都有 40~50 次，导致每年约 13 亿加仑的污水流入阿纳卡斯蒂亚河。美国自然资源保护委员会（NRDC）认为每年的溢流量为 20~30 亿加仑。

　　华盛顿供水与污水管理局（The Water and Sewer Authority）主要负责这一区域的合流制溢流产生的水污染问题。根据对合规性和成本效益的评价，以及广泛的宣传和公众讨论，2002 年 7 月，华盛顿供水与污水管理局公布了最后的长期控制规划（Long-Term Control Plan）。该规划建议华盛顿供水与污水管理局改造自己的设施，通过对运输、储存、处理污水的设施进行改善和加固，减少向阿纳卡斯蒂亚、波托马克河与岩溪（Rock Creek）排放混合污水。具体来说，华盛顿供水与污水管理局提议建设两条地下储存管道花费约 7.7 亿美元，约占阿纳卡斯蒂亚河治理总费用 9.4 亿美元的五分之四。华盛顿供水与污水管理局预测，对于平均年份来说，溢出污水的 97.5% 将得到改善，同时，每年污水溢出的数量将从 75% 减少到只有 2%（华盛顿供水与污水管理局，2002：ES-12）。华盛顿供水与污水管理局没有考虑将雨水与生活污水分开处理的方式，因为这样做是"不经济的"并太具破坏性。

　　限制华盛顿供水与污水管理局减轻阿纳卡斯蒂亚河下游细菌污染的主要因素是，在上游的马里兰州，雨水和非点源污染产生的大量排放："因为华盛顿供水与污水管理局和哥伦比亚特区为了改善长期控制规划而制定了相关规定，所以，应该考虑组建以整个流域为基础的论坛，来减少其他的污染源"（华盛顿供水与污水管理局,2002:ES-19)。在撰写本报告的时候,还没有组建这样的论坛也未曾建立全流域的水质监管项目。确实,下游的哥伦比亚特区受制于上游马里兰州的水质监测,同时受制于美国环保署执行的联邦和州的水污染法律,特别是受制于非点源"最大日排放总量"的规定。

重要的问题是,由华盛顿供水与污水管理局提出的10亿美元的方案是不是一个低影响开发的替代办法。对于滞蓄和处理雨水来说,低影响开发包含各种小型措施和源头处理技术,其中有绿色屋顶、生态沟渠(bioswales)、雨水花园、雨水储存罐等。在提倡这种替代战略方面,美国自然资源保护委员会是最畅所欲言的,美国自然资源保护委员会认为,低影响开发是成本更低、更加环保的绿色措施之一。甚至在低影响开发能不能广泛应用,以及能不能充分解决华盛顿合流制溢流问题方面,仍然有相当大的分歧。美国自然资源保护委员会认为,目前在制度上还存在许多阻止或禁止低影响开发的障碍。例如,华盛顿特区的建筑法规要求,屋顶的排水管要与城市的下水道相连,拒绝使用雨水储存罐和其他更富创造性的雨水处理技术。

阿纳卡斯蒂亚流域治理工程涉及各种政府的和非政府的利益相关者,这些利益相关者对阿纳卡斯蒂亚流域的污染负有责任。这些利益相关者包括一些区域性的机构,如:华盛顿供水与污水管理局、华盛顿市政委员会(Metropolitan Washington Council of Government)和首都地区规划委员会,这些区域性的机构可以推动一些区域性的或流域性的活动,这些利益相关者还包括一些较小的子流域的居民团体或社会团体,如绘画之眼分部(Eyes of Paint Branch)、斯莱戈湾之友(Friends of Sligo Creek)、关注印第安湾之民众(Citizens Concerned for Indian Creek)等机构,这些机构主要在当地活动。这些不同的利益相关者可能有一个共同的远景目标和全面的战略,也可能没有。

这些利益相关者之间,在治理方法上有明显分歧:究竟是用很多小型项目,还是采用一个大型项目,来解决阿纳卡斯蒂亚流域治理问题。阿纳卡斯蒂亚流域治理社团的罗伯特·布恩认为,存在歧视小型低影响开发方法的行为,他形象地描述小型低影响开发方法就像"小便士"。他说,很多人只相信大美元而不在乎小便士。对于布恩来说,很多争执都围绕着基本的公平问题展开。他认为,我们不应该继续容忍哥伦比亚特区存在的大范围的不平等,同时应努力提高人们对阿纳卡斯蒂亚流域的认识,恢复其被低估的历史地位。例如,哥伦比亚特区的阿纳卡斯蒂亚河沿岸滨水（Anacostia Waterfront）社区开发倡议，就明确设想要对华盛顿的市中心进行重新定位，同时城市中心要向东转移。该倡议设想，通过建设新的公园，开发新的社区、基础设施以及配套的环境设施（例如开发滨水的人行道）和更大的努力，使该河能与市区连接起来并方便到达，使这块城市最边缘的地区存在改善环境条件并提高生活质量的潜在机会。在振兴阿纳卡斯蒂亚河附近贫困社区的同时，又要减轻对中产阶级的影响，平衡二者是目前的一个重大挑战。

流域治理的挑战

对于那些将阿纳卡斯蒂亚流域设想成为首都华盛顿特区的一个更清洁、更方便、更理想的生态资源的人来说，阿纳卡斯蒂亚流域的治理，仍面临着一系列的艰巨挑战。第一个挑战也是所有流域内滨水城市共同的挑战，就是行政区划分割的问题，也就是说，在阿纳卡斯蒂亚流域内，马里兰州的两个县、哥伦比亚特区，以及众多的联邦机构，各自扮演不同的角色。第二个挑战是问题的多样性，包括水质的低劣、湿地和其他栖息地的丧失、当地社区交通的不便以及上游马里兰州的郊区社区与下游哥伦比亚特区的城镇社区在社会经济之间对比的不平衡。第三个挑战是，在控制合流制溢流问题上，如何协调低影响开发技术与长期控制规划提出的战略之间的矛盾。最后一个挑战来自中产阶级，如果阿纳卡斯蒂亚河沿岸滨水社区的开发倡议基本实现，将对目前居住在阿纳卡斯蒂亚河附近社区的低收入居民产生什么影响？这些问题及相关问题都还没有定论，所有复杂的问题都由试图振兴阿纳卡斯蒂亚流域而引发。

九英里跑支流：“小，真好啊！”[3]

九英里跑是匹兹堡大都市区内莫农加希拉河（Monongahela River "the Mon"）的一条支流（图 7-2）。这条支流承担一个 6.5 平方英里的子流域的排水功能，这个子流域覆盖匹兹堡市的部分区域以及附近的三个相邻社区，这三个社区是威尔金斯堡（Wilkinsburg）、斯威斯维尔（Swissvale）和埃齐武德（Edgewood）。这个流域是该市历史上最大的城市征地史新项目的核心，而现在，该流域是美国陆军工程团管理的一个重要水生生态系统恢复工程的现场。九英里跑流域是 4.8 万人的家园，也是 250 种植物、22 种哺乳动物和 189 种鸟类的家园。

该流域的治理提供了一种多目标的治理模式,即在一个城市流域的范围内,同时实现河流治理、棕地修复、居住生活和环境教育的功能。该流域的治理也表明,在有魅力的领导和强大的流域机构的刺激下,社区一级的治理活动所具有的潜力。

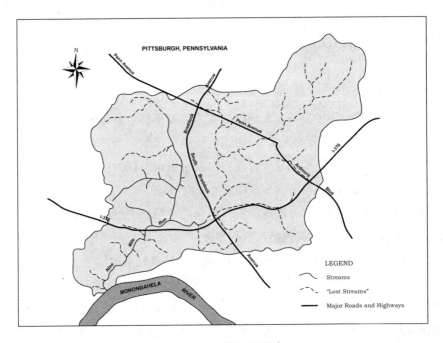

图 7-2　九英里跑流域

(资料来源:九英里跑流域协会 www.ninemilerun.org)

20 世纪的早期,为了缓解这个地区的洪水,九英里跑支流的大约三分之二被引流到一个地下涵洞。水流首先从匹兹堡的弗里克公园里的一个涵洞中流出,然后流淌 2.2 英里穿越该公园和当地的社区,再流入莫农加希拉河。在洪水高峰,九英里跑支流的水以冲蚀自然河岸的速度从这个涵洞中汹涌而出。这导致成吨的被冲刷下来的泥沙连同成吨的河岸碎片被带到下游的莫农加希拉河。此外,在用混凝土构建的涵管出水口处,四条城市合流制管道的水直接排放到河道里。据说其中的一些管道已经成为供水管线和排水管线的连接器。在暴雨期间,未处理的污水直接排入九英里跑支流的情况,并非罕见(www.nmwra.org)。

除了河岸侵蚀和合流制溢流问题,该流域还包含家园钢铁公司(Homestead Steel Company)的原厂址。该工业遗存的一个显著特征是遗留了一个占地 238

英亩并有 21 层楼高的废渣堆放场，这个钢铁工业制造的副产品紧邻莫农加希拉河。在匹兹堡市，这块场地代表着该市最大的滨河陆地空间。虽然在 20 世纪初期，已努力清理过该场地；相反，它却被逐渐埋在高达 120 英尺的其他工业副产品和废弃物之下。

1995 年，美国环保署通过新制定的棕地经济重建倡议（Brownfields Economic Redevelopment Initiative），向匹兹堡市重建局（The Pittsburgh Urban Redevelopment Authority）提供了 20 万美元，用于两块棕地项目的评估，其中一块就是九英里跑流域的工业遗址。这笔补助金是美国环保署提供的 120 多个国家和地区级的棕地评估项目资助试点之一，这笔补助金帮助匹兹堡市对占地 238 英亩的工业废渣堆放场进行了评估，该废渣堆放场后来被匹兹堡市重建局购买下来并用于未来的重新开发。

刚拥有家园钢铁公司这块地产的所有权，匹兹堡市重建局就委托规划部门对这块场地进行了重新开发的总体规划。该规划最初提议建设 1200 套住房单元（后来减少到约 700 套），并开发 100 英亩的公共空间。该规划还呼吁铺设延伸到九英里跑的道路，但这个建议遭到环保主义者的强烈反对。

作为回应，匹兹堡的卡内基梅隆大学（The Carnegie Mellon University）的创意探索工作室（Studio for Creative Inquiry）的一组研究人员，开始了一个公关过程，并开始研究一种保护河水自然流动的替代方案，因为他们担心重建局的规划方案将"彻底地破坏河水的自然流动"。1998 年 10 月，研究小组与一个合作小组的成员举行了为期三天的设计工作现场会，合作小组由 60 名当地的和全美国的设计师、工程师、艺术家、规划师、政策分析师及当地居民组成。研究小组对 6.5 平方英里的整个小流域进行了全面的讨论，而不只是 238 英亩的废渣堆放场。他们呼吁，用"恢复性重新开发"的方式，对该流域的下水道、生态系统和社区进行整体治理，认为"改造和重建项目，在技术上和经济上是可行的，既可以提高城市在可居住性方面的价值，又能有效地恢复流域的自然功能"。他们这种长短期相结合的建议，不仅对患病的河流和流域负责也对社区的振兴负责。

这个替代性规划吸引了匹兹堡市重建局和匹兹堡市政府的注意。匹兹堡市重建局决定将流域治理（包括扩大湿地与减少河床侵蚀）与住宅开发整合在一起。修订后的计划，被称为附带开放公共空间并方便行人的社区，同时具有"以公共交通为导向"的特征。随后的住宅开发建议是如此受欢迎，以至于住宅单元的销售不得不以公开摇号的方式进行。

在新的开发规划中,美国陆军工程团承担了九英里跑支流的治理项目。其主要目标是恢复以该支流为生存环境的无脊椎水生动物和两栖动物的栖息地。工程团重建了该支流的河堤,并将该支流的部分河床,重新恢复为历史上的湿地,同时创建了额外的新湿地。

九英里跑支流治理项目被分为三个阶段:

- 第一阶段 A,河床改道和基础设施的改善(主要内容是减少地势较低的弗里克公园(Frick Park)停车场的不透水地面,2002 年完成);
- 第一阶段 B,修缮和改进到蕨类洞穴/跌落峡谷(The Fern Hollow/Falls Ravine)支流的河道(2005 年秋季完成);
- 第二阶段,调整和修缮从商业大街到母鸭洞(Duck Hollow)铁路交叉口的这一段河床(2006 年 6 月完成)。

治理总费用为 770 万美元。联邦政府资助该项目的 500 万美元是通过美国陆军工程团工程部的 206 基金支付的。配套的 270 万美元非联邦资金来自匹兹堡市和三河潮湿气候演示项目(The Three Rivers Wet Weather Demonstration Program)。

在九英里跑支流这一小流域的全面治理的过程中,生态恢复只是其中的一个步骤。来自上游住宅区的雨水径流污染也降低了支流的水质。为了持续提高治理效果,在卡内基梅隆大学的创意探索工作室项目的激励下,2001 年创建了九英里跑流域协会(Nine Mile Run Watershed Association)。自从创意探索工作室的项目开始以来,九英里跑流域协会一直承担着教育的使命。除了恢复流域双月游活动之外,九英里跑流域协会还领导了"支持居民"活动,该活动是为了在地块上解决各种雨洪问题,同时对城市生态管理工作提供市民培训服务,并且成为了该流域"关键问题"的一个信息交流平台(摘自 www.nmrwa.org 网站)。在现任执行主任玛丽耶克·赫克特(Marijke Hecht)的领导下,九英里跑流域协会已经发起了若干个项目,包括:

- 雨水储存罐(The Rain Barrel)倡议,该倡议始于 2004 年,其目的是为了减轻雨水对九英里跑支流的压力。雨水径流是合流制溢流的直接原因,也是九英里跑支流河岸遭侵蚀的主要原因。通过雨水储存罐，雨水逐渐被释放，使雨水有机会渗透到地下，同时使进入支流的雨水被延缓，而不是直接冲进支流。九英里跑流域协会的目标是，在整个流域，位于住宅的雨水储存罐达到 4000 个。雨水储存罐除了可以改善九英里跑支流的水质，还可以为房主的水生植物和花园提供免费的、未经处理的天然水。

- 摄政大街入口公园项目（The Regent Street Gateway Park）。该项目目前还处于设计阶段。该公园是一个开放空间，将成为弗里克公园一个新的入口，在那里，九英里跑支流的河水第一次流出地表。为了净化和储存多余的雨水和融雪，该公园采用了绿色的雨水管理模式，并且可以美化环境。卡内基梅隆大学的工作室首次提出了建设这个公园的建议。

- 城市生态管理项目（Urban EcoStewards）。该项目由 24 名城市志愿者组成一个小组，负责沿着九英里跑支流，监测和清除入侵物种、捡拾垃圾、编撰乡土植物目录。由宾夕法尼亚州自然资源保护局（The Pennsylvania Department of Conservation and Natural Resources）对城市生态管理人员提供培训服务。

- 绿色纽带项目（Green Links）。该项目是一项增加九英里跑支流流域树木覆盖率的工程。2005 年，仅在威尔金斯堡全社区，就招募了超过 125 名的居民进行植树。2006 年，为了该流域未来的植树工程，九英里跑流域协会开始编撰环保的树木清单，并对现有的树木进行核实归档。城市街道的树木可以吸收多余的雨水径流、减少空气污染、提高物业价值，并降低居民和企业的供暖和降温的费用。

一个成功的故事

九英里跑流域治理的经验，是在工业遗址再开发、河流治理、流域社区感建设方面进行综合治理的成功故事，尽管该流域跨越了四个行政区，尽管有些社区在社会和经济方面有巨大的差别，但该项目已经向前推进了。与阿纳卡斯蒂亚流域治理工程相比，九英里跑流域治理工程受益于目标的一致性，同时由于九英里跑支流流域协会的主动性及其领导作用，也使九英里跑流域治理工程受益甚多。其较小的地理范围，也有助于促使地方机构积极参与项目建设并锦上添花。

正如E·F·舒马赫(E. F. Schumacher)指出的那样:"小,真好啊!"

月桂河:加拿大视角[4]

　　月桂河是流经滑铁卢市及其附近的主要河流。月桂河是格兰德江(The Grand River)的一条小但重要的支流,而格兰德江是安大略湖南部最大的河流之一,月桂河最后转向流入伊利湖(图7-3)。月桂河流域(Laurel Creek Watershed),28.7平方英里总面积中的很大部分位于滑铁卢都市圈区的西北部。约7.8万人生活在该流域,他们主要生活在滑铁卢市的城市地区。

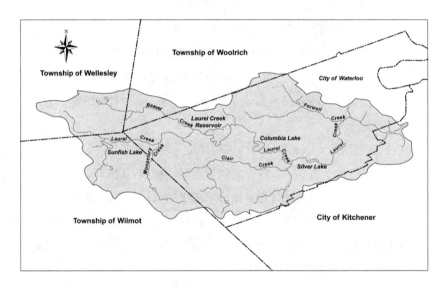

图7-3　格兰德江流域

[资料来源:改编自格兰德江保护局(Grand River Conservation Authority)地图]

　　月桂河的源头位于伍尔维奇镇(Woolwich)和卫斯理镇(Wellesley)的乡村景观地区,并在基奇纳市(Kitchener)流入格兰德江。月桂河的主要支流包括克莱尔湾(Clair Creek)、福维尔湾(Forwell Creek)、海狸湾(Beaver Creek)和修道院湾(Monastery Creek),每条支流都流入滑铁卢市的部分城区。排水良好的土壤、能使地下水得到补给的冰碛石系统,以及可持续的大型含水层系统,构成了该流域的地理地质特征。在原始状态下,为了保障冷水渔业的生产,地下水通常会有助于保持月桂河及其流域的基本水流。冰碛石系统还支持多种植物、动物和鸟类种群的栖息。

月桂河流域的自然景观，主要受冰川冰砾沉积物的主导和影响，当地称为滑铁卢冰碛(The Waterloo Moraine)或沙丘(Sandhills)。位于这一景观之下的主要含水层，是滑铁卢都市圈饮用水的来源，可为至少 30 万人提供饮用水。此外，该地区发现了众多由泉水汇成的湿地和小池塘。在月桂河流域，土壤通常是沙质壤土，地形也是典型的由冰川侵蚀而形成的梯形地貌。在欧洲人发现之前的时代，在该流域，茂密的落叶林和针叶林以及广袤的沼泽湿地占主导地位。常见的当地树种包括山杨、榉木、橡木、白松和马尼托巴枫树。

月桂河流域已经影响了滑铁卢的发展，包括当地的市中心所在地、城市街道的规划布局，同时也影响了该市各个行业的性质，不论是过去的还是现在的行业。随着城市的发展，由于对土地的清理和对湿地的排水，使得河水的质量以及流域的功能都在退化。在 20 世纪上半叶，为了保护当地居民的生命财产安全，抵御和控制洪水的侵蚀，月桂河流域进行了一系列与结构有关的改变。

滑铁卢市起初是木业和农业中心。19 世纪，随着当地保险公司和两所高等院校的发展，滑铁卢成为一座以商业和教育为主的城市，这两所大学分别是：滑铁卢大学(The University of Waterloo)和威尔弗雷德劳里尔大学(Wilfred Laurier University)。从历史上看，月桂河曾作为饮用水和水力发电的水源，同时也作为几个啤酒厂和一个酿酒厂的水源。时至今日，虽然历史上的磨坊已所剩无几，但两座啤酒厂仍然生产，与此同时，施格兰酒厂的建筑物已重建为住宅大楼。

在 20 世纪早期，大面积地砍伐森林和填埋湿地，使月桂河流域特别容易被春季积雪融化和暴雨所形成的洪水淹没。在干燥的夏季，月桂河流域简直就类似一条下水道。针对格兰德江流域(包括月桂河流域)的防洪规划始于 20 世纪30 年代。第二次世界大战之后，地方政府根据 1946 年的保护机构法案(The 1946 Conservation Authorities Act)建立的一个区域保护机构，即格兰德江保护局(The Grand River Conservation Authority)。该局负责监督月桂河流域规划。安大略省的保护机构在美国几乎没有合作伙伴，若有的话，也很少。这些保护机构遵循以下原则：

1. 地方提议原则：建立一个保护机构是需要地方政治势力和民众支持和同意的；

144

2.费用分担原则:项目的费用是由省、市政府分担的;

3.流域管辖原则:保护机构被赋予在管辖的流域内制定保护条例的权力,以便能充分管理相关问题,如防洪控制等。

根据这一制度安排,20世纪60年代和70年代,格兰德江保护局,在格兰德江流域建设了几个控制洪水和水土侵蚀的项目,包括建造堤防、改善河道、加固河堤等。其中的一个项目就是月桂河水库(The Laurel Creek Reservoir),该水库于1966年完成,成为格兰德江保护局所属月桂河保护区(Laurel Creek Conservation Area)的核心。该局最初收购的自然保护区土地是用于防洪的,但很快就发现其在快速发展的城市中,作为开放空间方面的巨大价值。在这一时期,格兰德江保护局还建立了哥伦比亚湖和月桂湖,但主要功能是审美和游憩而不是防洪。

今天,在月桂河的上游,仍然保持着乡村农田景观,同时还残余着少数的林地和湿地。溪流附近的牲畜粪便所产生的大肠菌群、土壤的侵蚀,以及农药、化肥和其他农业化学品的污染,都使水质恶化。上游的溪水最后都流入用于防洪的月桂河水库。由于溪水的流速减缓,所以溪流中的泥沙和污染物就被沉淀下来,同时由于缺少树荫加上湖水较浅,所以导致湖水温度增加。有时,水草以及成群的鸭子和鹅的粪便也使那里的污染加重。在水库下游,景观排放的富营养径流,以及下游湖泊和池塘的升温,进一步降低了水质。穿过滑铁卢大学校园之后,河水消失在一条500米长(1640英尺)的暗渠之中,从暗渠流出后出现在滑铁卢市的中心。月桂河的最后一段存在着河岸侵蚀的问题,同时河道也被用来作为庭院垃圾和家庭污染物的倾倒地。

月桂河流域研究

相比过去单一的工程干预方式,随着综合规划和管理方式的出现,1993年,格兰德江保护局开始了月桂河流域研究(The Laurel Creek Watershed Study)项目。月桂河流域研究一共解决六个与流域快速城市化相关的问题:洪水问题、水质问题、河床遭侵蚀问题、污染物沉积问题、地下水和自然资源问题(表7-2)。为了测量生态系统的健康状况和生态压力产生的影响,月桂河流域研究项目使用了系统性的研究方法。

月桂河流域研究项目的问题、目标和结论　　　　　　　　　　表 7-2

议题	需回答的问题	目标	结论
洪水	• 随着进一步的开发将导致更大的洪水?	• 生命、财产和自然资源风险的最小化 • 保护自然泛洪区和水文功能	• 确定流域内的10个地区为"高风险区" • 水库在控制洪水方面发挥了作用 • 自然蓄水地区(即沼泽)可帮助减少洪水 • 自然泛洪区能控制洪水,应予以保留 • 引起上游城市住宅区洪涝的主要原因是城市径流 • 除非控制洪水的流量、时间和流速,否则滑铁卢新的开发将增加流量
河岸侵蚀	• 进一步的开发是否将导致进一步的侵蚀?	• 保留和保护水生植物资源以及淡水供水	• 河岸与河床的修复
地表侵蚀与沉积	• 现有农业和城市的开发,是造成开放空间水土流失并导致土壤沉积的原因吗?	• 保留和保护土地、水、森林和野生动植物	• 一些地区有很多由水土流失产生的沉积物和固体悬浮物
水质退化	• 城市的进一步发展能不导致水质的恶化吗? • 影响水库水质的是什么?	• 恢复、保护和改善水质,以及相关的水生动植物资源和淡水供应	• 水库和哥伦比亚湖水中的细菌使其不能用于娱乐 • 水库使水体升温、富营养化、美感降低 • 由于溶解氧含量低、水温高以及河流植被较高,导致鱼类生存艰难 • 磷导致藻类迅猛生长并降低了美感
地下水	• 这个地区地下水的利用对水源以及地下水有何影响?	• 保护和恢复地下水的水质和水量	• 保留月桂河的内外流域:在流域上游尽可能下渗 • 向深层含水层供水 • 由浅层含水层维持河水流量
自然资源	• 在保护区域自然资源的条件下,城市还能发展吗?如何才能保护这些自然资源?	• 恢复、保护、发展和加强流域内城乡原有的生态、历史、文化、游憩、观赏资源,特别是河流周边地区	• 陆地资源是丰富的且有很好的关联性,但正经受强大的开发压力 • 保留地区也有重要的自然资源功能 • 这些资源应该用不同管理策略分成三类限制地区

(资料来源:月桂河流域研究,1993)

月桂河流域研究项目在土地利用方面的一个关键要素是确定"限制区","限制区"提出了在特别的地区或分区允许开发的程度。月桂河流域研究项目将月桂河流域所有地区都指定为三类限制地区中的某一类,这三类受限制地区分别为:① 保护和改善自然环境的功能和过程的土地;② 提供有价值的生态功能但已退化的土地,以及需要管理和修复才能改善功能的土地;③ 不能提供某项生态功能的土地。

滑铁卢市西侧被称为冰碛的地方,被月桂河流域研究项目明确指定为第一类限制区。虽然月桂河流域研究项目确认这些冰碛土地在地下水涵养和保持生物多样性方面具有特殊意义,但滑铁卢市仍然打算将该地区作为住宅用地进行开发。由此产生的谈判,使该地区在开发时,采取更严格的指导,以有利于下渗,也出台了更强有力的环境教育项目。这些环境教育项目包括,沿着社区人行道树立的解说板,和分发给社区所有居民解释土地敏感性的小册子。此外,滑铁卢市网站包括了对该地区历史、地质的描述,以及在该地区发现的珍稀物种的描述,同时还有冰碛对地下水的重要性的描述。根据新的分区类别,冰碛区被称为"弹性的住宅区",滑铁卢市的林地、水域和湿地四周,需要49~98英尺的林地植被缓冲区。另外还规定,每个地块至少50%的面积能渗水,从而限制了车道的拓宽,也限制了建筑物的占地面积以及桥面的宽度。

月桂河市民委员会(The Laurel Creek Citizens Committee),在1990年就开始保护、治理和改善月桂河,在制订和执行月桂河流域研究及附属项目方面,月桂河市民委员会起到了重要的作用。为了研究月桂河流域与滑铁卢市其他城区的关系,月桂河市民委员会和其他非政府组织,如滑铁卢市民环境委员会(The Waterloo Citizens Environmental Committee),参与了滑铁卢市相关的指导委员会的工作。由于有少量的成员和志愿者,月桂河市民委员会每年都参与各类项目,以下是他们参与的代表项目:

- 沿着月桂河及其支流种植当地树种;
- 沿着月桂河及其支流疏通(漂浮物和阻塞物的清除);
- 银湖(Silver Lake)河流恢复及相关活动;
- 沿着月桂河及其支流治理河流、控制河岸侵蚀;
- 河流评估。

月桂河治理的经验

迄今为止,月桂河流域的成果经验在于,单一机构(格兰德江保护局)的主导影响及其制定规划。1993 年启动的月桂河流域研究项目,在对该流域制定环境治理规划方面,具有显著的价值。这项研究,提供了用于环境监测的流域环境健康指标,同时也影响了该流域进一步开发的法规建设。

流域方法的评价

本章中讨论的三个案例,对于最新的城市流域管理来说,提供了不同的方法和成果。在试图粗略对比它们之间经验的时候,必须知道,每一个案例都涉及不同地理条件和政治条件,也涉及项目的目标和时限(河流修复是需要时间的,三个项目中时间最早的月桂河治理工程,也只不过开始于 1993 年)。请牢记下面的提醒,这些流域治理的"有效性(成果)"(以实现既定目标为准),似乎与流域面积成反比。

九英里跑流域,是这三个流域中面积最小的(6.5 平方英里),美国陆军工程团根据卡内基梅隆大学创意探索工作室在 20 世纪 90 年代后期提出的设计,已经于 2006 年完成了湿地的修复工程,九英里跑流域已经得到改善。在九英里跑流域治理初见成效的基础上,2001 年成立的九英里跑流域协会,有广泛的和雄心勃勃的其他项目倡议,例如,雨水储存罐倡议、城市生态管理、绿色纽带和摄政街入口公园等。然而,在这一阶段,并没有九英里跑整个流域的全面规划,同时整个流域的行政监督权,是分散在几个机构和各级政府手中的。

加拿大安大略省的月桂河流域是中型流域(28.7 平方英里),与美国的研究案例不一样,月桂河流域既有单一的管理机构(格兰德江保护局),又有一个综合的规划(1993 年月桂河流域研究项目)。根据这些文件,月桂河流域的管理,使用了各种各样的工程性和非工程性的干预措施。加拿大的土地利用和开发限制,在行政可行性上,似乎比美国积极,例如滑铁卢市根据月桂河流域研究所实行的土地利用和开发限制。与九英里跑流域治理工程不一样,在月桂河流域治理的案例中,没有需要"签字"的修复工程,但在格兰德江保护局的管理下,月桂河流域在减少洪水和河岸侵蚀方面,却完成了许多小规模的项目。公众社团正持续地从事局部清理、树木再植和河水监测等活动。

　　最后说说第三个案例，也是最大的流域（176 平方英里），阿纳卡斯蒂亚流域，在该流域的治理中，虽然不乏很多公共和私营部门的计划，但却缺少一个能全面管理的主管机构以及全流域的综合规划。为该流域提出的最雄心勃勃的项目，是哥伦比亚特区提出的阿纳卡斯蒂亚河滨水社区倡议，该倡议是具有河道整治内容的城市更新项目。该倡议的目标是提升华盛顿特区日益衰落和令人厌恶的滨水社区，对美国首都来说，其精神是难能可贵的，同时该计划还设想改善公众进出阿纳卡斯蒂亚的通道以及沿河的人行道。但上游地区（马里兰州的蒙哥马利县和乔治王子县）并不买账，阿纳卡斯蒂亚流域治理倡议并不希望改善该河河道的恶劣水质。针对水质问题提出的另一项主要举措，是数十亿美元的WASA项目，但该项目是为了限制从华盛顿特区的下水道排放的合流制溢流，同样也只涉及流域下游的部分地区。2007 年 1 月 9 日，华盛顿邮报对治理阿纳卡斯蒂亚河进行了评估，认为其前景是黯淡的："污染的水域使华盛顿特区闪闪发光的前景变得锈迹斑斑；阿纳卡斯蒂亚河附近地区的治理活动可能留下了一个尾巴，就是阿纳卡斯蒂亚河本身。"

　　除了这些对比之外，这三个案例共同反映了人们日益增长的理念，就是，许多城市和环境问题，可以在地区排水区这个尺度上，富有成效地协同处理并加以解决。如上所述，流域管理的方法，可能会实现这些公共目标：水质改善、防洪减灾、恢复水生动植物和沿岸动植物的栖息地、鼓励户外运动、提高城市社区对自然背景的认识等。流域和行政管辖区在地理上的不对应可能转化为一种优势，即要求跨行政区的交流与合作。理想的情况下，追求流域治理的努力，可以帮助克服大都市地区普遍存在的社会分层和追求个人利益的趋势。

参考文献

Anacostia Waterfront Initiative (AWI). 2003. The Southwest Waterfront Development Plan and AWI Vision. February 6.

Anacostia Watershed Restoration Committee. 2001. "Working Together toRestore the Anacostia Watershed." AWRC Annual Report .

Boyd, Dwight, Toni Smith, and Barbara Veale. 1999. "Flood Management on the Grand River,Ontario, Canada: A Watershed Conservation Perspective." *Environments* 27, 1: 23-47.

Brookings Institution. Center on Urban and Metropolitan Policy. 1999. "ARegion Divided: the State of Growth in Washington, D. C. "

City of Waterloo. 2002a. Environmental Strategic Plan. Waterloo, Ontario.

City of Waterloo. 2002. Height and Density Policy Study. Discussion Paper. Waterloo, Ontario.

Conservation Ontario. 2003. Corporate Profile http://www. conservation-ontario. on. ca/profile/profile. htm.

District of Columbia. 2000. "Memorandum of Understanding: Anacostia Watershed Initiative. " March 22.

District of Columbia Water and Sewer Authority (WASA). 2002. "WASA's Recommended Combined Sewer System Long Term Control Plan. " Executive Summary. July.

Fahrenthold, D. A 2007. "Polluted Waters Stain D. C. 's Shining Vision. " *Washington Post*, January 9.

Ferguson, Bruce, Richard Pinkham, and Timothy Collins. 1999. *Re-Evaluating Stormwater: The Nine Mile Run Model for Restorative Redevelopment*. Snowmass, Colo.: Rocky Mountain Institute, September.

Forgey, Benjamin. 2004. "Coming Clean About the Future: With RecreationCentral to Plans, Pollution Curbs Can't Be Swept Aside " Washington Post, July 13

Grand River Conservation Authority (GRCA). 1993. Laurel Creek Watershed Study. Waterloo, Ontario.

Ivey, Janet. 2002. "Grand River Watershed Characterization Report. " Guelph Water Management Group, University of Guelph. http://www. uoguelph. ca/ gwmg/ wcp_home/Pages/ G _home. htm.

Laurel Creek Watershed Society. 1993. *Laurel Creek Watershed Study*. Waterloo, Ontario: The Society.

Metropolitan Washington Council of Governments (MWCOG), Department of Environmental Programs. 1998. "Anacostia Watershed Restoration Progress and Conditions Report. " May.

Natural Resources Defense Council. 2002. *Out of the Gutter: Reducing Polluted Run-Off in the District of Columbia*. Washington, D. C.: NRDC.

—— n. d. "Cleaning Up the Anacostia River. " http://www. nrdc. org/water/pollution/fanacost. asp

Nelson, James Gordon, Jim Porter, C. Farassoglou, S. Gardiner, C. Guthrie, C. Beck, and Christopher J. Lemieux. 2003. The Grand River Watershed: A Heritage Landscape Guide. Heritage Landscape Guide Series 2. Waterloo, Ontario: Heritage Resources Centre, University of Waterloo.

Nixon, Robert H. 2003. "Endangered in Anacostia. " Washington Post, October 26.

Piatt, Rutherford H. 2006. "Urban Watershed Management: Sustainability One Stream at a Time. " *Environment* 48, 4 (May): 26-42.

Sievert, Laurin N. 2006. "Urban Watershed Management: The Milwaukee River Experience. "

150

In *The Humane Metropolis: People and Nature in the 21st Century City*, ed. Rutherford H. Piatt. Amherst: University of Massachusetts Press and Lincoln Institute of Land Policy. 141–53.

U. S. Environmental Protection Agency (EPA) Mid–Adantic Superfund. 2003. Anacostia River Initiative Current Site Information.

Wilgoren, Debbi. 2004. "Hope, Fret Along the Anacostia." *Washington Post*, July 18.

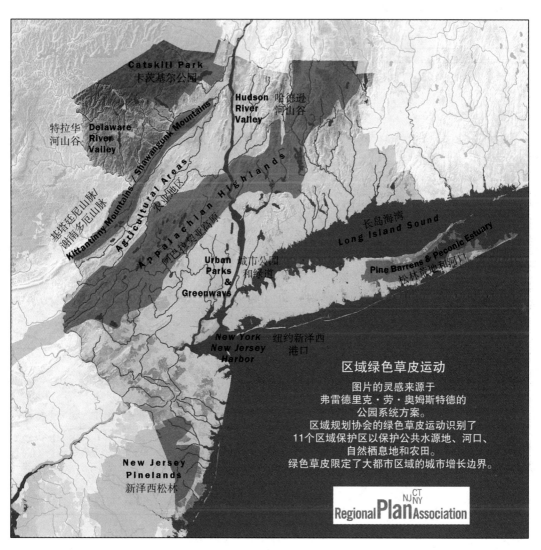

插图1　被"绿色草皮"框定的三州区域。区域规划协会提供。

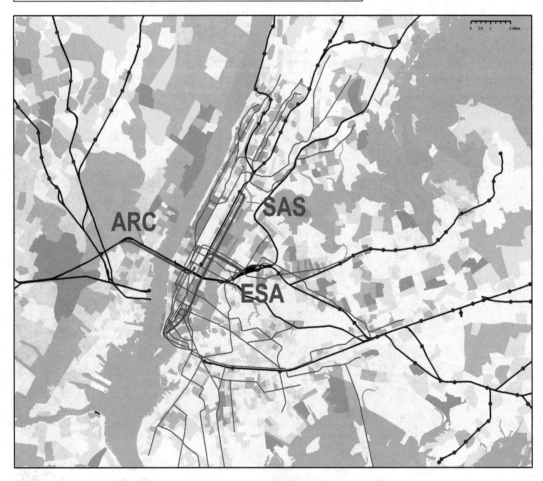

上班族步行到通勤火车站的人数

每个地区的人数
（2000年） 少于1000 1001–2000 2001–3000 3001–5000 大于5000

0 0.5 1 2 Miles

ARC

SAS

ESA

插图2 拟议中的纽约大都市区主要交通项目。区域规划协会提供。

插图3　艺术家眼中的绿色纽带，连接新泽西州纽瓦克市各个社区与帕塞伊克河。
区域规划协会与鲍托付立奥公司（Porto Folio Inc.）提供。

英国的泛东南地区

伦敦大都市区的外围

伦敦区的外围

伦敦区的内部

插图4　英国的泛东南地区。伦敦大区官方提供。

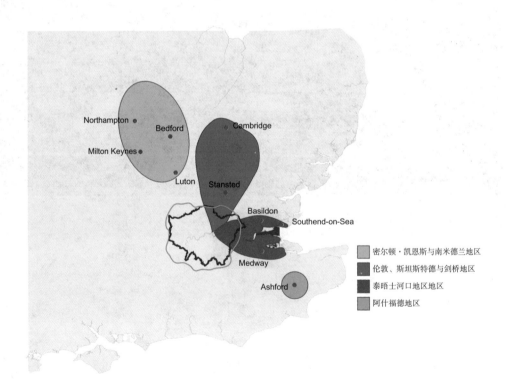

Northampton
Bedford
Milton Keynes
Luton
Cambridge
Stansted
Basildon
Southend-on-Sea
Medway
Ashford

密尔顿·凯恩斯与南米德兰地区

伦敦、斯坦斯特德与剑桥地区

泰晤士河口地区地区

阿什福德地区

插图5　作为泛东南地区主要增长点的四个指定地区。伦敦大区官方提供。

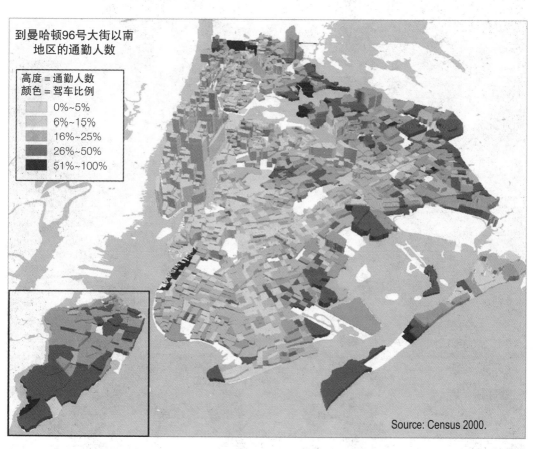

到曼哈顿96号大街以南
地区的通勤人数

高度 = 通勤人数
颜色 = 驾车比例
0%~5%
6%~15%
16%~25%
26%~50%
51%~100%

Source: Census 2000.

插图6　到曼哈顿96号大街以南地区的通勤人数。高度代表了交通枢纽的通勤总人数。颜色代表了单独驾车上班人数的百分比；深色区域表示驾车人数的百分比较高，浅色区域表示乘坐公共交通的人数更多。美国人口调查局CTPP与纽约市长期规划与可持续发展办公室提供。

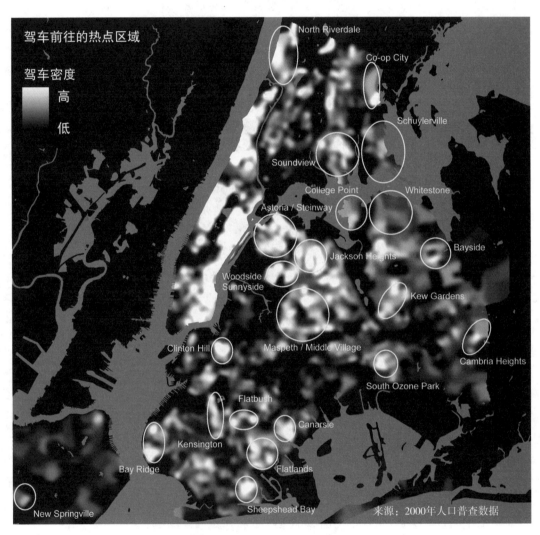

插图7　驾车前往曼哈顿的密度。美国人口调查局CTPP与纽约市长期规划与可持续发展办公室提供。

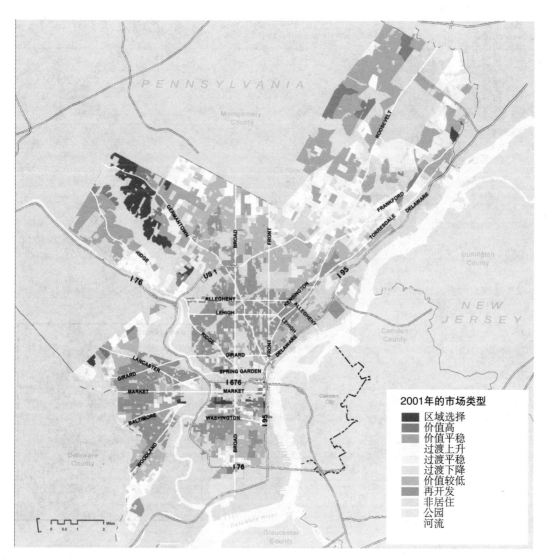

插图8　根据NTI市场价值分析绘制的费城社区图。再投资基金会提供。

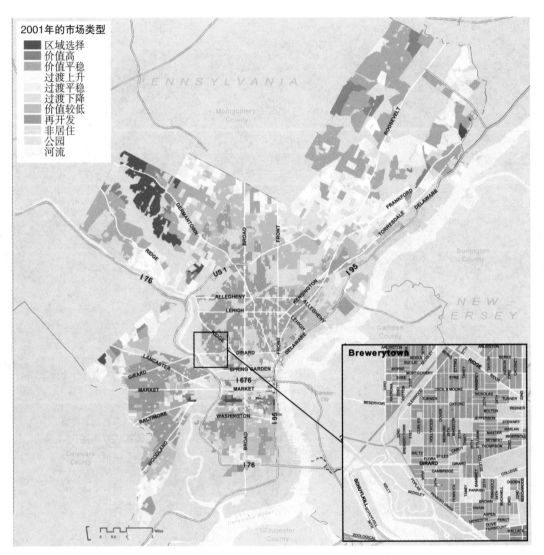

插图9 费城啤酒镇（Brewerytown）社区的市场类型。再投资基金会提供。

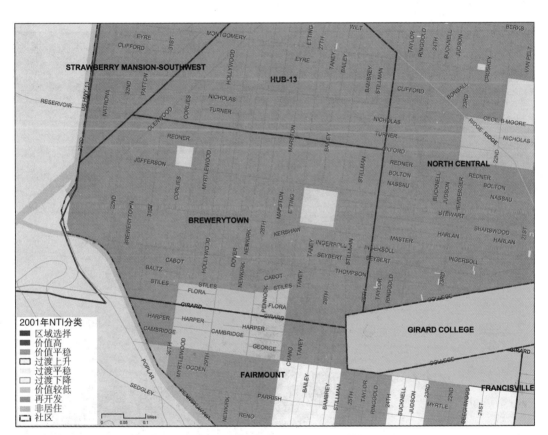

插图10 啤酒镇社区2001年的规划。再投资基金会提供。

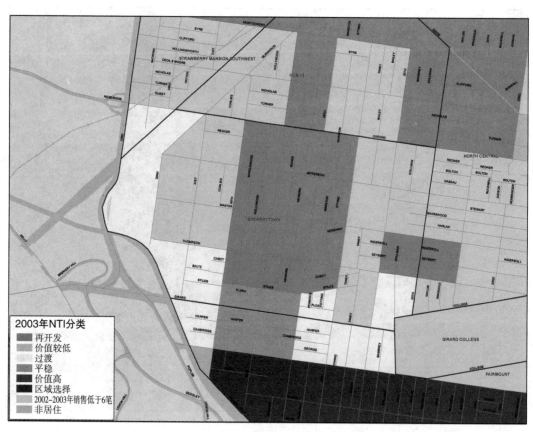

插图11　啤酒镇社区2003年的规划。再投资基金会提供。

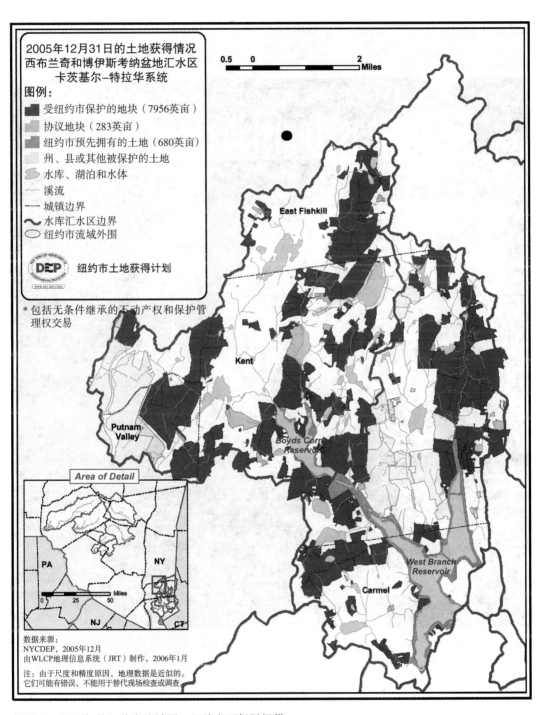

插图12　2005年的纽约市流域图。纽约市环保局提供。

插图13　路易斯安那州沿海地区已经流失和未来预计流失的土地分布图。

根据可持续发展要素得出的美国50座最大城市的排名

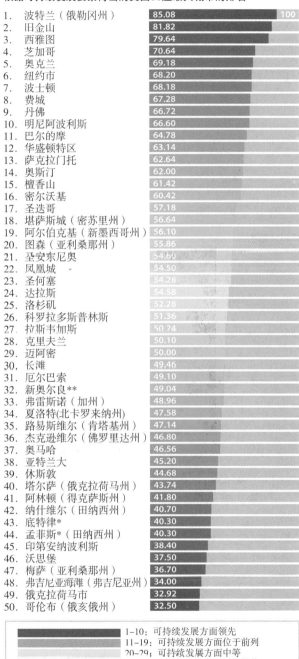

1.	波特兰（俄勒冈州）	85.08	100
2.	旧金山	81.82	
3.	西雅图	79.64	
4.	芝加哥	70.64	
5.	奥克兰	69.18	
6.	纽约市	68.20	
7.	波士顿	68.18	
8.	费城	67.28	
9.	丹佛	66.72	
10.	明尼阿波利斯	66.60	
11.	巴尔的摩	64.78	
12.	华盛顿特区	63.14	
13.	萨克拉门托	62.64	
14.	奥斯汀	62.00	
15.	檀香山	61.42	
16.	密尔沃基	60.42	
17.	圣迭哥	57.18	
18.	堪萨斯城（密苏里州）	56.64	
19.	阿尔伯克基（新墨西哥州）	56.10	
20.	图森（亚利桑那州）	55.86	
21.	圣安东尼奥	54.60	
22.	凤凰城	54.50	
23.	圣何塞	54.28	
24.	达拉斯	54.58	
25.	洛杉矶	52.28	
26.	科罗拉多斯普林斯	51.36	
27.	拉斯韦加斯	50.74	
28.	克里夫兰	50.10	
29.	迈阿密	50.00	
30.	长滩	49.46	
31.	厄尔巴索	49.10	
32.	新奥尔良**	49.04	
33.	弗雷斯诺（加州）	48.96	
34.	夏洛特(北卡罗来纳州)	47.58	
35.	路易斯维尔（肯塔基州）	47.14	
36.	杰克逊维尔（佛罗里达州）	46.80	
37.	奥马哈	46.56	
38.	亚特兰大	45.20	
39.	休斯敦	44.68	
40.	塔尔萨（俄克拉荷马州）	43.74	
41.	阿林顿（得克萨斯州）	41.80	
42.	纳什维尔（田纳西州）	40.70	
43.	底特律*	40.30	
44.	孟菲斯*（田纳西州）	40.30	
45.	印第安纳波利斯	38.40	
46.	沃思堡	37.50	
47.	梅萨（亚利桑那州）	36.70	
48.	弗吉尼亚海滩（弗吉尼亚州）	34.00	
49.	俄克拉荷马市	32.92	
50.	哥伦布（俄亥俄州）	32.50	

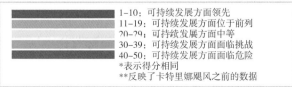

1–10：可持续发展方面领先
11–19：可持续发展方面位于前列
20–29：可持续发展方面中等
30–39：可持续发展方面面临挑战
40–50：可持续发展方面面临危险
*表示得分相同
**反映了卡特里娜飓风之前的数据

插图14　根据SustainLane可持续发展指数的美国城市排名。SustainLane提供。

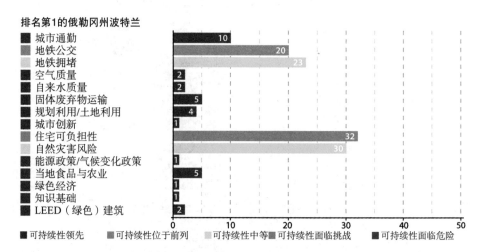

排名第1的俄勒冈州波特兰

■ 城市通勤	10
■ 地铁公交	20
■ 地铁拥堵	23
■ 空气质量	2
■ 自来水质量	2
■ 固体废弃物运输	5
■ 规划利用/土地利用	4
■ 城市创新	1
■ 住宅可负担性	32
■ 自然灾害风险	30
■ 能源政策/气候变化政策	1
■ 当地食品与农业	5
■ 绿色经济	1
■ 知识基础	1
■ LEED（绿色）建筑	2

■ 可持续性领先　　■ 可持续性位于前列　　■ 可持续性中等　　■ 可持续性面临挑战　　■ 可持续性面临危险

插图15　根据SustainLane2006年的可持续发展指数，俄勒冈州的波特兰是排名第一的可持续发展城市。SustainLane提供。

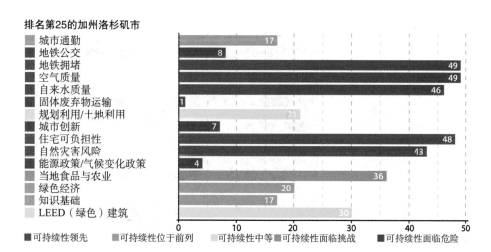

排名第25的加州洛杉矶市

城市通勤	17
地铁公交	8
地铁拥堵	49
空气质量	49
自来水质量	46
固体废弃物运输	1
规划利用/土地利用	21
城市创新	7
住宅可负担性	48
自然灾害风险	43
能源政策/气候变化政策	4
当地食品与农业	36
绿色经济	20
知识基础	17
LEED（绿色）建筑	30

■ 可持续性领先　　■ 可持续性位于前列　　■ 可持续性中等　　■ 可持续性面临挑战　　■ 可持续性面临危险

插图16　尽管在公共交通、能源政策、气候变化政策方面得分很高，但在2006年，洛杉矶面临着空气和自来水质量方面的严重挑战，这些挑战拉低了洛杉矶在可持续发展城市排名中的名次。SustainLane提供。

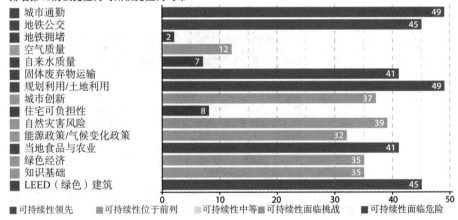

排名第49的俄克拉何马州俄克拉何马市

- 城市通勤 — 49
- 地铁公交 — 45
- 地铁拥堵 — 2
- 空气质量 — 12
- 自来水质量 — 7
- 固体废弃物运输 — 41
- 规划利用/土地利用 — 49
- 城市创新 — 37
- 住宅可负担性 — 8
- 自然灾害风险 — 39
- 能源政策/气候变化政策 — 32
- 当地食品与农业 — 41
- 绿色经济 — 35
- 知识基础 — 35
- LEED（绿色）建筑 — 45

■ 可持续性领先 ■ 可持续性位于前列 ■ 可持续性中等 ■ 可持续性面临挑战 ■ 可持续性面临危险

插图17　俄克拉荷马市在2006年的可持续发展城市排名中几乎垫底。交通问题，特别是公共交通使用率低，降低了俄克拉荷马市的排名。SustainLane提供。

第8章
市民活动在城市基础设施开发中的作用

保罗·R·布朗（Paul R. Brown）

在美国,将水管理项目和环境公共设施项目整合在一起进行开发建设的做法,正在得到广泛的认同,这种做法将大规模基础设施开发与需求端管理整合在一起。这些项目,无论是区域性的供水项目,还是区域性的污水、雨水,或固体废物处理项目,都改变了公用事业与其客户之间的关系。因为这些项目依靠社区实际行动和行为的改变,所以整合的项目受益于社区公民和社区利益集团的行为,他们是实现项目目标的合作伙伴。在公用事业单位和社区利益群体及他们的领导者之间建立沟通与协作,那么这些伙伴关系能从中受益。

从重大基础设施到整合的资源规划

19世纪以来,美国一直向着建设大型环保基础设施的道路上前进。在被经常引用的西奥多·罗斯福总统（President Theodore Roosevelt）于1910年在索邦大学（The Sorbonne University）的演讲中,他意识到了这一点。罗斯福总统虽然称赞公民个人已经成为一个成功共和国的基础,但他特别挑出城市的给水排水问题作为例子,指出这是最好由政府解决的社会问题:

迄今为止,个人在解决社会问题方面的主动性,应该受到鼓励,而不是受到阻碍;然而,我们应该记住,随着社会的发展,公共社会问题变得更复杂,我们不断发现过去希望留给个人解决的事务,在变化的条件下,可以通过公众的努力取得更好的成果……例如,当人们生活在孤立的农场或小村庄的时候,每个独幢住宅都可以有独立的给水排水系统;但在一个特定地区,仅仅是住宅数量的增加就会产生新的问题;问题就是,由于住宅的面积大小和老旧程度不一样,所以排水和供水问题必须从公众的立场上加以考虑。

未来的几十年,解决诸如排水(在 1910 年,可能指的是雨水和污水的混合——通常是合流制管道系统)、供水和固体废弃物处理等来自"公共立场"的社会问题,主要的方法仍然是采用越来越多的大型或小型市政公用设施。

许多早期的市政综合工程项目案例,是通过"公众共同努力"来构想并实施的,这些市政综合工程,对其服务的城市的增长和繁荣是至关重要的。例如,为了应对多年水质差的老问题,1842 年纽约市完成了巴豆渡槽(The Croton Aqueduct in)的修建,将新鲜的洁净水从 40 英里外的威彻斯特县引导到纽约(Koeppel,2000)。1900 年,芝加哥建造了清洁运河与船舶运河(The Sanitary and Ship Canal),改变了芝加哥河的流向,防止了对城市供水渠道的污染,同时南加州建造了 226 英里长的洛杉矶渡槽(Los Angeles Aqueduct,1913)和 242 英里长的科罗拉多河渡槽(Colorado River Aqueduct,1941),这两条由威廉·马尔霍兰(William Mulholland)开发并施工的渡槽,保证了该地区的经济增长和繁荣。这些例子代表了数百个大型基础设施项目,这些项目为美国的公共健康与安全,为生活质量和经济繁荣提供了基础。[1]

除了在大型基础设施系统建设方面取得重大成就,美国也增加了对社区健康问题的政府监管,这种监管有时造成了"个人自由和公共福利之间的冲突"。通过大规模的基础设施建设和增加公众健康、安全、环境等方面的法律法规,美国创建了一套城市基础设施,其功能是作为城市管理的指挥和控制系统,同时也作为保护个人与物理环境之间的"屏障"。这种方法不要求公民在及时支付各种税和公用事业费用之外再额外支付更多的费用。

虽然不是从一开始就没有雄辩的反对者[2],在 20 世纪的最后几十年,美国在大型基础设施项目方面(作为解决未来增长和城市化的唯一方法)的信心减弱了。受到雷切尔·卡森的《寂静的春天》的影响,作为一种国家的力量,环保运动已经开始在美国形成规模。随着 1970 年通过的《国家环境政策法案》的影响力日益扩大,以及随后的联邦和各州的立法,针对主要土木工程项目的反对者们,成功地延缓,或显著改变,或偶尔制止了某些提议的项目。人们对重大工程投资项目产生的直接和间接影响的极大关注,改变了公共政策的制定办法,使得公共政策可以通过优化现有资产的效能和减少用户对系统的需求(通过节约、提高效率,以及回收利用),减少对大规模公共设施的投资。

经过一番斗争[3],一个在城市基础设施建设方面更平衡的方法,出现在了许多机构和公用事业之中。例如,1996 年,南加利福尼亚大都市供水区(The Metropolitan Water District of Southern California),这个曾建立了罗拉多河渡槽融资机构的穆尔荷兰(MulhoIIand)机构,为南加利福尼亚完成了一个综合水资源计划(Integrated Water Resources Plan)。该计划为这个世界上某些最大型的基础设施项目的工程师和建设者,宣布了一个新的角色。综合水资源计划取代了"完全依赖本地资源为大都市地区供水"的方法。根据这个综合水资源计划,大都市供水区(The Metropolitan Water District),通过将水资源输入与当地设施和需求管理相结合的方式(包括水资源节约和循环利用),在 5200 平方英里的区域内,为大约 1800 万人提供供水服务。

尽管大都市供水区只是负责城市基础设施的成千上万机构之一,但在大都市供水区发生的变化,反映了正出现在美国全国的一种转变。整合资源规划(Integrated resources planning)和客户需求管理(demand management)这些起源于能源工业的概念,目前也正在整个供水行业迅速蔓延。今天,为了减少客户对大型基础设施系统的需求,许多市政公用事业机构,都支持客户的要求并与客户合作,同时都正在向许多规模较小的技术敞开大门,使之成为中央系统的替代技术。

介绍这段历史的目的是,由于大规模的"地标"项目正变得越来越少,所以客户需求管理及相关小规模技术变得十分重要。这也是为了突显正在改变的看法所必然产生的紧张局面,人们对于快速城市化世界中适当的能源和环境技术的规模的看法正在发生变化。大型系统可以利用更远的资源,同时也要将废物运送到更远的地方。在许多情况下,资源的产地和最终处理场所,已经成为制约环境系统扩大规模的要素,无论是供水处理系统、污水处理系统,还是污水处理厂的污泥处理系统,以及固体废物的填埋处理系统。

因为日益扩大的大型环境系统的影响和成本正在增加,所以小规模的实用有效替代系统也在增加。随着小规模技术的增长,为了让私人用户对小规模环境系统的使用、养护、维修工具和提供的系统服务承担个人责任，小规模环境系统依赖个人用户的时代必然到来。如果小规模的解决方案被证明是更有效的、对环境的破坏更小，同时被证明对外部资源和处置场所依赖得更小，那么，小规模环境系统就是必不可少的。只有消费者才能确保小规模解决方案起作用和维持下去。

这种转变反映了公用事业系统对客户需求管理承诺方面的实际做法，这种做法减少了客户对资源的依赖和对基础设施的需求，同时重新定义了客户与其所在社区的关系。在过去，市政公用事业系统的功能基本上是不为客户和地方税纳人所见的。他们往往只有在寻求公众对其改善项目提供资本支持的时候，才定期"面向公众"，而在其他项目里，市政公用事业系统往往"消失"在城市和郊区的建筑物之中，只有在出现故障、发出噪声，或散发气味时，才又重新出现在公众的意识中。然而，尽管非常了解大规模环保设施的规划、准入、设计、施工、运营等方面的程序，但许多机构和公用事业却正在学习如何动员、启发、部署以及支持社会团体和公民活动的有关程序，从而宣传提高客户需求端管理水平所带来的预期好处。

在节约资源、保护环境的同时，所有这些提供可靠服务的新方法，都依赖于市民的参与意识和水平。这意味着深刻的文化变革，而不只是行为、技术方面的肤浅改进。深厚的文化变革总是来源于充满热情、责任感和对未来充满希望的个人和小团体。

涉及公民和客户需求管理的体制方面的成功

这并不是说，在整合大规模环境系统的改进与客户需求端管理方面，还没有取得进展，或者从组织体制的角度来看，也并不是说，在整合大型市政机构的官僚主义与公民个人和社会团体方面，没有取得进展。一段时间以来，公共事业机构已成功地将公民活动者和相关的利益集团，纳入到政策和规划决策的过程之中。在水、固体废物、能源、交通和雨水管理等方面，公共事业机构在实施客户需求管理项目方面也取得了成功。这些措施取得初步成功的原因是，公共事业机构在未来的客户需求管理、减少浪费、提高效率等方面，能不断地增加影响力，并在这方面有希望取得成功。

制定决策过程中的公众参与

在市政公用事业向整合工程性与非工程性项目方面过渡的同时，一个同样重要的相关趋势也在同时发生。这一趋势就是，以传统的公共听证会的形式，或以公民或公众充分参与公共信息的方式，市政公用事业项目的领导人邀请公众和利益相关者参与决策过程。由于环境运动和联邦立法支持对大型公共环境项目进行建设性的抨击，因此，公民维权人士能够从事后的法庭对抗，前移到参与拟议中的基础设施项目和程序的前期规划和决策之中。

有时，一些公用事业机构会担心公民和利益相关者在他们的决策过程中参与过度。他们预料的最坏情况是：混乱、延缓、抗议行动、公众争议、"绑架"项目、败坏名声。他们是根据环保运动在最初几年的诉讼中出现的上述情形，而作出的预判。但在认为这样做是正确的同时，也要认识到，被整合的利益相关者全面参与相关的市政公用项目，是防止发生所有这些结果的最好手段。那些严重依赖非工程性的和小规模的解决方案，必须包括社区，这些非工程性的和小规模的解决方案是对大规模基础设施的补充。这就需要倾听什么对社区是重要的；也需要社区参与小规模公共事业解决方案的长期运营、维护和看管，以提供可靠的服务水平。在加利福尼亚和科罗拉多，建立在公众充分参与基础上，以协商一致为基础的成功决策案例，是有据可查的。

水资源保护

大量的水资源保护方案和倡议都已明显减少了对水资源的需求。在给美国加利福尼亚州立法机构的关于水资源保护、水资源的循环利用，以及地下水补充方面的年度进度报告中，大都市供水区预计，在 2005 年，该区保护了 112300 英亩（深度 1 英尺）的水面，这一进展是通过"积极保护"取得的，包括"设备改造、工艺改进、景观效果的改进、更新管道标准，和用于商业、工业和住宅部门的其他节能措施"。

在加利福尼亚，一英亩（深度 1 英尺）的水大约可满足 2 个典型家庭每年所需的用水量（325851 加仑）。2005 年，大都市供水区节省下来的水量相当于近650000 人（大致相当于图拉县的人口规模）的用水量，约占 2005 年大都市供水区对其成员机构年配送总量（约 1980000 英亩-英尺）的近 6%，同样令人印象深刻的是,大都市供水区支持的项目和倡议计划的数量,为了增加节水量并满足IRP的长期目标,大都市供水区积极支持其正在进行的努力。除了更换厕所和电器的住宅项目,大都市供水区还支持景观项目;支持商业、工业和机构的项目;支持建筑商与零售商的合作伙伴关系;支持消费者研究和公共教育项目。大都市供水区报告说,在积极保护水资源方面,其累计投资已达 2.34 亿美元。

从美国国家的角度来看,加利福尼亚城市水资源保护委员会(The California Urban Water Conservation Council)的主任报告说:

在过去的十年,美国在水效率方面已取得了重大进步。虽然保护的数量因地区而异,但对很多供水的公用事业机构来说,在取代扩大设施方面或购买更昂贵的水源方面,提高用水效率已成为首选。

固体废物回收

固体废物处理是令人印象深刻的另一个领域。对于改变社区行为来说"路边回收增长项目"(the growth in curbside recycling programs),是一个最成功的例子,该项目要求房主事先对垃圾进行分类。在自愿和强制相结合的基础上,固体废物回收项目遍布全美国。

到 2005 年,美国的固体废物回收数量又有增加,从 1980 年的略小于都市固体废物总量的 10%(1450 万吨)增加到略超过 32%(7900 万吨)。2005 年,在全美国,大约有 8550 个路边回收项目,2005 年也报告有 3470 个庭院堆肥项目。

雨水管理

在雨水管理和洪水控制领域,低影响开发(low-impact development)的方式也得到了快速的接受和广泛的支持。低影响开发降低了径流以及径流对排水、防洪和水质的影响。这是"控制雨水数量/质量影响方面的创新技术,是在整个景观中,通过在源头上使用分布式小型管理措施的雨水处理方式"。

费城水利局(The Philadelphia Water Department)正在证实低影响开发带来的好处,为了满足其管理承诺,减少合流制溢流(combined sewer overflows)产生的污染,费城水利局在大规模地下储存设施的建设中,使用了一个有效的投资替代。整合的流域管理项目包括,通过低影响开发和更新改造,以及执行新的雨水法规和做法,在源头上控制雨水,例如,街道植树和恢复河岸缓冲区。这些措施共同作用,改善了水质,保护了水资源的良好利用,恢复了河流的生态环境,为居民提供了清洁和安全的河水。与此同时,清洁安全的河水满足了费城现有以及未来基础设施的需求。费城的案例表明,通过实施包括社区绿化措施在内的流域综合管理规划,将有效的资金与地下基础设施相结合,就可以减少部分开发成本。较低的开发成本与社区增加的好处相结合,就解释了低影响开发做法掀起新热潮的原因。

污水处理

随着人们对分布式小规模开发方式全面支持幅度的越来越大,分散式污水处理的优势也在增长。例如,在许多社区,城市的"中水"(gray water)系统和堆肥厕所(产生"黑水")处理系统,正在被接受。几十年来,作为减少排放到下水道系统(或化粪池)的废水量以及减少饮用水供应需求(包括住宅和城市农业灌溉)的手段,中水系统收集住宅中的水槽、淋浴、洗衣等非厕所废水,并在原地利用。通过将中水系统与堆肥厕所相结合,一个家庭几乎可以完全消除所有废水的排放。在美国,只有少数的州,如加利福尼亚州和亚利桑那州许可这些系统。

事实上,分散式污水管理,在客户端需求管理领域可能是一个最有争议的话题。饮用水源保护和分散式污水管理之间的区别是什么？饮用水源保护和分散式污水管理,都要求消费者在考虑他们的环境、改善其行为、较少依赖和集中使用大型基础设施方面,采取更积极的行动。差异指的是,保护水资源需要改变用水模式,改变的用水模式通过使用改进的低成本技术,如低流量厕所和增加自动改变喷水量的淋浴头,以及改变用水时间或在非繁忙时间用水,可以使用水客户不脱离供水网络。每一个积极的行动都能创造效益,与此同时,用户不能参与水资源管理是受大型系统掌控的:即使客户用水较少,但仍然要与中央系统相连接。

当客户使用微技术自行脱离供水排水网络的时候,就会对技术管理和当地的生态系统承担责任,他们将利用常识,积极维护当地的生态系统功能。这就提出了一个重要的问题:相比传统的、影响公众健康的冲厕方式,小型技术更加依赖于较高水平的用户参与,那么小型技术所带来的好处是难以实现的吗？现有的关于小型系统性能的有限数据很难回答这个问题。

美国疾病控制中心健康住宅参考手册(The Centers for Disease Control

Healthy Housing Reference Manual），突显了私人用户和小社区对于自己管理城市生态问题的这种担心，同时，这个问题也与公共卫生安全相关。本章关于"场地污水处理"的内容，是根据正确处理废水的相对重要性和建立安全管理的基本原则展开的：

在所有的人口聚居地，不论大型或小型的农村或城市，安全的、卫生的、无公害的废水处理方式，都是一个优先的公共健康问题。污水在处理方式上必须确保：

- 社区或私人的饮用水供应不受威胁；
- 人类不可能直接接触；
- 废物不接触传染媒介、昆虫、啮齿动物或其他可能的载体；
- 遵守所有的环境法律和法规；
- 不会产生气味或产生美学影响。

要求所有人或生物与污水隔离，对参与污水和雨水径流处理的消费者和社区来说，本身就是一个"屏障"。事实上，除了一些实施不佳的场地污水系统的证据之外，该手册几乎没有任何有关的解释。该手册用下面的描述，介绍了污水直接排放到河中的照片：

在这个图中……一根来自附近一户家庭的直管将未经处理的污水，通过一条浅的排水渠，排放到路边的一条山间小溪，在小溪中，有许多儿童和成人在涉水和抓鱼。对于健康危害来说，清澈的水……是相当具有欺骗性的。沿着这条小溪步行了 4 英里，发现了 12 条另外的管道，这些管道也排放未经处理的污水。据居住在该地区一些人的说法，这条河是当地的饮用水来源。

确保市民更大程度地直接参与城市生态系统的管理，不是放弃公众的健康和安全。对市民进行城市生态系统方面的教育，对城市生态系统进行监测，并对性能效果进行反馈，这些都是必不可少的。

为了延长现有设施的生命周期并降低扩建成本，大型政府机构和市政公用事业单位努力发起并支持关于减少对城市基础设施需求的倡议，以上的这些例子是这些倡议的一部分。在能源和交通运输领域，已经取得了类似的成果，许多机构已经成功地说服其服务区内的个人消费者改变其行为。

个人和社会团体的成功

　　尽管似乎有证据表明,有数以万计的具有重要影响力的成功社会活动家和社区团体,促进环境的积极变化并治理他们所在的城市和社区。[4] 但他们是谁?他们在哪里? 更重要的是,他们取得的成就是什么(以量化的形式表示)? 这些针对他们的数据很少或根本不存在。[5] 这种信息的缺失,使人们难以预测孕育、培养、持续支持这些努力的潜在好处。此外,由于缺乏数据,使公用事业管理人员不能过分依赖这些小型道德和微型的倡议。对于公用事业管理人员来说,供应的"可靠性"、设施的容量、设施的适用性,和中断响应时间才是当务之急。"猜测"小规模措施可能产生的长期贡献,不符合公用事业单位的照顾标准或性能标准。

　　然而,越来越多的关于社会活动家和社区团体影响的证据带给人们激励与鼓舞。美国公共广播公司(The Public Broadcasting Service)的系列节目《伊甸园的丢失与发现》(Edens Lost & Found)(由哈利·维兰德和达乐·贝尔制作),是一个试图致力于提供文档并与他人交流个人和社会团体的成就的例子。[6] 该系列节目包括一些栖息地恢复的故事,例如史提夫·帕卡德(Steve Packard)的《芝加哥荒野联盟》(Chicago Wilderness Coalition)、迈克尔·霍华德(Michael Howard)的《位于富乐公园的自然中心伊甸园》(Eden Place Nature Center in Fuller Park)、宾夕法尼亚园艺学会(The Pennsylvania Horticultural Society)的《费城绿化项目》(Philadelphia Green Program)、叶莉莉(Lily Yeh)的《费城北部的艺术与人文村庄》(Village of the Arts and Humanities in North Philadelphia),以及树人(Tree People)的《洛杉矶在植树转型方面的努力》(Transformational Tree Planting Efforts in Los Angeles)等。

　　维兰德和贝尔致力于改变现代社会中媒体的力量,他们相信,深入家庭内部、直达个人的能力,可以为社会变革提供影响深远的公共教育。他们的任务是,通过展示开辟新领域的社会活动家的影响力,创造新型的城市开拓者。

　　显然,相比有效地改变现有系统,越来越多的人对减少自己所在社区大型基础设施的需求更有兴趣。虽然像维兰德和贝尔这样的媒体专业人士,可以使用他们的专业才能招募新的志愿者加入,但公用基础设施管理人员的技能,并不总是转化为激励人和鼓舞人的领导能力,这种领导能力可以改变文化并使社会产生长期的进步。那么人们能做什么呢?

大型公用事业系统支持者与小型公用事业系统支持者之间争执的停歇

一个将要出现的变化是,具体技术拥护者之间往往会建立一种常设的休战机制。规划进程起始于明确解决问题的最好方式,这对机构和个人利益相关者来说是寻常的。"如果我们仅仅是为了建造更多的海水淡化设施,那么所有水的问题都会迎刃而解。"或者,"如果我们只是为了节约更多的水,那么我们就不需要建造任何东西。"这些公开的立场关注的是"手段",而不是关注所有城市都正在试图实现的城市环境可持续发展的"结果"。没有任何银弹技术可以"修复"城市的环境;为了实现预期的经济、环境、生活质量和社会正义的"最终目标",治理城市环境需要全方位的基础设施,以及全方位的制度和文化创新。有效地整合现有的所有解决方案,才能取代频繁的争执,只有超越频繁争执,具体的创新或技术才是好的、才是更好的、才是最好的。

应该指出的是,从公平的角度来说,许多有前途的小型分布式技术,很难获得已经成立的市政机构、公用事业单位、监管部门,以及专业人士的接受。通常的原因包括,缺少有关如何操作以及健康和安全方面的基本信息,也涉及缺少小型分布式技术正在进行的操作和维护的不确定性方面的基本信息,同时也缺乏小型分布式技术行业准入的标准,并且在许多情况下,过时的地方条例,也限制了小型分布式技术行业的应用。同时,新闻中也经常报道,需要注意已被忽视的大型基础设施所显示的失修状态。2005 年,美国土木工程师学会(The American Society of Civil Engineers)发布《美国基础设施报告卡》,给美国基础设施评定的等级是 D 级,估计总投资需要达到惊人的 1.6 万亿美元。负责维护和更换大规模基础设施资产(除了上面讨论的环境基础设施之外的所有机场、桥梁、公路、水坝、学校、交通系统),对城市的可持续发展来说,与在个人、家庭和社区的层次上实行行为变革和文化变革一样重要。管理的概念,既应当适用于建筑环境也应该适用于自然界。

这种"组合"的方式不是放弃将大规模基础设施作为一种解决方案,而是要将大规模基础设施与小规模的解决方案结合起来,小规模的解决方案可以减少未来对大规模基础设施的需求。然而,对于许多最狂热的小规模解决方案支持者来说,像水坝、渡槽、区域性污水处理设施,以及混凝土排水管道等基础设施工程,根本就是不可取的。所有的利益相关者应该开始真挚的对话,倾听、理解、同情大型市政公用事业单位、企业、环保人士、房主、租房者,和许多在城市环境方面拥有话语权的人士的观点。所有这些群体都有共同的价值观,却往往对实现理想结果的"手段"存在争议。

创新的安全港湾和偶尔的失误

整合的规划和开发方式,往往会突显官方机构与个人和小团体之间存在的冲突。官方机构想给更广大的社区提供统一的好处(在传统的指挥和控制制度下),而个人和小团强调差异性和特殊性(他们在自己的家中或社区里可能是很效的)。这是一个难以取舍的老问题,并且让个人反对已建立起来的规范和权威。辩论的积极一方可以用　句格言归纳,"相比被一名所谓合格的医生给毒死,我宁愿被一名庸医治愈。"

在许多情况下,变革的最有效的个人代理商不是成为合格的医生,而是他们发现了有效的、非传统的治疗社区的方法。有时,他们的治疗方法威胁到了已建立的地方社区的边界,这些边界由当地的建筑法规、公共卫生和安全条例,以及已建立的环境法规所构成。

在将客户需求管理原则纳入市县的制度框架的工作过程中,公共官员们需要离开他们的办公室,以应对个人和小团体所作出的积极的变化,这些变化是都创新的、反常的、有时甚至是不成功的尝试。每一个新的类型的项目并不一定是最佳的做法。对于专业的社区规划师、建筑师和工程师来说,因为相关的责任问题,以及工作中需要广泛的接受和支持,所以承担这种风险通常是不可接受的。

例如,既提供传统的土木工程业务,又提供非工程性制度解决方案以满足市政公用事业要求的咨询公司,还必须满足客户的期望,客户要求设计的解决方案(无论是工程性的或制度性的解决方案)应该满足他们的目标。所以,采用单一的工程性解决方案或初步成功后再失败,这都是几乎或根本无法忍受的。

使用系统化模型工具的增加

通过使用系统化模型模拟工具和技术，专业规划人员有能力正式评价大型基础设施和小型、分散性解决方案之间的关系。在使用系统化建模工具的时候，专业规划人员可以建立详细的概念性模型，概念性模型可以作为一种评估方式动态地运行，评估不同的投资方案对未来的贡献和影响——包括各种层次的分散型、小规模的改善，以及社区增加最佳管理实践（best management practices）应用的效果。例如，针对洛杉矶市污水项目的整合规划（The City of Los Angeles's Integrated Plan for the Wastewater Program），由 CDM 和 CH2M 公司组成的咨询团队开发了一套综合的集成化系统模型，该模型描述了废水服务功能之中各种要素之间的关系，也描述了污水、供水、再生水和雨水系统之间的关系。最重要的是，该模型包含了分散式雨水收集和利用，并与影响供水和废水流量的水资源保护措施集成在一起。

该模型显示并粗略地量化了高水平保护措施与分散管理的做法，在降低海岸影响和污染负荷方面的好处，并将这种替代方式与大型管道和处理厂的投资同时进行考虑。

由于技术的可获得性以及人们日益增长的对"整体"解决方式的兴趣，所以，可以模拟城市基础设施的综合性集成化系统模型，不如预期那样普及。由于缺少这些模型工具，小规模投资和保护措施的好处只能进行粗略评估，作为"边界条件"的假设，或从减少径流和减少废水方面作出"感觉良好"的不可量化的断言。为了理解和正确地评价在个人和社区层面采取行动所作的贡献，在公共政策和基础设施决策方面，系统模型的日常使用是必不可少的。

数据监测、采集和成果展示方面的改进

在基础设施投资方面严重依赖于小规模投资的一个主要缺点是，在量化许多小规模解决方案的实际贡献和所产生的好处方面遇到困难。一篇关于低影响开发效益的论文，清楚地说明了这种状况：

作为一种环境敏感的方法,低影响开发对于场址的开发与雨水管理来说具有很大希望。然而,缺乏完全支持这一结论的数据……让人充满希望的是,随着来自低影响开发项目的更多数据,将有希望得到关于低影响开发效能的结论,同时州和市政府的监管框架将更趋一致,鼓励低影响开发的实施。

在这方面,早先建议的综合性系统化模型使用方面受到的一个最重要的限制是,缺乏小规模改善在实际性能和地理分布方面的数据,也缺乏行动和投资之间的联系。这种联系出现在各种层次上传统的、孤立的服务功能之中,如供水、废水和雨水等系统之中。这与前面所讨论的缺乏志愿主义带来的好处的信息是类似的。人们统计了分布式系统的数量(例如,安装低流量厕所的数量,或植树的数量),然而没有监测和跟踪实际的服务效益。结果是模型的校准必须依靠总体假设和简化抽象。这些模型将用来定量表示流量的减少以及对大规模系统需求的减少。

毫无疑问,分析师在利用现有的信息技术和互联网方面,应当更有创造性。这些工具可以低成本地获得并展示数据,也可以向社区居民汇报设施的效能。

对市民和社区的反馈

关于个人资产或社区内,正在被保护、利用或防止流失的更好的数据,可以用虚拟报告卡的形式反馈给个人和社区。"检验过的就是完成的"这一格言,与人的行为改变、认识和理解的提高,以及影响我们每一个人的自然环境的总体责任感,是密切相关的。

几年前,树人公司洛杉矶总裁安迪·里波基斯(Andy Lipkis),形象地展示了大屏幕视频显示系统的影响力。在大屏幕视频上,水资源保护、植树、水箱安装,以及其他的家庭和社区活动的实时数据(如由公民个人通过互联网报告的数据),可以绘制在洛杉矶的电子地图上。这种设备可以帮助所有人直观地看到,家庭层面的变化,对洛杉矶整体环境的影响和渗透程度。这套大屏幕视频系统可以显示个人主动性的广度和深度,同时可以提供一个地点来监控居民对城市环境质量管理的上升和下降。

创新的电力公司正在探索利用互联网网站和电子邮件,提醒和安排他们的客户,在非高峰时期用电。这些用电时间上的改变,降低了高峰期用电量,并预测了额外的发电和输电需求。最近,《纽约时报》的文章报道了芝加哥的一个成功的试点项目:

正如手机用户延迟打私人电话,直到晚上和周末手机通话免费的时候再打一样,正如数百万人乘坐不太受欢迎时段的航班,因为那些航班的机票价格较低一样,那些知道在某些特定的时刻用电价格较低的人,可以减少价格高时的用电量,同时增加价格低时的用电量。例如,社区能源合作项目的参加者,可以浏览一个网站,该网站,每小时定时地告诉他们,用电价格是多少;当每度电的用电价格上升到 20 美分时,他们的电子邮件就提供警报。

利用互联网显示市民反馈的可能性,在一个项目上得到了戏剧性的说明,该项目被称为数字塔市(D–Tower),是由诺克斯建筑师公司(NOX Architecture)的拉斯·斯配布鲁克(LarsSpuybroek)开发的。数字塔是一个大约 40 英尺高的雕塑式构筑物,塔上的显示屏根据鹿特丹社区大约 4.5 万人的情绪状态改变颜色,情绪状态是根据每月在互联网上的问卷调查来获得的。毫无疑问,在城市基础设施(所有层次)和媒体之间投入更多的关注,可以产生许多好处。自 1950 年以来,在波士顿老约翰汉考克塔顶部点燃的信号灯(现在称为伯克利大厦),提供了一个彩色的灯标,来预报天气(同时,在芬威公园有一个显示雨情的信号灯)。如果一个社区的环境信标报告了资源保护和废物方面的环境数据,那么,会有多少人采取行动,能把它从红变到绿?虽然这是一个极端的建议,但很显然,在公民参与、反馈和行为改变方面,互联网及其相关的信息技术,提供了许多尚未探索的新型手段。

赋予个人权力的机制

为了实现小型解决方案的好处,社区主要依赖以下三个方面来了解哪里需要关注或需要更多的维护:① 个人和家庭;② 社区志愿团体;③ 偶尔竭尽全力,但资金却不足的公共事业单位或市政机构。根据维护小型和微型环境系统的需要,有创造新的"绿领"行业的商业机会吗?

为个人权利下放和创业精神创建一个"栖息地"或市场空间,可能是一个选择。这种解决方案意味着在市政机构和社区利益相关者之间建立一种伙伴关系,这种关系可以处理公共和私营部门之间有关采购法律和适当的商业道德方面的纠纷。因为这些纠纷是必然存在的,所以这种解决方案不应该被放弃。

对于推动整个社会的市民活动家的创新和创业精神来说,许多人正在进行大量的思考并努力地寻找最佳做法。例如,阿育王(Ashoka)是一个致力于通过个人创业精神来解决社会问题的慈善组织,该组织的主席和首席执行官比尔·德雷顿(Bill Drayton)认为,创建"改变制造者"这一过程,比改变个人行为的孤立行动更重要。他以下面的方式描述了授权行为:

无论能源、环境、金融监管问题多么紧迫,我们现在可以做的最重要贡献不是去解决任何问题。我们现在必须做的是,增加那些知道他们自己可能会引发改变的这类人的比例。像聪明的白细胞进入社会一样,每当他们看到某个东西遇到障碍或一旦有能抓住的成熟机会,这些人将停止娱乐。机智而又建设性地适应和改变,以及建设必要的基本性合作架构的复合社会能力,是现在世界上最重要的机会。在加速和实施这一转变中,引领格局改变的社会创业者是最重要的因素。

德雷顿和其他人推进的是一种解决社会问题的方式,这种方式依赖于个人的创新和创业精神,可以通过全球的数据库获得;同时,将这种改变通过他们高度网络化的城市生态系统飞速传播出去。谷歌在 2007 年创建的互联网搜索模式,与 1966 年 IBM 创建的传统的命令与控制型数据库查询模式是完全不同的。

思考这一新的力量如何应用于减少对大规模基础设施的需求,比质疑社会活动家们是不是解决这一问题的适当手段,更加重要。为了提供一个能通过社区有机"传播"创新理念、技术解决方案,和行为改变的孵化器,公用事业单位有哪些地方的改变呢?

对于许多小规模的解决方案来说,技术和行为反应所代表的是更多的手段,而非目的。在许多情况下,在重新定义人类和环境之间关系方面,它们成为自己的终结者。模拟"自然"过程的最适尺度和限制对资源、能源的消耗,是人们基本价值观和态度的反映。在这方面,如何做与结果一样重要。

一个重要的区别是,传统公共事业的活动很少与客户的灵魂对话或使之丰富。与其他行业一样,社区领导人和志愿者的动机源于一种责任感觉。但他们工作所创建的精神财富,对于城市及其居民的整体健康和福祉来说,是非常重要的。那些在功能效益之上的无形好处,偶尔可以对那些不切实际、不可靠的小型技术,增加了费用的指控,作出一些补偿。

但这里讨论的不是分散技术与大型区域性解决方案的优点和缺点。它着重的是,机构和个人这二者改变与改善的动力。尽管支持和反对分散系统的焦点往往集中于,它们的技术性能和相对的成本效益方面,但两种模式之间的内在冲突,是建立在一个更为根本的争论之上,即个人和政府在保护共同利益中分别扮演的角色。

目前的这种冲突让人再次回想起西奥多·罗斯福总统的大学演讲,他虽然强调了政府在满足广泛的社会需求方面的作用,但对个体的重要性也予以充分的认同。尽管存在效能不佳和忽视维护的风险,但个人对未来环境的直接的、个人的权利应该被接纳,甚至鼓励吗?监测和报告网络需要抓住个人履行自己在降低对环境的影响方面存在责任的承诺,允许把这些生态的开创者和社会活动家纳入已经建立的基础设施系统网络之中。

罗斯福在"竞技场上的人"这一演讲中认为荣誉:

不属于那些提出意见的批评家,也不属于那些指出强者在哪里跌倒或者实干家应该如何改进的人。荣誉属于真正在竞技场上拼搏的勇士;属于沾满灰尘、流过汗水和洒下鲜血的脸庞;属于顽强奋斗的人;属于屡败屡战的人;属于将伟大的热情和忠诚投身于有价值的事业的人;属于自知终将取得伟大胜利的人,以及敢于追梦、虽败犹荣的人。而那些冷漠胆小的灵魂永远不知何谓成功,何谓失败;他们的人生将永远无法与这些人相提并论。

相比那些顾问和评论家,人们所希望的减少城市化对环境影响方面的变化,将更有可能来自于那些在"在竞技场上"的实干家。寻找一种鼓励"实干家行动"的方法,同时推进小型和微型技术的创新(不忽视或放弃国家在大型基础设施方面的投资,不危害公民健康与安全,或不破坏可能导致失败的开拓),是不同于以往公共工程领域面对过的任何一个挑战。

我们正处于一个关键点上,在这个点上,问题的分析、技术的能力和需求的紧迫性,都指向那些善于思考、有责任的市民,他们已经成为解决今天环境挑战的一部分。为了利用这种力量并使其在全球范围内具有影响力,需要部分大型市政基础设施和公用事业单位具有智慧和创新。罗斯福 1910 年对其听众的提醒,时至今日依然抓住了问题的本质:

　　事情的成败将取决于,普通人以何种方式履行他或她的职责,首先是在日常生活中,接下来才是那些需要英雄美德的偶尔时刻。如果我们的共和国能成功,那么普通公民都必须成为好公民。

参考文献

Aim, Alvin L. 2007. "NEPA: Past, Present, and Future." U. S. Environmental Protection Agency (EPA), http://www. epa. gov/history/topics/nepa/01. htm. American Society of Civil Engineers (ASCE). 2007a. History & Heritage of Civil Engineering, http://live. asce. org/hh/index. mxml.

——. 2007b. Report Card for America's Infrastructure, http://www. asce. org/reportcard/ 2005/page. cfm? id=103.

Brechin, Gray. 1999. *Imperial San Francisco: Urban Power, Earthly Ruin*. Berkeley: University of California Press.

Browman-Krulm, Mary. 2003. *Margaret Mead: A Biography*. Westport, Conn.: Greenwood Press.

Centers for Disease Control and Prevention (CDC) and U. S. Department of Housing and Urban Development (HUD). 2006. *Healthy Housing Reference Manual* Atlanta: U. S. Department of Health and Human Services.

Dickinson, Mary Ann. 2006. *A Decade of Progress*. Sacramento: California Urban Water Conservation Council, http://www. cuwcc. com/uploads/tech-docs/ Article-Decade-01-10-09. pdf

Duffy, John. 1992. *The Sanitarians: A History of American Public Health*. Urbana: University of Illinois Press.

Drayton, Bill. 2006. "Everyone a Changemaker: Social Entrepreneurship's Ultimate Goal." *Innovations (Winter)*.

France, Robert Lawrence. 2002. *Handbook of Water Sensitive Planning and Design*. Baton Rouge: Lewis Publishers.

Hall, Libby. 2000 The Chicago River: A Natural and Unnatural History. Chicago: Lake Claremont Press.

Hundley, Norris, Jr. 1992. *The Great Thirst: Californians and Water, 1770s-1990s*. Berkeley: University of California Press.

Independent Sector. 2001. *Measuring Volunteering: A Practical Tool Kit.* Washington: Independent Sector.

———2007. *Giving and Volunteering in the United States* 2001. http://www. independentsector. org/members/ismembers. html.

Johnston, David Cay. 2007. "Taking Control of Electric Bill, Hour by Hour." *New York Times*, January 8.

Koeppel, Gerard T. 2000. *Water for Gotham: A History.* Princeton, N. J.: Princeton University Press.

Lombardo, Laura, and Daniel Line. 2004. "Evaluating the Effectiveness of Low Impact Development. " Paper presented at the First National Conference on Low Impact Development, September 21–23, College Park, Maryland, http:// www. mwcog. org/environment/lidconference/.

Lopez-Calva, Enrique, A. Magallanes, and D. Cannon. 2001. "Systems Modeling for Integrated Planning in the City of Los Angeles: Using Simulation as a Tool for Decision Making. " WEFTEG 2001, Water Environment Federation National Conference Proceedings.

Maimone, Mark, James T. Smullen, Brian Marengo, and C. CroskeL 2006. "The Role of Low Impact Redevelopment/Development in Integrated Watershed Management Planning: Turning Theory into Practice. " Paper presented at symposium, Cities of the Future: Getting Blue Water to Green Cities, July 12–14, Racine, Wisconsin.

Metropolitan Water District of Southern California (MWD). 1996. *Southern California's Integrated Water Resources Plan.* Vol. 1, *The Long-Term Resources Plan.* Report 1107, March.

———2006. *Relationships Work: Annual Progress Report to the California State Legislature, Achievements in Conservation, Recycling and Groundwater Recovery.* February.

Rodrigo, Dan, and Paul R. Brown. 2005. "Developing Stakeholder Consensus in Water Resources Planning. " Proceedings of the 2005 Georgia Water Resources Conference, April 25–27, University of Georgia.

Roosevelt, Theodore. 2004. *Letters and Speeches.* New York: Library of America.

Spuybroek, Lars. 2002. "The Structure of Vagueness. " In *TransUrbanism*, ed. Arjen Mulder, Joke Brouwer, and Laura Martz. Rotterdam: V2Publishing/ NAI.

U. S. Bureau of Labor Statistics (BLS). 2005. "Volunteering in America, 2005. " News release dated December 9, 2005. http://www. bls. gov/news. release/ volun. nr0. htm.

U. S. Environmental Protection Agency (EPA), Office of Solid Waste. 2006. *Municipal Solid Waste in the United States: 2005 Facts and Figures.* EPA530–R–06– 011. Washington, D. C., October.

Wiland, Harry, and Dale Bell. 2006. *Edens Lost & Found: How Ordinary Citizens are Restoring Our Great American Cities.* White River Junction, Vt.: Chelsea Green.

第 9 章

从蓝向绿转变的实践：它们如何发挥作用？为什么通过公共政策实施它们这么困难？

查利·米勒（Charlle Miller）

从蓝向绿转变（blue-green）技术措施的特点是：减少饮用水的需求，限制建筑物对负担过重的下水道的影响，提高径流的水质，保护下游的栖息地，并节约能源。它们还利用免费的雨水资源，创造至关重要的新型城市景观。这些技术措施在德国已经普及，但在美国才刚刚开始被纳入建筑物之中。

早在 35 年前之前，约阿希姆·图尔比耶（Joachim Tourbier）就提出了"从蓝向绿转变"这一技术术语。[1]他用这一术语来描述一系列与景观设计和雨水管理相关的可持续发展的技术。从蓝向绿转变的技术特点是在大幅度降低开发对环境影响的同时，提升建筑环境美学。

虽然这些技术也可以被称为低影响开发的措施，但从蓝向绿转变这一术语抓住了植物和降雨在实现效益方面的基本相互作用。特别值得注意的是，一些设计师，如赫伯特·德莱塞特尔（Herbert Dreiseitl）、凯文·罗伯特·佩里（Kevin Robert Perry）、费伊·哈维尔（Faye Harwell）和史提芬·科赫（Steven Koch），使雨水成为他们设计的庭院、停车设施、建筑台地和其他公共和私人空间等城市景观中，视觉上和功能上的主导要素。通过使雨水流动产生视觉上的刺激，这些项目使从蓝向绿转变这一设计理念获得了更广泛的理解和支持。

传统的城市设计的做法，一直是尽可能地隐藏城市的雨水径流，同时迅速地将径流从新的建筑物中排放出去。这种做法的目的是尽量减少洪涝的滋扰。这种设计理念认为,径流排放到下游不会造成有害的后果。更重要的是,这种设计理念假定饮用水的来源是取之不尽的,同时是廉价的公共资源,这种设计理念不承认将雨水作为一种资源。但未来的设计必须应对人口稠密和世界上的资源是有限的这两个现实。

对于从蓝向绿转变这一设计理念,我选择了四项需要考虑的细节:

- 绿色屋顶(green roofs);
- 将生物过滤(biofiltration)和雨水收集利用纳入庭院景观之中;
- 植物墙(living walls);
- 绿色外墙(green façades)或藤墙(vine walls)。

所有这些技术措施都与建筑物性能有内在的联系,同时都有可能成为建筑系统中最好的想法之一。这些技术措施都位于建筑环境中,在那里,与土地的直接连接至多是细微的,或是抽象的。与许多郊区或农村的环境不一样,在城市,由于受污染或被压实的土壤,深层下渗可能是不切实际或不可取的。因此,围绕从蓝向绿转变这一设计理念的特点,在城市的景观设计中,需要的是创建雨水流动的替代途径。水的流动主要是横向而不是纵向。新的城市"流域",是通过水的流动,由一系列彼此相关的浅层平面组成的。这些平面景观的厚度范围从 4 英寸到 4 英尺不等,可能包括浅浅的水池、人工溪流、湿地、类似河边低洼地的区域,以及规则式花园。径流经常被浅层的地下蓄水池收集并再循环到地上景观之中(图 9-1)。

水在这些微缩景观中往复循环。因为水是洁净的,所以通常可用来滋养植物,并为建筑空间降温,同时可用于替代饮用水水源。多余的水经过一个周期的过滤和冷却之后,以缓慢的速度排出庭院,来保持当地的溪流等自然水体的水量。对从蓝向绿转变方法的创造性应用,对于最稠密的发达城市的项目来说,可以恢复城市的水文功能,同时满足人们的娱乐审美要求。

通过整合从蓝向绿转变这一设计理念的特点,城市的环境可以开始效仿自然的功能和未经开发的景观。在自然界中,大多数降雨都不远离降落之地。通过整合从蓝向绿转变这一设计理念的特点,在如何使用宝贵的水资源方面,建筑物可以具有森林一样的功能。然而,与栖息地的自然进化不一样,采用从蓝向绿转变这一特点进行的城市开发,包含有意识的创造性行为。这些项目的成功,将

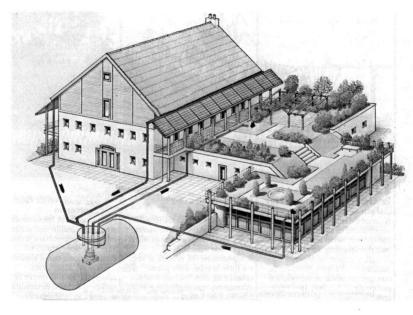

图 9-1　整合的从蓝向绿的转变方式

(资料来源:奥普梯润国际有限公司(Optigrun International AG)

取决于设计师如何能科学地理解周围的土壤、水、植物和大气之间的内在关系。

　　一个经常用于可持续实践的渐进方法忽略了一个事实,这个事实就是当这些技术措施组合成网络时,大多数是它们工作得最好的时候。其中最令人兴奋的高度集成的国际范例,就是在柏林高新高层建筑开发区的波兹坦(Potsdammer)广场项目。在该项目的开发中,所有平屋顶的表面都采用绿色屋顶技术,包括最高的建筑物。此外,场地设计包括许多阶梯式和颁奖台式的屋顶景观,这些屋顶被设计成学龄前儿童游乐区、网吧或会议区。地面上的庭院景观是对绿色屋顶技术的补充。通过这些区域的部分降水还流入生长着灯芯草和湿地植物的浅水池。经过浅水池的水再被水箱收集起来。水箱里的水随后被用于消防、冲厕、集中绿化区灌溉,并用于营造城市动态水景,这个水景是中央广场的焦点。多余的雨水径流直接流向一个大型的人工湿地,经过深层过滤后,最终排放到狂欢河(The River spree)的支流中。

　　波兹坦广场的案例说明了在从蓝向绿转变的设计中的另一个事实。当整个社区的建设(或重建)都使用这些技术措施的时候,或开发目标明确的时候,这种设计的突出优点是最有可能实现的。波兹坦广场迎来了一个独特的机会，就是整个城区都被夷为了平地，重建是从零开始的。然而，这一过程通常是更加渐进的，因为随着时间的推移，新的条例和建筑法规是在逐渐改变城市社区的。在德国的斯图加特、慕尼黑、汉堡和其他地方，为了改造商业区，推动或要求建设绿色屋顶的城市政策已经执行了几十年。

尽管这些技术措施有很多优点，但在美国却很少被采用。可能有如下几个原因：

- 可靠的工程信息不完整，同时用来模拟效益的方法没有经过足够的验证和标准化；
- 美国建筑物的业主和管理人员对将有生命的生态系统纳入建筑物持怀疑态度；
- 场地开发的最新条例是过时的，对有效的资源管理不能提供奖励；
- 燃料仍然过于廉价，对于建筑物冷却的替代方法来说，没有经济上的吸引力。

然而，在美国的一些主要都市中心已经开始在从蓝向绿转变的设计方面进行投资。自从 2000 年以来，当芝加哥城市大厦（The Chicago City Building）进行绿色设计之后，芝加哥市就一直在城市的新商业建筑中，非常积极地推广绿色屋顶技术。奖励包括加快规划的审查速度，同时对参与的开发商提供容积率奖励（floor area ratio）。采用这样的措施是为了解决严重影响芝加哥的城市热岛现象。这一计划的结果是百万平方英尺的屋顶表面被绿化。该市还认识到绿色屋顶技术是一种雨水径流的控制措施，在其新的雨水条例中，将绿色屋顶技术作为减少城市径流的主要措施。然而，由于存在控制径流速率的要求，绿色屋顶技术在遵守条例方面，只能作一些微薄的贡献。

波特兰和费城的城市最近颁布了新的雨水条例，条例对从蓝向绿转变技术来控制降雨径流的实现提供了有力的推动。特别是，这些城市现在把绿色屋顶及庭院景观，按照未开发的开放空间进行场地径流的评估。费城也要求，所有的新建或重建项目，其透水地表的面积在现有条件的基础上增加 20%。绿色屋顶与景观被认为是开放空间的等价物，可以用来满足透水表面方面的要求。

绿色技术措施

绿色屋顶在屋顶表面覆盖了一层薄薄的土壤和植被。在中小降雨事件下，这些表面非常像地面景观：吸收降雨支持植物的生长，过滤、延迟和减缓从地表排放的径流的速度。因此，在德国，绿色屋顶技术已被广泛地用于城市降雨径流的控制。被绿色屋顶拦截的降雨大部分将保持在屋顶上，并会被植物吸收。植物是一个关键因素，屋顶的植物导致绿色屋顶与普通的压顶式（碎石覆盖）屋面系统迥然不同。这些屋顶包括满足四个功能的结构：① 防水结构；② 用于收集通过植被覆盖层渗透下来的降雨或融化雪水的底部排水层；③ 类似于土壤的、能促进植物生长的可渗透基质；④ 植被覆盖层。严格地讲，从绿色屋顶排放出来的水已不是径流。这个过程更像是一个浅层地下水系统。绿色屋顶基质提供了一个维持植物生长的水库。然而，在许多气候条件下，屋顶植物需要灌溉或建议灌溉。在这些情况下，应考虑使用雨水或中水进行灌溉（图 9-2）。

在从蓝向绿转变的技术措施中，绿色屋顶可能是最容易对现有建筑进行改造的技术，其次是藤墙。这在北方城市尤其适用，因为在北方城市中有几个有利因素。一是建筑物屋盖结构能够承担雪荷载。大部分建筑物已具备了沥青屋顶系统，这种屋顶经常用碎石加以覆盖。此外，1940 年之前建造的建筑物，经常含有大量的木质或铁质房椽，同时，许多具有历史价值的老旧商业和公共建筑也将被保留。最后，这些建筑物中的许多现在已经达到了临界点，重新铺设的屋顶需要保护建筑物，或适合于新的用途。

因此，老旧商业建筑和公共建筑提供了安装厚度薄、重量轻的绿色屋顶的极好机会。这些组件的最大重量甚至可以轻到每平方英尺只有 20 磅。在许多情况下，这样的重量可以满足大多数的要求，只需去除现有的屋顶材料，并用现代轻型屋面系统加以取代就可以了。对老旧建筑物进行绿色改造的案例包括，芝加哥市政厅（Chicago's City Hall），俄亥俄州环保局总部（Ohio EPA Headquarters，原拉撒路百货公司），堪萨斯市中央图书馆（The Kansas City Central Library，原第一国家银行场址），和芝加哥文化中心（Chicago's Cultural Center，原芝加哥图书馆场址）。

尽管与绿色屋顶相比，庭院景观更厚重、更坚固，但庭院景观也有类似的功

图 9-2 绿色屋顶范例

(资料来源:查利·米勒(Charlie Miller)提供)

能。庭院景观通常是建在地下构筑物或停车场的上面。除了绿色屋顶的好处外,庭院景观也能调节庭院的空气,同时能使庭院的光照柔和。庭院是安装水池或水箱最实用的地点,水池或水箱用来收集降水以便重复使用。收集的雨水常见的用途包括:浇灌室内植物,包括"植物墙";灌溉外部景观;以及为冲厕和消防提供用水。

　　储存收集雨水的水箱可以有多种形式。除了预制的水箱以外,可以在一个封装的膜内,用密封的塑料模块经济地构造水箱。使用这种技术,水箱可以适应复杂的几何形状。这项技术被用来安装北卡罗来纳大学的一个复杂水箱。这个水箱位于公羊头(Ram's Head)建筑群内一个占地 1 英亩的高架庭院的步行道之下。这些水池用于拦截屋面雨水径流,同时为附近景观中的乔木、灌木和草坪供水。这个组合的水箱与庭院装置,建在一个停车场上方。水箱被设计为用来满足教堂山市(the city of Chapel Hill)对雨水控制的严格要求。多余的径流通过在庭院侧墙的排水口被排放到附近一个被森林覆盖的生物洼地(bioswale)中。图 9-3 显示了一个用来收集雨水的模块化水箱的安装。

图 9-3　模块化水箱的安装
(资料来源:雨水收集有限公司提供)

　　室内种植植物可以用来调节建筑物内的空气温度和质量。植物墙通常安装在建筑物的里面,通常是在带孔的单元上种植植物群落。典型的植物可能包括苔藓和蕨类植物,以及一系列草本植物,包括野生姜、耧斗菜和北极花属植物等。最理想的是用雨水灌溉这些植物。灌溉系统可以包括喷雾系统和毛细管。使用植物墙可以为建筑物降温,并促进建筑物内空气的循环。因此,植物墙提供了一个替代传统室内植物的功能。室内植物墙的案例仍然很少。在北美,室内植物墙的范例包括,绿地图股份有限公司(Biohabitats,Inc.)在巴尔的摩的总部大

图 9-4　藤墙

(资料来源:查利·米勒提供)

楼，以及加拿大安大略省滑铁卢市的弗莱明学院和滑铁卢大学的示范工程。一个众所周知的大型室外植物墙的范本，可以在巴黎的布朗利博物馆见到。

像植物墙一样，使用藤蔓植物的绿色外墙，可以优化并成为建筑空调系统的组成部分。因为藤蔓可以将水分提升到建筑物的表面，同时又能在水分蒸发时将水分均匀地分布在植物叶面上，所以藤蔓的功能类似微型太阳能抽水网络。由于植物的表面积巨大，同时能自然地朝向太阳辐射最强的方向，以获得最强的光照，所以藤蔓在提供蒸发冷却效果方面是非常有效的。自 2002 年以来，这种方法一直在柏林洪堡特大学的物理学院进行示范运转。该项目是一个独特的绿色高科技技术。该建筑使用绿墙来降低集中式逆流隔热冷却系统的负载，同时也降低吸收式制冷机（负荷高峰时段使用）的负荷。隔热系统完全依靠收集的雨水。在隔热系统中，输入的空气在使用输出气体的热交换器中被冷却，输出的气体已经被蒸发的水冷却。两股气流之间直接接触的情况不会出现（图 9-4）。

洪堡大学的藤墙有利于与可开启的窗户相结合，可开启的窗户既能满足新鲜空气的流通，同时又不影响冷却效率。建筑物的外形使这种好处增强，在建筑物内，藤墙覆盖了院落四周四层楼高的墙壁。为了达到较好的冷却效果，灌溉用水以最合适的速率提供给植物。与绿色屋顶技术不一样，藤墙的灌溉用水必须由外部提供。洪堡大学的项目使用的是收集的雨水。类似的项目将有另一种选择，就是使用中水。

从蓝向绿转变的科学

在自然界中，植物与共生的真菌和细菌有一个宝贵的作用，就是过滤水、调节水的 pH 值、冷却水，并消除或固定水中的污染物。被纳入建设环境的植物群落，具有相同的宝贵作用。在绿色屋顶和绿墙中支持植物生长的矿物基质，具有很高的表面积和孔隙量。火山岩，如浮石和火山渣，是经常使用的矿物基质。此外，热膨胀黏土、页岩、板岩也是常见的矿物基质。这些对微生物存活提供适宜环境的有益材料，能吸收大量水分，同时能保持良好的通气和排水条件。

绿色屋顶和管理景观在过滤悬浮物和中和酸性降水方面的能力，一直都有详细记录。当将水质作为目标进行管理的时候，就能大幅度减少化学污染物和营养物质，包括总氮。以这种方式进行管理的最大项目就是柏林的波兹坦广场。

这个开发项目将绿色屋顶、景观与湿地整合在一起,使雨水在被排放到狂欢河之前被净化。根据当地的法规条例,这些超高层建筑屋顶的绿色屋顶(一般没人来或看不见)是不许施肥的。除非大量施肥,否则这些绿色屋顶的植物将因为生长的需要,在吸收营养物方面将非常有效。这种现象可能与基质的生物多样性有关,也可能与土壤中的微生物日益适应风带来的污染物有关。然而,迄今为止,绿色屋顶在改善水质方面的最重要贡献是,使引发合流制溢流以及河道侵蚀的径流发生频率减少。

绿色屋顶基质起的作用并不像海绵一样简单。相反,绿色屋顶基质的功能应该与漏桶相比。水在重力的作用下向低处流淌,其流速与水的数量成正比。这个属性能够削减峰值的流量并拖延径流的峰值时间。这种效果与传统的滞留装置没有根本区别,绿色屋顶基质就像一个滞留雨水的盆地。此外,基质的吸收能力使径流总量被削减了。滞留径流是一个动态的过程,在这个过程中,降雨的分布模式(雨型)会影响滞留的后果。在降雨过程中,最大降雨发生在初期所产生的影响,要比最大降雨发生在中后期所产生的影响更强烈。如同所有的降雨控制要素一样,季节性变量也会影响绿色屋顶基质滞留径流的性能。

通常,绿色屋顶对于径流的控制效果能够十分接近地面景观。但是,由于绿色屋顶是一个浅层系统,所以每一个绿色屋顶都有其降雨事件的"阈值"。对于大于其阈值的降雨事件,绿色屋顶的控制效果将不同于理想的地面景观。较厚的或具有较高滞留能力的绿色屋顶,会拥有较高的阈值。选择适合的降雨阈值是规范制定者的职责。在许多地区,将设计降雨与导致合流制溢流的降水事件相联系是一种合理做法,因为合流制溢流是导致城市水系和流域环境破坏的主要因素。设计在降水阈值条件下能够达到控制效果的绿色屋顶是绿色屋顶设计者和工程师的职责。而规范制定者和设计师之间的有效沟通直到最近才开始启动。

为了使植物根系能吸收到足够植物生长的水分,绿色屋顶和庭院景观的基质应能较长时间地保留水分。植物吸收水分的释放,主要通过叶面的蒸发(称为蒸散)。植物每蒸发一加仑的水,大约相当于冷却了 8150 个英制热单位(2.38 千瓦)。德国进行的绿色屋顶实验显示,仅蒸散效果就可以降低绿色屋顶表面热增益的 80% 以上。绿色外墙的降温效率测试结果与此相似。如果这一技术得到战略性的应用,那将是对能源的巨大节约。

　　美国宾夕法尼亚州州立大学绿色屋顶研究中心的斯图加特·加芬（Stuart Gaffin），使用收集到的数据，得出了类似的测试结果。他将树叶的冷却效果与反射太阳光的白色人工表面的制冷效果进行了对比。他的评价结果是，与白色屋顶反射膜相比，绿色屋顶的有效反射率在 0.70～0.85 之间。此外，除非进行严格的清洁和维修，否则，白色屋顶反射太阳辐射的效果将随时间的推移而降低。另一方面，绿色屋顶和绿色外墙反射太阳能的有效性却是永久的，并且将随着植物覆盖面积的增大而不断提升。

　　在冬季，绿色屋顶中流动的水在冻结的过程中将释放热能，当外界气温骤降时，流动水的温度能一直保持在华氏 32°。为了提高节能措施的效率，在寒冷的气候条件下，可以利用流动水的这种"庇护"效应。然而，这种"庇护"效应只在绿色屋顶轮廓内的水保持在液态的时候才具备。因此，要实现这一效果，必须考虑使用较厚重和更昂贵的绿色屋顶组件。

　　水也是一种很好的吸收热量的介质材料。1 加仑的水的温度每升高 1 华氏度（℉），大约需要 8.4 个英制热单位（2.4 kW）。潮湿基质的热容量使得绿色屋顶和绿色外墙就像吸收热能的巨大热电容（thermal capacitor），在白天大量地吸收热能，同时在夜间却缓慢地释放热能。绿色屋顶和绿色外墙表面这种调节温度昼夜波动的功能，将进一步降低建筑物热能的流入或流出。另一方面，干燥基质的热容量却较低，这反而使其成为良好的隔热绝缘体。土壤的热导率范围从 0.2～0.60W/(m•K)，这取决于土壤中的水分含量。基质的热容量增加，相应地基质中水的含量上升，同时绝缘值降低，反之亦然。在戴维·塞罗尔（David Sailor）的领导下，波特兰州立大学目前正在探索能量是如何通过植物性屋顶，进行物理性吸收和传导的。戴维·塞罗尔的工作重点是研究能量转换过程与基质水分含量之间的关系。

　　在从蓝向绿转变的技术措施中，能源效益、水质改善、降雨径流管理这三者相互依存的趋势是很明显的。例如，关于将雨水或灌溉进行综合管理的决定，将会对建筑适应气候的理念以及能源使用方式产生深远的影响。然而，尽管各类研究人员正在进行相关工作，但目前，使设计师能够可靠地预测这些效益的计算机模型工具还不成熟。当这些工具真正变得普及的时候，设计师们将能够设计出动态的城市流域系统，这种系统能够支持充满活力的可持续环境。

　　从蓝向绿转变的技术措施领域的新理念也正不断涌现。例如，将落叶的绿色外墙与透明的绝缘膜相结合。在这一策略中,一层透明的绝缘膜将建筑物的砌体墙与植物的叶层分隔开。在夏季的几个月里,植物的叶层可以冷却墙壁的表面。在冬季时,由于树叶都落了,太阳的辐射能渗透到砌体墙内,产生显热。透明的绝缘膜能防止渗入建筑物内的热量外溢。墙体后面自由循环流动的空气,会温暖并加热室内空间。该系统的一个大型原始模型正在被监测。这样的创新想法是一种真正的融合型技术,在从蓝向绿转变的设计领域,可能会引起更大的兴趣。

应用绿色技术的障碍

对于广泛应用从蓝向绿转变这一技术来说,存在着两个主要的障碍。第一个主要障碍是,与这些做法相关的最大好处,要在很长一段时间之后才能实现。这一障碍导致,在大多数情况下,直接测量相关的好处是不切实际的。设计者必须借助计算机模拟技术来预测潜在的好处。事实的关键是,最常见的模型没有得到充分校正,程序中没有处理具体做法所带来好处的功能,或者说,模型只是根据给定的模式进行模拟,而给定的模式却没有关注可持续发展的设计模式。因此,监管机构和开发商,对从蓝向绿转变这一技术在实际应用中的前景,信心不足。

广泛应用从蓝向绿转变这一技术的第二个主要障碍是,在自然环境法规方面的保守性。法规一旦制定实施,就难以改变。目前的趋势是使用加入新标准或限制条件的办法修订现行法规,但同时会遗留很多限制措施。这种做法往往导致从蓝向绿转变这一技术真正的优势大打折扣。最明显的莫过于雨水控制领域相关法规的修改。在这一领域,新的径流量控制要求(例如,截留到 0.5 英寸或 1 英寸的降雨)经常被添加到现有的控制大暴雨流量的要求中,如在《自然资源保护服务》(Natural Resources Conservation Service)中,加入了滞留 100 年一遇 24 h 降雨(II 型降雨)的条款。法规也很少关注对环境造成影响的合流制溢流事件。导致合流制溢流的降雨量较小,而且很容易被从蓝向绿转变的技术措施所控制。总的来说,现有的建筑法规条例,对从蓝向绿转变的技术措施没有起到很好的激励作用。

根据我们使用 R-WIN 程序对绿色屋顶径流特性进行的测试,已经得出结论，针对单一降雨事件进行分析未必是实际性能的良好指标。[2] R-WIN 程序可以模拟从蓝向绿转变技术措施的网络。R-WIN 程序的组件可包括一系列功能，如十几种绿色屋顶类型。运行这个程序通常要使用当地 10 年以上的气象站资料。这个模型输出的内容包括有用的统计结果，这些结果包括：

- 特定降雨重现期下的峰值流量（例如，重现期为 1 年、2 年、5 年、10 年）；
- 在技术措施网络特定地点的重要流量的溢流频率（如合流制溢流）。

　　这种方法提供的结果与人们感兴趣的特定地区的降雨分布模式有关，也整合了一系列预先指定的气候条件。使用同一模式，也能模拟孤立降雨事件下的结果（如设计降雨）。当使用当地气象数据进行长期模拟的结果与输入单一设计降水事件所产生的结果相比较，就会发现模拟的降雨事件过于保守。

　　我们得出的结论是：使用设计降雨的方法来模拟从蓝向绿转变的复杂网络可能大大低估了这种复杂网络的功能。此外，在美国普遍使用自然资源保护服务的降水分布标准来构建设计降雨，这种方法可能并不能很好地代表当地的气候条件。在美国，使用长期的计算机模拟方式替代设计降雨方法的障碍包括，使用设计降雨的方法已根深蒂固，以及模拟的重点是 25～100 年一遇的事件。现有的气象站数据资料记录的是 15 分钟间隔的数据，其时间跨度很少能支持对 25 年气候周期的分析。

　　在美国，模拟雨水径流的计算机程序通过使用当地气象数据，可提供长期模拟的结果。这些常用模型包括 HSPF（Hydrological Simulation Program Fortran）和 SWMM（Storm Water Management Model）。一个积极的努力方向是为这些模型开发子程序，使它们可以模拟绿色屋顶以及其他从蓝向绿转变的技术措施。

　　德国的法规体系对美国具有启发性。在德国，从蓝向绿转变的实施范围更加广泛。为全德国的场地开发所设计的降雨，是一个强度大、历时短的降雨事件；即 15 分钟内的降雨量大约是 1 英寸。这种程度的事件降雨被认为应该对因洪水损失、停工停产、基础设施损毁和水流侵蚀所造成的经济损失承担大部分责任。从蓝向绿转变的技术措施对管理这种类型的事件是非常有效的。

　　在德国的很多大城市，建筑物业主要为他们使用的市政用水、排放的雨水和污水承担费用。这些费用是向公众提供这些服务的公用事业单位实际成本的合理反映。因此，这就强烈地激发了减少饮用水的使用（通过收集和使用雨水）、减少径流(通过绿色屋顶和绿色景观)和减少污水产生(通过使用高效率的家用电器和工具)的愿望。在一些地区,如果新的开发会导致正常年份的降雨产生径流排放,则不允许进行这样的开发。这些类型的奖励在美国则不存在。即使在已经建立了雨水管理设施并对雨水排放费用进行了评估的社区,收取全部公用服务费用的提案也很少能通过。

当然,妨碍采用从蓝向绿转变技术措施的一个潜在障碍是成本问题。建设从蓝向绿转变技术措施的经济激励手段应该包括:

- 与传统的更加昂贵的降雨径流调控措施相比所节省的费用。这种好处高度依赖于地方性法规和排放许可要求的内容。
- 已完成的项目应有较长的服务寿命,特别是当绿色屋顶项目与传统屋顶相比的时候。
- 较低的燃料需求。
- 与期望有关的较高的出租率或较高的销售价格,这种期望与美学和环境意识相关联。
- 市级补贴,如波特兰和芝加哥提供的容积率奖励。

然而,即使在考虑潜在好处的时候,也常常会发现积极的投资回报率将不会与一个特定的项目挂钩。在很大程度上,这是由于缺乏经验、能够有效支持绿色项目的行业。为了使建筑物的造价降低,建设项目的体量必须足够大,才能使企业培养敬业的熟练劳动力,洽谈建筑材料成本和对特殊的材料处理设备进行投资。我们已经看到在德国发生的这种转变,在那里,可持续发展的建筑业已受到政府的大力支持。

目前,积极的投资回报率可能更多地与大型城市的商业项目或公共项目相关。即使在这种情况下,投入到从蓝向绿转变技术方面的初始投资,很可能明显高于使用更熟悉的设计方的建设成本。然而,与低能耗、低维护成本和低更换成本有关的长期节约下来的成本,将使这些项目从长期运营看具有良好的投资性。对于作出明智的投资决定来说,消费者要求量化分析这些工程项目的潜在好处是一个好的理念。

所有从蓝向绿转变的技术措施都是有生命的,为了持续不断地提供效益,需要适当地对这些措施进行维护管理。这些措施所需的维护级别以及维护成本,可能有很大的不同。每年产生的维护费用应包括在评估投资回报之中。例如，为了减少维护管理的需求，绿色屋顶可以人为地设计得薄一些。减少维护的方法包括：免除灌溉；选择抗性强、能快速覆盖的地被植物；永久性防风对策；保护防水膜的补充措施；选用耐久的矿物型"土壤"材料或基质材料。不过，业主应有计划地进行维护，包括每年至少两次的除草和施肥。对于大多数项目而言，按照保守的估计，对 1000 平方英尺的绿色屋顶进行维护需要 2 个工时。绿色外墙的维护水平与此类似。在这种情况下，还需要进行修剪、施肥工作，并注意定期维护灌溉设备。

集约型的景观化绿色屋顶（intensive green roofs）、庭院景观以及植物墙都需要专业的景观维护公司或园丁的定期保养。关于这些绿色工程的维护要求，在每一方面都与其他地方开发的灌溉园林相类似。如同所有的景观维护一样，如果不能提供定期和及时的维护管理，则可能导致由于补种所带来的较大成本。

美国是一个幅员辽阔的大国

在美国，由于各地区的气候条件有巨大差异，因此，在应用从蓝向绿转变技术方面面临着特殊的挑战。所以，有必要制定实施从蓝向绿转变技术的国家级通用导则。从蓝向绿转变技术措施的有用指标包括降雨量和潜在蒸散量（Potential Evapotranspiration）的季节性差异：

- 与10 年一遇、20 分钟降雨事件有关的降水数据；
- 每个季节的日均最低温度和最高温度。

在美国的许多地区，降雨量超过或等于潜在的蒸散量。对于从蓝向绿转变的技术措施来说，这些地区都是技术实施的理想区域。在那些年降雨量超过潜在的蒸散量，但夏季气候干燥的地区，将雨水收集作为整体发展规划的一部分是合乎逻辑的。

作为降雨径流管理系统，绿色屋顶在以频繁的中小降雨为主的气候区，将能发挥更大的作用。对于美国很多受季风降雨或热带风暴影响的地区来说，这些措施很有可能不那么有效。

昼夜温差波动大的气候区将受益于绿色屋顶技术，因为绿色屋顶热质特性能够调节每日气温的高点和最低点。与建筑物遮荫相比,所有的从蓝向绿转变的技术都具有更好的降温效果。因此,在气候温暖的地区才可能实现更大的能源节省优势。另一方面,在炎热和干旱地区,由于缺水,降温效果可能存在问题。此外,在一些地区,非常高的温度使蒸发冷却的效果受到了严格限制。

所有这些气候的多样性,使问题进一步复杂化,使制定实施从蓝向绿转变技术的国家级公共政策更加复杂。为了克服这一问题,必须开发值得信赖的计算机模型工具。为了开发出校准的数据集,这些计算机模型工具必须得到各个地区的积极支持。首先,采用从蓝向绿转变技术的单位,应该得到州一级环境组织的确认,并能列入监测和报告项目。公共实体需要向这一领域进行投资。它的利益将远远超过其成本。

总之,为了使从蓝向绿转变的技术得以具体实施,必须具备两个条件:一是在可靠的工程工具方面进行投资,以评估和测量技术措施的效益;二是更加灵活的法规和条例,这些法规和条例关注的重点是解决与发展有关的长期问题。

参考文献

Çengel, Yunus, 2003. *Heat Transfer: A Practical Approach*. 2nd ed. Boston: McGraw-Hill.

Dreiseitl, Herbert. Dieter Grau, and Karl H. C. Ludwig, eds. 2001. *Waterscapes: Planning, Building and Designing with Water*. Basel: Birkhäuser.

Gaffin, Stuart et al. 2005. "Energy Balance Modeling Applied to Comparison of White and Green Roof Cooling Efficiency." In *Greening Rooftops for Sustainable Communities: Proceedings of the Third Annual Greening Rooftops for Sustainable Cities Conference*. Washington, D. C., May 4-6.

Köhler, Manfred, and Marco Schmidt. 2002. *Roofgreening Annual Report*. Jahr-buch Dachbegrünung. Braünschweig: Verlag Thalacker.

——2003. *Study of Extensive Green Roofs in Berlin*. Part III, *Retention of Contaminants*. International Report, Technical University of Berlin.

Schmidt, Marco. 2000. *Energy and Water: A Decentralized Approach to Integrated Sustainable Development*. Internal Report, Technical University of Berlin.

Sharp, Randy. 2005. "Living Walls for the Vancouver Aquarium." In *Greening Rooftops for Sustainable Communities: Proceedings of the Third Annual Greening Rooftops for Sustainable Cities Conference*. Washington, D. C., May 4-6.

Zimmer, U., and Wolfgang F. Geiger. 1997. "Model for the Design of Multi-Layered Infiltration Systems." *Water Science and Technology* 36: 8-9.

第10章
城市绿色运动之源

维克托·鲁宾（Victor Rubin）

城市绿色运动——居民群体为改善他们社区的自然和建成环境的集体努力，已经演变成在至少四个不同但又相互重叠的领域以社区组织和政策变化为基础的多元化的战略。这些领域为一系列更广泛的运动、项目和组织提供了动力和概念上的支撑。

公园、花园、行道树、小溪和滨水区的创造和复兴是充满吸引力的、切实可行且直接的，尤其是当与很多必须担负起复兴低收入城市社区的长期经济战略相比时。通过公共艺术、街头艺术节和食物，对当地文化的庆祝活动的支持是天生丰富多彩的、充满对生活的肯定，往往比许多同时是社区建设战略的一部分的复杂的社会和教育方案更令人愉快。简而言之，有效的城市绿色工程不仅长期对社区健康有益，而且从本质上对参与者也有所激励。

大多数城市绿色的努力来自于专家和单一主题倡导者的热情追求：他们推动社区花园，自称"树人"，小溪恢复爱好者，视觉艺术家和他们有管理才能的盟友去推行壁画及其他公共艺术，以及在社会中发现环境友好型经济定位的企业家们。如果没有那种深入的对具体问题的专业经验和很多年的专一关注，大多数绿色举措和项目将永远不会实现。

同时，这些具体项目也适用于更广泛的社区活动种类。这些关于城市问题的设计和活动的更广泛种类表明绿色运动正在开始形成一个更广泛的政治和经济支持基础，并且它正在与社会和体制变革的强大力量结盟。

　　本文通过四个可被了解的领域提供了一个概念性框架,并由各种地方努力和最近的研究加以说明。这四个在组织和政策改革中考虑到的领域为:

　　1. 倡导环境正义;

　　2. 促进社区经济发展;

　　3. 通过对社会因素的重点关注解决健康差距;

　　4. 推进城市基础设施的公平。

　　环境正义的倡导。有色人种的低收入社区一直是多种不健康和不安全的设施和垃圾倾倒的主要区域,这种差距已经引发了环境正义运动。一些倾倒一直是无法无天和官方忽视的结果,因为当其是空地时没有充分保护或维持治安,但其他问题,如垃圾转运站、焚化炉或电厂的扩散,则是当地政策和规划决定的结果。该国最有活力的邻里重建工作中的许多人已开始反对对这类土地使用环境的危害和进行更积极的努力,去开发新的住房、企业和开放空间。

　　促进社区经济发展。在低收入社区,包括住宅、工业、商业用地的空地和产业的扩散为基于社区的开发商创造了巨大的需求和激励,以将这些场地转化为多产的、安全的、温馨的环境。公园、开放空间、室外艺术和公共领域的其他方面对这种场地的各个尺度的重新开发都是关键的。社区开发商已经创建了环保重点企业,以及供休闲及文化聚会所用的公园和开放空间。

　　通过对社会因素的重点关注解决健康差距。最近,健身和控制体重作为一个公共政策问题引起高度关注,产生了对城市公园、步道、社区花园和其他开放空间的创造和改善的新的支持。肥胖人群的增加,尤其是儿童,是全社会的问题,但在有色人种的低收入社区中它有最严重的发生率及对健康的影响,从而导致糖尿病和心脏疾病率极高。注意肥胖恰逢更高层次的认识,这些问题的解决需要的不只是医疗技术,更需要考虑社会因素的作用。现在,基金会和政府机构对解决健康差距问题的集中关注已经使其向社区运动出借新的资金和技术支持,来创建或改善当地的公园、休闲设施、步行和自行车廊道以及其他锻炼场地。通过社区花园提供营养丰富的农产品的运动,也得益于此项解决健康差距的努力的支持。

　　推进城市基础设施的公平。公园和开放空间是城市基础设施的一个关键因素。他们对城市活力、社区和个人的健康是必不可少的。来自不同背景的活动家都发现,公园及相关设施和项目的提供方式体现了社会和经济公平原则。该原则不仅适用于公园和开放空间，也适用于其他形式的基础设施，包括学校设施、交通运输、供水和污水处理系统，甚至电信技术。注重公平所涉及的问题包括：对增长和发展模式的指导，城市资本和运营资金在一个城市内跨社区和一个地区不同城市间的公平分配，由新兴建设产生的经济机会的开放的进入权限，对包容性强的决策制定过程的促进。

通过观察在一个公园缺乏、维修不善且不安全的低收入区域建设一个新的城市公园的动机和支持来源，就可阐明所有这些领域的相关性。当地社区开发公司将新公园看做是他们远景规划中商业地区复兴的基础、当地文化的表达和邻里安全运动的焦点。当地卫生诊所和县公共卫生机构将公园看做是鼓励运动和休闲的一种方式，特别是在数量惊人的超重儿童和青年中。当地的环境正义团体将滨水工业用地改造成公园的这一转变看做是对以往被忽视的棕地案例历史的一个适当的补救措施。而一个国家的非营利公园开发组织则会利用这个机会为这种城市项目发行份额较大的国家基础设施债券型基金，而非是其主要职责预先申请荒野保护。

这种复合图景最初在加利福尼亚州奥克兰具有典型代表性，[1]但在其一般形式下，它在美国许多城市可被识别，在这些地方建立或恢复城市公园的努力来自于这些形形色色的参与者的不同动机和支持。当我们检查城市绿色运动的四个维度时，他们经常密切合作，支持同一种开放空间、企业和文化项目。这种协同成为整个运动最有希望的资产之一。

倡导环境公平

环境公平运动的增长来自于这样一个认识：有色人种的低收入群体社区已经成为多种不健康、不安全因素以各种方式倾泻而至的主要地区。这些危害包括工业污染源，如发电厂、焚化炉、炼油厂、有毒废物设施，以及交通源头，如公共汽车和卡车车站和越来越多的公路。随意倾倒到空地和街道上的这种破坏环境的形式已经日益成为常态，无良承办商和运输商，用污垢废物和垃圾碎片淤塞附近的居民区，这些垃圾时常包含有毒物质。

这些条件反映在这些社区中政治和经济力量相对缺乏，为居民创造一个更强大的声音的呼声一直不绝于耳。环境公平运动借鉴了以往公民权利运动的经验,使用把基层组织、法律挑战、政治选举结合起来的策略来迫使强势的公共和私人机构采取行动。为减轻污染及其危害的最直接的代价往往是花费数十年的时间去为之斗争。[2] 在为解决这些问题进行斗争的过程中,一些环境公平团体已演变成为重建和重新绿化他们的社区、开发新住宅、商业、休憩用地、环境教育设施的强大力量。

波士顿的达德利街居委会首创(DSNI)是一个典型的例子,它的有进取心的选择使它成为一个卓越的绿色商业用地和城市公园的典型。这种首创精神来源于19世纪90年代该地区居民的由废弃物倾倒和其他一些威胁引起的挫折感。这些威胁同空地和废弃建筑物有关,其中很多威胁伴随着那个时代普遍存在于很多城市的焚烧盈利计划的蔓延而兴起。居民们希望的不仅仅是简单的破坏和危险立即停止发生,因此,他们组织起来以获得影响力和重建邻里社区正式授权。经过20多年的努力,他们建立了这两个组织:达德利街居委会首创成员组织和与之互补的社区土地信托,这些团体已获得了650块空地的控制权。达德利街居委会首创除了建造了850个永久负担得起的住房单位外,同时还与之配备了6块公共绿地和一个社区中心。达德利街居委会首创的执行董事约翰·巴罗斯这样形容道:这些社区的发展和开放空间的项目的动机,从根本上来说,是为了环境公平;在某种意义上,这一切都源于更正废弃物倾倒和荒废化的最初意图。[3]

这个城市的环境复兴的下一步是一个商业性的温室,它建于2005年,其原址是一个汽车修理厂。州公路部门满足这个温室的部分资金供给,以补偿它10年前对这个城市造成的盐和油污染。温室生产绿色大蒜和其他的生态作物供给这个城市的市场,产生的收益用于其他的达德利街居委会首创项目。此项业务将雇用当地居民,并计划成为一个新的商业集群的核心。

达德利街居委会首创超过了大多数产生于为实现环境公平期望的社区,但是有一些其他的团体也能够按照这个团体的发展轨迹来行进。旧金山的湾景猎人区的居民和组织曾经为关闭一个电厂坚持努力了25年,现在正在他们的区域性重建和相邻的前海军造船厂重建工作中充当主要角色,这个造船厂本身曾经就是一个污染的来源。在以原油精炼为支柱产业的加利福尼亚州的里士满,反对有毒物质排放的组织正在一个城市的总体规划修编过程中起着前瞻性指导作用。他们不仅把对少数族裔和移民社区的环境健康问题的强烈关注引入这一进程,而且也有力地传递了这样一种声音——城市应采取商业、交通运输、住房和开放空间优先的整体发展模式。这些都是数量正不断增长着的拥护环境公平的团体的典型,他们还在不断地将新的城市绿色的规划和行动增加到他们的一系列行动中去。

社区经济发展

正如达德利街居委会首创精神倡议的那样,社区的经济发展从来就不仅仅是资产的财务表现。它一直主要关注于新的发展如何能提高个人和家庭的经济状况以及增强个体工商户连同整个商务区的生存发展能力。该领域的观点是多种多样的,总是存在关于公共补贴效力、利用私人市场力量最佳途径的效能、实权组织开展工作成效的激烈辩论,但有一个共同的理解,即我们的目标是实现经济和社会收入的成果,必须在整个社区的层面可以看到,而不只是在个人、企业的层面,并且必须在发展的高度实现而不是仅仅取得眼前的成果。

一个社会的焦点在于社会发展的项目没有像标准的商业协议一样来构想、计划、提供资金支持并付诸实施,也没有用同样的方式来衡量它们的成功。居民、商家、社区团体、基于社区的服务的提供商和其他利益集团的参与是发展过程中的一个核心要素。这种参与可以采取几乎是无限种类的形式,可以呈现在几乎是无限不同的强度层次和重要性层次上,这些形式和呈现来自于那些例行地、官僚地,往往是效果不佳地听到的或注意到的所有权、权力、能量的深层次的基础转移方式。当经济发展的每一个项目展示着其各自独特的社区参与情节的时候,有一些有用的模式和经验教训已经从历史和当前的实践中浮现了出来。

今天的社区经济发展

在许多方面,即便说社区经济发展的领域没有蓬勃发展,也正在走向成熟。在以城市撤资和遗弃为主的几十年中,有快速成长的观念上和实体上的证据表明,在中心城市低收入群体聚居区代表零售市场和商业场所有可行之处。大多数城市都至少有一些精明的基于社区的组织和私人发展商能够在低收入社区完成一些大型项目。旨在资助低收入的社区商业项目的私人资本的新来源层出不穷,这不仅是因为"社区再投资法"的推动,而且它还通过对社会负责的私人投资组合的增长,和在社区经济发展(CED)项目中与社区经济发展的任务相关的投资基金——一个增加社区发展中的养老基金的利益增长点,及其他投资趋势的出现中,得到了动力。为了吸引资本和促进交易,一系列的政府激励、税收、贷款以及监管的变化已经颁布,其中许多是社区经济发展领域长期以来一直寻求的变化。在最广泛的层面上,有许多城市已经具有了扩大投资活动和提高技术熟练程度的意识。从某种意义上说,社区经济的复苏正在进行。无论是对哈莱姆的零售复兴的原因和后果,还是对一年一度的为国内成功创业的企业颁发的"内城100"奖项的认可,[4] 或是对积极书名的书籍会广受欢迎的消息是否存在争论,对社区经济发展的乐观精神确实存在于人们心中,特别是同一二十年前相比。

这个高层次的大画面同时也显示出存在着严峻的挑战。许多低收入社区对投资者和零售商没有显示它们的新的吸引力。一个重大的鸿沟存在于所谓的热点市场和疲软市场的城市之间,后者在完成可行的社区商业发展项目上仍面临着艰难的挑战。在许多老工业城市,即使是在贫困高度集中的社区的数量从1990年到2000年在下降的城市,撤资和向外迁移的趋势也正在继续,大部分有稳定收入的家庭都离开了这些城市的街区,在某些情况下已经完全离开城市中心,迁移到了郊区的第一环。到目前为止,这种趋势使得留在最贫困的社区的剩余人口和社会组织无法创造或支持许多新的经济活动,而在他们的城市附近地区可能会迅速地中产阶级化。许多潜在的资本新来源仍需要回报或抵押率,而那些小企业和经验不足的社区开发者却不能满足这些需要。许多政府针对市场活动的激励措施不具有正确的针对性或足够的推动力。大多数可用的公共重建资金被锁定在一些大型标志性项目中,而这些项目对社区来说可能起到的作用很小。独立社区零售商在与专卖店和大型连锁超市的竞争中面临着令人气馁的成本挑战。在一些城市和地区,经验丰富、精通当地经济社会发展的供应商的规模仍然是非常小的,他们的成绩同今后任务的巨大规模比起来,真是相形见绌。

这个领域的乐观态度和冷静的观察是推动目前实践的一个重要方面。目前,社会的经济发展正处于前所未有的探索阶段,无论确定决心还是执行都面临着巨大的压力。无论新的投资者、社区经济发展的传统支持者还是服务水平低下的社区的居民们都面临着挑战性的难题。同简单的教科书式的郊区新建商场或市中心的高端发展项目相比,在服务水平低下的社区回收并重新利用土地或建筑物,有着明显的不同。确定正确的市场定位、实施项目和合作伙伴,评估实际风险,全面地估算成本,测量和利用社区的资产,避免潜在的陷阱,以及系统性地评估过程和结果越来越被社会所重视。

在这个充满挑战的大背景下,城市绿色工程可以成为一个成功的项目的关键性部分。它能够创建一个环境,在这个环境里,更多人能够舒适地购物、工作和居住,在其中他们将觉得他们的社会身份受到了尊重。公共艺术变成了当地的历史、地方特征、社区和居民的颜色反映的主要途径之一。有效地设计和美化街道、人行道、聚集场所、小公园不仅是使人身心愉悦的事情,而且从营造适于步行的、安全的环境以及社区意识的角度来说,它也是必须做的。绿化一个项目及其紧邻的周边环境的上述及其他方面的意义,要比开发商仅仅是简单地协议设计建造的那些项目的内涵要多得多。它们的重要性就好像约会时拥有一辆汽车同人们的仪表相比对于人们的意义那样。随着更多的社区开发商在其项目的绿化中扮演积极的角色,他们在其为居民规划设计过程中的管理上正变得越来越老练。

社区参与的三种类型

邻里利益可以多种方式组织,这反过来又塑造出了经济发展中的社区参与的本质。诚然,简化一个复杂的领域,我们将确定三种形式的活动,我们称之为社区组织、社区开发和社区建设。

社区组织。在低收入地区的人们一直面对着强大的机构以保护和促进自己的利益,至少在大萧条以来,基本概念接踵而来的无数的变化由扫罗·阿林斯基测试和推广。提倡建设小增量的组织结构和权力的模型,起初立即获得胜利(典型问题就像一个新的里程碑),并逐步向更为实质的政策重点关注的工作努力,始终忠于居民优先。对于居民领导阶层和决策制定总是有优先权,对权力分析的发展寻求面对政治和经济影响杠杆的直接努力。许多草根阶层组织起来的群体既无意识形态,也无党派,只能处理他们成员带来的直接问题,而其他牵涉到更广泛的社会运动和系统性的政治经济分析的问题他们则无能为力。他们往往更适合于向乡政府或开发商施加压力,而非当他们的需求获得胜利时管理这种变化的执行情况。

社区开发。地方开发公司源于超出抗议和需求,并直接参与重建的需要。

今天的社区开发公司根源自 20 世纪 60 年代的公民权利和政治激进主义与慈善活动的融合，以重建内城的邻里社区。许多社区开发公司（CDCs）随着时间的推移主要关注于负担得起的住房和商业开发，甚至更轻的程度，包括劳动力的发展，照顾孩子和其他服务。在 20 世纪 80 年代和 90 年代，由于城市开发业相对非政治化，建筑业和产业管理要求严格，占去了社区开发公司的大部分时间和精力，这些项目本身更成为广泛的社会变革的一个结果，而不是一种方式。许多社区开发公司与激进主义的方向渐行渐远，与邻里振兴的综合方式失去联系。美国各地的几百家社区开发公司在自身规模和完成项目的能力方面千差万别。现在的环境将许多较小的公司震荡出局，而更大和更复杂的社区开发公司正在开发的商业和综合体项目远远超出了十年前他们所能够想象的规模。

社区建设。抗议主导型的草根组织的内在局限性和大多数社区开发公司狭隘的、仅关注实业的视野所留下的真空由不断增长的、始于 20 世纪 80 年代末的社区建设运动加以弥补。一种新的团体类型的出现使得其渴望跨越社区工作的不同类型之间的界限，不仅组织和进行实体开发，也提供人性化服务、医疗保健、教育和贫困家庭生活的其他方面。这一团体从社区角度研究问题，提出的政策提议，在政府系统的改革方面起到了持续作用，并为慈善活动提供中介服务。他们致力于提高社区团体影响当地的政策制定过程的能力，并经常采取协商一致的基础，而不是基于冲突的组织类型。从由洛克菲勒基金会成立于 20 世纪 80 年代末的解决持续贫困的六个地方项目组开始，全国社区建设网络到 2003 年增长到 600 个成员，[5] 许多社区建设组织在经济发展和规划工作方面已很积极，经常推动社区团体的合作并形成对政府或开发公司的替代建议。

这三种社区工作方式的拥护者，有时对其他方法持怀疑态度。以问题为基础的社区组织者有时认为社区建设者在权力和控制的基本问题上太快妥协，误以为自己有权使用强大的公共机构，获得了真正被认可的权力。社区开发商的情况证明如果没有切实建立邻里和创造一个真正在未来具有经济利益的选区，其他的努力将无法带来持续的振兴。社区建设者主张，如果没有不断创新和全新理念、合作伙伴和资源的联系，社区发展仍将是一个小规模的业务，不会在最需要帮助的邻里中产生相当大的变化。

社区开发实体越来越多地将城市绿色因素纳入他们的项目设计方案、居民组织策略，以及他们的商业模式。除了达德利街，其他三个案例说明了这些创新的范围和深度。

在芝加哥的伯特利中心,对西侧的高架火车站进行的以交通功能为主导的多用途开发于 2005 年由伯特利新生活公司完成,这是一家以诚信为本的社区开发公司。该项目花费了 10 年时间来组织(首先包括一项保持交通枢纽开放的计划)、规划和开发。该项目建设在之前的棕地场地,采用最新的绿色建筑技术,包括光伏电池、节能和无毒建设,以及屋顶花园。伯特利中心在 2006 年赢得了来自环保局精明增长网络的公平开发的第一个国家级奖项。

使用西班牙语的奥克兰统一理事会,本国最早的社区开发公司之一,于 20 世纪 90 年代中期与几个合作者一起创建了 Fruitvale 开放空间和休闲立法提案权,当时它的领导人认识到如果没有直接改善公园、休闲场所和社区美化,其带动社区经济复兴的使命不可能实现。该项目是当地许多的城市倡议之一,由公共土地信托支持。统一理事会居民组织者曾关注公共安全,将他们的问题序列扩展到将移民家庭的父母和孩子吸引到一个新的公园和一个重建的设计互动的过程。社区开发商、来自大学的设计师、公园政策专家和基金会的联合提供了动力,确保最后一块位于城市滨水区的大的开放空间被设置为一个新的公园预留,并上调了联邦、州和地方配套资金来保证它顺利完成。[6]

开放空间提案由主街计划完成,这提升了购物区店面和公共场所的设计,以及关键项目:一个转换空间将停车场转变成商店、住宅和办公室,围绕重要的新漫步道和公共广场分布。在统一理事会的所有活动中,"绿色"工程是商业和住宅部门整体战略的内在本质,居民组织、社区建设和物业发展之间的关系,大多是完全连续的。

滨河市场是一家最近在圣地亚哥收入较低的地区建成的购物中心和文化中心,它的建立也说明了居民参与艺术和设计对社区开发项目的成功的重要性。雅各布斯家庭基金会购买了社区内空置的工厂旧址,并开始与当地居民进行多年的互动过程,以确定究竟该用它做什么。居民们认为一家带有超市的购物中心是应最先被满足的,此外应有适于该地区的多元文化表达的设施,其中包括非洲裔、墨西哥、越南、老挝、萨摩亚和其他族群。该中心的设计和建设中令一系列居民小组分别担负起了项目所有方面决策的重要责任,[7] 这些小组包括工程承包、就业、零售战略、青年方案、居民对开发的所有权,以及艺术和设计。[8]

社区的成年人和年轻人在塑造物理空间和零售项目的整体设计中起到了关

键作用。滨河市场的建设过程说明了设计作为民族文化表达和专业设计人员对居民的责任的使用。社区艺术起到了非常重要的作用,不仅是对购物中心和毗邻的小河一侧的露天剧场整体外观和感觉,而且是作为一种参与其中的居民的选择方式,他们能够自由选择主题和艺术家,向地方领导人致敬(以其肖像装饰的外墙),团结代表邻里的多元文化。总之,艺术是社区建设的基本方面,与商业发展同等重要。几乎可以肯定,与传统购物中心开发商相比,该基金会在与艺术相关的工作人员和志愿者活动、材料和佣金方面已经采取了更多的时间和花费了更多的资金,但其领导人考虑这些花费的资金都适得其所且契合了其"居民对社区变化的所有权"的使命。这一领域必须经常用较少的资产或缺乏耐心的资本进行运营,所面临的挑战在于把居民参与公共艺术、建筑和景观设计的计划让更多的社区经济开发商认可。

健康差距和社区因素

也许城市绿色运动近期新能量和外部支持的最大来源,来自创造更健康的社区的倡导者们,他们旨在防止慢性疾病和消除种族和民族的健康差距。慢性疾病,如糖尿病和心脏疾病,与肥胖和缺乏运动有密切联系,已成为近年来巨大的公共健康问题,这种担心已引起卫生专业人员对一系列城市规划和发展问题的广泛关注。这一问题是带有普遍性和具体性的。一方面,与减肥、健身、饮食有关的问题是地方性的,因此在所有类型的社区或收入水平的人都需要健康的环境;另一方面,有关的慢性疾病的发病率在低收入社区和非洲裔美国人群体之间显著提高,改善他们的邻里环境和获得营养食品的机会的挑战,与他们所处的更大的经济环境是不可分割的。

一个健康社会的定义,包括居民获得为维持安全感和健康所需要拥有的资源和支持的机会。这涉及社会生活的物质、社会和经济等多个维度及牵扯到更广泛的机会。对于拥有健康社区需求中最关键的要素在于体面的就业和商业机会,高质量的医疗保健和社会服务,健康食品,安全的游乐设施,便捷的导航交通系统,公共投资水平高,维持良好的学校和其他地方基础设施,清洁的空气和水,负担得起的高品质住房。居民也从与他人的互相联系中获益,而不是被孤立。因此,反映多样化文化需求的强大社会网络也是一个健康社会的关键要素。

　　美国社区构建方式和居民健康之间的关系已经被协调一致的公共行动关注了至少一个世纪,但并非总是具有相同的高强度。在 20 世纪初,由快速工业化、移民和贫民窟剧增带来的危险和不公平导致先锋公共卫生专家、房屋改革者和城市设计师努力提高物业单位的条件,创建卫生供水和污水处理系统,建立便于工人阶级使用的城市公园,另外计算城市邻里社区的最严重的不足之处。土地利用和公共健康之间的联系是显而易见的,并形成了一系列广泛政策的基础,大大降低了传染病和改善了生活条件。当时的改革者和科学家用许多方式在健康和环境建设之间建立起了联系。举一个例子:"加强日晒(矿权改革的结果)和增加绿地在 20 世纪之交使得佝偻病发病率下降"。

　　城市发展、开放空间和公众健康之间的功能联系在 20 世纪的大部分时间里都非常微弱,因为公众健康和医药更注重个人和家庭面对的特定疾病,忽视了环境条件,而土地利用总体规划彻底由市场导向的物业开发优于一切的理念推动。第二次世界大战后大都市土地使用的主要趋势是有时被广泛引用的"健康"来加以论证,尤其是当城市贫民窟清除被描绘成去除传染性疫病的条件,或者是郊区单栋家庭、密度较低的开发被形容为最适合儿童发展的特点。

　　虽然对城市复兴和在 1950～1970 年间急剧增长的汽车依赖性郊区有一些重要的(如非社会因素)经济优势,这些方式主要基于两个基本问题。首先,他们以一种从根本上即不公平的方式进行设计和执行,非洲裔美国人和其他低收入群体在重建过程中被置换,被留在了逐渐缺乏投资、健康状况恶化的社区里,他们被系统性地排除在郊区选项之外。作为所说的郊区发展和健康的一个主要来源导致了这些:"城市变得拥挤和社会混乱,成为许多问题的源泉,后来被理解为'二十世纪的城市危机'"。缺乏安全、公共服务不足、忽视物质环境、经济和社会隔离,所有这些结合在一起,导致了日益严重的健康差距。如前所述,这样的社区也成为社会环境危险副产品不相称的倾倒场地。孩子们开始遭受铅中毒和呼吸系统疾病,如哮喘的影响。第二,土地使用和开发的主导模式,为其自身功能不全埋下了祸根,郊区蔓延现在被其自身视为不健康的一个主要因素,通过迅速增长的诸多问题和情况已被证明。

　　这些问题最近变得更加广为人知,我们现在正处于土地利用和建成环境再次被看做改善健康状况和减少健康差距的核心问题的历史时期。为充分利用越来越多的公众意识的觉醒,公共卫生专业人员需要将土地利用总体规划和政策的实践知识融入到他们的工作——社区如何建设、维护，并根据法规进行改善、设计、融资以及整体物业开发流程。现在都市景观更是形形色色，郊区人口更多，经济愈发多样化，一些城市和街区正在经历经济的重生，而另外一些则在衰退，所有类型的社区都在遭遇几十年来从未遇到过的移民大潮。绿色的机会将提升所有的这些设置，对体育活动对健康影响的关注增加可能会加快这些新的或复兴空间的建造。

恢复健康和社区开发之间的联系正在由以社区为基础的组织和地方机构，如学校或卫生部门基于专业交换和协作进行研究。如同如何增加儿童步行或骑自行车上学的机会，或在附近的公园安全玩耍，或营养食品可能在居民区和学校成为真正可行的选择等问题，都获得了各个层面的关注。[9]

有一个新兴的研究领域正在研究关注不同因素的各种空间开发模式的结果，如关注获得健康食物的步行可达性因素，以及关注糖尿病和肥胖等问题的社区因素。一些国家和地区基金会已经资助了十年的研究和对新兴最佳实践的记录，政府卫生机构，如疾病控制和预防中心也已提高了社区因素的医学重要性。[10]与此同时，复杂的因果关系和归属问题仍在通过长期的研究进行分类，而关于"个人责任"和政府行动的相对作用的辩论也在继续，健康研究者和临床医生正在越来越多地达成共识，似乎都同意，至少，社区设计因素在为美国人必须锻炼、保持健康和饮食权利提供实践机会方面发挥了巨大且越来越多的作用。这些因素目前大多数保持一致，从而保持良好的生活习惯难被改变。

公众健康和城市规划及开发之间的跨专业合作正在显著增长。关于问题、广泛的概念框架和会议的摘要已开始使得许多公共健康和城市规划开发的专业人士彼此之间进行对话。[11]一些关于土地利用、区划、地方经济开发、公园设计和其他大都市景观特色等专业方面的技术辅助手册和简报已经出版。[12]国家贸易协会正在将他们的会议议题和信息整理结集。一小部分城市已经将健康因素正式纳入其土地利用规划程序。

地方上为创建新联系所作的努力已经使卫生专业人员、倡导者和居民从对公园、学校操场和体育设施、步道、食品零售业的兴趣增加中受益。一些提案，如健康饮食、活跃的社区、6个城市参与的加州养老项目等，建立起了当地居民、学校和卫生部门在低收入社区关注邻里因素的伙伴关系，这些群体是加州各地许多其他已率先为青年人创造安全游玩场地的团体的象征。虽然他们对于已经提交的新公园的设计或功能或设备未必会改变什么,但健康活动家和专业人士为地方城市绿色活动带来了一个新的团体、一种新的紧迫感、新的财政和政治支持来源。

在这一领域的各种活动已迅速成长,已经对城市绿色优先权产生了大量新的兴趣。鉴于有一个坚实的开始,为了便于新兴的伙伴关系茁壮成长,并在各自的领域施加最大的影响,它似乎需要尽快制定更高水平的一致性和共同的语言,以及利于工作开展的关于复杂问题的常规设定。此外,重点关注健康差距,社会和经济公平,环境正义的特殊议题和视角,有时在"郊区蔓延"这一更广泛的框架问题下会有所迷失,它需要得到强化,并完全纳入此项工作。由邻里因素影响导致的许多慢性疾病的比率在有色人种的低收入社区要高得多,它将建立起健康和土地利用的新型伙伴关系,以显著地解决这些问题。

在城市基础设施建设方面促进公平

城市绿色运动,因为它需要相当大的公共资本投资,是新近提出的美国城市基础设施恢复和提高计划的一部分,所以要以一种促进社会和经济公平的方式进行。这与本章内讨论的其他三部分内容的组织或活动的定义并没有紧密联系,也不能很好地被看做一个统一的整体,但它正在逐年变得更加明显和激起更广泛的讨论。在旧的核心城市,基础设施的挑战往往是关于如何更换老化及不合格的系统。在快速增长的大都市地区中,最引人注目的辩论是支持新的住房和商业开发需要的基础设施,以及这种扩张对环境或供水造成怎样的影响。无论经济环境如何,公园和开放空间的提供和维护,滨水区的恢复,校舍、场地和周围居民区的联系,节能建筑技术的实施,以及许多其他城市绿色的核心问题越来越突出,越来越多的人正在提出基本的权益问题:谁出钱,谁收益,谁决策?

一份 2006 年的政策关联简报谈论了基础设施公平的概念,下文简要阐述了这些问题主要关注和讨论的内容:

基础设施是对社区和区域骨架性的支持,它需要有效、透明的政府政策,以指导其规划、消费、建设和维护。日益增长的人口,资源密集型的发展模式,对迅速变化的经济的新技术需求和几十年的投资不足相结合,导致了贯穿整个国家的大量积压的基础设施项目——在城市、郊区和农村地区。在未来的 20 年中,大量的基础设施投资需求预计将增加。建立或维护学校和大专院校,供水系统,公路,道路,轨道交通,电信系统和公园需要财政支持的注入,将与其他服务争夺有限的联邦和地方资金。

由网络、道路、下水道系统、管道、设备和物业组成的公共基础设施界定了居民区、城市和地区:房屋所在的地方,可建住房,有便于工作的交通,学校的质量,基本公共健康和安全的维护……有时,建造新的基础设施,或现有的失败,带来强烈的公众监督。然而,大多数情况下,关键和昂贵的基础设施的决策远离公众的质疑和媒体的审视,从而缺乏知情的辩论和关注来支持公平的决策。倡议者必须意识到基础设施对各种问题的影响,并准备把它们带到公众面前。[13]

这种政治环境同样适用于城市公园以及其他形式的基础设施。为了给公园系统的维护和扩张、更新、重建以及计划和人员扩张寻找财政支持,这种斗争持续不断地进行着;这些稀缺资源的公平分配的问题可能会很激烈。公园的倡导者和专家都知道什么是利害攸关:

成功的公园是健康社区的标记:儿童玩耍;家人相聚在一起;所有年龄段的人锻炼和放松;环境增添美丽、安全和邻里的经济价值。另一方面,被忽视的、危险的、维修不善或设计不良的公园及休闲设施则产生相反的效果:家庭和儿童远离,非法活动激增,而物业成为一个充满威胁或令人沮丧的眼中钉。为了保持社区财产,公园和娱乐设施需要足够的预算、良好的管理,并与居民紧密联系……少数几个城市提供足够的维修人员编制和预算,大多数则拖延急需的资本投资。公园和休闲主要是地方政府的责任,州或联邦政府没有义务提供维护服务,相应地也只提供微不足道的资金。由于常被称为"不必要的",在编制预算时,公园及休闲部门始终比其他大多数地方有关部门吸收较大的预算削减。

城市绿色的基础设施通常不会失败,由于与其他类型的基础设施相关的灾害和突发事件异常重要。残破的堤坝,倒塌的隧道和公路立交桥,街道上塌陷的坑洞,电力中断和其他对正常生活和城市的商业行为更剧烈的挑战,往往唤起公众的注意,至少暂时能够。尽管如此,即使不是在应对危机的带动下,对公园和开放空间、滨水区、步道和其他绿色基础设施的资金投入,不仅是一个价值数十亿美元的公共投资,为了寻求社会公正和建立政治上的支持,它也同样面临着解决公平问题的需求。公平分配基础设施建设资金的原则包括在社区和公共目标之间公平分配资金,向所有社区提供投资流入的经济机会,通过投资促进可持续的大都市增长,以一种民主和透明的方式作出决策。[14]

越来越多的地方政府和倡导者,已开始进行支持公园和开放空间的公平做法。他们提出了大量新的资金,用于土地购置,维修和操作,它定向到最需要的领域。许多新的城市公园已被建造,以满足不断变化的人口需求,即使在传统规划将未充分利用的土地作工业用途的地区。他们大大提高了能力,来衡量、记录、报告公园和休闲场所的机会和质量,使得资金更公平地分布。他们创造了发言场地,使得各种社区的居民在有关公园的政策和预算决定时能够发出重要的声音。他们还克服长期存在的官僚部门的分散,将空置的有时会有污染的产业创造性地运用,投入绿色项目。如前文所述及的环境正义行动,以及从这些公园项目中如雨后春笋般涌现的活动,它们包括草根组织、法制宣传和政策变化的结合。一份来自政策关联的报告介绍了每个类型实践的几起案例,包括来自西雅图、波特兰、洛杉矶、旧金山、费城、芝加哥、纳什维尔、新泽西州、科罗拉多州,以及其他城市和州的例子。这些已开发此类实践的组织代表了其他社区领导人的重要资源。他们已经表明,即使城市绿色工程面临来自似乎更为紧迫的"大手笔"的基础设施需求的挑战,也可以增强社会公平的方式提高新的资源。

对绿色的贡献

城市绿色工作牢牢扎根于社会、环境和经济变革的互补性运动中,其似乎正日益发展壮大,作为同这些运动相联系的结果,其工作方法和支持来源也更加多元化。此外,这些动作与其说是独立的,不如说它们相互联系正日益紧密,因为环境正义运动引起社区发展项目,由卫生专业人员和健康倡导者的活动引发了对公园及其他绿色基础设施的更加公正合理的公共投资的风潮。本文探讨的概念框架和例子暗示了关于这些活动规律的四个支撑论点:

居民的组织活动必然将为它自己带来回报,并对社区环境带来实际的影响。低收入居民在观点的制定、项目和活动的策划,其他的决策和行动中的参与,不仅意味着很多已存在组织的消亡,同时也是一个低收入群体实现他们自己的权力的非常宝贵的过程。例如,无论是通过一个公共空间的设计还是一个宣传活动的战略设计,居民的参与和他们领导能力的增长是他们作这些尝试的核心目的。在大多数情况下,这些工作都不是由科技主义者或政治精英领导的运动,而是一些对基层权力有重大承诺的项目。

项目的组织活动,能够引发对政策变革的支持。社区绿色工作能够在局部立刻明显地带来有形的直接回报和奖励:建一个公园,进行海滨清理,有碍观瞻的或有害的东西便被清除。这种立竿见影的效果是必须具备的,也是引人入胜的,但是如果这些工作是成功的,他们还将把居民和组织者深入地带入到更广泛的政策变革的领域之中。当社区开发者例如本地化的开发者在创新项目中取得了成功,就会大大提高该项目或项目中某一元素的知名度,使它们成为制定法规或者其他更加广义的项目的模板。在地方活动家成功地赢得自己的公园的资金之后,他们就可以成为更广泛的全市联盟或全州联盟的一分子,来为他们的工作获取更多的资源。这种从项目到政策支持的转变并不经常发生。许多社区开发商为避开政策,赞成只在自己的社区工作。居民中的社会活动家仍然相对较少地参与到许多领域的国家政策之中,这些政策能够影响城市绿色的前景和预算。应进一步开发社会活动家的建设政策能力的潜力。

新的公众关注可以带来新的支持来源。即使一件事情引发普遍关注,也难以对该问题在公众眼中的价值作出过高估计。近些年来对全球变暖的担忧,担心肥胖"流行病"等问题在公众意识中已取得了飞跃进展。卫生专业人员和倡导者对社区因素的关注可以减少肥胖一直是很长一段时间公园支持者的福音,更普遍的是,促进步行、跑步、骑自行车和休闲的城市设计。获得高度关注可以被翻译为当地项目增加资源的信号。如果关于"基础设施危机"的普通公众意识在未来几年增长,它也可能对城市绿色的倡导者有所回报。

城市绿色重申了低收入社区的博爱和团结。所谓的社区发展赤字模式需要突出问题、缺点和不足,以吸引对缺医少药的社区及家庭的愤怒、关注和相关资源。赤字方法已被广泛嘲笑(虽然对于许多申请政府资金的程序而言这仍然是必要的)并成功地通过各种途径把关注重点放在社区资产上面。城市绿色活动本质上是资产导向的,其为个体和团队带来了最好的效益,如弘扬当地的文化,促进集体志愿者行动,恢复或改造社区地标等。他们有很大的权力来建立社会债券,一旦伪造或加强,这些债券通常可以被应用到其他有紧迫性的问题上。

这么多种社区行动和政策改革的努力的集中是有价值的,将继续发挥作用,带来美国城市各类社区的真正绿色。一个更有效的运动将可能脱胎于如此多的贡献的交集。

参考文献

Barros, John. 2006. Comments at a panel at the Growing Greener Cities: Symposium on Environmental Issues in the 21st Century, Philadelphia, October 16. Recorded by panel moderator Victor Rubin.

Flournoy, Rebecca, and Irene Yen. 2004. *The Influence of Community Factors on Health: An Annotated Bibliography*. Oakland, Calif.: California Endowment and PolicyLink.

Frumkin, Howard, Lawrence Frank, and Richard Jackson. 2004. *Urban Sprawl and Public Health: Designing, Planning and Building for Healthy Communities*. Washington, D. C.: Island Press.

"Greenhouse Helps Drive Growth in Roxbury—Group's First Commercial Project Takes Root in Facility to Produce Green Garlic—and Bring Jobs to the Neighborhood." 2005. *Boston Globe*, May 11.

Grogan, Paul, and Tony Proscio. 2001. *Comeback Cities: A Blueprint for Urban Neighborhood Revival*. Boulder, Colo.: Westview Press.

Hanna, Kathi, and Christine Coussens. 2001. *Rebuilding the Unity of Health and the Environment: A New Vision of Environmental Health for the 21st Century*. Washington, D. C.: National Academy Press.

Jargowsky, Paul A. 2003. *Stunning Progress, Hidden Problems: The Dramatic Decline of Concentrated Poverty in the 1990s*. Washington, D. C.: Brookings Institution.

Kingsley, G. Thomas, and Kathryn S. L. Pettit. 2003. *Concentrated Poverty: A Change in Course*. Neighborhood Change in Urban America Series 2. Washington, D. C.: Urban Institute.

Pastor, Manuel, Jr., and Deborah Reed. 2005. *Understanding Equitable Public Infrastructure Investment for California*. San Francisco: Public Policy Institute of California.

Pastor, Manuel, Jr., James Sadd, and Rachel Morello-Frosch. 2007. *Still Toxic After All These Years: Air Quality and Environmental Justice in the San Francisco Bay Area*. Santa Cruz: Center for Justice Tolerance and Community, University of California.

PolicyLink. 2002. *Reducing Health Disparities Through a Focus on Communities*. Oakland, Calif.: PolicyLink.

Raya, Richard et al. 2007. *Promising Practices in the Advancement of Equity in Infrastructure*. Oakland, Calif.: PolicyLink.

Robinson, Lisa. 2005. *Market Creek Plaza: Toward Resident Ownership of Neighborhood Change*. Oakland, Calif.: PolicyLink.

Rubin, Victor. 1998. "The Roles of Universities in Community Building Initiatives. " *Journal of Planning Education and Research* 17, 4: 302−11.

——. 2006. *Safety, Growth, and Equity: Infrastructure Policies That Promote Opportunity and Inclusion.* Oakland, Calif.: PolicyLink.

第 11 章

社会变革中的媒体力量

哈里·威兰德、达乐·贝尔（Harry Wiland and Dale Bell）

　　绿色这一主题正在受到越来越多的媒体关注。新闻正在以各种新方式涵盖它——从它在气温改变中发挥作用的能力和它在地方社区经济发展中的作用到它对人民健康、休闲和福祉的认同。从市长到企业领导人，各种领袖越来越多地进行公开声明，并发布实施政策和方案，以各种各样的方式支持绿色。最近，我们作为纪录片导演，开始关注关于这一主题的新的沟通策略，在这一章中，我们探讨像我们这样的人如何影响公共政策。我们用两个例子来加以说明，我们的第一个项目关注老年人，正是为他们我们创造了一个新的媒体策略，另外一个关注城市绿色，我们在其中将重复我们的方法。

　　多年来，作为媒体专业人士，我们已经看到许多社会企业家缺乏将他们的知识传达给真正需要的观众以造成巨大影响的沟通能力。由于致力于公共政策问题的介绍，我们每天都需面对这一挑战。虽然我们知道，我们的目标是使利用媒体得到的成果最大化，我们也开始质疑目前的做法，并问自己："对于经年累月的同一个项目，什么才算是出色的工作，如果同样的观众总是固定收看这个节目，却并没有什么真正的变化，怎么办？我们怎样才能在固定观众之外扩大和深化观众群体？"

　　从 20 世纪 60 年代后期起，我们就已经听说过彼此的名字，最终我们在纽约相遇。在那里达乐制作了《伍德斯托克》，哈里制作了《约翰尼·卡什：他的世界和他的音乐》，但我们当时并没有一起工作，直到 1999 年。我们协力合作以来已经制作了数百小时的国家和国际节目，并共同赢得了众多奖项，包括奥斯卡奖、皮博迪奖、4个艾美奖和两个克里斯托弗奖。我们同国家推广中心（PBS）电视台建立了强有力的工作关系。但是，新的传媒事业的发展使我们走到一起，并迫使我们重新考虑一些设想。有线电视的问世和其无情的24小时竞争对我们的方法造成了威胁，尤其是我们对国家推广中心的依赖。它稀释了我们的观众和资金来源。低预算的有线电视节目的扩散，迫使我们要为我们的职业生存而战斗。我们向自己提问一些困难的问题。什么是我们的长期目标？广播节目是否足以实现这些目标？我们可不可以制定一个新的方法以适应这些新事物？我们会不会找到资助者呢？我们与PBS及其他纪录片市场的关系应该是什么样子呢？

我们举行了许多头脑风暴会议来讨论将我们旧的电视节目制作技能与新的数字网络媒体相结合的战略。我们知道，我们要实现我们毕生的愿望去追求一种社会创业使命——创造一个专注于有针对性的公共政策问题的品牌，例如社会福利、教育、环境和健康，并激励人们为改变而游说。我们意识到我们需要一个清晰的愿景和创新性的、引人注目的战术，鼓励充实而有意义的辩论和对政治、社会及经济领域的参与。为此，我们创建了一种新的媒体模式，打包电视和多媒体产品，旨在直接打动我们的观众内心。我们的目标是抹去他们的怀疑，加强他们的权力，激发他们的好奇心，并为改变尽可能地提供了希望。我们已经通过两个项目对这种模式进行了试验，第一，在2002年进行，侧重于老龄化，随着婴儿潮一代逐渐变老这已成为一个关键问题；第二，从2003年开始关注城市绿色，在面对气候变化的大背景下同样引人注目。第一个项目为第二种模式打好了基础。因为我们有从以前的项目得到的更多结果，我们将详细展示我们如何将我们的模式转变为仍在进行的第二种。

新媒体模式

在制定新的媒体模式时，我们意识到，我们不能依靠生产单一的电影或电视节目，甚至一个系列或一个精心研究的书籍出版。我们需要的是一整套全面的、通用的、动态的和可扩展的媒体工具套件。我们将基于网站的在线数字媒体看做为我们创建了一个巨大的机会，因为它为我们的电视节目提供了符合人们所需的，易于获得的每周7天、每天24小时的支持。我们的电视节目将是"水中的岩石",但我们的网站将造成涟漪效应,使我们可以在初步播放后通过刷新提供持续不断的信息浪潮。例如,我们的网站将提供可下载的行动指南、教师指导、联盟合作伙伴的活动日程、最佳实践题材、电影剪辑、书评、互动博客和信息数据库的链接。与我们的做法同样重要的是我们列入的其他两个组成部分:本地社区宣传相关的教育内容和与战略合作伙伴一起进行的全国性的宣传活动。只有结合在一起,这些活动才能使一个"项目"转变为一种主动与自发。他们将一个项目的范围扩展到跨越整个社会经济和种族界线,穿过地缘政治的边界,并超越时间。我们的新媒体模式包括一个特殊的电视直播、项目网站、当地电视转播的市政厅会议和座谈会,以及一系列的其他材料,其范围从学术课程和视频资料库到社区宣传项目、配套书籍、DVD 光盘、行动指南和演讲局。

我们意识到,我们的新媒体模式的唯一场所是国家推广中心,因为没有其他的电视台能有这样的黄金时段可能提供资金,或有在一个公共政策问题上进行深入探索的兴趣。我们将我们的计划打上星号标注提交给了国家推广中心。因为至少我们项目预算的三分之一将用于其他媒体的创作和宣传中,我们向国家推广中心提出,我们将会提出 100% 的所需项目资金用以交换保留我们创造的智力资本的版权。唯一的条件是,在交换中,我们需要同国家推广中心签订书面合同,保证该项目的网络黄金时段播放。这将使我们以绝对确定的播放时间去直接面对资助者——企业投资者和基金,国家推广中心同意了。这一合作的新途径使我们开拓出一种重要而独特的节目空间。

我们知道,要取得成功,我们的公共政策活动必须得到充分的资助,精心研究、精心制作以及精心发布,以满足我们预定的目标受众。为了提高我们的效率,我们组建了一个 501(c)3 社会创业资金中介——媒体和政策研究中心基金会。拥有这样一个基金会使我们能够吸引到那些反之接受不到的支持。

2002 年,我们开始我们的第一个项目:《你要的荣誉:关心我们的父母、配偶与朋友》。这是两个小时的国家推广中心黄金时段播出的节目,重点关注看护和如何应对由美国的老龄化造成的即将到来的保健危机。在接下来的四年中,我们的纪录片在全国 340 家国家推广中心网络内的电视台播放,达到 16 万观众。

在同一时间,我们开发了我们的网站:www. mediapolicycenter. org,在这里我们展示了我们的看护者资源中心视频库和其他材料,制作了宣传和教育计划,并组建了一个广泛的社会联盟网络,举办了一系列围绕此主题的地方活动。我们的努力促成1500多个社区建立了联盟,这是在我们在本章稍后描述的国家合作伙伴的帮助下形成的。在每个地区的团体都制作了印刷工具(包括描述这一系列的小册子、观众指南,以及例如电子标志、信头和网站图标等的品牌材料等);交互式网站下载的材料包括一个社区的行动指南、基础材料、新闻稿和面向合作伙伴的电子通信,以及推动立法的公共政策文件。这些文字和电子输出帮助支持和创造了一个关注和致力于此的公民网络。

我们当地的合作伙伴举办了其他活动,从市政厅会议到工作场所的公务午餐会,他们在图书馆、医院、学校和教堂大厅组织小组讨论,是为了给电视节目予以支持,并关注地方改善对看护者的重视程度及建立社区支持的努力。最重要的是,这些努力让别人知道在需要面对照顾年迈的父母这一挑战面前他们并不孤独。

我们第二波社区外延活动的组织和执行首先是以一系列区域为基础的电视"老年人看护市政厅会议",三个小时的互动活动。我们把这些会议与当地的联盟建立起伙伴关系。每年约有150~300人参加,包括专业人士、政府官员、商界领袖、教育工作者、学生、非政府组织志愿者、社会活动家和公民。对我们来说,我们记录和编辑会议,给当地PBS电视站作为一或两个小时的特别节目来播出。其中之一与2004年仲夏在西雅图举行的全国州长会议同期举行。另一个出现在波士顿的民主党全国代表大会中。我们2005年制作了一个全国市政厅会议,纪念美国老年人法案被总统林顿·约翰逊签署40周年。这些会议出现在了地方和多达15个州的公共电视台上。

我们还进行了其他一些后续活动。例如,我们写了一本配套书籍,《你必充满荣耀:看护者指南》(2002,罗莎琳·卡特撰写前言),用以向看护者提供信息和必要的实践支持。它有行动计划和关键问题检查清单,加上一个基本照顾资源的全面目录。这是国家推广中心网站商店最畅销的一本书,至今,已售出超过25000册。我们还制作了一个后续半小时的电影,《关注周围》,是关于老龄司机问题的社区推广项目,国家推广中心电视网于2007年4月上映(图11-1)。

每一个新的项目,我们都继续发展我们的新媒体模式。2003年我们把它应用到一个新的和更远大的兴趣上,通过采用可持续的最佳实践促进环境变化。我们设想了一个四城组合系列:《寻找失去的伊甸园》,分别设置在芝加哥、洛杉

图11-1 支持看护者的集会

矶、费城和西雅图。每个小时段描绘一组居民的轮廓,他们面临着通过创造可持续的城市生态系统而造成的城市恢复的挑战。本系列探讨城市绿色、流域管理、空气污染控制、繁忙交通、基础设施更新、扩展和管理开放空间、社区园艺和环境公平。虽然每个部分显示每个地方不同的方法特点,但是每个部分也在对共同目标的赞赏上存在共鸣:使社区、城市和地区更加绿色。

在《寻找失去的伊甸园》中我们复制和扩大了我们的新媒体模式。我们与公共电视网签订合同,前两个节目出现在2006年5月,第2批的两个节目于2007年1月播放。我们开发了一个网站,撰写配套书籍(Wiland和Bell,2006),并制定了社区外展计划相关的教育材料和与战略合作伙伴的全国推广活动(图11-2)。[1]

我们为《寻找失去的伊甸园》花费百万美元的宣传活动纳入了早期的特征但也扩大了新的媒体模式。我们建立了一个视频库,其中包括一些特殊主题事件的档案以及一些同国家推广中心系列有关事件的电影,如与我们的电视节目有关的大学专题讨论会(见附件1)。为社区宣传和教育计划,我们编写了一套高

208

图 11-2　与《寻找失去的伊甸园》拍摄有关的人员

中到社区大学的课程,为大学学生精心设计了一套认证项目,并为学校儿童提供
材料(图 11-3)。例如,在费城,我们通过我们的合作组织向数以千计的学生和
社区志愿者分发了定制的打印材料,包括行动指南、观众指南和美国林务局材
料。此外,我们获得了额外的地方电台和国家推广中心电视网的节目;为当地市
政厅会议提供《寻找失去的伊甸园》画面;向宾夕法尼亚园艺学会、"费城绿色"组
织和当地的国家推广中心电视台 WHYY 提供完整的国家推广中心纪录片用于
额外筹款;在国家推广中心网站《寻找失去的伊甸园》中为费城提供了一个特写
片段;同时与宾夕法尼亚园艺学会和宾州大学城市研究所在 2006 年秋天共同赞
助了为期两天的研讨会:不断成长的绿色城市。

　　我们现在为其他三个城市制作宣传计划。表 11-1 概述了我们在芝加哥的
努力。在这里,我们在拍摄芝加哥片段之前先开始与几个当地的合作伙伴一同
工作(现在仍在继续合作)。我们的合作伙伴包括"芝加哥荒野"、"开阔土地"、
"伊甸园"、"芝加哥河之友"、芝加哥市和伊利诺伊可持续发展教育和培训计划
(ISTEP)。

图 11-3　推动教育宣传:哈里·维兰德在2005年保护学术峰会上发言

《寻找失去的伊甸园》芝加哥扩展活动　　　　　　　　　　　　表 11-1

扩展活动	期望目标
1. 学校校园转变	• 在此计划中,五所学校将同芝加哥区域学校/芝加哥荒野合作,60 名教师将在校园林业项目中受到训练。 • 预期3000 名学生参加,我们的目标是 100 名志愿者加入芝加哥荒野。在60 名教师中我们的目标是为芝加哥荒野招募 20 名志愿者。 • 种植的100 棵树木中,至少有 95% 能够生存,因为通过该计划指导它们正在接受适当的照顾。 • 每所学校的改造故事将被上传至伊甸园网站,和/或芝加哥当地媒体。
2. 关键环境服务人员	• 教师和学生将被询问是否成为芝加哥荒野的志愿者。对 1600 名学生,我们的目标是 100 人作为志愿者。参与本项目的 100 个成年人中,我们预计 30名稍后会成为志愿者。 • 每个实地考察的 PowerPoint 演示文稿将被记录在伊甸园网站,或向当地媒体展示。
3. 社区培育志愿者	• 将培训100 名学生、教师、社区志愿者在他们的街区进行持续的树木检查。 • 我们会作培训前和培训后测试,我们期望参与者培训后将能够正确回答75% 以上的问题。 • 学生、教师和社区成员将在 5 年内持续评估树木的健康(学生有可能会有更替,但核心的成年人将保持不变)。 • 每位志愿者将需要保持并向 CPS 提交数据。芝加哥荒野将会在伊甸园网站上提供所有数据。 • 在每200 位参与者中,我们希望 50 位能够成为另一个芝加哥荒野计划的志愿者。

扩展活动	期望目标
4. 与雨水花园有关的教师培训 （邻里技术中心（CNT））	· 对于已选择安装了雨水花园的学校，教师也同样将被选定参加这一培训计划。 · 我们的目标是每所学校有4名教师参加。 · 在计划招收的教师中，我们希望3/4仍积极为此计划工作至少五年。 · 教师将被要求对课程、师资培训、他们新技能的课堂应用作出反映。 · 教师将继续帮助我们修改计划和增聘参与者。在下一学年他们将聘请一位同事纳入计划。 · 每个学生参与者的学习将被评价，并期望在培训后的测试中75％以上的问题能够回答正确。
5. 青少年播客 邻里技术中心	· 我们的目标是第一个赛季每个社区播客有10个青少年参加。 · 我们的目标是每月从每个社区中添加10个青少年，直到我们达到50个青少年的项目容量。 · 我们的目标是选择优秀播客上传到伊甸园网站。我们将通过监测网站的播客下载量衡量计划的成效。 · 参与青少年将被要求写一篇反馈文章，详细介绍他们在播客计划中对自己和所在社区的了解。学生将把他们学到的进行实践，以通过对他们研究问题提出系统性解决方案来增加自己社区的可持续性。
6. 可供选择的交通方式：拼车 邻里技术中心 使用edenslostandfound.org.网站提供的在线活动指南进行的基于网络的交互式社区活动游戏（芝加哥荒野）	· 在开始的6个月里，在低收入家庭中增加50％的I-Go应用。 · 在第二个6个月底在低收入家庭中增加另外25％的I-Go应用。 · 提供的宣传材料将被用来教导这些居民有关运输问题所涉及的环境和健康的影响，我们将通过达到我们的I-Go应用目标来评估计划的成效。 · 所有开发材料将可在伊甸园网站获得。从I-Go项目中受益的家庭概况将每月在伊甸园网站放映，并提交给可能的专题报道媒体。 · 我们的目标是征集到100个班级参加"绿色芝加哥游戏"。我们也想要50个社区团体使用此游戏让他们的成员学习更多对自己社区的可持续发展的努力。指南为个体成员提供了在西雅图进行活动的101种方式。我们将对每个机会重点介绍一个真实生活案例以使主题更加人性化，易于理解。

　　由于我们的两个重点赞助者最后阶段的资金短缺问题，使得该表代表的更多是提案而非实际化的项目。然而，它可作为今后扩展活动的指导，也显示了如何使用一个纪录片去激发广大联盟去满足不同年龄和兴趣团体。例如，芝加哥荒野继续与芝加哥市在改造学校校区方面合作。强大的橡子计划促进芝加哥段小学环境管理。芝加哥河之友与学校合作以加强学校附近的芝加哥河河段管理。邻里技术中心创造了低成本的本地区域互联网络以向芝加哥工人阶层社区

提供显示如何减少能源消耗的保护软件。

　　我们基金会收到的一笔关于教育推广的重要捐赠来自伊利诺伊可持续发展教育和培训计划，用以发展一项致力于环境可持续最佳实践的20节课的高中课程。我们以额尔金中学环境研究教师和2005～2006年度伊利诺伊教师——黛布·佩里曼为首的学术队伍创建了这一课程（见附件2）。她在额尔金中学和州内其他地方测试了这套课程。她在伊利诺伊也组织了十几场《寻找失去的伊甸园》教师研讨会。2006年10月，黛布和哈里在北美环境研究协会（NAAEE）年会上提出了本课程。在课程被广泛接受前黛布也招募了其他国家级的年度教师在他们的课堂上使用此课程。

　　讲习班模式是最新加入推广计划的，这反映了我们的媒体模式的灵活性。作为黛布曾经举办的一个讲习班的结果，数千人被介绍给《寻找失去的伊甸园》一套环境的最佳做法。值得注意的是，无论是课程还是讲习班，都不是我们最初媒体模型的组成部分，但当我们确定这个结果后都发挥了作用。

　　在洛杉矶，我们正在与安迪·里波基斯和树人组织合作，以扩散我们的信息。与当地的合作伙伴联盟、赞助商和洛城政府代表合作，我们在2007年秋季举办了我们的第一届《寻找失去的伊甸园》市政厅会议，150～300人参加，包括商界领袖、社会活动家、学者、学生、专家和政府官员。议程集中在12～15个专题，每个介绍一个简短的电影剪辑，随后进行一场无拘无束的讨论。我们记录了多时间事件，产生足够多的画面创造一个引人注目的60～90分钟的本地国家推广中心节目。我们还为非广播教育及社区用途制作了一个较长的版本。

　　我们的新媒体模式还包括一个国家推广活动来扩大对这一主题的认可和支持。我们邀请会员团体和教育机构成为推广合作伙伴。他们从事网上病毒式营销，利用网络和联盟伙伴的邮寄名单扩大国家推广中心的观众。这使我们能够通过有效成本直接到达百万有兴趣的团体。这些合作不仅提高了收视率，也使我们接触到预选目标受众。

　　我们对合作伙伴的要求是什么？简而言之，无论他们能做什么。我们创建了一个"伙伴行动计划"列明了建议的活动。正如在许多志愿者项目中的情况一样，响应变化很大。每个合伙人都为我们提供他们的会员的电子邮件名单。这保证在线连接到了数百万预先选定的个体，他们关心这个国家的绿色状况。表

11-2说明了对全国的合作伙伴的期望范围。

成为全国的合作伙伴包括什么	表 11-2

无论您是代表一个国家级的合作伙伴还是当地社区为基础的联盟,我们希望,你会选择一个或多个以下行动:

- 分发我们的材料——向您的团体公布、推广、宣传,无论是通过电子邮件、打印或以其他方式;
- 参加我们的市政厅组织的会议,当他们在你的社区举行时;
- 指定您团队可以服务的人作为联络/组织者;
- 提出新的合作伙伴或联盟,这样我们或您可能去邀请他们加入;
- 向我们建议新方法来将文字传播到您的整个选区;
- 向我们提供资料发放方式,让我们可以将教育课程资料递交到您工作的高中或大学的联系人手中;
- 建议我们在哪里能够获得对我们的共同目标感兴趣的人的新名单;
- 向我们推荐我们能够联合追求和实现的新的营销策略;
- 指明在市、州和联邦一级哪位选举官员我们可能联系到以递交我们的材料;
- 表明你的团队中谁可能作为"顾问",为城市和主题的第二季提供建议,无论国内和国际;
- 建议您如何修改我们的材料以更好地服务于您的选区;
- 考虑谁是新的潜在的资助者,可能要在随后的几年中与国家推广中心邻里项目相联系。

在《寻找失去的伊甸园》中,我们的国家合作伙伴包括国家推广中心、树人组织、美国林务局、公共空间项目、"现在的环境"和"保持美国的美丽"。他们在内容、宣传上均有所贡献并不断拓展。许多其他政府和非政府组织根据自己的兴趣和关注参与了某些实质性的或当地的推广活动,所以我们同样有当地或区域合作伙伴。例子有宾夕法尼亚园艺学会,宾夕法尼亚大学城市研究院和南加州大学可持续城市研究中心,以及全国各地的公共和特许学校。

我们的一些国家伙伴是特殊的。坚定地致力于社会企业化的阿育王和谷歌就是两个典型的例子。[2] 他们都是内容顾问和承销商。作为我们的一个关键伙伴,阿育王致力于通过支持伙伴促进社会良好发展,如支持在六个广泛领域工作的个体和合作团队:学习/青年发展,环境,健康,人权,经济发展和公民参与。2006年,阿育王选择我们为伙伴,为新媒体模式增加了巨大的杠杆作用。它用3年的补助金资助我们的想法,向我们介绍了其他潜在的社会企业赞助,并为我们提供了社会企业家需要真正有效的不可估量的道德和精神支持。

我们和阿育王的合作关系的初始收益之一是从谷歌赠予获得重大的实物补助。通过谷歌奖励,我们现在的观众达到数百万。此外,我们在谷歌分析注册,这一工具告诉我们人们如何找到和浏览我们的网站以及我们如何能提高游客体验。这有助于我们不断更新和改进我们的网站。

我们的下一个项目《海外的伊甸园》将应用我们的新媒体模式来辨别国际最佳做法和其在美国的应用。我们预计在全球范围内播出这一系列节目，显著增加信息的影响。我们从来没有进行过一个如此庞大的项目，也从未试图在其他国家促进宣传和教育计划。我们只能猜测其效力将如何。新媒体模式的实验仍将继续。

新媒体模式的结果

在测量我们的新媒体模式对地方和国家政策的影响效果时，我们测量吸引观众注意的直接影响。对于《你必充满荣耀》，我们知道在 2002 年 8 月和 10 月，当我们从事繁重的推广宣传和公共活动时，伴随着 10 月 9 日实际的全国性播出，访问网站的游客人数急剧增加。他们来自 50 个州中的 45 个。大多数是首次访问者，他们反馈说他们从许多来源听到这个网站，包括电视、社区会议、组织、亲戚、朋友、同事和电子方式（例如，其他网站、电子邮件、邮件列表或网上冲浪）。市场研究员凯利和萨莱诺报道说，我们积极的市场到市场的宣传推广策略导致超过 600 个平面广告位生成对发行量的预估，在顶级的 25 个媒体市场的 23 个中大约有 1 亿份。广播和电视卫星使得媒体的影响总数超过了 1.07 亿，并帮助推动收视率超过了国家推广中心黄金时段在 19 个市场平均 170 万户的记录。尼尔森对《你必充满荣耀》调查的平均收视率在 10 月 9 日是 160 万，平均市场份额达到 200 万户（由尼尔森媒体研究中心汇编）。收视率和收视份额在波特兰的 KOPB，俄勒冈（3.8 收视率/6 份额）和奥斯汀的 KLRU，得克萨斯（3.3 收视率/6 份额）更高。考虑到在这两个城市也有大量推广活动，更高的收视率评价可能同更高级别的推广努力及其成功有关。

虽然我们还没有《寻找失去的伊甸园》的完整数据，我们相信从国家推广中心国家广播和宣传活动中得到的更广泛的收获将会与《你必充满荣耀》类似。我们《寻找失去的伊甸园》电视播出的尼尔森收视率为 1.4，或 140 万户，其中第一晚平均收视率达到每小时约 300 万个人。我们也已经看到，这四个项目大大提高了所在城市民众对当地绿色状况的意识，并增加了公民承诺、资源、从公共和私营部门解决这些问题的活动等的级别。它们给予这些城市特定组织的代表以曝光的机会,使得他们现在能够以发言人和顾问的身份为整个国家其他城市和直辖市的绿色振兴和恢复工作进行努力。他们强化和宣传国家组织的工作,其范围已经涵盖了这些问题,并且为随后季节播出的新增项目开辟了新的经济支持途径。

一个可持续的媒体模式

当我们开始这项工作时,我们知道我们必须创造的不仅是一个新的媒体模式,也是一个可持续发展的社会创业模式。努力一直具有挑战性,但最终成功了。我们可以概述这一努力的两个关键必要步骤。第一是通过版权获得对智力资本的控制。这将允许内容的重复使用。例如,我们可以创建自定义的数字和网络访问产品来满足其他目标的需求,包括发展社区宣传和教育计划,不仅有书籍和DVD,也有各种用途的流视频剪辑,包括城镇会议和分配给其他分店(我们在与两家全国性报纸讨论,他们表示有兴趣将这些致力于环境的最佳做法的短片放到其网站)。

二是争取国家和地方伙伴加强针对我们主题的对话。通过网络和现有的及新的项目,他们将我们国家推广中心公共电视台节目的信息传播出去,给它们更长的生命力及广泛流通,将引发公民意识和行动。

我们和其他人可以将我们的新媒体模式应用于同样需要时间和智力努力来提出公共政策的项目上,不仅是医疗保健和绿色,也包括其他在全球观众面前都非常关键的主题。我们相信,这种互动观众的存在和增长将使我们的新媒体模式更可持续,因为越来越多的人已经接入互联网。在短期内,我们已经完成了我们的目标。从长期来看,我们渴望看到公共政策的发展解决我们关注的这些问题。

附件1 《寻找失去的伊甸园》的视频库

1. 流域管理的重要性。
2. IRP:综合资源规划和管理。
3. 绿色建筑革命。

4. 下一个经济浪潮:绿领职业。

5. 绿色:新城市犯罪打击者。

6. 对于环境正义的追求。

7. 城市扩张和大量运输解决方案。

8. 让城市重新变绿:城市森林的种植和收获。

9. 替代性燃料:寻找可再生能源。

10. 社区服务和环境管理课程:伊利诺伊年度教师黛布·佩里曼和芝加哥伊甸园执行总监迈克尔·霍华德。

11. 农贸市场概览:创造可持续的盈利农业市场。

12. 一个城市传统:费城花卉展素描。

13. 一次一棵树:安迪·里波基斯和树人组织。

14. 恢复芝加哥生态系统:芝加哥荒野。

15. 通过志愿者的血液、汗水和泪水来恢复一个巨大的城市:宾夕法尼亚园艺学会。

16. 1 号学术研讨会——洛杉矶,2004 年。

17. 2 号学术研讨会主题演讲人旺加里·马塔伊——宾夕法尼亚大学,2006 年 10 月 15～17 日。

18. 恢复我们的城市河流:芝加哥河;费城的基尔河;臭名昭著的洛杉矶河。

19. 成功的城市规划:奥姆斯特德、伯纳姆在芝加哥和费城的遗产;芝加哥错失奥姆斯特德的机会。

20. 青年恢复环境的努力:洛杉矶的今日少女,明日丽人;费城莉莉叶的艺术与人文小村;芝加哥的迈克尔·霍华德的强大的橡子;黛布·佩里曼的高中生,额尔金,伊利诺伊。

21. 可持续生活实践:普通人在他们的日常生活中可以做什么,来自艾德·贝格利。

22. 环境恶化的指示物种:西雅图鲑鱼。

23. 创建大型公共空间:芝加哥千禧公园;大道工程,洛杉矶;壁画艺术项目和莉莉叶,费城;西雅图海滨恢复。

24. 邻里公园的重要性。多丽丝·格瓦特尼和卡罗尔公园,费城;珍妮弗·沃尔科和洛杉矶的新邻里公园,包括帕萨迪纳的杰克逊公园恢复和斯特拉在 EI

216

Monte 为她的孩子建立一个公园的梦想。

25. 将棕地转变成环境财富：芝加哥 Calumet 项目；水培养殖在费城肯辛顿；洛杉矶翡翠项链环城公园太阳谷的汉森大坝。

26. 改变学校环境：从水泥到绿色；游戏场地使用新的可渗透表面，增加更多的活动空间，来自霍华德·钮克拉格；安迪·里波基斯通过植树让孩子远离皮肤癌。

27. 简·雅各布斯和新城市主义：通过步行距离或附近的公共交通在你生活、工作、上学、购物的地方创建步行社区。

28. 从头开始重建可持续社区：西雅图高点。

29. 恢复你自己的伊甸园：在自己后院的可持续实践。

附件 2　高中课程：《寻找失去的伊甸园》课程，9～12 年级

《寻找失去的伊甸园》课程分为以下 20 个主题，所有这些都在《寻找失去的伊甸园》的书籍和纪录片系列中进行讨论。每个主题包括大约 8～10 页，取决于主题内容、扩展活动和提供的再生情况。除了通过整个课程确定的科学和社会研究的标准，我们还强调各种跨学科的活动，如文学、数学和艺术广告。我们为教师提供评估准则和如何使用该课程在课堂中补充现有材料的深入说明。

活动长度是多种多样的和灵活的。这将允许教师从中选出不仅是与主题涵盖和需要得到满足的标准相对应的活动，而且还是与他们的时间相吻合的活动。有些活动可以在短短的 20 分钟内完成，而其更长的扩展活动可以持续跨越几个星期。

学习服务
本节提供了教学策略开始时的一些基础知识，称为学习服务。

建设和界定社区
本次讨论探讨社区艺术和为什么基于社区的支持对城市恢复如此重要。每一天，年轻人在不同的社交圈中自由移动：家庭、他们亲密的朋友、他们的学校、他们的城市、城镇，或社区。尽管他们属于其中任一个社区，但是他们可能并未对加固他们在集团中的地位采取任何行动。积极参与还需要走很长的路，才能

使人感到愉快、富有成效,并与他/她所在团队的其他人紧密相连。全力投入去清理一个破旧的公园,种植一个花园,或者清理当地河流,人们结识朋友并得到更大的社区感。

共同行动和决策

公民如何作出决策?可以帮助年轻人对影响他们的学校和社区的问题作出决定的不同的战略和活动是什么?使用《寻找失去的伊甸园》中提出的主题,这一节通过探索有关可持续性的辩论培养批判性的思维技能。它显示了学生如何参与地方立法和企业,以及如何开发一个以社区资源为基础的指南和侧重于学生团体特殊需要的网站。

理解可持续发展

对一个社会和环境而言可持续发展如何定义?本主题介绍和定义了有助于可持续生态系统的资源,并探索在美国和世界其他地区的最佳做法。

城市公园和开放空间

百分之八十的人口居住在城市。但很少人建立起与开放空间和公共公园的直接联系。城市公园和开放空间提高了身体和心理健康,强化了我们的社会,提升了物业价值,让我们的城市为每一个人生活和工作提供了越来越多具备吸引力和令人心仪的地方。本节精选了那些将开放空间改善得更好的城市,不仅改善了环境健康,更增强了经济发展力。

城市林业

在拯救我们的城市的战斗中,城市林业站在前线。绿树成荫的街道不仅有美化作用,也有助于中和城市温度和防止空气污染——此外还能提高物业价值。树木积蓄水源,防止径流和侵蚀。树木的种植和维护也促进社区精神和强化了邻里精神。

流域管理

流域管理涉及的不仅仅是水的储存和净化,它也是关于土地管理和分配的系统。本章还包括基本的水质监测、水质污染、发展流域规划和清洁水法案。

废物管理和回收利用

在这里，对废物处置的长期影响和替代填埋场的环保意识的重要性进行了探讨。本章主题为，为减少浪费和节约能源，重新利用自然资源和提升我们的城市基础设施的必要性。我们告诉学生一个很实际的，也是和一个国家的最古老的环保的做法就是"回收"。为了使回收成为我们日常生活的一部分，在过去的20年里，废物回收实现了哪些目标？法律进行了怎样的改变？

能源

在美国使用的能量来源的不同类型有哪些？这些来源每个的优点和缺点分别是什么？什么是节能，我们如何在我们的社区促进它？本课题探讨了政治和科学参与的节能运动以及可替代燃料能源的未来。

绿色建筑

创造可持续建筑已成为许多市民、建筑师和政府的目标。本课题的活动显示了有多少城市进行了绿色建筑和景观的最佳实践，并探讨了这些故事背后的科学、社会行动和政治的成功。

大众运输系统

当然，纽约、华盛顿、旧金山、芝加哥和其他许多大城市已经开展了多年的大众运输。但现在汽车中心城市如洛杉矶、休斯敦，甚至加利福尼亚的橙县，开始成为大众运输利益的追随者。随着高速公路日渐淤塞，全国各地的其他城市正在转向可替代的大众运输。城市如何改变他们的道路方式和这对他们的环境健康将造成什么样的影响？本节关注成功案例和为社区改变而战的人们的故事。

土壤质量

为未来的食品生产和减少污染，运用科学的创新方法来保护我们国家的土壤。

空气质量

本课题探讨了社会、经济和科学对空气质量的影响。这将包括但不限于《京都议定书》和目前美国的清洁空气法案。

城市农业和社区花园

这部分深入研究了所有的社会、经济和环境对我们国家食品增长和分配的影响。无论是通过企业或家庭自有农场，如何使用化学品，它们如何影响我们的社区和健康，以及不断增长的社区花园运动如何改变我们所吃的食物的质量并使社区团结起来？

人口增长与资源综合管理

本节探索通过社会、经济和科学的镜头显示了全球人口爆炸的危险。由于美国人口已增长至超过 3 亿居民，能源利用、资源管理和废物处理等主题都具备着新的和里程碑式的重要意义。

生物多样性

在这里，我们讨论社会、经济和科技要素参与保护动物物种、栖息地和植物的生命。

理解公共政策

清洁水和清洁空气法案，以及许多其他环境立法，是依靠公民参与才成功实施的联邦法律。这一部分将讨论模型条例，它们可以被投入使用，协助市民变得更加可持续，同时在这一过程中学生和教师可以发挥起作用。本节还将通过发行债券探讨为改善公园及公共土地收购的公民支付意愿。

城市规划

纵观历史，一个城市的设计是留给最熟练的专业建筑师、工程师、设计师的一项艰巨的任务，其中许多有远见者留下了即便废弃也流传至今的遗产。本节审查了历史和有远见的一些美国最著名的城市规划者以及他们中的多少想法一再鼓舞城市寻求重建他们的城市中心。

环境正义

　　自然的可达性应该是一项基本人权。自然所提供的最佳物品应是让各种背景和所有经济组织的人们都能够随时享受自然。同样地，人类废物、垃圾和毒素，这些破坏我们的自然栖息地的副产品，不应该对经济上处于不利地位的人造成负担。这部分探讨了围绕环境正义的现代社会问题和展示了普通公民如何为之奋斗。

为未来而做的基础工作：可持续贸易和环境教育

　　这部分颠覆了长期以来的神话：环境管理不符合产业与经济发展。公司和组织越来越多地证明这个观点是错误的；创新型组织和政府的增长潜力选择采用可持续的商业做法是无法衡量的。在这一部分我们研究这些问题，并点明融入学校环境教育和社区管理的职业优势。

参考文献

McLeod，Beth Witrogen. 2002. *And Thou Shalt Honor：The Caregiver's Companion*. Foreword by Rosalynn Carter. Emmaus，Pa.：Rodale Press.

Wiland，Harry，and Dale Bell. 2006. *Edens Lost & Found：How Ordinary Citizens Are Restoring Our Great American Cities*. White River Junction，Vt.：Chelsea Green.

第12章
绿色带来的变革

J·布莱恩·博纳姆、帕特丽夏·L·史密斯
(J. Blaine Bonham, Jr., and Patricia L. Smith)

空置土地危机

在第二次世界大战后的几年里,费城及其居民经历了前所未有的商业、就业损失,导致了一波严重的人口下降。根据"美国研讨会"的数据,这一全国最大城市的人口从20世纪上半叶的峰值210万暴跌60万,减少至150万,在一些居民区减少了一半甚或三分之二的人口(Bonham, Spilka 和 Rastorfer, 2002)。这种下降导致经济衰退、工厂关闭,整个城市只剩下空置的残骸。住宅物业的业主忽视或放弃住房,曾经充满活力的商业走廊成为用木板封死门窗的萧瑟之地。纳税企业和个人的损失,意味着在基本市政服务和改善方面的收入急剧下降,进一步促使受灾社区的螺旋式下降。随着曾经引以为傲的家园、商店和办公室的恶化,物业价值下降,居民的精神状态也随之萎靡不振。

布鲁金斯学会在2000年宣布,在对83个城市进行比较后,费城的空置物业(都市职业中心,2001:41)处于最高水平。一年后,费城许可与检验局报告了31000处空置点和26000座废弃的住宅——其中许多结构不安全和需要拆迁。虽然迫切需要进行变革以扭转这种一蹶不振的局面,但重新开发的尝试看起来充满风险,并且出现了压倒性的怀疑主义且情绪高涨。

市政府面对这种令人痛心的局面绝不盲目,几年内一直在试图纠正它。同

样地,非营利性的宾夕法尼亚州园艺协会(PHS)通过其城市绿化项目"费城绿色"在治理衰退方面积累了几十年的经验。在 2001 年,当新当选的市长约翰•F•斯特里特推出邻里转型倡议(NTI)时、——这是一项 2.5 亿美元的旨在消除不良影响和改善社区萧条的项目计划,他同时宣布与"费城绿色"建立合作关系,创建一个大规模的空置土地管理计划。

对斯特里特而言,这一合作源于一种根深蒂固的信念,即大量空地是引发公众极大关注的根源。他们让社区看起来荒凉和被遗忘,降低了居民的生活质量,并向外界传递出社区正在衰退的信号。除了经济学和美学方面的原因外,被遗弃的房屋容易积聚废弃物,诱发犯罪活动。而斯特里特和他的顾问们知道,一个城市长达半个世纪的恶化和萎缩不会很快得到纠正,他们还希望,如果城市机构、社区组织和环境性非营利组织整合他们的资源,朝着共同目标努力的话会发生重大变化。在他竞选之前,费城的商业区,中心城市,已经根据这一规则经历了令人印象深刻的重生。此外,宾夕法尼亚州园艺协会创新性的空置土地工作已在许多萧瑟街区取得明显改善。本章详细介绍邻里转型倡议的变革效果,重点从费城市政府和宾夕法尼亚州园艺协会的组合视角关注空置土地管理计划。

"费城绿色"成长期

宾夕法尼亚州园艺协会成立于 1827 年,是一个会员制的园艺网络,它已在过去的 30 年中开发了一项范围广泛、全国公认的城市绿化计划。它起初是一个为对植物学和园艺感兴趣的人们提供信息共享和社交的协会。1829 年,它赞助了第一届费城花卉展,这一年一度的传统盛事一直持续至今。到 20 世纪 70 年代初,花卉展已变得非常受欢迎,由此为宾夕法尼亚州园艺协会带来比维持基本运营需求更多的收入。宾夕法尼亚州园艺协会领导人决定将盈余资金用于解决挥之不去的城市萧条格局。1974 年,他们与市游憩局合作组织了"费城绿色"项目,共同赞助了 10 个位于空地的居民自建社区菜园。菜园立即取得成功,很大程度上是因为许多园丁来自南方,拥有种植经验。

到 20 世纪 80 年代初,"费城绿色"扩大努力,其"绿色城镇"项目(名字源于威廉•佩恩1682 年描述费城的关键词)不仅旨在绿化城市地区,而且也渴望通过绿化加强居民间的组织能力以建设邻里社会。经由当地基金会资助——特别是皮尤慈善信托资金和威廉·佩恩基金会——以及市政府通过的费城社区发展补助计划,该项目集中在 8 个低收入社区,并与当地的社会服务机构合作,精心策划了一项深入的绿化方法。它组织居民建立社区蔬菜和花圃、种植行道树、窗台植物槽和葡萄酒桶。其目的是建立可持续的绿化项目,一旦最初的景观完成,其所需要的来自"费城绿色"的持续支持尽可能最小化。该计划通过增强社区的自我意识和自豪感有助于阻止多年来的邻里下降。许多"绿色城镇"项目能够利用其绿色项目,从企业和政府吸引新的社区发展资金,以支持其从房屋到非法毒品市场淘汰等多项计划。

伊瑞斯·布朗,来自北费城的诺里斯广场社区,见证了该方案有益健康的效果:"通过社区园艺,事情开始改变,我们的社区也改变了,如果一个人栽一棵树,然后另一个人也想种一棵……我们比花园培养得还要多,由此我们种植出了希望。同时,通过其他机构的援助,我们也能够解决其他问题,如破坏、犯罪和毒品"。

到了 20 世纪 90 年代,"绿色城镇"计划的成功使得"费城绿色"与完善的社区开发公司合作,以促进开放空间规划。例如,它与波多黎各前进协会(APM)合作,这是 20 世纪 90 年代中期位于费城东部中心萧条区域的一家社区开发公司。与这家组织一起建立了 25 个社区花园,种植了 202 棵树,为新住宅和一家购物中心收购和开发了 2.42 英亩的土地。"费城绿色"在加强景观在美化翻新物业方面的作用时,教导新家园的居民如何种植和维护他们的前院。结果是变革性的。波多黎各前进协会的发展总监罗斯·格雷反映:"自从这些地段被开垦,社区开始参与维持其外观,有些事情变得不同以往,你可以感觉到,邻里居民对此开始感兴趣了"。

在 1995 年,"费城绿色"开始着手开展一项更富雄心壮志的计划,他们与新肯辛顿社区开发公司(NKCDC)合作,建立一个项目来管理三个社区内的 1100 块空地。到 2002 年,这一合作已"清理和绿化"了近 700 块地。大多数土地成为树林,场地去除了难看的水泥路障,装饰树木多达 65 棵。其他地段被转换为花园或公园,还有一些被转换为紧邻住宅的"附属花园"(Bonham,Spilka 和 Rastorfer,2002:94-98)。新肯辛顿社区开发公司的执行董事桑迪·萨尔兹曼说:"我们与'费城绿色'共同完成的空置土地工作一直是一个了不起的成功。当我们第一次启动这个项目时,人们正在从该地区迁出,土地几乎没有任何价值。"

"今天,则是一个完全不同的画面。人们正在买进社区的土地,空置土地以适当的价格出售,人们对现有的开放空间也感觉良好。"

在新肯辛顿项目成功的基础上,"费城绿色"下一步与联邦政府资助的美国街道授权区域(ASEZ)建立了联系。通过与当地四家社区开发公司合作清除堆满垃圾和杂物的空地,"费城绿色"开发出一种高效的具有成本效益的计划来清理空地、种植大量草木。到 2003 年,它已恢复了超过 13 英亩,使得参与社区发生了戏剧性的变化。

尽管"费城绿色"社区绿化工作获得了成功,但是垃圾填充的空地数量仍在继续增长,并很有可能压倒现有成就,造成威胁。社区组织和居民不具备解决情况严重性的能力。为了产生持续的影响,"费城绿色"需要说服市政府将闲置土地问题作为其社会发展战略的一部分来解决。

在 1999 年,"费城绿色"曾预估到这个问题,并委托费尔蒙风险投资公司——一家为非营利组织和慈善机构服务的咨询公司(www. fairmountinc. com)——评估在全市范围主动解决问题是否比现行的当空地危机出现时才予应对的做法更为有效。结果表明,市政府对于清理和维护空地的预算不足,无视它所追求的战略目标。结果发现,为减少空地数量,市政府将不得不作出重大投资,为居民提供持久的美化和生活质量方面的利益,长期提升住宅物业价值并增加其课税基数。虽然这项研究提供了一些建议,它的前提在于假设对此持赞同态度的市长管理委员会的成功,发现并致力于所需资源。

一个新的方向

当约翰·F·斯特里特1999 年竞选市长时,他承诺他的注意力转向社区,同时推进几个大型经济发展项目,包括宾夕法尼亚州会展中心扩建和费城职业棒球和橄榄球队新场馆建设。他承诺将筹集至少 2.5 亿美元用以投资费城街区,强调在适当的条件下,资本市场将为社区复兴而投资,就像他们在体育场馆建设方面所做的那样。

当选市长之后,斯特里特便为所承诺的全城邻里振兴战略奠定了基础。他在费城 10 个市议会区举行了镇民大会,听取居民对改善他们社区的意见。在这些会议上与会者指出被遗弃的汽车,危房,充满残骸的地段,已经死亡和垂死的行道树是关键问题。斯特里特还任命了一个名叫衰退消除小组的专责部门来促进邻里复兴,它涉及社区成员、民间领袖、非营利组织(包括宾夕法尼亚州园艺协会)。专责小组建议采取四管齐下的办法来改造费城的社区,包括全面的规划过程,融资战略,实施计划及设立一个内阁级职位以监督整体项目实施。与他的顾问团、部门委员和市议会成员一起,斯特里特参观了城市的 10 个议会分区,视察了具有城市支持社区再投资潜力的项目。

为了获得对社区状况更好的理解,斯特里特的管理机构在 2000 年秋季保留了再投资基金(TRF)用以研究费城的住房市场。再投资基金对关键数据的分析(包括房屋销售价格、住房使用期限、补贴住房的分布、空置率、土地使用、抵押贷款止赎率和优质贷款与次级贷款的比率),导致其区分出 6 个不同的市场集群。他们从区域最优选择的社区(强劲的住房市场,由于其拥有独特的建筑,良好维护的住宅,靠近河流和公园,丰富的树冠,优美的街景和公共场所)到过渡性社区(房屋价值倾向于上下波动的动态市场)、待改造街区(疲软的住房市场,由于其被高度遗弃,住房价值低廉,拥有维护不良的房屋)。

在每个集群的优势和社会资产的基础上,再投资基金区分了公共部门投资的个性化角色,确定具体的战略、方案和服务,并制订了以政府资源获得利益最大化为目标的计划。例如,对于强大的、整改的社区再投资基金建议公共行动促进其特殊的素质和设施,为城市吸引新的居民。对于过渡性社区,它提出了策略性的方法,包括强制执行法规。对于待改造街区它概述了资产发展战略以产生新的经济多样化的社区(费城城市,2004;诺瓦克,本卷)。

斯特里特于 2001 年 4 月公布了邻里转型倡议,列出六项目标:

- 促进和支持以社区为基础的规划工作,同时从市级和邻里尺度视角出发考虑问题;
- 解决衰退所造成的危险的空置楼宇、垃圾填埋地段、报废汽车、涂鸦和枯枝落叶,以改善费城街景外观;
- 通过协调的和有针对性的法规执法程序提升社区生活质量;
- 改善城市组装和开发空置土地的能力;
- 通过强调政府、公众和私人部门建立合作关系的广泛途径来刺激和增加对费城社区的投资;

·最大限度地利用稀缺的公共资源并战略性地将这些资源投资到社区。

斯特里特还列出了邻里转型倡议的具体目标。它们是：通过拆除14000栋空置房屋和整改额外的2000栋来消除积压的危楼；清理城市的31000块空置地段，启动一项计划让它们合理地远离垃圾；建立土地储备银行，以方便收购空置土地进行重建或用作永久开放空间；对16000套住房的建设或维修进行投资。最后，他还呼吁改变政府的运作，强调城市机构之间的协调与合作，利用改进的技术，并发展合作关系以提供邻里服务。他强调利用私人投资杠杆配合公共基金为重建创造机会。

邻里转型倡议到2007年需要投入超过16亿美元，大部分金额用于消除积压的危险空置楼宇，提供住宅维修赠款和贷款，同时为处于市场利率的土地集聚和负担得起的住房提供资金支持（费城市，2001）。复杂的邻里转型倡议融资依靠几个债券，加上有针对性的经营预算资金共担。它使用免税的政府目的债券来拆除危房，合格的重建债券来支持老旧社区土地征集活动，以及应税债券来资助住宅改善贷款。此外，市长专门为最少五年的消除衰退运动投入了1000万美元的城市运营基金，包括清理和绿化空地，有针对性的法规执行，清除不安全的行道树。最后，他部署了联邦公共住房和社区发展基金以支持邻里转型倡议。

多个系列的费城重建局（RDA）债券形成了主要的资金来源。在与费城重建局的协议下，市政府同意每年支付2000万美元来偿还债券。优惠利率和2000万美元抵押的充分利用为邻里转型倡议产生了超过2.96亿美元的债券收益。

注重基础

从一开始，斯特里特就将空置土地的复垦和管理视为邻里转型倡议的一个重要方面。虽然不是土地的合法所有人，市政府对由被遗弃的产业所产生的城市健康、安全和公共福利问题富有责任。

宾夕法尼亚州园艺协会在20世纪90年代开展的工作中已经注意到这一状况。在1995年一项由皮尤慈善信托基金资助的研究中，研究者布莱恩·宝恒和盖里·斯皮尔卡展示了充满废弃物的空地是如何降低居民生活质量、阻碍城市投资、造成人口减少的趋势的(Bonham，Spilka，2005)。他们证明了反之则绿化地段地理位置优越，保持(通常提升)了附近的物业价值，并推动了重建活动。此外，当涉及开放空间规划和社区管理城市空置土地时，这些努力加强了社区的社会结构。它还建立了可持续的绿化和美化工程所需的公共/私人合作关系和社区干事的积极参与与承诺。

2001年6月，斯特里特发起了空地清理计划(VLCP)，设置了总指挥办公室，以解决未管理的空置土地问题。利用最初的400万美元的预算，空地清理计划旨在在一年内清理31000块空地，并实施维修计划，以保持这些地段适度远离垃圾废弃物。费城(或任何其他城市对于这个问题)没有这种规模的清理行动的先例。在实行这一计划时，总指挥指派了工作人员(140名公务员和75名临时工)和进行了价值50万美元的采购以增强现有设备(皮卡、拖车、木材削片机、大剪刀和割草机)。空地清理计划联合许可与检验局，对违反城市物业维修法令的人签发传票，以便使城市工作人员和承包商可以获准进入空地。

空地清理计划在一年内实现了其目标，清理了31000块空地。截至2007年3月，总指挥办公室已完成85476处清理。该市还扩大了努力，以减轻涂鸦、打击乱抛垃圾、促进回收、遏止非法倾倒。它清除了积压的死亡行道树和修剪了超过20000棵其他树木。在一项并行的计划中，还清理了279134辆位于费城街道上的废弃汽车。

"费城绿色"为邻里转型倡议所进行的招募

从邻里转型倡议被提出之始，很显然，仅仅依靠政府行动和资金不可能使刚刚起步的方案充分发挥其潜力。斯特里特知道土地清理并非费城空置土地问题的完整答案。在开展空地清理计划时，他宣布市政府与"费城绿色"合作的意图在于将废弃空置土地转变成社会资产。作为回应，"费城绿色"开发了一种城市绿化的新方法，即邻里转型倡议绿城战略。通过结合其十年前绿色城镇计划的成功因素，"费城绿色"现在有市政资源的支持来解决这些更大规模的问题。结合基金会的资助，"费城绿色"建议通过开发社区花园、入口道路、主要植物种植和恢复邻里公园及公民空间来升级和扩大城市的绿色基础设施(图12-1)。

通过整合市政府的资源与"费城绿色"的社区基础和几年来着手的振兴工

228

图 12-1　宾夕法尼亚州园艺协会制作的阐述邻里转型倡议绿城战略的图表

作,新战略有能力进行持久的改变。邻里转型倡议绿城战略对现有场地提供大量的临时管理,并允许新的开放空间规划,来作为为居民和企业留住和吸引新的住房和商业投资的途径。虽然"费城绿色"种植了草地和树木来整改空置土地,它并不将这些努力看做永久的开放空间,而是在其他用途确定之前充满吸引力的替代品。"通过简单地清除垃圾和杂物,并创造一个更加公园般的环境,我们能够将这些土地转化为有用的东西,揭示其潜力,以便其拥有更多种可能","费城绿色"的高级主管迈克尔•格罗曼观察到了这一现象。如同所有这些工作一样,新企业的运行需要社区团体、市政机构,以及私人和公共实体的支持。

　　当斯特里特政府采取了邻里转型倡议绿色城市战略时,它最初分配了 400 万美元的预算支持,并持续提供资助,到 2007 年 6 月市政府对此项目的投资总额更超过 1200 万美元(费城市政府,2003)。"费城绿色"有了这些资金后,有针对性地对 6 个居民区进行密集的整改。邻里转型倡议工作人员和当地的政治领袖与社区伙伴合作,改善物业,将创造一种积极的旅行廊道的视觉冲击力。

当时的想法是选择有可能发展成为未来"热点"的居民区——正在兴起的社区,也许五到十年远离显著增长。[1]"当你开始以一种显而易见的方式集中空置土地改善和维护,就不仅仅是单独地块对购买者有吸引力,整个社区都会随之转化。""费城绿色"副主任鲍勃·格罗斯曼说:"我们在为我们所说的一个'引爆点'而努力,这一整改的程度将导致私人投资和开发开始进入社区,并开始利用土地。"

除了这六个目标区域,"费城绿色"利用城市的重大投资来加强其正在进行的方案。它有一个超过 80 个社区公园的目录,这也是"费城绿色"的公园振兴计划的一部分,帮助当地友好团体与游憩局和费尔蒙特公园管委会一起工作来收回土地作为社区空间的一部分。它也创造了一个城市丰收计划,经费由阿尔伯特·格林菲尔德基金会资助,将由费城监狱系统囚犯种植的农作物捐赠给当地的粮食储备库。最后,"费城绿色"加强其对城市居民在树木养护和花园照顾培训项目上的教育措施,以及由费城自由图书馆各分馆举行的城市园艺系列。

整改土地的"清洁与绿色"模型

虽然"费城绿色"拥有几年闲置土地的工作经验,要处理更大规模的问题需要改进和扩展的系统实施方案。为做到这一点,它启动了空置土地整改计划,一种基于较早的新肯辛顿和美国授权街区努力的"清洁与绿色"模式。该计划集中在个别地段,涉及垃圾处置,分级土壤,种植草种、树木和安装简单的木栅栏,来建立公园一样的设置。景观施工商,其中大多数是费城本地企业,执行所有的整改工作。但在"费城绿色"动工之前,市政府和"费城绿色"必须处理所有权问题。尽管大多数情况下产业属于私人所有,城市许可和检验署认证选定地点为衰败区域,并给"费城绿色"以作为一个市政府承包商进入产业修复破败土地的许可(图12-2、图12 3)。

2007 年 8 月,"费城绿色"已经整改了超过 600 万平方英尺的土地,还为回收的场地制订了维修计划。志愿者在他们的社区只可以管理很小一部分空间,

图 12-2 整改工作之前的第三大道和约克街交口断面（自博迪恩街方向）
（资料来源：宾夕法尼亚州园艺协会）

图 12-3 整改工作之后的断面
（资料来源：宾夕法尼亚州园艺协会）

因为建立了竞争性投标程序,让承建商提供持续维护。该计划的费用包括进行清洗、分级、种植的初始投资成本,平均每平方英尺约 1.50 美元。额外的季节性保养(4 月至 10 月)的成本约 17 美分每平方英尺。到目前为止,这个项目已经有大量改善生活质量的收益,如"费城绿色"主任琼·赖利指出的:"这几乎是令人难以置信的,一个齐腰高的木栅栏和一组树苗将阻止那些过去在相同地方经常发生的破坏。这表明犯罪活动倾向于被吸引到似乎被忽视的地方,所以整改土地成为一个充满希望的预兆。"

空置土地整改工程的成功证据出现在整个城市的多个社区。例如,"费城绿色"与"家园"项目和其他志同道合的组织合作,以解决在北费城"兴起岭"区域的破败和经济衰退。以雷治大道、布朗街和第三十三届街范围内的商业走廊为重点,团队将废弃的办公楼和臭名昭著的倾倒场所转化为清洁安全的空地。将整改与丰富多彩的艺术装置(市壁画艺术节目提供)、门口大道改善、街道植树相结合,转换是深远的。现在,旧商业带的下滑已经停止。此外,由于中心城区房地产价值的不断增加,开发止在向北推进,吉拉德大街以南地区已开始经历更多的投资活动。

社区土地保护,保持场地清洁

由于"费城绿色"和其合作伙伴清洁和绿化空地,全市正忙着拆除数以千计的危楼。虽然邻里转型倡议拆迁计划为这些场地提供了种子和围栏,维护不断增加的此类空间越来越威胁到城市,使其负担过重。2003 年,邻里转型倡议官员要求宾夕法尼亚州园艺协会制订一个促使社区服务组织从事基本住宅维护工作的新试点方案——对新清洁场地的垃圾收集和杂草清除。由此产生的涉及 300 万平方英尺土地的社区土地照管计划有两个目的。它改善了邻里的外貌并为当地居民提供了就业创造——它创造了 80 多个职位(图 12-4)。

其中一个参与团队是"准备,愿意并且能够(RWA)",他们致力于雇佣、授权、支持无家可归者在他们的努力下以实现自给自足。尽管最初只是一个街道清洁组织,但"准备,愿意并且能够"却完美地承担了社区土地保护工作,并在每个季度雇佣 5~10 名工作人员。"准备,愿意并且能够"社区事务副主任凯特·休斯敦说,"我们培训的员工往往对他们的工作对社区的变革力量充满敬畏,反过

图 12-4　美国街道授权区的一个正在工作场地的"准备,愿意并且能够"小组
(资料来源:宾夕法尼亚州园艺协会)

来,这些工作对他们的生活也有着变革性的力量,它帮助他们回归脚踏实地的生活。"

寻找空置土地的新用途

　　作为邻里转型倡议绿色城市战略的一部分,"费城绿色"组织与费城水务署集水区办公室合作进行了一项低冲击开发示范项目,利用空地来进行雨洪管理。这项绿色基础设施减少了导致洪水和污染水道的径流(见肯尼迪,本卷)。由宾夕法尼亚州环境保护部日益增长的环保计划资助,该项目利用北费城的五块空地开始了转化工作,通过土地分级形成浅的壕沟和土堤,种植树木和灌木阻滞降水,并由土壤吸收。这种模仿自然过程截留、过滤、渗透径流的低冲击开发方法与提高城市社区开放空间的努力紧密结合。一项坦普尔大学的评价研究报告指出,从 2005 年 6 月至 2006 年 5 月,雨水径流减少了 30%。"费城绿色"目前正与水务署合作,在其他各种绿地上使用类似的方法,包括一个城市农场、娱乐中心和花园。

为什么它会奏效

在邻里转型倡议的背景下,城市经营预算已经花费超过 5300 万美元来抗击萧条和美化社区,拨出近 25%(为 1200 万美元)到绿色城市发展战略。此外,当地企业和基金会,如国民银行和威廉•佩恩基金会,也都为邻里转型倡议绿色城市发展战略提供了资助。六年来,邻里转型倡议绿城战略改善了 900 万平方英尺的空置土地(600 万平方英尺通过闲置土地的整改,再加上额外的 300 万平方英尺通过社区土地保护维修方案)。

几个关键因素为这方面的进展作出了贡献。该提案是大规模但有针对性的,有大量的公共部门的支持,还利用私人或捐助资金。它采用实施经验丰富的宾夕法尼亚州园艺协会来具体执行和从最初到最终都采用了社区参与。值得注意的是,根深蒂固的宾夕法尼亚州园艺协会和市政府之间的联盟,让城市能够与一个非营利性的合作伙伴共享通常作为政府职能的工作。二者之间的合作使得每一个合作伙伴的优势都得以最大化。例如,由宾夕法尼亚州园艺协会提供专一的重点和组织项目所需的技术经验,市政府配置所需资源以实现它们。当宾夕法尼亚州园艺协会拥有市民声誉和社会地位来召集对于绿化工作的支持时,政府部门提供必要的资金,以实现振兴的努力。

清洁和绿化城市的收益

今天的费城社区与 2000 年时的样貌完全不同。截至 2007 年 3 月,公共和私人投资资助了 23935 户负担得起住房和市场利率的房屋以及 28019 家维修补助。全市已拆除 5444 栋危楼,并擦除 567932 幅墙壁涂鸦。清理了积压的 8500 棵需要治疗的危险的行道树,位于关键区域的 600 万平方英尺的空置土地已被清理、绿化并加装护栏进行保护(表 12-1)。

为一个城市增加很多清洁和绿色开放空间的益处是多种多样的,当他在费尔蒙特公园散步时,参观一个社区花园时,或是参加社区广场音乐会时,都可亲眼目睹这些变化。最明显的优势是可视的。开放空间创造了一个有吸引力的氛围,为拥挤的城市环境提供了缓解之处。第二个价值是环境的。树木和其他植

表 12-1

邻里转型倡议成果摘要

		2000年	2001年	2002年	2003年	2004年	2005年	2006年	2007年第1-第3季度	总计
生活质量计划	移除废弃汽车	62762	53033	53813	38540	27403	21626	17835	4122	279134
	擦除涂鸦	34464	54533	74720	90876	91100	92375	93272	26592	557932
	清理空地	—	—	35787	12186	11270	9367	10014	6843	85467
	拆除建筑	—	—	1040	573	1380	984	1056	411	5444
	建筑清理和加固	—	—	1769	1475	1515	1456	—		6215
住房供应计划	完成特殊需求租赁套数	—	71	122	136	74	115	66	—	584
	完成租赁套数	—	781	324	143	302	492	371	—	2413
	完成房屋所有权套数	—	192	166	125	116	92	140	—	831
	总计完成住房供应	—	1044	612	404	492	699	577	—	3828
住房维护计划	基础系统维修计划	—	—	—	—	14673	7503	3364	2479	28019
	住房所有权翻修计划	—	—	—	154	37	18	46	—	255
	定居点赠予	—	—	—	—	3545	954	995	656	6150
	HELPP 贷款	—	—	—	—	13	7	1	—	21
		—	—	—	—	70	41	48	47	206
		—	—	77	80	207	168	141	154	827
	贷款总额(百万)	—	—	$1.30	$1.60	$4.10	$3.50	$2.90	$3.10	$17
其他住房	大范围市场规划及进行	—	—	—	—	8731	4374	3144	—	16249

资料来源:市长办公室,邻里转型倡议。

物改善了空气质量,吸收雨水和减缓地面臭氧的形成。第三个价值是社会的。社区绿化有助于建立社会资本,减少犯罪,提供邻里聚集场所,并通过提供娱乐机会改善健康状况。第四个价值是经济的。对绿化的投资有着显著的经济回报。由宾夕法尼亚大学沃顿商学院的苏珊·瓦赫特进行的两项开创性研究证明了这一问题。第一项关注新肯辛顿社区约100万美元的投资,其"通过植树获得了400万美元的财产增值,并通过大量的改进获得了1200万美元的财产价值收益。"第二项,《公共投资策略:它们如何适应费城社区的定义与分析》分析了全市绿化和相关公共投资的效果。调查结果显示,废弃的空地使相邻房屋的价值下降了20%,而绿化和维护良好的空置土地不仅恢复了最初的下降,而且还使相邻房屋的价值增加了 17%,相当于总额 37% 的涨幅。此外,街景的改善(植树、容器种植和小憩公园)能够使周围房屋价值增加 28%。[2]

有了这些积极成果,城市和宾夕法尼亚州园艺协会预计进一步地合作。他们计划继续扩大整改土地的总量,一年至少 600 宗地,同时通过纳入更多的社区及社区团体来扩大邻里社区土地保护计划。此外,宾夕法尼亚州园艺协会与许多地方非营利组织一起同 14 个城市机构合作,为创建高品质开放空间的"'费城绿色'计划"制订长期的路线图。"'费城绿色'计划"包括一个城市的自然资源清单,对未来的绿化建议和计划实施的资金策略。

这一个非营利性中介机构和政府合作的个案研究,即宾夕法尼亚州园艺学会和费城市政府,可以作为其他城市寻求补救废弃闲置土地的破坏性影响的一个模板。这表明了每个组织如何借助其他力量建立自己的贡献。虽然变化可能不会在一夜之间发生,但当志同道合的组织为了同一个目标努力时,巨大的振兴可以也将必会发生。

参考文献

Bonham, J. Blaine, Jr., and Gerri Spilka. 1995. *Urban Vacant Land: Issues and Recommendations*. Philadelphia: Pennsylvania Horticultural Society.

Bonham J. Blaine, Jr., Gerri Spilka, and Darl Rastorfer. 2002. *Old Cities/Green Cities: Communities Transform Unmanaged Land*. Chicago: American Planning Association.

City of Philadelphia, Mayor's Office of Communications. 2001. "Mayor Street Launches $1.6 Billion Neighborhood Transformation Initiative." Neighborhood Transformation Initiative Press Release.

——. 2003. "Urban Greening and Land Stabilization Efforts Receive $4 Million Boost from NTI." NTI Press Release, 2003.

City of Philadelphia, Neighborhood Transformation Initiative (NTI). 2004. *A Vision Becomes Reality*. NTI Progress Report

Kligerman, Don et al. *Vacant Land Management in Philadelphia Neighborhoods: Cost Benefit Analysis*. Philadelphia: Fairmount Ventures, 1999.

Metropolitan Career Center. *Flight or Fight: Metropolitan Philadelphia and Its Future*. Philadelphia: Metropolitan Career Center, 2001.

Wachter, Susan, and Kevin C. Gillen. 2006. *Public Investment Strategies: How They Matter for Neighborhoods in Philadelphia—Identification and Analysis*. Philadelphia: Wharton School, University of Pennsylvania.

236

Yung, Jan, and Mary Myers. 2007. "Study of Stormwater Runoff Reduction by Greening Vacant Lots in North Philadelphia, PA." Ambler, Pa.: Department of Landscape Architecture and Horticulture, Temple University.

第13章
社区开发金融与绿色城市

杰瑞米·诺瓦克（Jeremy Nowak）

社区开发金融与倍受打击的前美国工业城市的振兴以及环保投资的重要性之间的关系可以被看做是再投资基金（TRF）的工作，这是一家位于中大西洋城市支持住宅及商业项目社区开发的金融机构。[1] 再投资基金对于费城环境降级部门的投资说明了环保投资对于特定城市的重建具有关键作用，同时社会和经济的双重利益回报有利于这种连接。

对于再投资基金在费城部分区域的工作的测验为讨论环境降级的历史背景和房地产开发商及社会企业家（如再投资基金）的投资理由提供了一个机会。它还引入了精明补贴分配的概念，作为市场建设和民间组织进程的一部分（精明补贴是指导致短期和长期市场产出的非市场投资的投入）。[2]

对于再投资基金的工作及其影响的讨论旨在促进认为环境主义是许多老工业城市和城镇的振兴基础这一政策角度。尽管当代城市和区域政策支持这一观点，环保活动仍然不过是城市经济发展实践的概念性辅助。如果我们要重建设施陈旧的工业基础和反思后工业设计与社会功能，我们必须改变这一视角。

后工业化城市与环境：连接与断层

20世纪下半叶为美国许多城市带来了戏剧性的变化，特别是在东北部和中西部产业带。社会和经济的去中心化升级，导致城镇就业和人口的下降（以及随之在郊区的双上升),市区和郊区人均收入之间的差距扩大,以及城市内的贫困率越来越高。这些变化发生之时,正值美国制造业的结构显著转移之时,众多公司纷纷分散至美国郊区和阳光城市带(这一趋势的起始其实早于第二次世界大战),随后搬到境外。通信和信息技术的优势,导致了越来越多的跨国生产和交换,制造业劳动生产率的进步刺激了这一现象。

这改变了许多美国城市的功能和形象。他们不再是经济增长和创新的中心——19世纪末和20世纪初定义的工业设计和制造车间——而是成为边缘化群体之家,特点是人口和就业降低,财政危机以及公共事业单位的下降。

在一些地方,城市下降所带来的影响要比别的地方更强。例如,50年之内巴尔的摩、费城和底特律失去了其人口的30%或更多,留下无数英亩恶化的工厂和被遗弃的住房。像加里、印第安纳州、扬斯敦、俄亥俄州、切斯特、宾夕法尼亚州和新泽西州的卡姆登等小城市遭受了更急剧的下降,因为他们缺乏经济多样化,且资源、企业和人口集聚能力有限。

当老工业城市衰落之时,其他城市(尤其是在南部和西南部)却在崛起。那些能够合并郊区增长,成为移民入口,避免改造恶化基础设施成本的城市有大幅增长的优势。然而,20世纪末,这些地方在面对郊区扩张时,也经历了社会和经济衰退。

在应对这些挑战时,美国城市实施了相应策略,以刺激经济增长和应对贫困和全球竞争所造成的政治问题及经济焦虑。他们鼓励投资中心城区写字楼、住宅和旅游业,企业发展或招商引资,以地方为基础的创业,就业培训和社会福利计划,以及公共政策和提供服务的改革。良好的记录和有争议的历史与支持这些努力的联邦、州和地方创新有关。[3]

20世纪的最后十年,城市的命运开始出现变化的迹象,尤其是在旧的工业城市。最近,三个市场趋势推动了这个新兴的运动:由移民和老人或无子女的成人家庭所产生的对城市空间新的需求;由于区划和环境压力导致郊区土地稀缺的上升;以及城市的研究机构——大学和健康相关设施的增长——提供后工业化的就业和创新。[4]

今天,许多老旧城市都是衰落和复兴的显著结合体,显示出极其接近的动态和充满问题的发展趋势。到2000年,许多城市已加强或重新确定其经济基础,稳定人口损失,表现出更多的种族和收入的多样性,并经历了数十年来最强的房地产市场。尽管如此,许多城市仍然经历了贫困程度高、基础设施老化以及低质量的劳动力。此外,他们对于环境恢复这一与未来的增长潜力有着千丝万缕联系的工程有着明确的需要。他们的后工业化的功能要求恢复土地,重新设计物理空间,升级设施,改善基础设施系统生态,以及改造自然资产。

采用为容纳更多制造业和人口的建筑环境和土地利用方式的城市已在面临这些需求的挑战。费城就是一个很好的例子。在过去的50年中,它失去了超过50万居民,从200万人的最高点减少了25%。[5] 分区法案反映了20世纪50年代的工业城市。2001年,它有26000座空置住宅楼宇,31000宗空地,和2500块被遗弃的商业和工业用地。[6] 它的滨水区显示了工业、仓储、居住以及休闲功能的不平衡分配。在较早时代设计的未被充分利用的公园,体现了城市避难地的理念,而不是与城市居民生活融合的场地。最重要的是,广大的城市地区住房单元小、旧、更新成本高,正在越来越多地被遗弃,数以亩计的棕地也被荒废。

虽然许多人认为,费城破败荒废的经历表明经济竞争力缺乏,但在具体的政策选择和宏观经济力量的支持下,城市分散化的拉力和推力及经济变化更加复杂和有争议。并且无论历史和结构基本原理为何,这一结果代表了所有费城人—居民、工人和消费者—正在经历且未受制止的环境危机。将成为正在进行的经济和社会发展努力的一个障碍。达到这种程度以致城市无法通过持续的投资进行积极重建,它会持续恶化,产生物质危害和增加逾期维修费用。

我们并没有全面的政策语言,能够完全连接社区发展和生态环境恢复这两点。而重要的元素存在,但它们是零碎的。一个更大的发展框架仍然需要连接完善。框架的核心是我们当前的棕地立法。这项立法是一个发展的资源。但同时它认识到用于市场复苏的环境前期开发成本,类似于高速公路、供水和下水道连接的公共基础设施成本,是基于交易行为的。它不指向于一个城市环境管理体系的长期改革。其补助、税收优惠和责任改革有利于消除成本和风险,但其应用被限制于特定地块,而评选标准对于一个城市更广泛的振兴目标并无侧重。

一个有利于综合开发和从环境角度来看充满希望的趋势,是精明增长规划角度。虽然它的倡导者们相对于城市环境恢复而言更加关注郊区土地保护,但它仍然提供了一种使棕地项目可被理解的系统方法:限制远郊生长;支持近郊区建设,然后重建旧的城市核心(卡茨,2000)。它假定在一个区域系统的各种保护和发展杠杆将会对其他部分产生交互影响。

环境正义运动可能是促进社区发展和环境保护之间更好集成的另一种杠杆。环境退化的种族和社会各阶层的认可,在全国各地协助宣传活动,呼吁补救资金和整体发展政策反思。活动家挑战有毒的基础设施的密度和新公共及私营项目的选址有潜在的环境危害。他们是充满活力的城镇居民,例如宾夕法尼亚州切斯特和新泽西州卡姆登,他们对于土地用途的感受其他人不会拥有,他们要求对于土地使用进行政治调解,以使他们的社区健康发展和更具经济吸引力。

将社会发展和环境保护连接起来的其他领域是能源和公众健康。关于能源效率和能源成本的忧虑多年来已成为城市社区发展的重要组成部分。例如,弱势群体经常参加政府资助的城市防寒保暖方案。此外,在贫穷的城市社区,最近,了解地方公用设施阀门的效果变得更加关键,因为我们跟踪和地理编码信息的能力已大大提高。我们现在能够得到更有意义的大型公用设施阀门的影响和它们对住宅遗弃的效果。有了这些工具,我们可以积极介入,以防止房屋损失。最后,作为建筑行业主流的一部分急速涌现的绿色建筑设计鼓舞了社区发展。曾经是边际利益,现在已被认可为对一个城市的投资和发展具有重要影响的消费产品,尤其是考虑到长期的旧楼维护成本。同样,经济适用住房的设计创新也围绕能源问题展开。

最后一个例子是在公共卫生领域。一些城市的公共卫生部门和大学指出了环境退化和疾病(包括儿童癌症)及神经损伤的发病率之间的关系。[7]虽然公共健康研究仍然资金不足,但是它是社区开发事业重整旗鼓的源泉。

这些不同的立法、研究、规划、技术创新和政治宣传的涓涓细流有待于与社会和经济发展实践相整合。他们也没有领导美国的环保运动,为城市改革的新一波浪潮发言。虽然浪潮正在改变,但是旧城改造尚未完全被视作为一个环保项目。

在城市开发中环境保护视角的缺席使得它与早期的城市社会运动背道而驰。在改革时代,住房、规划和贫民窟消除改革者使用公众健康的语言鼓吹他们的目标。他们确实有将传染性疾病和贫困与今日社会发展问题联系在一起的环境保护支柱:不合标准的基础设施和不健康的"贫民窟"的地方影响。[8]虽然在方法和确定方式上比较天真,但是这些改革者理解人类行为、经济生计和环境(社会和生物)情况的共同作用。今天,我们需要返回到过去,以一种更复杂的方式重新建立这些联系。

房地产开发，环境风险和智能资助

私营部门是联系社会发展和环境保护的关键。当许多企业从不计环境的压力成本中受益，没有什么能够影响回报最大化时，必然导致没有人支持或反对特定环境角度。投资者的投资回报时间跨度越短，投资产品的毫无联系的投资者越多，这种中立态度也就越制度化。投资者担心风险、收益和流动性，以及（如果他们全盘考虑）认为消费者对环境质量的需求将推动企业形象和他们能够投资的产品并获得回报。投资者将环保产品看做是一种市场定位，就像其他业务市场一样。

对于城市和郊区的房地产开发商而言，从环保角度来看收益是自然而然且实际的。在一般情况下，他们将品质高的环保设施看做创造市场的价值和机会。他们评估环保设施成本不适合的情形。他们对于哪种环境问题是开发和财务回报的障碍也有强烈的信念。[9]

某些成分对房地产的成功是必要的：成本和监管的可预见性，市场和价格知识。这些因素使投资者能够计算运营成本，包括那些与生产、经销，以及与特定产品、情形和司法管辖区的相关规定有关的因素。同样，投资者需要尽可能最好的市场知识，来判断他们的能力是否能够满足市场竞争和需求。市场知识在定价模式中是非常关键的，最终推动盈利。对于这些问题的知识越丰富，作出决策、管理风险、筹集资金和实施项目的能力就越强。

在一个不确定的市场进行风险计算的困难，恰恰是为什么环境因素对于振兴衰弱的老工业城市房地产市场如此重要的原因。大范围的环境破坏代表了特殊费用（开发障碍），高品质的环保设施代表了市场溢价的潜力（开发入口）。虽然在城市的某一部分如费城的房地产开发商都面临超过 150 多年的工业历史，但是他们也面临着一个巨大公园系统的机会，数英里的河岸，以及数以亩计的来自待拆迁住宅的可开发土地的潜力，这些都有着重新被整合进新的城市设计的可能性。

对于费城房地产开发商，环境因素增加了开发成本和财务价值的不确定性。这些包括直接和间接费用。他们涉及修复受损的土地和物理设备的价格，以及产品由于邻近被毁土地或建筑而无法于短期内开发的潜在贬值。环境破坏的土地成本只是一揽子与老工业城市投资相关的不确定性的一个组成部分，其中包括恢复过时的建筑、劳动力和监管费用的成本，以及调整街道网格的需要。

这并不奇怪，在过去的40年中，新的住房、零售和办公建筑在美国的"爆炸"已经在很大程度上成为一种郊区——绿色田野现象。计算成本、市场需求以及在郊区日用品形式下用于生活、工作、购物场所所需满足的"足迹"是相对一致和确定的。最近，投资者已进入城市市场。这些投资者往往是规模较小的环境的开发商，他们有特定的市场知识和城市能力。但是他们有与大规模开发商相比更少获得持续性的资本。

正确的环保设施，可以创建一个足够强大的开发资产或市场信号来促进各种类型的投资者。就如同看到的那样，即使在最衰败的城市，公园和河流的修复毫无疑问也是非常重要的，并且经常被当做是试图重新定义城市未来的方式。公园和河流创造房地产价值的潜力随着如何解决之前用途，提供优质公共管理的能力，环境修复的成本，邻近地区的开发价值，以及现有建成环境的空间设计和位置而变化。

除河流和公园之外，开发商和投资者对其他环境特征也有兴趣。景观街道的方式，保存完好的地段以及公共花园代表从公众和公民角度的长远的价值保证。任何接触到历史上下降的低迷市场的投资者和开发商的本能反应是确定仍然能够为市场准入和新产品创造提供机会的相对强健的领域。在街道上、公园里、河流沿岸、社区入口或沿零售带分布的管理良好的自然设施为市场的可行性提供了依据。而根据他们的统计，这些特征只是许多其他数据点中的一个。他们不仅表明有人投资，而且有人具有管理公共和私人行为的公众能力且有责任。

最后一点类似于"破窗"效应，通常用来解释现代警务政策。沿着一条布满破碎的窗户、被遗弃的车、垃圾以及被木板封上的住宅的街道行走，你会产生市场已不复存在的印象。此外，你觉得促进该地区的进一步下降是轻而易举的；如果你想实施犯罪，该地区似乎未受保护。现在考虑一条具有维护良好的家园的街道，门廊处留有主人的财物，沿着人行道种满植物，视野之内没有垃圾，你便会得出完全不同的结论。

当视觉标记影响投资结论时，开发商计算相关社区还取决于潜在的发展规模。在一个大型场地，如希望第六项目，开发可能会通过足够的自身素质的创造，以减轻附近地区对其的影响。[10]虽然大规模开发创造了防护性资产，但在大多数情况下,庞大的项目很难执行,因为它们的复杂性,以及,如果关起门来说,因为它们都是不合需要的。此外,大多数房地产开发都出现在现有的建筑环境之中或周围,那里必然有从一个地方到另一个地方的强有力的价值的相互交流,从而使周围视觉可及以及更大范围的环境条件变得极为重要。

在与政治、经济和公民问题的结合中,环境层面重建贫困地区房地产的标记是明确的。你必须修复环境障碍并强调环保设施和市场信号。贫困(以及因此不确定)的市场在开发初期需要公共补贴,以减轻清理、整治以及其他发展的成本,以及凸显新的开发用地周围地区的环境维护和管理的成本费用。由于资源有限和绝大多数的贫困市场问题,如何最好、最有效地分配补贴,使用金融开发的语言,就是如何使补贴精明分配?

环境整治和怡人开发中公共、私人或公众补贴的分配如果遵循以下四个原则就是精明的:① 补贴的应用不能掩盖或方便由开发商或投资者造成的经营效率低下;② 补贴是有限的(不是开放式的),在一个规定的时间内或与项目执行相结合而减少或消除;③ 补贴将有乘数效应,从而证明一个选择超越了其他位置;④ 补贴无法作为替代品实现任何投资者或开发商能够有效达到的利润最大化。

一个精明的补贴是高效、透明、多产和必要的。它的应用将产生最大的市场和城市杠杆。而精明的补贴在政治方面是难以管理的,它们对于例如费城这样的城市越来越重要;这些城市拥有重要的基础设施成本,但有限的财政资源用于最大限度地提高市场活动,需要仔细评估公共投资的最佳使用。

虽然计算市场的杠杆作用可能更容易,但是城市回报同样重要,事实上,它们相互依存。市场杠杆必须依靠补贴获得项目的未来经济利益,城市回报评估补贴如何加强现有的城市质量,其中,从长远来看,包括协助非正式的社区资产管理,造成持续的消费需求。后者的评估要求有细微差别,即使在最贫困的社区,一些选择如果涉及城市和市场乘数效应的投影,远比别的更有意义。

总之,城市土地和环境质量的恢复需要一种混合方法:公共补贴、市场投资和民间组织。补贴的分配必须遵循纪律和明确的目的:强调长期的市场生产力,加强市政设施的自组织质量,并认为资金随着时间的推移会逐渐减少。而对公共基础设施投资的需要和使用始终存在,市场累计价值投资者和开发商可以承担更多的成本。

较低的费城北部再投资基金案例

为了看清这些问题在具体情况下是如何发展的,我将转向布鲁厄镇,这是位于较低的费城北部的新近重建区域。布鲁厄镇是一个面积 45 英亩的极为贫困的区域,在过去 7 年中,再投资基金已在债务、股权融资、联邦新市场税收抵免等方面投资 2000 万美元以上。

在投资进入低迷的市场中时,再投资基金寻求利用其资金克服四类私人投资障碍:市场需求的不确定性;某些金融产品缺乏流动性;无法由开发商和企业内部化的额外市场成本的存在;协调竞争的公民和政治团体的利益的困难。

再投资基金旨在建立市场认同,他们知道这种努力有时涉及建立一个新的借款人类型(例如,特许学校)的可行性和标准,要有耐心(例如,在 20 世纪 90 年代重建东卡姆登的大部分区域),[11] 或是向有限资产负债能力的借款人分配一个高风险产品(征地)。在所有情况下,它吸收早期进入的风险,并提供像前文提到的精明补贴。

作为市场的早期进入者,克服障碍代表了以贷款和投资为核心业务的实际成本,并解释了为什么许多投资者在难以渗入的城市背景前缺席。简单地说,如果价值主张——交易成本与经济回报相比,描绘出风险的轮廓——不起作用,主流投资者和开发商将望而却步。他们将市场留给小环境投资者和开发商,这群人有使命、市场知识、资本成本或选项限制,他们愿意投资。一旦壁垒降低,似乎市场正在流动,一股消费者和体制发展资本也紧随其后。

当再投资基金融资在早期进入的情况下成功后,其资本随后由其他贷款人提供,他们经常充当再投资基金流动性的源泉。在其他情况下,市场简单地自己离开,再投资基金既可以离开市场,也可以扮演承保知识的提供者、策划者、银行参与的购买者或下属贷款人等新的角色。在所有情况下,成功应该导致增加融资的可预见性和降低对各种形式补贴的需求,包括基础设施、价格和信息的补贴。

在房地产行业,再投资基金所扮演的影响最大的早期进入角色是作为土地收购和发展规划的前期开发融资的提供者,或是有狭窄的经营利润或高贷款价值比率的项目次级债供应商。当土地收购和前期开发资金涉及持有环境负债的土地,需为环境研究和整治买单,以及需在确定项目可行性之前进行风险管理时，其具有显著的环境影响。再投资基金的投资是特别有效的，尤其是在由于一般市场波动或缺乏可比项目实例而导致土地价值不确定的情况下。

减轻这些市场的早期进入风险最简单的方法是投资于经验丰富的企业家和开发商，他们拥有相关市场管理成本和风险的可证明的操作记录，并具有分担风险的财政能力。如果没有这些企业家的参与将增加如再投资基金这样的投资者的风险，并削减高品质顾客（消费者需求）信息流。

分析市场和公民信息的能力是关键。由于这些原因，对于贫困社区项目的长期开发机会，再投资基金投资进行高品质的数据分析，详细列明优势、劣势，以及房地产市场的拐点。这也代表可以由公共实体进行的早期投资（补贴），但很少以促进市场复苏分析这样一种方式进行。

再投资基金了解贫困城市房地产市场潜力的方法是收集和分析城市和区域范围内的数据，以获得城市整体房地产市场类型的印象，以便当涉及较小区域时提供由宏观数据提供的更加精确的投资计划。同时，了解宏观和微观图片是确定投资机会和补贴的最佳使用场所的一个重要方法。

在宏观层面上，再投资基金收集了一系列住房市场数据（房屋价值、空置率、公共房屋、商业和住宅单元混合体、住房拥有率和租金水平及位置，以及许可证数据），在街区团组层面进行普查并对信息进行地理编码，同时使用统计聚类分析来寻找哪些地方具有相似特点和各种市场类型如何交互共享。这种方法提供了一个城市进行微观分析的复杂生态。它揭示了实力区域的位置，并有助于解释在一个单一的时间点内市场强弱的整体性质。虽然该方法采用时间序列数据（尤其是住房价值），却没有关于它本身的聚类分析是可预测性的。但像金融资产负债表一样，它是目前条件下可用于构建未来开发预景的建议性计算方式。

虽然分析师可以按照他的想法确定尽可能多的市场集群，但确定多少是有用的是一件困难的事情。选择和验证的任务像艺术之于科学，又像人种学之于统计学。最好的验证方法需要的第一手资料来源于街道，通过目视检查统计趋势，与居民、房地产经纪人、投资者和政府官员进行对话，从而将从人行道得到的数据移到电脑屏幕上，以检验数据的可靠性和挑战日常的看法。

基于在费城进行的统计分析和第一手的定性研究，2000年再投资基金确定了六个集群。他们从最高端的区域选择集群到价值最低的待修复市场进行排序（当时，费城价值最低的待修复市场有约22%的住宅空置水平）。这六个市场类型中的每一个都需要公共投资,从相对较小的市场干预措施、法规执行、维护支出到主要土地征集活动和环境整治。再投资基金从类型上提供了构建公共分配参数和优先事项的总方式,事实上,费城市政府使用此信息来指导其邻里转型倡议。

为追求其完整的规划方法,再投资基金进行了三个附加步骤,从宏观到社区规划和项目投资水平。

首先,再投资基金在集群地图上增设了附加层,包含完整的社会、经济和环境数据阵列。这使得出于规划和分析目的的定位可精确到任何社区,使用的街区层面指标,包括人口、收入、犯罪和环境信息。其次,在确定目标点后,它在选定区域与当地民间团体和其他选民进行严格的"脚踏实地"的讨论。第三,它使用数据和讨论找出潜在的投资项目和评估为实现项目成功必须发生的必要的公众、市政府和私人行为。

作为一个社会投资者,再投资基金深切关注荒废土地及建筑的恢复及自然资产的重新定位。通过其对费城的分析,再投资基金得出结论,一些最强和最弱的市场沿着公园和滨水聚集分布。公园或河流的存在本身并不导致一个强大的社区;其他因素和多种以上的自然资产的存在是必要的。然而,在适当条件下,自然资产是至关重要的。

总之,通过再投资基金的分析,明确了在市场实力和未实现的发展潜力的十字路口的机会方向,它观察到在低迷的市场,潜在的市场力量往往存在五种情况。它们是:① 自然资产的存在;② 主要机构或就业中心;③ 交通枢纽;④ 强大的住宅和商业活动集群;⑤ 接近显著再投资经验的领域。当某一区域有能力进行杠杆调节、连接或坚持以上任何一点优势通过公民、公共和私营经济活动的正确组合进入低迷市场时,其存在未实现的发展潜力。

除了确定投资项目的场地,再投资基金市场类型学也协助建立公共和私人投资序列和结构,这一活动在优势区域内或其周边进行,在这里正确或错误的行动可能会在一个方向上或其他方面打破市场。再次,这个评价不能仅基于城市市场数据的汇总映射。类型学分析提供了必须验证并通过较小的区域规划和分析使其具体化的鸟瞰图。

作为一个例子,让我们围绕彩图 9 来看看布鲁厄镇。它的西部边缘包括旧工业仓库和废弃的厂房,距全国最大和最美丽的城市公园之一的 Fairmount 公园（8500 亩）有着步行可达的距离。在其南部，市场需求和活动作为市区房地产市场的自然延伸强劲增长，在彩图 10 中以蓝色显示。这些路段毗邻城市中最弱的市场。西部和北部是成片的稳定低收入和中等收入（主要是美国黑人）家庭的住宅区，散步其间的街道有着 50％甚至更高的废弃率。

具有废弃工业场地的布鲁厄镇西段是举足轻重的。它既可以阻止来自南方的发展，导致工人阶级的住房价值与东部和北部相比相对下滑，也可以促进市场变化，并且对公园和相邻社区具有广泛的生态意义。布鲁厄镇的问题是如何同时连接公园和相邻的街区。再投资基金通过与当地社会团体和其他人的讨论，发现了该地区的新兴开发商的利益。但同时也意识到如果管理土地征集、环境修复和从公园委员会、民间团体、工会及许多其他选区产生复杂政策成本的手段缺失的话，这种利益将会消失。

再投资基金的结论是，布鲁厄镇的西段可能是其内城房地产投资策略的重要示范点。作为精明补贴，它将利用相邻较强市场的优势，消除含有重要污染物的工业的不良影响，并建立公园相关开发的先例，而这种开发在过去的几十年中一直避开城市的这一部分。此外，尽管废弃地水平显著，北部和东部有相当数量的优势街区社会公民素质表现出巨大的发展潜力。

从 2000 年开始，再投资基金与半打开发商和社会团体——包括营利性和非营利性的——进行合作，促使开发向前发展，一直以来都时不时成为一个有争议的过程。有关开发的争论在很多情况下都是非常典型的，这里中低收入居民欢迎其积极的影响（增加住房权益，更好的服务和零售），但对其潜在的负面影响虽然理解也仍紧张（增加物业税和负担得起的出租单位的短缺）。

为了帮助调解这些问题，并支持该地区的开发，再投资基金采用了一个六管齐下、多层面的办法。首先，它增加了公共津贴的资金，用于早期的拆迁成本和环境受污染土地的整治（在这种补贴缺席的情况下，没有私人投资，因为房地产价值是特别不确定的）。其次，它在项目证实可行之前，就为两个开发商提供了早期的、高风险的土地融资（这项投资导致 400 多套住房的混合收入开发，此外还有几百户额外的住宅正在规划）。第三，它为当地的非营利组织保存负担得起的住房拥有率和出租单位提供了保护规划（这些民间团体希望得到超前的市场，并确定以何种方式来保持长期的负担）。第四，增加对公共补贴的支持，来拆除危险的产业和景观空地，直到开发机会浮现的那一点（这是呈现出秩序和组织意识的关键,同时也证明促进变革的公众和政治意愿)。第五,它寻求慈善支持——获得来自威廉·佩恩基金会的补助——来为邻近新建设住宅的现有住宅单元提供正面维护(这些保护投资的效果同时增加新开发的价值和市场销售性,并对现有业主明确作出承诺,现有业主拥有变革中的股份)。第六,支持一个新超市和其他商业开发在该地区的空置土地上进行开发。

这些初始的再投资基金投资利用杠杆效应带动了 5000 万美元的其他私人资本和上百万公共补贴和税收优惠,给该地区带来了新的势头。在其他项目中超过 1 亿美元用于规划阶段。未来的项目是由公共资源投资的公园相关基础设施,更多的住宅单元,升级的娱乐中心,对于奥杜邦自然场地的规划,更高质量的照明及固定装置,以及沿着公园边缘空置土地的额外开发。考虑到不断增长的住宅和公园连接的优势,更重要的基础设施投资将不得不作出。随着居住人口的增长和组织起其公民权力,这些投资可能会跟进(见彩图 11)。

精明补贴的有效利用促进了该地区重建的初步成功。再投资基金和其他投资者都遵循由市场规律指导的融资补贴,造成几十亩工业荒地的恢复,并开始公园社区集成的一个新过程。这种方法认识到,公共部门、私营部门和公民的利益都在重建中发挥着重要作用。它也明白,市场在复杂的城市环境中的变化依赖于公民的同意与依赖金融风险缓解一样多。但它也承认,重建初期的成本都必须由公众或再投资基金等作为社会动机的融资实体覆盖。最后,在布鲁厄镇和邻近开发的关键元素是一个棕地修复、建设绿色地段、翻新公园的积极计划,要注意这样的事实,现有和新居民都对生活在高品质的无害环境中充满关注。

在衰落和重建之间

21 世纪的城市,尤其是老工业城市,游离在衰落和重生之间的十字路口。它们的转型不仅是就业基地的改变,还包含了质量数据的分析基础之上的大量复兴工业生态的投资。这些投资有三个目的:① 修正多年来由于工业和商业用途形成的有害环境的厂址;② 回收和重新定位自然资产(特别是河流和湖泊方面),将其从过时的工业用途转换为住宅、商业、休闲功能;③ 用市场的力量重新连接区域。

布鲁厄镇个案研究,充分体现了社区发展金融机构是如何根据市场定位进行改变的。它是众多将环境保护观点纳入到社会和经济的发展角度的例子之一,对于成功开展建设可持续发展城市的综合实践具有重要意义。

参考文献

Birch, Eugenie L. 2007. "Hopeful Signs: U. S. Urban Revitalization in the Twenty-First Century. " In *Land Polices and Their Outcomes*, ed. Gregory K. Ingram and Yu-Hung. Cambridge, Mass.: Lincoln Institute of Land Policy.

Development Finance Network. 2004. *Capital Plus*. Chicago: Shorebank Corporation.

Economics Research Assistants (ERA). 2005. *Real Estate Impact Review of Parks and Recreation*. Report submitted to Illinois Association of Park Districts. Chicago: ERA

Hillier, Amy E., Dennis P. Culhane, Tony E. Smith, and C. Dana Tomlin. 2003. "Predicting Housing Abandonment with the Philadelphia Neighborhood Information System. " *Journal of Urban Affairs* 25,1: 91-106.

Katz, Bruce, ed. 2000. *Reflections on Regionalism*. Washington, D. C.: Brookings Institution Press.

Katz, Michael B., and Mark J. Stern. 2006. *One Nation Divisible: What America Was and What It Is Becoming*. New York: Russell Sage Foundation.

Manhattan Institute. 1998. *The Entrepreneurial City*. New York: Manhattan Institute.

McGovern, Stephen J. 2006. "Philadelphia's Neighborhood Transformation Initiative: A Case Study of Mayoral Leadership, Bold Planning, and Conflict. " *Housing Policy Debate* 17, 3.

Norquist, John. 1998. *The Wealth of Cities: Revitalizing the Centers of American Life*. Reading, Mass.: Addison Wesley.

Pellow, David Naguib, and Robert J. Brulle, eds. 2005. *Power, Justice and the Environment: A Critical Appraisal of the Environmental Justice Movement*. Cambridge, Mass.: MIT Press.

Popkin, Susan, Bruce Katz, Mary K. Cunningham, Karen D. Brown, Jeremy Gus- tafson, and Margery Austin Turner. 2004. *A Decade of Hope VI: Research Findings and Policy Challenges*. Washington, D. C.: Urban Institute, www. urban. org/url . cfm? ID = 411002.

Rusk, David. 1993. *Cities Without Suburbs. Washington*, D. C.: Woodrow Wilson Press.

——. 1999. *Inside Game, Outside Game: Winning Strategies for Saving Urban America*. Washington, D. C.: Brookings Institution Press.

Smith, Marvin M., and Christy Chung Hevener. 2005. *The Impact of Housing Rehabilitation on Local Neighborhoods: The Case of St. Joseph's Carpenter Society*. Philadelphia: Federal Reserve Bank.

Wilson, James Q., and George L. Kelling. 1982. "Broken Windows: The Police and Neighborhood Safety. " Atlantic 249, 3: 29-38.

Winkelstein, Warren, Jr. 2000. "Interface of Epidemiology and History. " *Epidemiologic Reviews* 22,1.

第 14 章
可持续的粮食供应城市

多米尼克·维蒂洛（Domenic Vitiello）

　　许多生态学家认为依赖化石燃料的工业化农业是不可持续的。能源成本上涨和石油产量的预期下降并不是唯一的原因：石油和天然气为主的化肥和农药也已经耗尽世界的土壤肥力。他们声称，解决方案是定位在区域范围内的粮食生产本地化和转向恢复土壤和节水的有机耕作方法。[1] 因此，发展绿意城市需要本地化和区域化地种植越来越多的食材。个人家庭和企业层面的决策和行动，将有助于改造粮食市场。然而，集体倡议可以说是更重要的，因为它们将使粮食系统的、更广泛的重组得到有效管理。在此，社区和区域规划师被赋予了重要使命，他们必须在第三个千禧年到来之际发展出城市化发展的新形式，以维持都市社会的重要作用。

　　可持续的粮食供应规划在美国大都市的不同地区采取了不同的形式，具有不同的影响。发展可持续的粮食大棚，意味着在城市中心区、少数民族居住区、郊区环境，以及高收入与低收入社区的方式都有所不同。针对城市化进程的所有方面，解决城市和地区的可持续食品供应问题和机会，需要一套恰当适用于不同背景的多元化规划战略。

　　本章调查了有关区域粮食系统，尤其是城市农业及其与社会和经济发展的关系的争论。它使用了大费城地区的新兴城市农业部门作为案例研究，探索美国城市和地区的挑战，机遇和新兴的最佳做法。如同在多媒体项目《寻找失去的伊甸园》中指出的，这个城市是突破场地限制从棕地到绿地的农场之源。在市内农业和水产养殖业更短暂的实验提供了一个机会,去探索可以促使更好地了解如何使城市农业可行的雄心勃勃的理念和市场失灵。除了这些生产者,费城机构正在建立强大的区域基础设施,用以分销、加工和营销在大特拉华谷地区生产的食物。最后,城市和区域的各种公共卫生、教育、社区园艺、开敞空间保护以及雨洪管理提案提出了城市农业在气候变化和能源应用多变的时代在连接环境规划与社会和经济发展中的作用的重要问题。

能源、气候变化和粮食系统

都市型现代农业是一个全球性问题的局部反应。农业产业化的绿色革命使得在 1950~1990 年间,全球粮食生产增加了三倍,而与此同时农田面积仅仅扩大了 10%。在世界上的许多地方,廉价的石油意味着便宜的食品。但这个生产力的提高是有代价的。它陷入了依赖石油和天然气为基础的农药、除草剂、化肥和灌溉系统的循环,同时使土壤在短期内富有生产力,而长期则耗尽土壤肥力。自 20 世纪 90 年代初,作物产量已停止增长。在今天的美国,生产 1 卡路里的食物热量需要大约 10 卡路里的碳水化合物能源。

全球的粮食工业体系直接消耗占全球化石燃料的 21% 左右,间接消耗比这更多。在美国粮食系统中使用的所有能源的 21% 被用于农业生产,14% 用于大宗运输,加工和包装占 23%,11% 的能源被零售业和餐馆消耗,32% 消耗在家庭制冷和准备工作上。后者的数字强调了低耗能家电的重要性。

美国粮食系统的能源密集型性质主要源于其分散的地理。在美国,平均每餐的原料都生长在超过 1500 英里远的地方。美国对外国产品的依赖,从智利樱桃到新西兰草莓,只不过是延续了其对国外能源的依赖。与此同时,在美国大都市区的边缘,住宅及商业开发已经减少了农田的供应。此外,家和超市之间的距离增加也导致了越来越多的驾驶行为。

在粮食系统的几乎所有部分本地有机食品生产在减少能源消耗方面都发挥了作用。它可以减少以化石燃料为基础的农药和化肥的使用,限制长途运输的需要,而且通常需要低层次的加工、包装和制冷。事实上,近年来许多美国人已经接受了本地有机食品的这些及其他优势。农贸市场在美国的数量从 1993 年的 1755 个扩大至 2002 年的 3100 个,但它们仍然只占据 0.3% 的食品销售,还有很大增长空间。[1]

城市农业与社区发展

在地方层面,城市农业在社会发展中发挥作用。少数民族城镇居民家庭患有儿童肥胖和营养不良的水平高得不成比例——美国 18% 的拉美裔家庭和 22% 的非西班牙裔黑人家庭都无力购买足够的食物(陈,2006)。当地有机农业作为经济发展和环境正义策略,有能力解决公共健康、贫困和粮食安全问题。

城市规划者和每天火车通勤者定期比较底特律、巴尔的摩、东圣路易斯和费城的贫民区和第三世界的贫民窟。城市农业是北美和欧洲的低收入社区的城市规划专家可以自发展中世界学习获利的一个领域。在金沙萨、哈拉雷和哈瓦那,市内农场已成为大规模的社会发展战略。[2]

古巴提供了一些经验教训。在 1991 年失去苏联的经济支持后,岛上的石油进口倒塌。国内生产总值下降了超过三分之一,而其高度工业化的农业部门由于缺乏燃料供农业机械和生产化肥农药的工厂使用而急剧下滑。通过转向分散永续农业系统,国家得以生存,这是一个由澳大利亚人在 20 世纪 70 年代根据社会和环境可持续发展理念开发的系统,适用于特定地区的特定有机生态种植方法。[3]古巴人将原来的天台、天井和城市及周边地区的几乎所有开敞土地都转变为劳动力密集的(而不是资本或能源密集型)有机花园和农场。在哈瓦那,居民种植了市区范围内一半以上的蔬菜。在每个社区农贸市场构成分散的配送和销售系统。古巴人学会养殖蚯蚓和牛,架设滴灌系统以节约用水,制造有机农药和化肥,现在他们已出口到拉丁美洲其他地区。在这个过程中,他们恢复了已被早期工业化耕作方式耗尽肥力的土壤,他们带来的收益回到了 1991 年以前的水平。[4]

虽然古巴的经验为工业化国家提供了有限的经验教训,但他们为低收入社区和社区发展机构提供了很多经验。在美国,一些社区已经采用这些技术。例如,在洛杉矶南部中心区,人的贫穷促使他们寻求更好的营养食品途径。他们将闲置土地改造成社区花园,但园丁缺乏土地的所有权往往使这些土地用途只是临时的,由 2006 年 6 月中南农场园丁(和达里尔·汉纳)被驱逐便可见一斑。在中产阶级社区,例如,伊萨卡、纽约、戴维斯、加利福尼亚州、温哥华、不列颠哥伦比亚省,都使生活方式选择支持当地有机农业。社群组织,如黄河泉、俄亥俄州的社区解决方案以及附属于后碳研究所国际性重新本地化网络和全球生态村网络的本地组织已经在创造很大程度上能够自我维持的社区。[5]虽然这些团体鼓吹他们方法的包容性和广泛的适应性,但是迄今为止,他们所代表的仍是相对少数人的生活方式的选择。更重要的是,从规划者、开发商和低收入社区服务提供商的角度来看,在生活中他们的实验通常只有中产阶级和富裕的美国人负担得起。

对于低收入社区,学者和倡导者认为,城市农业代表了以资产为基础的开发的一种重要形式,尤其是在内城空置土地供应充足的情况下。康奈尔大学的农业社会学家托马斯·莱森将这种集体化的努力称作"市民农业"。[6]居民,往往是移民,利用他们对环境的知识,以及来自他们原籍的多年的园艺、农业和工艺传统,应用于全面规模化农业(区别于园艺的方式在于其更大的规模和生产者与消费者之间的正式关系)。除了私营部门和第三部门的倡议,公共部门可以通过一些政策来发挥重要作用,如土地银行,经济发展支持方案,税收政策,财政刺激等,这可以将环境经济学应用于当地粮食市场。

像其他城市绿化项目,城市农业可以带领人们一起实现各种规划和社区建设目标。[7]例如,城市农场可以改善雨水和废弃物管理以及当地空气质量。[8]如果提高了食品的安全性,将生产方式本地化,恢复污染居民区的生态,那么城市农场可以促进社会、经济和环境正义。从这个意义上说,城市农业可能被视为一种运动。其最激进的形式促进了"游击园艺",在其中农民激烈反对以前的不毛之地。在一个更主流的发展中,城市农业已受到慢食运动的支持,这有助于传播有机物的普及和启发了对工业农业及高度加工食品的反对。[9]

对本地种植的有机食品的需求确实已在近几年迅速扩大,华尔街日报和沃尔玛都已经承认了这一点。作为一个经济发展战略,小规模的有机城市农业拥有一些承诺,但也是重要的限制。它涉及相对较低的启动成本和间接成本,而不是土地或资本密集型的。虽然劳动强度大,在大多数情况下,它并不创造每个农场大量的工作,并在大多数地区,许多工作是季节性的。这就是说,城市农业可以帮助社区实现适度的人力资源发展目标,提供低技能和半熟练技工的培训和工作。此外,它为青少年提供暑期工作,这对于低收入社区的个人和家庭而言是一个重要的收入来源。最后,伴随着谨慎的业务规划,除了专注于为本地有机食品的生产、销售、餐厅及餐饮企业提供的机会外,在开发服务于特定领域市场的附加值的过程中,机会也同样存在。

本地化的粮食体系必然包括并远远超出地方的农场、花园和温室等生长发生的地方。社区工具棚,种子收获和农业教育计划都帮助维持生产和劳动力。分销和营销等机构基础设施包括农场直营店和农贸市场以及社区支持农业(CSA)计划和其他种类的连接生产者到消费者的购买俱乐部。在低收入社区,食品橱在与饥饿作斗争中发挥重要的作用,虽然大多是短期的和基础性的。[10]

有什么可以使这些系统可持续发展呢? 除了有效的业务规划,使得农场、社区支持农业模式以及市场在经济上年年可行外,本地化的城市或社区粮食供应需要促进全年的生产和销售。罐头和干燥后的本地食物,能满足一些这方面的需求。在温带气候区,室内种植和延长生长期的其他措施,可以暂时扩大生产。许多城市农民都采用永续栽培方法。建筑师卡特琳•博恩和安德烈•维尔容已经将这个概念应用到大都市,至少在理论上,主张"连续生产的城市景观设计"。其设计将全年的粮食生产融入城市空间,包括住宅庭院和屋顶温室,公共公园和人行道,大型箱式商店的广阔屋顶,以及基础设施缓冲区的土地,如通过费城和其他前工业城市的铁路沿线的大片空置土地。[11]

美国城市会如何发展这样的景观和自给自足的粮食系统? 这显然是在温暖和多雨的地区更可行的任务,而在其他地方的农民必须解决温度、供水和阳光的问题。费城提供了在岸边平原和山前地带的边境温带地区的一个例子。适应气候变化的问题可能不会转移到达拉斯、洛杉矶或博伊西。然而,在土地利用、栽培技术、分销和市场营销方面,费城地区的发展当地粮食系统清楚地代表了当前的措施、限制和城市农业在更广泛的美国城市的潜力。

费城农庄

费城地区似乎在粮食供应方面有着相对的地位优势。《可持续航线》在"本地最好食品和农业综合生产能力"的美国城市排行榜中将其排在第三位,紧随波士顿和明尼阿波利斯之后,主要是因为它"建立了一个由州内农民组成的健康网络"。[12]费城是最近城市农业成功故事的鼻祖,但也有着产生同样重要的经验教训的失败案例。

　　费城本地的粮食系统由两个基本部分组成。第一部分包括生产者,他们在区域内不同地区经营着一系列农场,在市内棕地,在城市内部和外部的绿地,在兰开斯特、伯克斯和宾夕法尼亚州的雄鹿县腹地的大农场,以及新泽西州南部和特拉华、马里兰、弗吉尼亚半岛。第二部分是一个集分销、营销和食品在城市及区域种植的一些过程的组织。这个机构的基础设施有效地将本地——或者更确切地说,区域——和粮食系统联系在一起。

　　费城明确关注粮食安全的最大机构是粮食信托基金,作为市内儿童的营养教育项目成立于 1992 年。那一年,它在塔斯克公寓开办了第一家农贸市场,这是一个位于费城西南部的炼油厂和旧物处理场的公共住房项目。在一个约 500 万居民的地区,信托基金估计有 475000 人遭受饥饿和营养不良,其中包括 20 多万儿童。费城是国内最穷的大城市,有近四分之一的居民生活在贫困中。今天,信托基金运行了一系列基于学校的项目,教给学生们有关个人和社区健康的教育,并向幼儿园提供健康的、本地种植的小吃。它曾与费城学区合作,以提高食堂和自动售货机食品的营养价值。信托基金以邻里街区为基础的活动,支持了在缺医少药的社区超市的发展和改善了青少年在街角商店的零食选择。最后,它在富裕和低收入的城市和郊区社区运行了 19 个农贸市场,包括全年开放的两个。这些市场的销售额从 2002 年的 50 万美元到 2006 年的 100 万美元,已翻了一番。[13]

　　在城市和郊区的另外 11 个农贸市场由"从农场到城市"(www. farmtocity. org)运营,这些市场被其吹捧为"提供一个文明和民主的聚会场所",认为它们的社区建设职能与健康和环境影响同样重要。"从农场到城市"管理着社区支持农业和购买俱乐部,包括将温带地区社区支持农业的传统季节扩展的冬季收获计划。通过其网站和对社区支持农业及大费城地区购买俱乐部的管理支持,它促进了这些本地食品网络的增长。"从农场到城市"通过扩大城市市场,将其看做在农村腹地维护家庭农场的努力。农贸市场的销售额从 2001 年的 20 万美元到 2005 年的 62.5 万美元,销售额达到之前的三倍以上,而冬季收获计划已增长了 800%,2007 年它还将会开立四个新的市场。

　　将宾夕法尼亚州东南和新泽西州的农场与大都市市场相连接的第三个机构是白狗咖啡基金会的公平食品项目。公平食品的餐厅项目将家庭农民与厨师、餐饮业和杂货店联系起来。还出版了《本地农产品批发指南》并提供咨询服务,建立起农民和买家之间的业务关系。其草地上的猪(PIG)联盟经营着全州的农场和支持人性化猪肉生产的组织网络。它使用在费城市中心的历史阅读终端市场的农场直营店，来促销个体道德的生产者的手工食品，如原料奶酪、有机水果和自由放养的肉类。如同食物信托基金的学校课程，公平食品的从农场到机构项目正在工作，以帮助本地的粮食生产者进入医院、大学和企业办公园区的食堂。[14]

粮食信托基金，"从农场到城市"和公平食品都加入了一个区域消费者运动，"购新鲜，购本地"，这反映了全国各地的类似努力。他们的本地食物指南列出了70多个农贸市场、杂货店、农场直营店、餐馆、饮食供应商和社区支持农业，以便该地区居民可以购买到本地种植的食物。消费者教育之外，"从农场到城市"、公平食品、三个合作的杂货店和其他四个合作伙伴正在开发共同市场，一个本地的食品配送中心。凭借其在北费城的30000平方英尺的仓库，这种伙伴关系旨在吸引膳食供应商、购买俱乐部和一个罐头运营商，将进一步扩大并建立本地食品供应市场和机构基础设施。"从农场到城市"和公平食品的领导都将该项目看做是区域扩大本地粮食供应能力建设的关键一步。

在共同市场的合作伙伴中有两个也是食品生产者。织布路合作社，一个社区拥有的市场，自2000年以来，一直在经营自己的农场。它将费城西南部的德国城和艾里山社区的 Awbury 植物园的一部分恢复成类似19世纪的农场和乡村庄园的历史土地安排。商店的生产经理设计作物计划，以补充其在该地区和其他地区的其他生产商处的购买。合作社成员提供大量的劳动力完成每年所需的工作小时。来自本地的公共初等学校、环境教育特许学校和宾夕法尼亚聋哑人学校的学生们将在春季协助播种、除草、收割和培育幼苗。[15]

宾夕法尼亚大学社区合作中心是另外一个共同市场合作伙伴，它的城市营养倡议（UNI）正在费城西部为食品信托基金的工作建立更密集的公立学校课程。在大学城高中，它已经将食物和营养课程融入社会研究、语言艺术，以及数学和科学类课程。在午餐时间它提供了烹饪班。放学后和暑假期间，它运行了城市农业中的就业培训计划，通过让学生学习管理校园花园、农场直营店，以及由城市营养倡议的送货卡车充当的移动产品市场。[16]

在一个更大的规模，城市像是扫罗农业高中（Saul Agricalture High School）不真实的大本营，它是美国最大的农业中学。在费城西北部扫罗有130亩土地，用于牛、马、羊的牧场。然而，它的课程集中于工业的耕作方法，限制了学校和毕业生对该地区的可持续农业部门的贡献。另一所公立学校，在费城东北部的亚伯拉罕·林肯高中,开设了园艺学院,为学生们将来从事园林绿化、果树栽培、日光温室生产、花卉销售等职业而作准备。[17]像其他城区一样,费城的公立学校面对着资金和辍学的日常危机,但其现有计划提供了教育后代城市农民的能力。

也许该地区最大的城市农业的潜在能力,就在坐落在城市中超过 500 个的社区花园,其中大部分都是由宾夕法尼亚州园艺协会的"费城绿色"计划支持的。如前所述,虽然社区花园并非农场,但在季节性的基础上它们仍然养活了很多人,是城市粮食系统的重要部分。通过其花园投标方案和其他工作计划,"费城绿色"构成了该地区最普遍的园艺教育计划。它团结社区园林绿化的能力,再加上对花园物质上的支持以及同邻里花园协会土地信托的合作伙伴关系,使得该组织在动员和稳定社区和本地粮食供应方面具有强大的力量。第一年(2006年),费城的绿色城市丰收计划汇集了在费城监狱系统的"寻根重返"花园中的犯人,以及 200 多个社区园丁的能量,为低收入社区的食品橱提供了将近 8000 磅的新鲜农产品(费城园艺协会,2006)。

在 20 世纪 90 年代末,"费城绿色"更为严肃地探索城市农业投资的可能性。其派遣一些优秀的社区园丁到古巴学习其在"特殊时期"开发的永续农业系统。并委托制作了关于城市农业可行性的报告,其中包括 8 个北美城市农场的案例研究。并于 2000 年发表,其时美国的普通汽油每加仑成本为 1.50 美元左右,发现"费城包含了这些冒险所需的一些关键因素,也就是空置、闲置土地的可用性……以及由费城支持城市农业的组织和个人形成的核心团队的创业精神"。然而,它指出,"其他因素,如收购、质量、土地位置——以及确保开始和最初维持这些企业必要资金的能力——代表了难以克服的障碍"(宾夕法尼亚州园艺协会,2000:18)。在研究的八个农场中,三个"获利微薄",一个正在破产,一个已经关闭,还有两个太新而无法判断。一个刚刚获得像样的利润,从业人员达 100 人,但也只是在获得 2000 万美元启动费之后。至少目前,宾夕法尼亚州园艺协会的结论是,城市农业还没有出现一个有前途的投资。

在这份报告中描述的唯一费城本地农场是"绿色成长",它于 1997~1998 年度在肯辛顿的前工厂区创办。玛丽·西顿·科博伊,一个前厨师,将它构思为一个高档餐厅的供应商,包括白狗咖啡。农场 3/4 英亩的场地原先是一个钢镀锌厂,所以它将所有的植物都种植在地面之上:水培系统里的罗勒和生菜,在底部密封的栽培床里的传家宝西红柿,和由美国宾夕法尼亚州乡村地区农民捐赠的温室

258

里的盆栽植物。

在 2000 年"绿色成长"农场挣扎求生,同时依靠捐赠和销售来维持生计。其在雇用员工从福利到工作计划中的实验失败,此时科博伊明白她需要维持不超过两或三个工作人员以便于支撑管理劳动力成本。农场仅在 2003 年开始转向盈利,因为它多元化的产品线,扩大了苗圃业务,开发了社区支持农业模式,并成为费城餐馆从附近的宾夕法尼亚州和新泽西州的农场寻求有机农产品的经纪人。在肯辛顿,它与美国宾夕法尼亚州立大学的综合虫害管理项目合作,采取例如瓢虫这样的生物控制措施,帮助其保持无农药的生产率。今天,"绿色成长"是城市农业全国性的著名领导者,一个位于棕地的农场的重要范例(图 14-1)。[18]

图 14-1 "绿色成长"农场,显示了农场直营店和温室
(资料来源:多米尼克·维蒂洛)

"绿色成长"是费城市内一大把失败的城市农场中非凡的成功故事。在费城中北部,思迁(Seachange),宾夕法尼亚州第一个认证有机城市农场和社区支持农业模式,已被电影院和附近的坦普尔大学的学生住房项目所占据。在较低的费城北部的费城浆果(philaberry)农场为当地的许多杂货店和餐馆提供黑莓和覆盆子已有大约 8 年时间。在 21 世纪初,对于房地产企业家而言,持有土地直到市场对住宅开发有利是冒险的边缘。20 世纪 90 年代中期以来,关于在城市内众多空置的工业建筑的一部分中培育蘑菇的建议已经层出不穷,它们看起来

似乎非常符合真菌生长所喜欢的阴暗潮湿的环境。高岭土农场是来自宾夕法尼亚州 Kennett 广场的领先种植者,被誉作"世界蘑菇之都",就是这样一个支持者,但由于地区进出口成本增长缺乏肥料准备供应而被迫放弃其计划。

在水产养殖方面已经尝试更复杂的计划。在 2000 年,消费者倡导者兰斯·哈弗用200 万美元公共和私人资金在费城西部授权区的免税土地上成立了凤凰食品。在此雇员所有企业的工人安装了一个创新系统,将鱼和罗勒一同养殖,形成了"复合养殖"这种共生的关系,其中鱼的排泄物为植物施肥,植物又为鱼净化水。技术故障和生产力不足使得这家企业四年后破产。一项更谨慎的 45 万美元的由特拉华河港口管理局资助的研究项目由宾夕法尼亚大学兽医学校进行,以测试在费城海军造船厂的塑料箱内进行商业鱼类养殖的可行性。该想法被认为是不切实际的,没有继续跟踪。

更积极的一面是,另一种水箱已经是使城市农业在经济上可行的城市最重要的实验场景。在两个由费城水务局(PWD)运营的大型仓储水箱的底部,本地农业创新研究所已经自 2003 年以来一直在运营萨默顿水箱农场。这个费城东北部的场地没有受到污染,所以在半英亩的土地上进行培育,对于农民横跨播种,除草,收割庄稼中的胡萝卜、西瓜,尤其是沙拉组合时而言已足够宽广。像"绿色成长"一样,萨默顿的输出途径已经多样化,如社区支持农业模式、农场直营店、粮食信托和从农场到城市的农贸市场,以及餐馆和食品供应商。

萨默顿主要是一个示范项目,旨在利用本地农业创新研究所的创新专利"能够提高产量、减少病虫害压力,并建立土壤肥力的高度精密的旋转种植模式"的小块集约方法为小面积的城市农场提供样板。在两个农民的场地工作下,其总销售额从第一年的 26100 美元上升至 2005 年的 52200 美元和 2006 的接近70000美元。通过将冬季农产品种植在温室中,它扩大了冬季农产品的生长季节,也将这些销售扩展到较冷的月份。研究所将小块集约方法作为"特别适合企业家的方法"来推广,它可以使用"精确的收入目标公式来将产量推到前所未有的水平。"[19]对于费城水务局而言,萨默顿表明了雨洪管理可以采取获利的形式。"这表明,你可以在城市中种地为生,它提供了经济发展",费城水务局的南茜·韦斯曼说到。[20]萨默顿的两个农民一直坚信,决定购买并建立自己的农场股权(图 14-2)。[21]

2006 年,本地农业创新研究所委托进行了一项可行性研究,检查能够复制萨默顿模式的潜在场地,同时进行了市场和金融预测,以便于在未来的业务规划

图 14-2　萨默顿水箱农场，前景为生菜种植床，右侧为西红柿和生产准备帐篷
（资料来源：多米尼克·维蒂洛）

中有所帮助。它在网站上出售详细的小块集约方法农业指南，并与加拿大合作伙伴，即此模式的共同发明人，在威斯康星州举行"小块集约城市"夏季研讨会。韦斯曼和研究所主任罗克珊·克里斯滕森，在 2006 年的大多数时间里，都在会见大费城地区的土地所有者和有抱负的农民，2007 年他们重点关注支持城市农业增长的土地和农业政策建议。

　　与萨默顿模型相熟悉的一个团体是费城西北部上罗克斯堡区域的斯库尔基尔环境教育中心。其 340 英亩的面积内包括一些 19 世纪的农场，就像织布路合作社已发展了其农场的 Awbury 植物园。随着石油峰值问题和本地粮食供应获得更广泛的公众关注，这个保留的农场变得比简单的开敞空间更有吸引力。事实上，2006 年斯库尔基尔中心增加了一个农民作为其工作人员，对长期休耕的土地进行犁地。该中心正与拥有毗邻的历史悠久农场的邻居合作，以探讨进一步挖掘在一个协作的社会项目上的本地生产能力的可能性。即使他们很少有时间来自己辛苦劳作，拥有大型产业的律师和建筑师可能将他们的土地交由他人种植,来从他们自己的后院获得租金和新鲜农产品(图 14-3)。

图 14-3　马纳塔乌纳农场,它是费城上罗克斯堡保留下来的几个 19 世
纪的农场之一。由费尔蒙特公园拥有和经营,作为扫罗农业高中的
干草农场,它毗邻其他已成为斯库尔基尔环境教育中心一部分
的历史悠久的农场。如果保留得当,这个城市内的农田可以
容纳更多的集约化农业,为本地粮食系统作出重要贡献
(资料来源:多米尼克·维蒂洛)

　　如果说上罗克斯堡的努力代表了中产阶级居民区有充足的私人和机构开敞
空间的模式,费城西部的磨溪区域则是通过城市农业为低收入社区提供一个社
区发展前途的模式。同萨默顿一样,磨溪农场作为由费城水务局支持的雨洪管
理项目开创于 2005 年。它位于一个长期遭受沉没的家园和落水洞困扰的社区,
这是由传统的埋地径流产生的遗留问题,该场地已空置了 30 年,虽然它的一部
分已在 15 年前成为一个社区花园。[22]

　　磨溪农场是一个非营利性的社区开发机构,其将环境使命与教育、营养和旨
在改善粮食安全的社区建设方案相结合。它由两名年轻妇女——约翰娜·罗森
和玉·沃克运营,她们曾为城市营养倡议工作过,它与当地的学校和其周边的社
区园丁合作来"便于学龄团体和长辈的代与代之间的交流"。它的工具房是"乡
土"绿色建筑的一个例子,有着黏土稻草墙,以太阳能为动力的电力,生活屋顶,
灰水收集和堆肥厕所。其皮卡车由当地交通运输部门捐赠,正在转换为使用生

物柴油运行和使用蔬菜油。[23]农场的农产品在当地马里波萨合作社和磨溪自己的农场直营店销售,邻居购买大蒜、西红柿和秋葵——其最流行的作物所需支付的价格低于市场价格(图14-4)。

图14-4　游客在磨溪农场的乡土绿色建筑的"生活屋顶"上
(资料来源:多米尼克·维蒂洛)

　　磨溪农场由"费城绿色"计划支持,对于一些现有社区花园应该如何通过农业促成更为正式的社会和经济发展,它也提供了范例。一组由《寻找失落的伊甸园》表扬的园丁,伊瑞斯·布朗、托玛西塔·罗梅罗和来自肯辛顿诺里斯广场GRUPO Motivos的妇女正在探索建立一个温室的可能性。这种主动不仅会延长季节,也能使GRUPO Motivos种植一些原产于他们自己的祖国波多黎各的植物,这反过来又可以帮助扩大他们的饮食和文化教育项目。

　　其实,城市农业在费城最近引起了极大的兴趣。由市公园协会与再投资基金,宾夕法尼亚州园艺学会,以及宾夕法尼亚州环境委员会合作举办的"城市虚空"国际设计竞赛旨在重新利用城市空地,为市内农业模式吸引了约40项建议。其中一些包括风能、太阳能和其他可再生能源为农场供电。2007年,社区经济发展先驱保罗·格洛弗成立了一个新的小组,费城果园项目,协助居委会为基础的组织稳定空地和建立少劳动力密集的农业,成为城市肌理永久的一部分。这些水果和坚果树木、浆果和多年生植物的种植可以采取许多不同的形式,从水果行道树和低收入居民免费收获的邻里果园,再到"可食用的社区中心"大棚,到小的商务冒险。[24]

显然,对于费城和其他地区城市农业的未来并不缺乏想法。像"绿色成长",萨默顿,磨溪和织布路这样的现有农场为不同的城市和郊区土地,营利性和非营利性组织,以及不同的项目目标提供了各种可复制的模式。本地农业创新研究所已经表明,企业战略规划和小块集约化养殖,可以促进有效的经济发展。"绿色成长"证明,棕地可以成为富有生产力、有利可图的有机农场。共同市场和农贸市场不断增长的区域网络以及社区支持农业模式,代表了与传统食品配送和超市连锁的更浪费和化石燃料密集型系统相比,一个新兴的可替代的分销和营销系统已经建立。一些废物由本地粮食系统回收("从油炸到柴油"的费城能源合作企业,例如,将餐厅废弃油脂收集和重新处理成生物柴油)。

但是,总的来说,从农场到城市的主管鲍勃·皮尔森估计,在大费城地区的所有食品消费中,只有不到 1% 是在半天能够到达城市的"本地"生产的。[25]这将需要一个规模大得多的规划和发展来进行有意义的本地化地区的粮食供应。在市内,土壤肥力和污染,土地所有权和场地控制以及组织能力的问题都代表着挑战,正如他们在很多重建中面临的那样。

然而,在费城和其他地区对新的最佳做法进行了巨大的承诺。在有大量空置土地供应的城市,如巴尔的摩、底特律和新奥尔良,城市农业意味着环境整治,教育和社会振兴的重大机遇。如果集中养殖,有食品加工和保存工作的支持,这些地区有充足的土地可以生产大部分的水果和蔬菜以及谷类。[26]在一些密集的地区,如纽约市,甚至是种植水果行道树这样的小行为都能够在市内街区形成营养和空气质量的差异。

走向可食用城市

我们生活中可以没有石油,但我们的生活不能没有食品。迎接 21 世纪的环境和经济的挑战,将需要大幅降低全球粮食系统对石油和天然气的依赖。大都会"食品鸡舍"必须被重新本地化,例如,减少东海岸城市对加州生菜和来自西班牙的柑橘的依赖。但城市农业是否真正能够使区域粮食厂舍自给自足?

在凤凰城和拉斯韦加斯的答案是没有可能。但在费城、亚特兰大、西雅图和芝加哥的答案是很可能,即使本地化一半地区的粮食供应也将极大地减少对化石燃料的依赖,更何况对公众健康的好处。在任何大都市区,这将无法由市内种植者单独实现。促进城市市场和农村腹地农民之间连接的机构基础设施至少像开发城市农场一样重要。家庭和社区花园对于个人和集体行为而言,同样是保持增加当地粮食供应的重要场地。

近年来,先锋城市农民已经尝试各类农业和水产养殖。大部分这些努力都未能扭亏为盈。然而,这些企业的市场背景在需求和供给双方都正在发生变化。在 21 世纪初期,城市农业是一个社会和经济发展的重要途径,甚至比几年前更加重要。随着能源价格上涨和石油峰值的噩梦,城市农业将是势在必行的。它有望成为一个社会发展的重要组成部分,参与到 21 世纪一系列种类繁多的社会、经济和环境规则中去。

参考文献

Bolesta, Katy. 2006. "Market Forces." *Philadelphia Weekly*, August 23.

Brown, Lester. 2006. *Plan B 2. 0: Rescuing a Planet Under Stress and a Civilization in Trouble*. New York: Norton.

Chen, Michelle. 2006. "Nearly One in Five U. S. Latinos'Food Insecure. '" *New Standard*, December 20.

Christensen, Roxanne, and Nancy Weissman. 2006. Interview, August 28.

Corboy, Mary Seton. 2005. Interview, March 30.

Deffeyes, Kenneth. 2005. *Beyond Oil: The View from Hubbert's Peak*. New York: Hill and Wang.

Diaz Peña, Jorge, and Phil Harris. 2005. "Urban Agriculture in Havana: Opportunities for the Future." In *Continuous Productive Urban Landscapes: Designing Urban Agriculture for Sustainable Cities*, ed. Andre Viljoen. Burlington, Mass.: Architectural Press.

Ferguson, Beth. 2000. "Urban Aquaculture: Ethnic Markets Sustain New Business." *New Village Journal 2*.

Flores, Heather. 2006. *Food Not Lawns: How to Turn Your Yard into a Garden and Your Neighborhood into a Community*. White River Junction, Vt: Chelsea Green.

Flynn, Kathleen. 1999. "An Overview of Public Health and Urban Agriculture: Water, Soil and

Crop Contamination and Emerging Urban Zoonoses. " Cities Feeding People Report 30. Ottawa: IDRC.

Food and Agricultural Organization (FAO). 2004. *The State of Food Insecurity in the World*. Rome: FAO.

Food Matters. 2006. 2, 2 (Fall).

Glover, Paul. 1983. *Los Angeles: A History of the Future*. Los Angeles: Citizen Planners.
Goodman, Howard. 1979. "Sowing the Seeds of Change: Down on the Farm in Philadelphia. " *Philadelphia Inquirer*, October 12.

Gottlieb, Robert, and Andrew Fisher. 1996a. " 'First Feed the Face': Environmental Justice and Community Food Security. " *Antipode* 28, 2:193-203.

——. 1996b. "Community Food Security and Environmental Justice: Searching for a Common Discourse. " *Agriculture and Human Values* 13,3: 23-32.

Gray, Steven. 2006. "Organic Food Goes Mass Market. " *Wall Street Journal*, May 4.

Greenhow, Timothy. 1994. "Urban Agriculture: Can Planners Make a Difference?" Cities Feeding People Report 12. Ottawa: IDRC.

Hammel, Laury, and Gun Denhart. 2006. *Growing Local Value: How to Build Business Partnerships That Strengthen Your Community*. San Francisco: Berrett- Koehler.

Heller, Martin, and Gregory Keoleian. 2000. *Life Cycle Based Sustainability Indicators for Assessment of the U. S. Food System*. Ann Arbor: Center for Sustainable Systems, University of Michigan.

Holmgren, David. 2002. *Permaculture: Principles and Pathways Beyond Sustainability*. Hepburn, Australia: Holmgren Design Services.

Jacobi, Petra, Axel Drescher, and Jorg Amend. 2000. "Urban Agriculture- Justification and Planning. " *City Farmer*, cityfarmer. org.

Johnson, Lorraine. 2005. "Design for Food: Landscape Architects Find Roles in City Farms. " *Landscape Architecture* (June).

Karlen, Ann. 2007. Presentation at the Urban Sustainability Forum, January 18.

Katz, Sandor. 2006. *The Revolution Will Not Be Microwaved: Inside America's Underground Food Movements*. White River Junction, Vt.: Chelsea Green.

Kaufman, Jerry. 1999. "Exploring Opportunities for Community Development Corporations Using Inner City Vacant Land for Urban Agriculture. " University of Wisconsin-Madison, February.

Kaufman, Jerry, and Martin Bailkey. 2000. "Farming Inside Cities: Entrepreneurial Urban Agriculture in the United States. " Lincoln Institute of Land Policy working paper.

Koc, Mustafa, Rod MacRae, Luc J. A. Mougeot, and Jennifer Welsh, eds. 2000. *For Hunger-Proof Cities: Sustainable Urban Food Systems*. Ottawa: International Development Research Centre.

Lawson, Laura. 2005. *City Bountiful: A Century of Community Gardening in America*. Berkeley: University of California Press.

Lazarus, Chris. 2000. "Urban Agriculture: A Revolutionary Model for Economic Development" *New Village Journal* 2.

Lyson, Thomas. 2004. *Civic Agriculture: Reconnecting Farm, Food, and Community*. Medford, Mass.: Tufts University Press.

Mill Creek Farm. 2006. Brochure.

Mollison, Bill, and David Holmgren. 1990. *Permaculture One: A Perennial Agricultural System for Human Settlements*. Tyalgum, Australia: Tagari.

Mougeot, Luc J. A., ed. 2005. *Agropolis: The Social, Political and Environmental Dimensions of Urban Agriculture*. London: Earthscan.

Murphy, Pat. 2006. "Plan C—Curtailment and Community" *New Solutions* (September).

Murray, Danielle. 2005. "Oil and Food: A Rising Security Challenge. " Earth Policy Institute.

Murray, Link et al. 2003. "A Review of Operating Economics and Finance Research Needs. " Aquaculture White Paper 4. Northeast Regional Aquaculture Center.

Nelson, Toni. 1996. "Closing the Nutrient Loop. " *WorldWatch* 9, 5 (December): 10-17.

Patel, Ishwarbhai C. 1996. "Rutgers Urban Gardening: A Case Study in UrbanAgriculture. " *Journal of Agricultural and Food Information* 3, 3: 35-46.

Pennsylvania Horticultural Society (PHS). 2000. *The Feasibility of Urban Agriculture, with Recommendations for Philadelphia*. Philadelphia: PHS.

——. 2006. "PHS Launches 'City Harvest,' a Program to Feed the Hungry. "Press release, June.

Pfeiffer, Dale Allen. 2006. *Eating Fossil Fuels: Oil, Food, and the Coming Crisis in Agriculture*. Gabriola Island, British Columbia: New Society.

Pierson, Bob, and Ann Karlen. 2006. Interview. July 10.

Pimentel, David, and Mario Giampietro. 1994. "Food, Land, Population and the U. S. Economy. " Carrying Capacity Network.

Pollan, Michael. 2006a. *The Omnivore's Dilemma: A Natural History of Four Meals*. New York: Penguin.

——. 2006b. "The Vegetable-Industrial Complex. " *New York Times*, October15.

Pothukuchi, Kameshwari, and Jerome Kaufman. 1999. "Placing the Food System on the Urban Agenda: The Role of Municipal Institutions in Food Systems Planning. " *Agriculture and Human Values* 16, 2: 213-24.

The Power of Community: How Cuba Survived Peak Oil. 2006. Documentary.

Premat, Adriana. 2000. "Moving Between the Plan and the Ground: Shifting Perspectives on Urban Agriculture in Havana, Cuba. " In *Agropolis: The Social, Political and Environmental Dimensions of Urban Agriculture*, ed. Luc J. A. Mougeot. London: Earthscan.

Quinn, Megan. 2006. "Peak Oil and the Case for Local Food Systems. " Ohio State University, January 11.

Quon Soony. 1999. "Planning for Urban Agriculture: A Review of Tools and Strategies for Urban Planners. " Cities Feeding People Report 28. Ottawa: IDRC.

Ratta, Annu, and Jac Smit. "Urban Agriculture: It's About Much More Than Food." 1993. *World Hunger Year* 13 (Summer): 26−29.

Rodriguez, Harahi Gamez. 2000. "Agriculture in the Metropolitan Park of Havana, Cuba." In *For Hunger−Proof Cities: Sustainable Urban Food Systems*, ed. Koc Mustafa, Rod Mac-Rae, Luc J. A. Mougeot, and Jennifer Welsh. Ottawa: International Development Research Centre.

Rose, Gregory. 1999. "Community−Based Technologies for Domestic Wastewater Treatment and Reuse: Options for Urban Agriculture." Cities Feeding People Report 27. Ottawa: IDRC.

Rosen, Johanna, and Jade Walker. 2006. Interview, September 24.

Schimmel, Bruce. 2004. "Phoenix Falling." *Philadelphia CityPaper*, May 13.

Schurmann, Franz. "Can Cities Feed Themselves? Worldwide Turn to Urban Gardening Signals Hope." 1996. *Pacific News Service*, June 3.

Shuman, Michael. 2000. *Going Local: Building Self−Reliant Communities in a Global Age*. New York: Routledge.

———. 2006. *The Small−Mart Revolution: How Local Businesses Are Beating the Global Competition*. San Francisco: Berrett−Koehler.

Silva, Beth. 1998 1999. "Urban Farming: Making Metropolitan Market Revenue." *AgVentures* 2, 6 (December−January): 40−45.

Smit, Jac, and Joe Nasi. 1992. "Urban Agriculture for Sustainable Cities: Using Wastes and Idle Land and Water Bodies as Resources." *Environment and Urbanization* 4, 2 (October): 141−52.

———. 1995. "Farming in Cities." *In Context: A Journal of Hope, Sustainability, and Change* 42 (Fall): 20−23.

Smith, Jesse. 2006. "The Plot Thickens." *Philadelphia Weekly*, July 19.

Sommers, Paul, and Jac Smit. 1994. "Promoting Urban Agriculture: Strategy Framework for Planners in North America, Europe and Asia." Cities Feeding People Report 9. Ottawa: IDRC.

SPIN Overview. 2005. Institute for Innovations in Local Farming.

Spirn, Anne Whiston. 2005. "Restoring Mill Creek: Landscape Literacy, Environmental Justice and City Planning and Design." *Landscape Research* 30, 3 (July): 395−413.

Steele, Jonathan. 1996. "Growing Good News in Cities—UN Habitat Summit." *Observer*, May 5.

Stix, Gary. 1996. "Urbaculture: Cities of the Developing World Learn to Feed Themselves." *Scientific American* (December).

Tansey, Geoff, and Tony Worsley. 1995. *The Food System: A Guide*. London: Earth−scan.

United Nations Development Program (UNDP). 1996. *Urban Agriculture: Food, Jobs and Sustainable Cities*. New York: UNDP.

"Urban Food Production—Neglected Resources for Food and Jobs." 1992. *Hunger Notes* 18, 2

（Fall）.

Van Allen, Peter. 2004. "Back to Basics: Farms Sprouting in Philadelphia" *Philadelphia Business Journal* （July）.

Viljoen, Andre, ed. 2005. *Continuous Productive Urban Landscapes: Designing Urban Agriculture for Sustainable Cities*. Burlington, Mass.: Agricultural Press.

Viljoen, Andre, and Joe Howe. 2005. "Cuba: Laboratory for Urban Agriculture." In *Continuous Productive Urban Landscapes: Designing Urban Agriculture for Sustainable Cities*, ed. Andre Viljoen. Burlington, Mass.: Architectural Press.

第三部分

测量城市绿色

第15章

生态系统服务与绿色城市

丹尼斯·D·赫希（Dennis D. Hirsch）

      人家都知道自然生态系统可以提供创造商业价值的产品，比如木材或者水产，但是很少有人认识到生态系统还可以为人类社会提供有价值的服务。[1] 湿地和自然冲积平原可以保护城市免受洪水之灾。植物和土壤可以过滤、净化城市水源。昆虫帮助农作物授粉。森林吸收二氧化碳并且稳定气候。尽管我们都知道生态系统服务有这样或者那样的重要性，多数人们把这种服务认为是理所应当必然存在的。[2] 城市绿化至关重要，但是有时候却受到人们短视的影响。那些提倡城市绿化的人，很少把焦点放在自然环境可以提供的经济服务上。因此，他们在决定投资城市及其周边的自然环境的时候，缺少了一项很重要的政策支撑。

      本章内容将试图填补这一空白。我们将从三个方面展开。第一部分解释自然生态系统是如何为城市提供有价值的服务的。描述了北部流域地区为纽约市的水源提供了过滤作用，以及海边湿地曾保护新奥尔良免受飓风暴风雨之灾。从这些案例中，可以总结出城市从健康的生态系统中获得了很大的收益，而且，当我们投资生态系统服务时，环境和经济目标可以同时实现。第二部分主要发问谁应该对生态系统服务功能的保护和不断增加负责？引用一个公共品的政府，断言政府应该承担这个责任，尽管市场在其中也应该扮演一定的角色。第三部分评价了四个可以服务这一目的的政府机制，评估了四个机制的优点和缺点。

城市投资生态系统服务的经济和环境价值

生态系统给城市提供重要的服务功能,这一点在前面的案例中已经提到,比如北部流域地区为纽约市提供净化的饮用水,以及海边湿地可以保护新奥尔良及其周围免受飓风灾害等。

纽约和北部流域地区

纽约市约900万居民和成千上万的从事商业活动的人每天大约消耗14亿加仑的水。特拉华州卡茨基尔流域,一个延伸到城市北部和西部的广阔森林和农耕地区,提供了90%的水供应。Croton流域提供了剩下的部分。这个于1837年开始建设的系统,在19个水库和3个控制湖中,现在已经储存了5000亿加仑的水,通过6000多英里的水渠和管道向城市输水。直到最近,这些水已经非常清洁,以至于城市中不用再进行处理,只是加一点点氯和氟化物进行消毒和防止牙齿腐蚀。

从20世纪90年代开始,这种情况开始改变。流域土地的发展为城市饮用水敲响了警钟,污染随着高尔夫球场、车道、草地、建筑工地和其他类似的土地利用进入流域,破坏了水质。农田径流和居住区腐烂物的渗漏进一步加重了这个问题。同时,监管的要求也开始变得严格。在执行《安全饮用水法案》的行动中,美国环保局于1989年发布了一项规定,要求所有有地表应用水供应的城市建立一个过滤水厂,除非这个城市证明其通过某种方式保护了流域内的土地,并且这种保护方式也保护了水质。纽约市承认了为较小的Croton系统建设一个过滤厂的必要性。但是,对于为较大的特拉华州卡茨基尔流域系统建设过滤厂一事,它却显得非常勉强,因为这个厂将要花费约60亿~80亿美元。

1991年1月,纽约州立卫生署,作为联邦《安全饮用水法案》的执行代表,就特拉华州卡茨基尔流域系统一事向纽约市呈递了一份艰难的选择:或者努力进行流域恢复以达到最低的水质要求,或者建立一个过滤厂。纽约环境保护署选择了进行流域恢复。它作出这个选择主要是由于经济原因。与过滤水厂60亿~80亿美元的价码相比,流域恢复预计只花费15亿美元。对生态系统服务进行投资,纽约市是理性的,这一举动将节约几十亿美元。

纽约市的流域保护项目需要各种各样的措施,比如改进腐败物和污水系统,升级废水处理厂,增强水质监测(美国环保局,2006)。这也要求 3 亿美元支出花费在重要流域土地上的获得和保护,或者,另外一种选择是,保护地役权从而使该区域成为非建设用地的花费(美国环保局,2006:11)。这样的未开发的土地通过减缓洪水径流速度,在水净化方面作出了贡献,从而使污染物沉淀并且进入土壤。在这些污染物进入下游之前,土壤颗粒和有机生物就将其吸收。通过这种方式,森林、湿地和驳岸区域的土地提供了"活的过滤网"服务,从而移除了供应水中的沉淀物、金属、油污、过量的营养物,以及其他污染物。纽约市的流域恢复政策因此部分依赖于生态系统服务的水过滤功能。2006 年,该市在获得费潮或者 71000 英亩流域土地的地役权保护上花费了 1.74 亿美元。美国环保局已经继续授权该市利用流域恢复取代建设花费更多的过滤厂(插图 12)。

就像这一事件所展现的,纽约市在生态系统服务上的投资为城市及纳税人生产了(并且将持续生产)环境收益和重要的经济收益。这项成功表明,至少在某种程度上表明,城市可以同时实现环境目标和经济目标。它同时也证明,城市绿化在城市限度上不仅不应该停止,而且应该进一步扩展。城市需要扩大他们的视野,将其边界外的、可以为其提供重要服务的生态系统土地包括进来。在20 世纪 90 年代,美国环保局预测将有超过 140 个城市会考虑把流域保护作为其保护饮用水源的一种途径。纽约市的经验表明这些城市都应该郑重地考虑这项政策。

新奥尔良,海岸湿地和卡特里娜飓风

新奥尔良外围的海岸湿地案例展示了另外一种城市可以从生态系统中获得更大价值的途径,同时也展示了如果社会忽视这些资源将会产生什么样的可怕的后果。多年以来,路易斯安那的上百万英亩的海岸湿地发挥着减缓飓风和其他洪水的功能,减少洪水潮,保护着新奥尔良城。湿地系统的产生是由于千年以来密西西比河的泥土沉淀,依赖于河流周期性的洪水补充。如果没有这些补充,湿地将下沉并且变成开放水域。1800 年代晚期,美国工程兵部队建设了一个广阔的堤岸系统来保护密西西比河沿岸的人类发展免受洪水破坏。部队确实在很大程度上实现了这个目标。但是,他们的堤岸系统却产生了意外的结果,使湿地失去了他们所需的滋养功能。不仅没有为湿地带来新的土壤和养分,随着河

274

流周期性的洪水结束,堤岸几乎使所有的物质进入海峡的深水中,甚至超过了大陆架,在这里他们没有任何用处(Zwerdling n. d.),缺少重要的土壤、洪水和营养物质,湿地逐年开始下沉并且失去活力(彩图 13)。[3]

这使得湿地变得脆弱并且被第二个攻击来源运河航行开凿所破坏。在 20 世纪 40 年代,海岸湿地下发现了大量储存的石油和天然气,导致能源公司截断了通过湿地的成千条河道来开采和运输石油、天然气资源。河道使得盐水渗进淡水沼泽中。他们也改变了湿地中水的自然流动路径,抑制了土壤和营养物质的扩散。这些破坏性进一步使湿地退化。堤岸和能源运河的连接产生了致命的后果。从 20 世纪 30 年代开始,超过 1500 平方英里的路易斯安那海岸湿地变成了开放水域,每年还有约 25～35 平方英里——大概有曼哈顿大小——湿地在减少,从而剥夺了新奥尔良的保护盾。就像一个路易斯安那的科学家观察到的:"实际上,城市每年都在向海峡靠近"。部队和能源公司的行为致命地耗尽了生态系统对暴雨和洪水保护服务的重要性。

科学家和政策制定者对这一现象的了解已经有很多年了,并且预测一场较大的飓风将给新奥尔良带来巨大的灾难。近 40 年前,一个科学家团队要求在堤岸系统中新开 7 个口以使可控制的洪水通过,这样会给湿地带来新的沉淀物和营养成分;政府官员和其他相关人员大大地忽视了这个提议。至 20 世纪 90 年代,当飓风威胁变得越来越明显时,一个广泛的利益相关群体,包括联邦、州和当地政府代表,土地所有者,环境保护主义者,湿地科学家和其他人士,将他们的注意力转移到这个问题上,提交了一份深刻的报告,《海岸 2050,走向可持续的路易斯安那海岸》。这份报告强烈呼吁应该尽快采取行动。它陈述了一个耗资 140 亿美元,持续 30 年的战略计划,建设一个 60 英里的水道将密西西比河的一部分水量转移以补充干旱的湿地(125,144)。草案的制定者将报告提交给了白宫和国会,而这两个机构全都没有执行这个计划。白宫的管理和预算办公室要求路易斯安那提供一个更便宜和短期的计划。后来国会旁听了更新后的 20 亿美元的提案,而这个计划直到卡特里娜飓风袭击新奥尔良的时候仍然悬而未决,没有结果。

当卡特里娜的死亡人数仍然是首位的时候,它所造成的 2000 亿美元的经济损失就是非常惊人的。此外,证据表明湿地恢复即使不能阻止新奥尔良的洪水,至少也能起到减弱的作用。《海岸 2050》报告的一个草拟者断言,在卡特里娜发生的时候,如果新奥尔良东部海岸湿地像 1965 年那样广阔的话,飓风的风暴潮至少会减弱 20%,这样有些堤岸就不会溃决,大量的洪水就会被阻挡。[4] 放弃对生态系统保护功能的投资展现了国家历史上一次对机会的最大的放弃。再一次给我们教训的是对自然生态系统的投资可以创造经济价值,城市可以从对其管辖权外的地区的绿化建设努力中获益。

谁应该为生态系统服务功能的系统保护和增强买单?

如果保护生态系统服务功能具有经济意义,为什么市场不会进行更多投入呢?我们应该把保持生态系统完全留给市场处理,或者说公共部门也应该在其中起到一定的作用吗?答案在于一个事实,多数的生态系统服务是经济学家所说的"公共产品",即是一种如果提供给一个人,那么同时也就提供给所有人的商品。路易斯安那海岸湿地就是一个很好的例子。即使有些新奥尔良居民愿意为恢复湿地付费以从保护洪水潮中获益,也几乎不可能将这项服务给这些人单独出来,而不给其他居民享用。一项湿地保护项目为所有的居民减少或者阻止洪水发生的威胁,而不管其是否付费。其他一些经典的公共产品是国防和清洁的空气。市场系统不能提供公共产品因为那些不付费的人仍然可以享受公共产品的收益,这将导致很多人免费消费产品。这使得私人部门几乎没有任何动力去投资公共产品的生产,因为并不能从中获得足够的收入来平衡产品的成本。这样也导致了浪费,和稀缺信号的失败。总体来说,不能将任何人从一个公共产品中排除使得对公共品产生的收益进行收费不可能实现,同时也阻止了市场提供公共产品。能源公司对路易斯安那海岸湿地的浪费使用,和私人公司对湿地投资的缺失,证明了一个无情的逻辑:湿地提供了一种公共品所以市场不会对其进行保护。

四个政府保护生态系统服务的策略

在任何市场缺失的地方,公共部门都应该扮演一个非常重要的角色。但是现在,准确地说,政府应该保护和增强有价值的生态系统服务功能吗?这个问题对于那些城市行政机构是非常基本的问题,或者在政府的其他层级上寻找实施

276

有效的政策来保护和扩大生态系统服务。政府可以通过四个途径保护生态系统服务功能。① 资助和实施那些直接恢复和增强生态系统的项目；② 对破坏生态系统服务功能的行为进行罚款；③ 奖励保护和增强生态系统服务功能的行为；④ 建立基于市场的项目，对生态系统服务功能进行交易。这一章节将逐一分析这些战略并且对每项战略相关的优势和劣势提供一些初步的思考。

选择1：政府设立的恢复性项目

在第一种途径下，政府自己来组织恢复性项目。海岸2050项目，计划由政府投资140亿美元，证明了这种方法。纽约市购买北部水域提供了另一个案例。

第三个主要的例子是加州纳帕，"生命之河"的洪水控制项目。尽管纳帕郡以自己的酒厂和旅游业广为人知，但是纳帕市并没有从这个成功中分享到太多。部分原因是周期性的洪水会破坏城镇，留下被洪水淹没的街道、居住区和商业，到处都是水和泥。1986年，纳帕经历了一次非常大的破坏性洪水灾害，导致三人死亡，5000多人从家中疏散，造成约1亿美元的财产损失（95）。联邦工程部队的回应是计划给河流穿上"紧身衣"——在河的两岸建立高墙避免洪水径直进入城镇中心。

一些自称是河流之友的居民持反对态度。这些友人相信水泥结构会减弱纳帕核心区对游客和商业的吸引力。他们也关注水泥河道，就像之前其他的堤岸系统，最终会被证明并不可靠并且无法承担保护城镇的重任。作为一个备选项，友人们建议了一个"生命之河"途径来保护人们免受洪水之灾。他们提出任何解决方式都必须从洪水发生的根本原因出发，即人类对泛滥平原的开发。这导致了树木和高茎草的移除，而它们其实是吸收雨水的自然海绵，对湿地和平原的破坏来说，它们也提供了吸收洪水的服务。不仅如此，堤岸试图引导和控制河流，但事实上，却增加了河流的能量和速度，进而也增加了其破坏性。为了获得避免洪水破坏的真正的和可持续的保护，城市需要去做相反的行为并且恢复河流生态系统使其具有自然的防洪功能。

这些友人建议通过"生命之河"防洪项目来实现这一目的，包括取得泛滥平原的土地、湿地和草地恢复，以及取消桥梁和堤岸。这个项目将会在纳帕市创造一个开放空间，在雨季时成为河流的洪泛平原，在旱季成为休闲娱乐公园。这将在市中心区提供一种环境舒适性，而不是水泥墙体。但是，这个项目将要花费

1.94亿美元,并且要向居民增加征税,与此相比,部队提议的建立堤岸的方案仅仅花费0.44亿美元。友人们认为这些额外的支出将会被更多的经济收益所弥补,因为城市的游客增加了,商业发展了,进而会形成更高的财产价值和更低的洪水保险费率。

最终,部队认可了生命之河途径,纳帕郡的居民通过了最高的征税额来支持这个计划。至2001年,当这个项目还处于初期阶段的时候,纳帕市的商业地产价值已经增加了20%,新的酒店和一个酒主题博物馆开始建设。预测至项目结束,城市的洪水保险率将下降20%。一项研究得出,郡里的居民将得到7倍于其税收投资的回报。来自澳大利亚、阿根廷和中国的代表团来到纳帕郡参观基于生态系统的洪水保护途径,无数的美国城市开始效仿。

纳帕的经验证明直接的政府投资在保护和增强生态系统服务上是一个非常有效的途径。这些项目实施的前提是生态系统服务是公共产品,不会由市场来提供,政府必须相应地去做这些事情。这个途径的一个优点是能让所有的市民公平地承担恢复的负担,也让不同的贡献者(纳税人)分担支出,从而使得更大尺度的、费用更高的项目在经济上具有实施的可能性。

虽然具以上优点,直接投资的方法经常因为以下两种原因而面临政治障碍。首先,大部分的公共投资都要求增加税收,就像纳帕郡市民集体通过的一样。选民们往往反对增加税负,从而使得直接投资途径有一定的困难。第二,政治和自然系统运作的时间轴差异很大。选举周期和任期决定了政治的时间范围。自然系统和恢复它们的尝试,遵循自然周期,而这往往需要很长的周期。这意味着今天的很多政治家将无缘收获他们直接投资生态系统恢复的果实。这也许可以解释之前提到的案例,为什么其中一个直接投资途径——路易斯安那的海岸2050提案——在卡特里娜飓风发生之前的那些年里没有引起国会的注意。在2050年,当这个计划的所有收益都实现的时候,那些被要求实施这个项目的政治家早已经不在办公室了。

选择2:费用系统

政府也可以通过要求那些破坏生态系统服务的人付费来保护生态系统服务。比如,许多城市开始依据不动产的表面不渗透的量收取雨洪利用费。[5] 这些表面——比如,屋顶、行车道、停车场、网球场——铺装在土壤和植被上面,而本

278

来土壤和植被是可以为雨水吸收提供有价值的生态系统服务的。这可以给雨洪径流、洪水和当地水道的污染产生直接的贡献。通过基于非渗漏表面的大小收费，政府本质上是在向土地所有者收取破坏生态系统服务的费用。一个类似的方法可以用于湿地海峡，要求那些切断航道的湿地能源公司为他们所带来的破坏性付费。这种途径给生态系统服务的破坏定了价。过去那些免费开发生态系统服务的团体现在要为他们的优先权付费。如果政府把价格定得足够高，将会给土地所有者和其他人提供动力来减少他们带给生态系统的破坏。

这种方式可能比前面描述的直接投资方法能产生更有效的结果。就他们从给定的生态系统开发所得的益处而言，监管团体通常比受益的政府感觉更好。假设这些费用精确地反映了其行为所带来的破坏，将会强制团体去评估其行为所带来的价值是否超过了支出。理论上说，这样的论证应该会导向对社会有利的选择。这个途径的一个缺点是很难通过精确评价破坏的价值来制定正确的收费标准。生态系统服务非常复杂，其价值的评估尤其困难。大多数时候，政府的定价过低，使得破坏性的行为不断发生。为了避免这个问题，政府应该在其可以精确估算生态系统服务破坏所造成的损失时使用这个方法。

选择3：补贴项目

政府也可以补贴私人行动来组织和增强生态系统服务。比如，在悉尼，澳大利亚为了改善给悉尼水库补水的河流和溪流，向这些河流和溪流附近的私人土地所有者支付补贴。

这11万公里河边的居民土地具有为城市饮用水过滤污染和沉淀杂质的功能。但是，土地所有者曾经允许他们的牲畜进入这些土地，从而向水道排泄粪便和病菌，破坏提供过滤功能的植被和土壤。悉尼河岸带管理援助计划致力于解决这一问题。他们向河边的土地所有者提供奖金，奖励他们在其河边土地围上栅栏，采取控制水土流失的措施，和/或在河流或溪流的岸边种植植物。在最初的几年，这个计划给项目奖励了909000美元，将保护35公里的溪流和冲沟，在河边区域种植超过23000棵树(10)。相比于整个水道的长度而言，这项成就并不大，但是这个计划证明了如何利用补贴让私人努力保护生态系统。回到本章开头提到的案例，纽约市可以利用补贴途径来改善沿着特拉华州卡茨基尔流域的土地管理。但是，这个区域土地开发的压力可能会导致补贴效率低下。纽约市对产权直接投资和对地役权保护的决定似乎更明智。

　　补贴计划,更像收费系统,通过向破坏生态系统服务的行为收费克服了公共品存在的问题。这里,"价格"就是失去的补贴,及如果其保护生态系统所能得到的补贴。因此,悉尼的流域区的那些没有在其临水土地围上栅栏的土地所有者,自动放弃了他们可能得到的补贴。补贴计划是给生态系统破坏定价的另一条重要途径,补贴计划和收费系统两者的优点和缺点有很多相似之处,就像上面所描述的那样。

　　公共部门应如何在收费方法和补贴办法之间作出选择? 两个因素支持采用收费的方法。收费可以提高财政收入,而财政收入的增加可用于生态系统的进一步恢复,或用于以有益的方式来减少税收,或作为其他的政府性用途。相比之下,补贴方案耗尽国库。此外,一些补贴,实际上是在鼓励各方进行破坏性的行为,以采取措施减轻自己的损失。这种方案的设计者应力求最大限度地减少如"道德风险"这样的风险。另一方面,补贴有其能够更容易地在政治上实现的优势。而且,诚如人家所注意到的,许多选民反对任何新的收费和征税。

　　费用和补贴之间的选择,也可以打开一个对社会行为的期望基准。考虑这样一个农民,他有权力选择保护一块湿地或是抽干它。如果我们认为这个农民是具有公众意识的一个公民,期望他能够保护这块湿地让它继续发挥它的水净化的功能,那么我们很可能会认为他决定不做污染者的行为。这可能会使我们更倾向于为他的污染行为收费,而不是为他能够克制自己的这种做法给予他补贴。相反,如果我们假设,农民完全有资格抽干他的湿地,那么我们很可能会认为他不会给这个社会的其余部分提供水净化服务。这样看,为了让这个农民继续提供对我们其他人来说宝贵的服务,我们可能会更愿意付给他钱。社会的期望有可能根据上文提到的背景不同而有所不同。收费与补贴的吸引力,可能也将随之有所不同。

选择 4:交易系统

　　交易系统提供了另一种机制,这种机制对生态系统服务赋予价格度量,并为保护和增强生态系统的功能创建了激励机制。他们对生态系统服务赋予财产权,然后允许各方通过购买这些权利来满足环境的要求,这样就实现了上述机制的运行。在 1995 年,俄勒冈州尤金市,与州政府和联邦当局签署了一项法案,为保护城市湿地建立了一个交易系统（2007年的尤金市）。湿地提供了宝贵的生态系统服务，例如水过滤、防洪、多种物种的栖息地等。联邦《清洁水法》相应地要求在现有湿地上建设的私人发展商，必须通过创建并且（或者）保护其他的湿地来减轻建设的影响，被保护的湿地面积与待建湿地的面积之比按英亩数衡量，一般要求至少需大于1∶1的比例（1990年协议备忘录）。

一个想要在一块湿地上施工的开发者也可以通过建设新的湿地来满足这一要求。另外，开发人员也可以通过从湿地建造者手中购买湿地权利的办法来遵守这项法案。[6]尤金工程可以使这些交易更加便利。在该工程中，政府给那些生态系统功能达标的湿地颁发证书，并把湿地的"认证信贷"分配给这些所有者。这项工程还建立了一个"湿地缓解银行"，湿地的所有者可以把认证信贷存储在其中。那些要在湿地上动工的开发商，可以用从银行购买信贷的方法，来满足减轻对湿地的损害的要求。这种监管方式创建了两种类型的湿地保护激励机制：或者是由企业家创造新的湿地，或者是开发商为了降低他们的"减轻湿地破坏"的成本，避免在现存湿地上搞建设。自从这个项目在1994年的第一笔交易以来，尤金缓解湿地破坏银行已售出了86份缓解信贷，每份信贷的平均价格为5万美元，共计430万美元的总市值。这表明，这个系统可能将会引发那些潜在的对湿地及其生态系统服务的私人投资。

湿地缓解及银行工程，像其他的交易系统一样，强迫那些危害环境的人为他们的行为买单。开发者在湿地上进行建筑，就得为他们的侵占买单，而不是所有的公众为他们的行为买单。当离散的实体或个人破坏了生态系统时，他们随之相应地要为之负责，这种做法是公平的。但是对于那些大范围的要求收集资金解决的问题，这种对策是不明智的。与政府直接投资相比，该方法有一定的效率优势。它促使那些被监管的实体作出选择，要么投资于生态系统服务，要么就避免对环境进行破坏。在这些情况下，各方都在评估各种选择的相对成本，并且选择出一个最小的代价以完成预期的环保目标。相比之下，当政府在决定是否直接资助和实施生态系统恢复工程的时候，它可能有很少的积极性进行这样的分析。[7]这种方法有一个缺点，就是难以计量正在其上大兴土木的湿地同它的替代品之间的生态系统功能的等价性。[8]如果这种等价性不能确定，那么这个交易可能仅仅在表面上呈现出环保上的益处，但实际可能恰恰是耗尽了重要的生态系统的功能如水净化和栖息地功能等。尤金认证的城市能够符合性能标准。如果这样的交易不伤害环境、对环境有益，这一步便是至关重要的。

不能排干沼泽地的水

近几十年来，整个社会已经越来越了解生态系统及其重要作用。现在，那些曾经发言认为"沼泽地"应尽快排水的人，可能在谈论湿地对于居住、净化水质、防洪作出的宝贵贡献。相同的角度变化也同样适用于其他生态系统。这加强了对生态系统的美丽和功能的认识，同时它们提供的服务，已导致保护它们愿望的增加。为了实现这一目标，需要为此设计有效的监管手段。在这方面已经取得的进展远远低于预期。社会迫切需要对各种政策方针更多的试验和研究。

城市可以在这一努力中发挥重要作用。它们运行规模比州政府或联邦要小，非常适合实验和创新政策。此外，它们有很多机会，将生产性投资投到生态系统服务上，特别是如果它们看看自己的管辖范围以外的自然环境，他们所依赖的干净的水，防洪，和其他类似服务。城市应寻求机会以保存和保护生态系统服务。这样做，他们将增加关于政府如何能够最好地实现这一重要目标的知识基础。

参考文献

City of Eugene Public Works Department. 2007. "West Eugene Wedands Mitigation Bank: Annual Report 2006. " March.

Costanza, Robert et al. 1997. "The Value of the World's Ecosystem Services and Natural Capital. " *Nature* 387.

Daily, Gretchen C., and Katherine Ellison. 2002. *The New Economy of Nature*. Washington, D. C.: Island Press.

Lazarus, Richard J. 2004. *The Making of Environmental Law*. Chicago: University of Chicago Press.

Louisiana Coastal Wetlands Commission and Restoration Task Force and the Wetlands Conservation and Restoration Authority. 1998. *Coast 2050: Toward a Sustainable Coastal Louisiana: An Executive Summary*. Baton Rouge: Louisiana Department of Natural Resources.

McKay, Betsy. 2005. "Moving the Mississippi. " *Wall Street Journal*, October 29 – 30.

Memorandum of Agreement Between Department of the Army and the Environmental Protection Agency Concerning Clean Water Act Section 404(b) (1) Guidelines. 1990. *Federal Agister*

282

55 (March 12): 9211—12.

Menell, Peter S., and Richard B. Stewart. 1994. *Environmental Law and Policy*. New York: Little, Brown.

Salzman, James. 2005. "Creating Markets for Ecosystem Services: Notes from the Field. " *New York University Law Review* 80.

Salzman, James, and J. B. Ruhl. 2000. "Currencies and Commodification of Environmental Law. " *Stanford Law Review* 53: 648—57.

Salzman, James, and Barton H. Thompson, Jr. 2007. *Environmental Law and Policy*. 2nd ed. New York: Foundation Press.

Salzman, James, Barton H. Thompson, Jr., and Gretchen C. Daily. 2001. "Protecting Ecosystem Services: Science, Economics and Law. " *Stanford Environmental Law Journal* 20.

Sydney Catchment Authority. 2007. "Report on Catchment Management and Protection Activities for 2005—2006. " Sydney, Australia.

U. S. Environmental Protection Agency (EPA). 1989. "Surface Water Treatment Rule. " *Federal Register* 54 (June 29): 27486.

——. 1998. "Interim Enhanced Surface Water Treatment Rule. " *Federal Register* 63 (December 16): 69390.

——. 2006. EPA Region 2. *Report on the City of New York's Progress in Implementing the Watershed Protection Program, and Complying with the Filtration Avoidance Determination* (August 21).

Wiener, Jonathan Baert. 1999. "Global Environmental Regulation: Instrument Choice in Legal Context" *Yale Law Journal* 108.

Wolk, Martin. 2005. "How Hurricane Katrina's Costs Are Adding Up: Insurance Industry Costs Plus Federal Outlays Could Equal '$ 200 Billion Event. '" MSNBC (September 13).

Zwerdling, Daniel, n. d. "Nature's Revenge: Louisiana's Vanishing Wetlands. " Transcript *American RadioWorks*. http://www. americanradioworks. org/features/ wetlands/index. html.

第16章
都市自然景观的功能、优点与价值

凯瑟琳·L·沃尔夫(Kathleen L. Wolf)

在一个充满阳光的早晨,一家人离开他们在城市中的联排寓所。他们站在街道旁边的树下互道"再见"。妈妈拉着孩子的手穿过邻里公园,送孩子来到学校,这是一个由学生们设计的蝴蝶公园。之后,她继续向公交车站方向走去,沿途经过社区公园时不经意间看到种子刚刚发出的嫩绿的枝芽。她坐上公交车,欣赏着道路两边绿化带的行道树。爸爸呢,顺着道路两边店铺的挑檐沿着道路一直往下走,并路过小巧而精致的院子。几分钟后,他到了单位,进入一栋有着绿色屋顶的建筑。

都市中的自然景观为人们在城市中营造良好的居住、工作、学习和娱乐场所。城市森林、社区花园、公园和开放空间以及公共景观,为日常行走在其间的成千上万的人们提供一个绿色的背景。在没有被规划和种植的区域,本土的种子和植物一定会凭借着其不屈不挠的精神冲破铺装的缝隙生长出来。如果在有人们的规划,都市中的自然景观则会凭借其营造的美景和创造的引人好奇的风景渗透到城市生活中。但是都市自然并不一定必须是具有美国文化识别性和理想主义的自然。城市绿化往往不能够达到大多数人所认为的完全的"自然"。结果很多人都过分估计了这一点并且想当然认为这是确定的。

都市自然给崇尚个人主义和私人产权的社会带来了很多困惑。这是不崇尚所有权或排他性的一种公共资源。花园安装上门,只给这片自然区域的所有者提供愉悦和美的感受。但是城市绿化事业中公共的自然资源,往往存在谁来管理资源使其持续地提供慷慨的服务和谁来享受资源所带来的收益这两者之间的紧张关系。

这一章有两个目的。首先，追溯了美国人对自然的态度的历史根源。其次，提出对于目前关注重点的一个核心的实际操作模式：如何评价提供很少市场产品承诺的自然资源造成的公共支出。这提供了一整套的评价观念，把都市中的自然放在整个经济层面来考虑，一个现阶段促进公共政策和预算决策制定的主要驱动者。这些观念都来自广泛的社会研究。

回顾：美国与自然

从根本上来说，自然是人类得以生存和生活的根源。但是有很多人认为生产的过程与城市中心是完全隔离开的。一些文化上的偏见排除了认为自然在城市中不仅仅是城市美化的一种途径，而且是一种遮盖和掩饰感觉冒犯的方法。但是现在越来越多的例外情况开始出现，随着更多的城市领导者开发生态以增强城市的可持续性和有效性，历史的和文化的先驱一直在致力于塑造美国人对日常自然的感知和期望。自然是心灵的作品，人们在不断分享的一层层的记忆和理念中建造美好的意象。

农业社会

Thomas Jefferson 基于农业社会的想象提供了美国人对自然的最早的感知。对由小家庭农场构成的社区组成的新共和的直言不讳的支持者，Jefferson 构想了这样的一个美国：在这里农业人口在他们自己所拥有的土地上工作，从而使自己保持自由不被任何人所钳制。他相信勤劳、自给自足的农民的品质对形成和延续一个民主自治国家非常重要。

Jefferson 认为制造业和商业相关的实践扭曲了人们之间的关系，形成了依赖性和奴性，进而催生了贪婪和腐败。尽管后来认识到经济对工厂有紧迫的需求，他仍然保留对辛苦工作的农民高度的尊重。他坚信国家的道德安全底线存在于农业社会中。任何年代或者国家基本都不存在大量耕种者道德沦丧的现象。他看到农民与自然赐予之物的不断交流，在这个过程中与神圣的法律和道德准则不断接近。在土地上工作的人们是与上帝最接近的人。世界的创造者赋予他们"大量的真正的美德"——以保证"神圣之火"永续燃烧。

美国的地理使得 Jefferson 的政治远见更加可信。国界向未知的区域延伸，土地面积的供应不断增加，供人们居住及生存繁衍。这个现象培养了美国人意识中的进化主题，认为国家是一个新的并且与众不同的社会，具有民主自治的前提，且被富饶的景观所滋养，在其一代一代的居民身上都产生了深远的影响。

这种信念在美国政治思想的修饰下逐渐深入人心。虽然这种观念 1800 年代尤其盛行，但是直至今天美国农民的美好形象仍然得到人们的广泛认可。在农田牧场深入整个民众的集体意识的同时，市场和公共意向也不断敲打着人们与土地的脆弱的联系。

荒野评价

荒野是另一个植根于美国文化中的意象。最初，荒野是未知的、无序的和无法控制的。出于生存的需求，人们被迫去了解、整理并且改变环境，随后，成功就成了文明的中心。美国的殖民家们认为荒野是废弃的土地，应该在进步和文明的名义下去征服、占有她。他们被荒野包围得如此紧密，以至于失去了欣赏的兴趣。但是他们从自然荒野的不成熟的材料中建立了一种文明。很快，驯服荒野成为美国力量、身份和意义的象征。

随着大陆不断的开发和定居范围的扩大，原始的广袤荒野越来越稀缺，从而使得这个象征更为有力。在 19 世纪，美国人把荒野认为是一种财产，而非负债。曾经一度威胁个人和社区基本生存的荒野，现在变成了风平浪静的避难所。[1] 亨利·大卫·梭罗（Henry David Thoreau）抓住了这种态度的转变，断言"只有在荒野中世界才得以保存"。他将伦理和道德感的复兴与荒野的邂逅联系起来。尽管如此，人们对荒野的广泛定义或意象仍然难以捉摸。有些人认为荒野是"外面的地方"，它的存在就是工业社会毒药的解毒剂。有些人认为"修复荒野"的态度是浪漫的想法，文化上的时代错乱封锁了企业和商业活动需要的资源。

保守还是保护？

在 1850～1920 年之间，一种新的思潮开始在美国出现，美国人对自然所提供的经济作用、美学作用和精神资源作用的欣赏与日俱增，同时对自然资源日益受到威胁的担忧也日益加重。1983 年，历史学家 Frederick Jackson Turner 发表了他的"边界论文",阐述了早期的与荒野的邂逅锻造了美国自我认同、不平庸和强势的个性。当美国普查机构宣布国境扩展"停止"的时候,他通过写作来表达失去边界的伤痛。Turner 的关注点与国家的转型相关联,包括工业化的出现,迅速的城市化,充分发展的农业经济和对自然资源的大量攫取。

在这种环境下,大量的活动家和作家从一个新的哲学视角对自然进行勾勒。这些观点和随后发生的政治行动将会确保对野生动物和壮美的自然景观的保护,并鼓励对自然资源的科学和明智的利用。自然资源保护论者和保护主义者之间持续的紧张状态一直存在,也形成了美国现代的态度。

有些倡导者宣扬广袤自然的美德和灵感,但是却被人类对土地贪婪的占有所带来的景观的戏剧性的变化所震惊,而这曾经却是美国民主成熟的标志。险峻的、充满激情的自然景观曾经是壮美和神圣的典型代表,不局限于教堂权威的民主前的传统。博物学家 John Muir 阐述了保护主义者的价值观,把荒野看做人类自我复苏和慰藉的场所。保护主义者宣称,有些野外的场所是无可替代的自然和历史财富。不同的自然景观理所应当地需要被保护起来以保证现在的人们和未来我们的后代有机会可以欣赏和停留。政治行动的结果导致出现了国家公园服务这样的结构,以将特别的景观用于欣赏、休闲和科学研究。

还有一些极力主张对自然土地的保护"用于在最长的期限内获得最多的产品"。他们号召公共活动和商业行动对土地的控制性利用。他们的努力促使了美国林务局的产生,这个局的第一任领导是吉福德·平肖(Gifford Pinchot)。受乔治·珀金斯·马什(George Perkins Marsh)的人与自然的鼓舞,保护主义者们形成了一种新的看待自然界的观点,对人类对自然不断地改变和攫取提出了不祥的警告,并且鼓励在实践中的改善,包括再造森林、流域管理、土地保护和节制性的放牧。保护主义者的目的在于利用自然资源,同时把有效的管理和无限的产品和服务的提供提高到一定的位置。他们的观点把对自然资源的管理和国家的经济良好发展结合起来。他们承认科学应用的潜力束缚了公共产品的提供,在资源利用和分配上适应公共政策,避免将资源耗尽,从而保持企业生产的持续性。

生态反应

在早期的保护运动的文献中,存在对自然和社会的另外一种观点的暗示,并且将在 20 世纪中期大放光彩。在早期的著作中,关于资源的利用或者保护状态,自然被描述成是静态的。不受人类活动影响的景观被认为是一成不变的。新的观点认为自然是变化的,物质、有机物和支配力的相互作用导致不断地变化。有几部关键的著作推进了新的看法。纳撒尼尔·谢勒(Nathaniel Shaler)的《人与地球》(1905)呼吁外来人类与自然的关系以一种基于生态和生物多样性的损失的新的意识和道德责任为特点。弗雷德里克·E·克莱门茨(Frederic E. Clements)的《植物的演替》(1916)提出了一个最终走向平衡状态的植物生长的动态模型。奥尔多·利奥波德(Aldo Leopold)的《沙漠村 Almanac》(1949)把生态进化推到了公众意识的前沿。到 20 世纪 60 年代,Rachel Carson 的畅销书《寂静的春天》(1962)以其对杀虫剂对动物和人类生活的可怕影响的描述在读者中引起了强烈的震撼。所有这些著作预示着人们对人类工业给自然带来的负面作用的认识开始有了更多样的态度和认识。自然被认为是一个非常慷慨丰富但是却脆弱的公共产品,同时技术被认为是恶魔般的破坏者,导致自然衰退并且使自然可以提供的益处也濒临威胁。到 20 世纪 70 年代,改革者通过了公共政策,包括洁净空气和水法案,濒危物种法案,以重建自然和生态稳定。

都市自然的现实

在美国简短的与自然有关的公共政策的历史中,公开的表面下埋伏着一个持续的反城市\反现代的暗线。作家\活动家和改革者们的观点一直与“广阔开放的空间”联系着——农场,轮廓清晰的全景式景观,或者广阔的森林——而非城市绿化。最被坚持的是自然是一个不被人类活动破坏和威胁的物质场所的假设。美国的浪漫主义作家使这个专题一直延续“认为自然意味着并非人制造出来的,即使是人制造的也是很久以前——一片灌木丛或者沙漠——通常被认为包括在自然的范畴内”。因此,历史保护主义者、自然保护主义者以及生态保护主义者在对原始景观的使用上也许存在价值上的差异,但是他们都认为如果城市景观是自然的话,将会被污染。

然而,自然在人类的精神中占据了一个非常特殊的位置。荒野甚至引起了公众对野生世界的纯洁和神圣的直接关注,他们认识到在空间和心灵上与文化自然的密不可分。约翰·缪尔(John Muir)认为优胜美地的一个主要特点是“峡谷公园”,并且称赞它与“和人工设计的景观公园”非常相似,有迷人的丛林、花丛盛开的草甸。亨利·大卫·梭罗1856 年在其杂志中写道:“想让荒野远离我们是徒劳的。没有这样的事情。它是在我们的大脑及内心深处的最原始的对自然的激情,激荡我们的梦想。我在拉布拉多荒原也不一定能比在某些协奏曲,也就是我内心中,找到更多的狂野。"

在过去的一段时间里,美国的城市人口越来越多。在杰弗逊时代,只有10%的人住在城里,到1900年代早期,就只有10%的人住在农村了。尽管大面积的自然景观是人们的理想之境,现实的情况却是大部分人们多数时间的日常景观却是城市自然区域的自然。这些是遗留的空间、独立公园和开放空间,互相之间也没有什么联系。尽管有些城市有非常正式的公园,是早期具有市民思想的组织或者个人的产品,或者绿带、袖珍公园和社区公园,但是多数并不能够充分地提供这样的资源。此外,多数绿色空间忍受着过度使用和并不充分的日常维护。大多数城市自然中的元素得到的关注和维护远远不够。

尽管公共和城市绿化的趋势是越来越接近,但是仍然有一些声音呼吁人们关注城市中自然的重要性。历史上最著名的是弗雷德里克·劳·奥姆斯特德(Frederick Law Olmsted)(1822~1903),美国中央公园的设计师。作为一个城市公园和林荫大道狂热的呼吁者,奥姆斯特德留下了大量关于公园设计的执行、修改和维持的著作。他还将社会对于城市绿化的意见结合进来。他写道:

"这样一个计划(为费城公园所作的计划)应该,首先,为大量在新鲜空气中的步行运动提供充裕的机会……接下来,在许多方面,最重要的目标是创造一系列最美的景观画面,这些可以被包括在一大片土地上;最后一个重要的目的……应该是确保土地的安全,一般的特性受到精心照料和更新,并且有充足的建议,至少,平静和退隐,也应该被认为是提供了一个机会和场景满足人们,并且它的最终目标,应该是保护土地的安全……在普遍的特征上要非常精致,并且有足够的建议,至少,要宁静和超脱,应该被认为是为经常举行的活跃的和节日性的公众集会提供一个机会和情景"。

大多数当地的公园和开放空间都在市政府的权限范围内,用来满足当地的休闲和美学需求。尽管如此,还是有少数的联邦和州主动关注城市自然区域,但是这些行动并不是很系统。USDA森林服务组织提供基金鼓励城市森林项目,环境保护组织也有一些项目关注那些会给公共健康带来威胁的城市土地或者水资源,也许可以被重新改造从而具有城市绿色空间的服务功能。但是在其各种各样的计划建议和表述中,很少的机构考虑城市自然的整体状况,把城市自然作为城市系统完整的一部分,并且需要持续地献身于其中的人员及预算。这个方法受到的一个阻碍是人们缺乏对城市自然经济价值的认识。

具有讽刺意味的是,Olmsted 预测的都市自然投资的经济价值值得受到高度的政策关注。

"大城镇呈乘数级增加,许多老的城镇人口不断增长……导致了对堕落和道德败坏的深入调查,当人们生活在密度较高的社区时,被告知要屈从,成为阻止法案和放弃习惯的一些途径的试验品,在城镇中的人们,被发现是有害的,促成了另外一种法案和习惯的形成。

这些尝试的结果是,各种各样的措施现在被广泛认为是达到了经济性的最高级别,而这些,在之前不久的时间里,可能被认为是一种野蛮的浪费和挥霍,例如,就像政府曾经对路灯和人行道、水厂和下水道的普遍规定一样。

为吸引城镇居民到户外呼吸新鲜空气,并在频繁的间隔进行锻炼,对符合条件的街道和建筑物密切相关的地方都设置了基础设施,最近也已根据市民提供的很多明智的建议进行归类,在这些要求之间建立了完善的市政经济"。

当过去的人们理解了附近自然的经济有益性,今天的领导人们能够把都市自然的益处翻译成经济的词语吗?

都市自然的经济学

尽管关于自然对个人、社区和社会的人道主义贡献的论述曾经在公共辩论中非常突出,今天的决策制定者却更倾向于以观测到的现实和经济价值为基础来制定公共政策。甚至他们也许私下承认人类与自然具有实验性偶遇的一面,他们还是将其实证来源作为公开行动的前提。

直到最近,分析家们认为,报道中的城市绿化与人们的健康、快乐、技能和精神的益处的关系是重要的,但是却难以计量。但是,近几十年来,研究者们引进了科学来探究城市绿化对人类提供的服务功能的范围和数量。科学方法在这件事情上的应用导致了两种结果。第一,观测到的恢复性经验和社会更新的益处取决于化费在花园和公园上的时间,这已经被直觉注意到有几个世纪了,现在进一步被证实了。第二,是更重要的,科学的系统性和途径的严谨性在更多的背景和维度上揭示了人类与自然的关系。我们可以用心理学、生理学和社会学的语言描述这些益处，并且跨越时间、空间和人类群体认识到其多样性。这些大量精确的知识为城市绿化的号召提供了不可否认的依据，这些依据均指向城市绿色空间的重要性。

现在大量的城市研究集中在生态系统服务和绿色基础设施的价值上。生态系统服务是指环境为人类维持生命存在提供最基本的重要资源的过程，比如清洁的空气和水，鱼类的栖息处，和植物授粉。绿色基础设施涉及通过景观系统为大都市或者在区域尺度上提供生物技术服务和灰色基础设施的替代选择。因为其在应用上还是新的，两种概念推导出了两套理解。第一，他们需要对由自然系统提供的资源或者服务的特征进行界定，同时也要对被服务的社会中的"顾客"单元——社区、城市、国家，还是整个星球的特征进行界定。第二，他们的经济价值以公共产品理论为基础，一种能够解释行为的思考模型，这种行为是围绕使用和交换非市场产品和服务的行为。

公共产品与市场产品在一些方面有所不同。第一，一个人对公共产品的消费并不会减少另一个人可以消费的公共产品的数量。[2] 第二，对公共产品的消费是不具有排他性的——这是指，几乎没有可能将任何一个不付费的个人排斥在公共品消费之外。这里举一个表现公共物品和市场物品对自然应用的不同的案例：任何一个走在路边的树下面的人都会享受它提供的荫凉和美丽，而不需要考虑是谁支付了种植和养护这棵树的费用。这与为获得木材而种植的树形成对比，木材林场的主人完全可以合法地排斥他们使用其林木，而且一旦消费了木材，林场在未来的很多年中都将无法再次被利用。

大多数城市绿化的形式——社区公园、绿带——都是公共产品。不像私有产品和服务一样可以通过市场价格来衡量，公共产品没有一个价格机制。私人土地的所有者和管理者从其投资创造和维护的都市自然中不能够获得已经计算好的收益，他们也就没有任何动力在其土地利用决策、市场交易和资本投资分配中对都市自然进行考量。

政府就是那些规律性的投资公共资源的主管部门，从而社会人员自然而然将这些公共资源作为既有的价值接受；例如教育、突发事件应急系统和交通。通常，招致公共支出或者影响私人发展的提议会引起人们呼吁依据的提供，要求这个提议提供多少市场价值会被获得或者失去。通常，那些喜欢保护或创造非商品自然的人在政治辩论中处于劣势，因为他们不能提供类似的证据。对都市自然价值缺少货币估值暗示着自然的价值为零，或者更经常地，被认为城市自然的支出成本不能够得到任何经济收益的补偿。如果有一些途径能够对自然提供的服务功能进行估值，从而将其与未来发展或预料中需要支出的其他市政基础设施所带来的经济收益进行比较，进而知道什么时候应该投资一项公共产品，比如都市自然，对于公共官员来说，将是非常有帮助的。如果可以用货币语言来描述都市自然价值的收益和损失来对抗当地土地利用的争议的话，将是非常有用的。

　　对于政策选择的一种公平的比较要求提议中所有可能的后果都要被评估，而不仅仅是那些容易用货币测量和评估的方面，由于它们要被在市场上买卖。为了弥补这个空白，经济学家和其他学者一直在试图提供用货币来评估自然创造的价值的方法。为了这个目的，他们发展出了一些方法用于评估非市场的收益，并且把这些方法应用于多种多样的生态系统服务功能。但是，多数把他们的测量方法应用于农村土地和森林，而不是城市。尽管如此，就像在本章后面将看到的，他们可以使用同样的方法评估都市自然提供的公共品的价值。

评价方法

　　比如，当自然是一种可以更新、可以触摸的产品时，资源保护倾向的管理者就可以度量"直接的市场价值"，因为其产出可以在市场上买卖。或者，当直接从自然设置中提取产品成为可能时，分析家就可以度量用来交易"商品"所需要的价值。比如从装饰性的行道树上获得水果的丰收，从移除威胁的树木获得木质素木屑，或者从公园里风吹倒的树中获得木屑覆盖物。这些产品也许是故意的生产量或者是由机会主义的个人开发的有计划的产品。然而，仍然有一些例外，比如一些社区花园，市场生产力不大是一种都市自然规划和管理的基本目标。

　　当市场并不是因为自然资源而存在时，分析家可以使用另外两种测量方法："非消耗性使用"和"间接使用"价值。他们可以计算由都市自然为人类提供的多种服务的非消耗性使用的价值。比如在绿带引导的给初级学生的自然课程。他们可以计算间接使用的价值：在一个实际的场地中移除的地点体验的一块自然所得的收益。比如城市溪流中水质的改善归功于附近停车场中设置的一个生态沼泽。他们用非市场的评价技术量化了非消耗性使用和间接使用的价值。后面将附上一些使用非市场评价技术的案例。[3]

　　旅游成本。当体验都市自然包括旅游和消费时，这样的支出的计算提供了一种自然服务所暗示的价值的指示。这个方法经典地将参观者或者使用者人口总量的消费进行加总。一个例子是对参观公园花展的游客消费进行统计，包括交通和偶然性支出，比如餐饮或者纪念品。只有当细节的信息可以获取的时候，这些价值才可以计算出来，比如使用者的特征和他们游览一个单独的公园或者游览整个公园系统的模式。旅游支付法被延伸使用在荒野（比如国家公园）休闲评价中，但是在城市评价中相对较少。

给快乐定价。对服务的需求也许可以通过人们愿意对相关产品支付的价格来反映。给快乐定价被定义为，观测到的产品的市场价格具有多种属性，我们可以将这些属性在统计学上进行分离，通过这种方法揭示那个也许没有明显指示指标的特定属性的价值。分析家常常用住宅出售的价格来估计各个方面的环境质量。经典的房地产的销售数据通常包括结构和邻里特征两方面。在环境条件和质量上应用全球定位系统（GIS）的位置数据，使得具有同一属性的各种变量（比如在一个院子或者建筑空地内的树木）和具有其他特征的房地产的价值之间的联系的估价比较稳定。这个方法的一个缺点是它只能衡量其附近的房产所有者所感受到的价值，但是却不能评价那些住得比较远而仍然从中受益的人们所感受到的价值（比如一个区域公园中随即到来的参观者）。

避免的支出。如果没有这些服务的话，自然服务就创造了其他方面要求的服务功能的储蓄。这些储蓄不断增长，节约了材料、人力资源、治疗或者缓和的支出。换一种说法，他们可以使社区避免支出。与都市自然相关的案例通常涉及为市政府或者其他公共代理机构避免支出，而不是为个人节约支出。比如，保留城市森林将会降低洪水量，这意味着一个城市的公共设施部门将不需要安装大型的管道来管理高峰期的降雨。

替代性的支出。人类建造的生产系统可以代替都市自然系统提供的服务功能，产生的支出可以供我们对过去的功能和收益进行评价。比如，如果一个长期存在的社区花园被改变为建筑用地，那么从一个商店产生的消费支出可以通过对所有房屋使用者进行计数来实现。城市湿地可以服务于洪水缓冲、蔓延和调节季节降水量。如果将其取消，那么这些功能必定要有一个工程系统来完成，由此需要的支出也可以被估算出来。

要素收益。在乡间或者荒野，健康生态系统可以通过改善一种资源的条件而增加收入。举例来说，渔民的收入，如果流域管理可以改善商业捕鱼的条件，便可以增加渔民的收入。这种方式在都市自然中几乎没有应用。

　　条件评估。在缺少可观察的行为（比如旅游或者房屋价格）的情况下，基于调查或者表现描述的方法可以替代都市自然的货币价值评估。典型地，一项调查提出一些可供选择的假设情况的描述。收到的回复表达了居民对某项自然改进（比如一个新的公园或者现有公园的更新）的支付意愿，或者他们为某个自然元素的失去或衰弱愿意接受的支出（比如失去美景）。这些反馈体现了样本中的人群愿意为一项环境设施支付的平均意愿。

　　条件评估可能被质疑，因为对于假设的问题，人们也许并不经过深思熟虑来回答。为调查增加一些联合分析可以补充和帮助数据更有效。这里，一项调查要求人们对不同的选择考虑因素（比如公园中的休闲设施）进行反馈。如果其中的一项选择考虑因素是成本（比如使用者需要支付的费用），那么联合分析的结果可以指示公众是否喜欢徒步胜过游乐场地，进一步说，他们愿意为公园使用中的哪项服务进行付费。条件评估和联合分析的研究已经被应用于对许多荒野和乡村环境的便利设施进行价值评估了，现在正在被广泛地用于都市自然的情况中。

评价案例

　　在了解都市自然的经济价值方面已经取得了很大的进步。对自然元素的良好规划和维护，从单独的一棵树到一个公园，都与较高的价格和支出相联系。在居住房产价值方面的一个有凭有据的效果是"近似原则"。大量的研究表明，在对房产的价值评估中，那些自然公园和开放空间附近的房产要比与其类似的同类产品的价格高 8%～20%（Crompton，2001）。具体的差别依赖于对公园的使用频率，公园的照管和维护质量，以及房产距离公园边界的距离。另外，能看见树木的居住单元比其他的单元售价要高出 1.9%～4.5%～7%。[4]

　　自然景观，尤其是树和森林，也会影响到市场价值。城市公园的自然植被被认为是增加风景价值的，而人造的物体则是降低视觉质量的（Schroeder，1982）。在城市环境下，视觉质量和房地产价值的关系在一定的范围内已经被证明。具有森林景观的居住房产的价格变动在 4.9%（Tyrvainen，Miettinen，2000），具有公园景观的变动在 8%（Luttik，2000）。

　　这样的评估典型地应用于给快乐定价的方法中。城市区域是这种方法的理想应用环境,因为这里有丰富的可获得的房屋和地产销售数据。无可争议地,快乐价值可以被当地政府作为增加房产评估税或者收取房屋销售税的资本。由于自然特色而带来的所有房产的增值可以被合计,从而也许可以发生这种情况,所有这些收益足够用来支付每年的债务以及维持都市自然场地和其特色。

这些经济评价模型与公众的视觉质量和审美判断一致。现有的古老、高大的树木已经显示出其增加城市道路的吸引力,以及其对居民心理的积极效果。对于植被的认知反馈可以增加社区的经济效益。一项研究发现在场地内具有较好景观质量,包括树木的写字楼的租金增长率约比同类产品高7%。假设条件评估法已经被用于拓展消费者的反馈了。大量的对零售消费行为的研究显示,购物人群认为,相对于同样的没有树木的地方而言,他们在有树木的市中心的商业区多支付9%～12%的价格来购买商品。在有树木的区域,购物者认为消费者服务、商业的有益性以及产品的质量都要更好一些(Wolf,2005)。针对驾车者视野的商业设施(比如自动售货机和汽车旅馆),从高速路上较快的速度来看,有道路景观,包括树木的商业能够给人更积极的印象,并且他们认为其愿意为这样的商业区的产品和服务多支付7%～20%的价格(Wolf,2006)。

人类收益及服务的经济评价

关于人类体验城市自然所获得的收益的社会心理学的研究,为都市自然的经济评价提供了一个更广阔的基础。从公共卫生学、环境心理学、社会学、城市规划、城市造林学和地理学等出发,这些研究都表现出一致的模型,即与自然接触均有积极的效果。

这一结果的理论支持多种多样,但是不同的学科使用不同的方法来评价这些有益的产出,从数量到质量。它们包括严谨的相关性和实验方法。数据的范围从城市景色的描述文献,在其中自然内容及其感知的分类从统计学上被过滤,到显著指示看到自然景色后的快速反应的生理学上测量(比如血压和心率)。质量的数据收集方法包括系统性的和正式的提示性语言(比如杂志或者深度访谈),从而促使人们对那些在其生命中提供意义、安慰和惊奇的东西作出反应,并且自然体验常常是非常重要的因素。

人类从生态系统服务中受益的类型包括美学,休闲和(生态)旅游,文化和艺术灵感,精神和历史,以及科学和教育。这些概念抓住了最重要的功能,但是其描述往往隐含着日常生活与自然的距离,暗示了只有当一个人在非城市的环境中活动才能获得这些服务,否则自然提供的服务将会延缓。也许这个观点反映了历史上的保护观念。今天,大约 85％的美国人生活在城市化的景观中。后续的研究显示自然体验应该与城市和城镇中生命的路径相融合。在人的尺度上对城市绿化的研究证实了奥姆斯特德的观察,那就是蓄意地追求自然体验不仅仅提供益处,而且一种无处不在的自然背景伴随城市区域,将会减缓许多城市生活中的残酷的后果。"就近的自然"是最重要的自然。

生理健康

健康和自然的关系为都市自然的估价提供了一个非常重要的路径。近年来大量的工作都与此相关。比如,医院中具有较好自然景观的病人从手术中恢复得要更快一些,并且需要的止痛药物也更少(Ulrich,1984)。关于肥胖的研究是另一个评价都市自然要求的合格数据的充足来源。这项研究记录了超重或者肥胖人群比例的戏剧性上升,这些情况都会增加(相比于正常人的生命来说)糖尿病、癌症和心脏疾病。如果将所有城市或者国家相加的话,日常事务,适量运动的经济后果是非常令人震撼的。对那些规律性参加活动和联系的人们来说,医疗支出更低。研究证明,当不活跃的成年人增加他们参与规律性适量运动的时候,每年每人的平均医疗支出降低 865 美元。不仅如此,近年来的研究计算了工作环境与肥胖增长率之间关系的函数。在过去的十年中,加州的成年人肥胖增长率是美国最快的地区之一。研究发现,不运动和肥胖的花费综合达到了约 217 亿美元。这个健康趋势冲击了商业领域,因为支出包括,直接和间接的医疗消费(102 亿美元)、工人的补偿(33.8 亿美元)和由此失去的产值(112 亿美元)。

现在,疾病控制中心和各种各样的联邦资源代理机构正在合作研究怎样才能让城区形式(道路平面和人行道的面貌)鼓励步行和骑车。疾病控制中心也在考虑怎样使得社区志愿活动和户外项目促进人们的运动水平提高。如果附近有树林或者公园也许会帮助城市居民选择步行去上班或者学校。生理上的舒适性将会对这样的决定产生贡献。当以不可渗透的表面为主导时,城市热岛效应就会发生,导致周围的温度比附近的区域高约 2~1 IF (EPA,2004)。提高的温度就会对与心脏相关的健康问题产生影响,比如脱水。地面的热量也会增加空气污染的程度,导致更高的呼吸疾病的发生。最划算的一个缓和城市热岛效应的途径是种树。干旱气候中,树下的温度可以比外面低近34F,并且每增加10%的城市绿化覆盖可以降低周围环境的温度达2F。

精神健康

近来的环境心理研究显示,树木和附近公园在社区中的存在可以产生大量和有力的心理和认知的好处。芝加哥的一系列研究证实公共房屋邻里中的树木可以降低人们的恐惧水平,对减少暴力和攻击性行为也很有帮助,并且会鼓励更好的邻里关系建立和更好的应对技巧。学校相关的研究表明有 ADHD 的孩子表现出更少的病症,而如果女孩子有与自然接触的通道的话,则在学业上显得更自律。

自然对生产效率提高的效用人们知之尚少。都市自然也许通过多种途径提供价值。Kaplan 进行的一项研究(1993)发现,拥有自然景色的办公室工作人员产出更多,报告更少的疾病,并且对工作的满意度也较高。有些公司在自然恢复项目中进行团队建设的训练。为了挽救环境可持续性的文明生态的团队志愿,也许会为公司提供经济价值,因为工作团队发展了更坚固的友情从而提高了团队工作的效率。

恢复体验理论强调许多的积极反馈。这个理论假设现代工作和学习需要持久的直接聚焦和关注。这些活动,尤其是在长时段上持续的,会引起注意力疲劳,进而导致易怒性、注意力丧失,以及不能有效地工作。自然可以提供恢复性的体验,尤其是当其中包括以下元素时:远离(一种搬迁的感觉或者与注意力要求分离),魅力(已经被场地的特色所吸引),广度(能够感觉到有充足的空间进行各种各样的活动),兼容性(感受到这个空间支持他的目标或者选择活动形式)。需要注意,精致设计的小块的都市自然与附近的荒野区域所提供的条件是一样的。

将焦点放在都市自然的益处的调查者现在开始考虑这件事情的"剂量"了。什么是自然的元素和显示出来的最大效率地影响社会心理学改进的时代?关于这个问题的进一步的答案将会有经济后果,因为自然体验也可能减轻或者降低药物治疗。

社会生态

作为对城市绿化会给环境和社会心理学带来益处的一直以来不断增长的依

据的反馈,有些当地政府通过创造和管理都市自然来作为回应,比如综合系统的公园,开放空间,绿化覆盖和社区花园。同时少数城市已经取得了绿色生态基础设施系统,这个系统与灰色基础设施系统(比如交通或者公共设施)的整体性或完整性进行竞争,与其他的城市系统系统地结合的对自然和生态系统需求的一种现代的认识,在公共项目上展现一个较大的变化。

　　如果在整个城市进行完整的发展,或者至少在城市的一个区域发展,都市自然都将在社区范围内提供广泛的益处。比如,城市社会学表明城市绿化在小群体和邻里范围,增加了个人之间的互动。它还会增加人们感知到的安全性,并且减少相关犯罪活动。公共房屋居民报告说,如果景观,包括树和草坪得到更好的维护,他们会在其发展中感觉到更安全(Kuo,Bacaicoa,Sullivan,1998)。一项随后的研究发现,更加绿色的公共房屋邻里显示出更安全的趋势,伴随着更少的不文明和犯罪报道。从房屋中看到的绿色空间与更多的幸福感知和社区满意度相关。活跃地参与社区绿化和自然恢复项目可以产生一定范围的社会益处,从健康食物的提供到增强联系纽带和组织的有力性。如果个人和城市区域对职业性和公共服务以及与他们相关的支出有较少的要求的话,改进的社区关系也可以被转化成经济价值。

　　这种公共服务节约的一个例子是,20 世纪 70 年代启动的通过环境设计减少犯罪项目(CPTED),作为一个间接的途径制止犯罪。在其早期的反复中,通过环境设计减少犯罪项目参与者改变了公共空间中的容易帮助犯罪物理条件来制止或者阻止的犯罪活动。比如,他们把夜间使用的位于人行道附近的高而密的植被变薄。在其第二代,通过环境设计减少犯罪项目,或者情景通过环境设计减少犯罪项目,他们向社区活跃者和促进犯罪的条件推广了一个历史性的方法。其与鼓励社会监视公共空间相粘连,作为自我监控的一种形式,同时也改善一个地方的物理特征。比如,在学校使用几个小时候鼓励也许会增加在邻里之间走动的人的数量,提供更多的"街道眼睛"以制止犯罪。研究认为城市绿化项目是促进社区组织和社会资本形成的一种途径,是帮助降低犯罪行为的重要条件。

　　康奈尔大学的社会科学家正在研究一个有趣的想法,即市民参与城市绿化可以促进社区的弹性,这将使得对地方性灾难和安全威胁的反应更加有效。他们假设城市社区绿化通过综合多样性、自组织性以及适应性学习和管理,把自然、人类、社会、金融和有形资本有机地结合起来。在合适的条件下进行的活动和及时的反馈会形成积极的反馈循环,这种反馈循环更有可能在灾难或冲突的前期和后期为增加社区弹性发挥重要的支持作用。这些理念成为诺贝尔和平奖获得者旺加里·马塔伊(Waangari Mathai)在肯尼亚的绿带运动的结果的有力补充。尽管马塔伊的项目表面上是通过植树来避免景观的破坏,但是这些运动还有另外的社会效应,包括获得权利和增强社会资本。

向前看

关于城市自然如何为人们带来益处在科学的理解上已经得到了非常充分的扩展。尽管如此,在政策的反应方面还是存在空白,很多政府仍然认为城市自然不过是"猪尾巴上的芹菜"而已。由于不确定性和各种假设导致带来的对整个过程的忧虑,有些人也许会反对所有的应用于环境的非市场评价行为。评价分析的关键并不需要过多地从金钱和市场的角度去考虑,而是要建立不同选择的框架,并且在各种不同的结果中清晰地进行权衡。在自然资本中的投资和收益如何与其他城市服务中的投资和收益进行比较,比如法律的实施和教育? 这种交易是不是值得? 确实存在这样的问题,但是针对这样的问题甚至是最基本的评价都可以提供非常有用的信息。往前看,下一步该如何做呢?

经济模型

生态经济学家把对生态服务的评价与更大范围的投资收益分析模型结合起来。尽管在城市中人类与自然微小接触的频率已经较高,但是现在的模型并没有充分涵盖大都市中自然所给人类提供的服务的经济评价。那又何谈在未来的

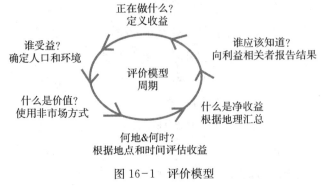

图 16-1 评价模型

努力中去更好地体现人类维度的需求呢?

　　建立一个评价模型,一般来说,包括以下四个步骤,首先定义收益,然后确定人口和环境,进而计算价值,最后汇总收益和价值。[5] 首先,收益是按照一种可以被计量的要素或单元来决定和表达的,就像对健康状况的改善一样可以测量。每个单元的经济价值就可以被计算出来,也许可以用非市场定价。下一步,确定收益,空间所处的位置以及收益开始的时间会影响谁的收益,进而使模型与一个特定的空间相联系。汇总可以推算出也许是从非常有限的环境中像魔术一样产生的收益,并将其延伸到所有合适的条件下。汇报结果使得不断地检查和对经济信息结果的使用成为可能。在未来一段时间得到完整精确的模型仍将是一个挑战。尽管如此,通过努力可以为城市提供强制的原因,以证明在城市自然中持续的投资。

研究需求

　　现在的研究可以帮助提供更有力的评价模型。一个途径也许是全面地看待城市自然环境在人类的全生命周期为人类提供的服务。贯穿城市居民的生活中,必要的自然体验的特征、质量和先后顺序应该是什么样的? 现有的研究证明,受益从孩童时期就开始了,延续到整个青少年时期和较早的成人阶段,然后继续保持至成年阶段,直至老年阶段仍然提供价值。相对来说,我们对于不同年龄阶段的具体反馈细节知之甚少,甚至这些反应在整个生命时期是如何与一个人、一个家庭或者一个团体相吻合的,我们也不甚了解。但对于以上知识的掌握将会帮助城市规划师和设计师在城市中创造更具有多样性的自然设计,包括活动项目和视觉元素,这些会使得公共投资为人类所提供的服务更加乐观。

　　目前我们对由文化背景差异而造成的自然反馈的多样性尚不了解,而第二个研究项目将会弥补这一知识空白。过去几十年的研究表明,不同的文化群体对城市绿色空间的内容和结构有着不同的偏好。有些文化群体喜欢可以增加小群体体验或者孤独感的场所和种植,这将导致更原始的自然设计。有的文化团体喜欢具有更多开放种植的绿色空间,使得空间更具有安全感,并且能够引导较大的人群在一起活动。对多样的和尚未得到充分服务的人群的关注可以获得更好的评价和结论。

　　第三个途径是基于土地利用类型的重点研究。大部分的城市使用相似的用地类型划分,比如独立住宅或者组合住宅用地,工业用地,零售和商业用地以及交通用地。过去的研究重点在于住宅用地的设置。但是当他们工作、学习和旅行的时候,城市居民却花费了大量的时间在其他的用地类型上。学校里面的一丛小树林也许会吸引大量的公共物品,这与工人们午餐厅旁边的小树林所产生的吸引力完全不同。如果与人类活动的地理分布以及土地利用类型划分引起的反馈联系起来的话,评价模型将更加有效。土地利用的调查分析在所有的场所范围内(人们关注获得实质性价值的机会,针对肥胖的药物治疗的推迟收费现在是这个社会最大的公共支出)鼓励更多的实地调查活动。

为了城市更美好

这篇文章介绍了历史,同时延续了美国对自然的感知,这种感知基于国家历史早期的大量景观,包括农业、自然资源区域和自然保护区。今天大量的美国人口居住在城市区域。其也追溯了科学家是如何更好地理解自然的存在在日常生活中的举足轻重的作用,以及如何为人类更重要的发展目标提供服务,而不仅仅是美化和美学上的作用。就近的自然环境促进精神机能的改善、体格的健康,更积极进取的社区活力,以及日常的生活质量的提高。

这篇文章主要讨论自然提供的收益的货币化可以在制定公共政策的时候对决策者起到协助的作用。展示了一些城市自然给人类提供服务的评价系统的进展,并且强调还有大量工作需要继续推进。经济学家有些已经提出了超越城市限制的针对土地和资源的非市场化评价技术,而也有些则正在研究其与健康的关系。通过使用科学解释和经济评价的工具更有效地将都市自然与城市本身结合起来,这一行动将是向好城市发展的真正启发。

参考文献

Akbari, Hashem, Susan Davis, Sofia Dorsano, Joe Huang, and Steven M. Winnet, eds. 1992. *Cooling Our Communities: A Guidebook on Tree Planting and Light-Colored Surfacing.* Washington, D. C.: U. S. Environmental Protection Agency.

Anderson, Linda M., and H. Ken Cordell. 1988. "Influence of Trees on Residential Property Values." *Landscape and Urban Planning* 15:153—64.

Boyd, James W. 2006. "The Nonmarket Benefits of Nature: What Should Be Counted in Green GDP?" Discussion Paper 06—24. Washington, D. C.: Resources for the Future.

Boyer, Tracy, and Stephen Polasky. 2004. "Valuing Urban Wetlands: A Review of Non—Market Valuation Studies. " *Wetlands* 24, 4: 744—55.

California Department of Health Services (CDHS). 2005. "Obesity Costs California $21. 7 Billion Annually. " *Physician Law Weekly* (May 4).

Carson, Rachel. 1962. *Silent Spring.* Boston: Houghton Mifflin.

Clements, Frederic E. 1916. *Plant Succession: An Analysis of the Development of Vegetation.* Washington, D. C.: Carnegie Institution of Washington.

Coates, Peter A. 1998. *Nature: Western Attitudes Since Ancient Times.* Berkeley: University of California Press.

Crompton, John L. 2001. *Parks and Economic Development.* Washington, D. C.: American Planning Association.

de Groot, Rudolf S., Matthew A. Wilson, and Roelof M. J. Boumans. 2002. "A Typology for the Classification, Description and Valuation of Ecosystem Functions, Goods and Services. " *Ecological Economics* 41: 393—408.

Dombrow, Jonathan, Mauricio Rodriguez, and C. F. Sirmans. 2000. "The Market Value of Mature Trees in Single—Family Housing Markets. " *Appraisal Journal* (January): 39—43.

Elmendorf, William F., Fern K. Willits, and VivodSasidharan. 2005. "Urban Park and Forest Participation and Landscape Preference: A Review of the Relevant Literature. " *Journal of Arboriculture* 31, 6: 311—17.

Heckscher, Juretta Jordan, ed. 1996. *The Library of Congress. Evolution of the American Conservation Movement, c. 1850 — 1920.* Preface, http://memory. loc. gov/ ammem/amrvhtml/cnchron2. html.

Jefferson, Thomas. 1982. "Query X1X. " *Notes on the State of Virginia.* Ed. William Peden. New York: Norton.

Kaplan, Rachel. 1993. "The Role of Nature in the Context of the Workplace. " *Landscape and Urban Planning* 26: 193—201.

——. 2001. "The Nature of the View from Home. " *Environment and Behavior* 33, 4: 507—42.

Kaplan, Rachel, and Stephan Kaplan. 1989. *The Experience of Nature: A Psychological Perspective.* Cambridge: Cambridge University Press.

Kuo, Frances E. 2003. "The Role of Arboriculture in a Healthy Social Ecology. " *Journal of Arboriculture* 29, 3: 148—55.

Kuo, Frances E., Magdalena Bacaicoa, and William C. Sullivan. 1998. "Transforming Inner—City Landscapes: Trees, Sense of Safety, and Preference. " *Environment and Behavior* 30, 1: 28—59.

Kuo, Frances E., and William C. Sullivan. 2001. "Environment and Crime in the Inner City: Does Vegetation Reduce Crime?" *Environment and Behavior* 33, 3: 343—65.

Laverne, Robert J., and Kimberly Winson—Geideman. 2003. "The Influence of Trees and Landscaping on Rental Rates at Office Buildings. " *Journal of Arboriculture* 29, 5: 281−90.

Leopold, Aldo. 1949. *Sand County Almanac*. New York: Oxford University Press.

Lowenthal, David. 2000. *George Perkins Marsh : Prophet of Conservation*. Seattle: University of Washington Press.

Luttik, Joke. 2000. "The Value of Trees, Water and Open Space as Reflected by House Prices in the Netherlands. " *Landscape and Urban Planning* 48: 161−67.

Nash, Roderick. 1982. *Wilderness and the American Mind*. New Haven, Conn.: Yale University Press.

Olmsted, Frederick Law. 1992a. Report on Plans of the Park Commission of Philadelphia, December 4, 1867. *The Papers of Frederick Law Olmsted*, vol. 6, *The Years of Olmsted, Vaux & Company*. Ed. David Schuyler and Jane Turner Censer. Baltimore: Johns Hopkins University Press.

———. 1992b. Report on the Proposed City Park in Albany, N. Y., December 1,1868. *The Papers of Frederick Law Olmsted*, vol. 6, *The Years of Olmsted, Vaux & Company*. Ed. David Schuyler and Jane Turner Censer. Baltimore: Johns Hopkins University Press.

Payne, B. R. 1973. "The Twenty−Nine Tree Home Improvement Plan. " *Natural History* 82, 9: 74−75.

Pinchot, Gilford. 1910. *The Fight for Conservation*. New York: Doubleday.

Pratt, Michael, Caroline A. Macera, and Guijing Wang. 2000. "Higher Direct Medical Costs Associated with Physical Inactivity. " *Physician and Sportsmedicine* 28,10: 63−70.

Saegert, Susan, and Gary Winkel. 2004. "Crime, Social Capital, and Community Participation. " *American Journal of Community Psychology* 34, 3−4: 219−33.

Samuelson, Paul A. 1954. "The Pure Theory of Public Expenditure. " *Review of Economics and Statistics* 36, 4: 387−89.

Saville, Gregory. 1998. "New Tools to Eradicate Crime Places and Crime Niches. " Paper presented at the Conference on Safer Communities: Strategic Directions in Urban Planning. Convened jointly by Australian Institute of Criminology and Victorian Community Against Violence. Melbourne, Australia.

Schama, Simon. 1995. *Landscape and Memory*. New York: Vintage.

Schroeder, Herbert W. 1982. "Preferred Features of Urban Parks and Forests. " *Journal of Arboriculture* 8,12: 317−22.

Schroeder, Herbert W., and William N. Cannon, Jr.. 1987. "Visual Quality of Residential Streets: Both Street and Yard Trees Make a Difference. " *Journal of Arboriculture* 13,10: 236−39.

Shaler, Nathaniel Southgate. 1905. *Man and the Earth*. Chautauqua, N. Y.: Chautauqua Press.

Sheets, Virgil L., and Chris D. Manzer. 1991. "Affect, Cognition and Urban Vegetation: Some Effects of Adding Trees Along City Streets. " *Environment and Behavior* 23, 3: 285−304.

Taylor, Andrea Faber, Frances E. Kuo, and William C. Sullivan. 2001. "Coping with ADD: The Surprising Connection to Green Play Settings. " *Environment and Behavior* 33,1: 54−77.

Tidball, K. G., and M. E. Krasny. 2007. "From Risk to Resilience: What Role for Community Greening and Civic Ecology in Cities? In *Social Learning: Towards a More Sustainable World*, ed. Arjen E. J. Wals. Wageningen, The Netherlands: Wageningen Academic Press. 149-64.

Tyrvainen, Liisa, and Antti Miettinen. 2000. "Property Prices and Urban Forest Amenities." *Journal of Economics and Environmental Management* 39: 205-23.

Ulrich, Roger S. 1984. "View Through a Window May Influence Recovery from Surgery." *Science* 224, 27: 420-21.

U. S. Environmental Protection Agency (EPA). 2004. *Heat Island Effect* www. epa . gov/ heatisland/

Westphal, Lynne M. 2003. "Urban Greening and Social Benefits: A Study of Empowerment Outcomes." *Journal of Arboriculture* 29:3:137-47.

Wolf, Kathleen L. 2005. "Business District Streetscapes, Trees and Consumer Response." *Journal of Forestry* 103,8: 396-400.

——. 2006. "Assessing Public Response to the Freeway Roadside: Urban Forestry and Context Sensitive Solutions." *Transportation Research Record: Journal of the Transportation Research Board* 1984:102-11.

Worster, Donald. 2005. "John Muir and the Modern Passion for Nature." *Environmental History* 10,1.

第17章
绿色投资策略:如何作用于城市社区

苏珊·M·瓦克尔、凯文·C·吉伦、卡洛琳·R·布朗
(Susan M. Wachter, Kevin C. Gillen, Carolyn R. Brown)

城市绿化是"基于场地的投资"广义概念中一个重要的组成部分。资本的全球流动改变了区域经济增长的模式,提高了基于场地的投资和城市生活质量的作用。考虑到城市的经济发展,传统的商业选址还需考虑一些新的影响因素,例如原材料的可得性和港口是否便利。在城市和其附近地区,基于场地的投资影响城市生活的质量和社区的长期运营。

考虑到场地质量这一新的角色,基于场地投资有可能使城市和邻近地区的衰落出现好转,场地投资成为重要的公共政策工具。尽管人们已经认识到了基于场地的投资的重要性[1],但目前直接能够显示其重要性的实践量化数据几乎没有。研究者们才刚开始评估诸如社区公园、新的景观式商业长廊等场地投资在影响社区方面的特别之处。

这项研究的目的在于描述量化绿地投资经济效益的方法,并以此方法衡量近年来费城开展一些绿地投资所取得的成果。这一方法,使用了精确的时间空间数据描述投资的发生地和时间,辨识和衡量公共投资对社区的影响。

对投资收益的评估能够证明公共支出的必要性。由于"集体行为"逻辑,场地投资需依赖于公共支出而非私人行为。由于私人投资公共产品产生的溢出效应(正外部性)并不计入其投资成本,个人倾向于少投资公共产品。公共产品由公共部门提供。这意味着场地投资必须依赖稀缺的公共资源进行。因此,展示

这些投资对于社区质量产生了可量化的提高是重要的。[2]

我们还可以用这一方法更深入地了解社区变迁的过程。通过研究人口的迁出和建筑的废弃,城市经济学家们一直在讨论衰败贫困的景象如何加速城市的衰退[3]。通过对荒芜的空地进行绿化则可能改变这一进程。绿化改变了对社区贫困的观感,降低房屋废弃率,扩大了当地房产税税基。低税率的良性循环有助于老社区重新焕发活力。

然而,由于数据和技术障碍,显示特定的场地和其他有助于增长的投资影响的证据十分有限。得益于地理图形信息系统,本研究得以对大量的空间数据进行合并和分析。[4]

最重要的是,正如在下文和史密斯及伯纳姆所著的章节所言,我们很好地运用分析了费城的公共性的场地投资和有关这些投资的时间、地点数据。通过这些数据和方法,我们论证了绿化活动和场地投资为费城的房屋价值和街区提供了可观的收益。

费城的城市绿化和场地投资

作为制造业中心,去工业化使费城的人口从 1950 年的 200 万降至 2005 年的 150 万,其结果是很多城区出现投资收缩和荒芜现象。

这座城市目前有大约 40000 处空地,其中包括 1300 英亩的土地和 71887 处空置的房屋,这些空置的房屋往往是空地的前兆。[5] 城市遍布着荒废的场地,除了城市中心商业区外,其他城区无一幸免。一些城区受损严重。空地和空置及废弃的房屋零星地分布在这些城区半完整成排的房屋中,形成了一种无规律的空置,很少的空地适合被再开发。考虑到空间中间歇分布的空地,城市绿化成为费城土地管理的一个潜在的重要策略。

费城以及其他衰退的城市都面临着城区衰退和不平衡开发的挑战。空地削弱了城区的社会结构,是导致荒废的关键因素。空地导致了犯罪、街区缺乏吸引力、不健康,以及空地对于居民尤其是家庭和儿童来说不安全。不鼓励对现存房屋储备的维护导致了投资进一步收缩。[6]

作为一座有众多街区的城市,费城有在令人愉悦的社区里建造吸引人的建筑的能力,但这一可能被遍布城区的荒地所破坏。整个城区缺乏树木、林荫道等绿化建设,通往城区和居民区的商业长廊缺乏景观建设。人们已经意识到了有能力改变现状和提高费城街区的生活质量,但执行起来十分困难。改变现状需要公众的一致同意和资金。

绿化投资通常是私人活动。如果植树的收获远远超过了为此的付出,人们可以并且确实自己植树使居所更有吸引力。然而,如果没有集体行动,即便有绿化需求,类似的公共投资建设也不会发生,结果是不会有改变城市荒颓面貌的有价值的投资。这意味着成功的集体行动会获取丰厚的回报——远大于私人进行绿化投资的回报。

本章提供了一种衡量绿化投资建设对于提高街区生活质量的方法。生活质量改善的衡量标准是人们对郊区基础设施建设包括绿化、社区走廊改进、空地的清理和维护等付费意识的提高。

作为城市投资策略研究的开头,我们先分析新肯辛顿空地管理的效果。新肯辛顿开展了一项由新肯辛顿社区发展公司和宾夕法尼亚园艺协会联合发起的持续多年的空地管理项目[7],成为实践城市投资策略的先锋。这一项目 1995 年开始,旨在讨论传统的重工业社区里由于废弃、拆除和忽视产生的持续的空地危机。

在该计划的第一年,宾夕法尼亚园艺协会和有组织的街区种植街并建立社区花园。到 1996 年,新肯辛顿社区发展公司和新肯辛顿居民已经在六个空地上进行了第一阶段大规模的植树活动。此后,在新肯辛顿社区发展公司和宾夕法尼亚园艺协会的共同努力下,建立社区花园、街道植树及稳定空置土地的活动持续进行。新肯辛顿社区发展公司也于 1996 年开始管理一个屋边庭院计划以促进空置物业转移给附近的业主。

空地管理项目是此后开展的费城城市改造计划的先行试点项目。费城城市改造计划始于 2002 年,旨在消除由于长期空置的建筑、被遗弃的汽车、垃圾散落空地造成的荒芜。费城与宾夕法尼亚园艺协会合作制定全市范围的绿化战略来对待现有空地和拆除空置房屋后产生的新的地块。空地上的杂物、荒草被清除,取而代之的是新种植的树木和篱笆。在 2000 年到 2003 年间,12186 块土地获得清理、改善和维护,另有 18800 块土地上大量的垃圾和杂物被清除。

街区改造计划还支持改善城市中低收入的街区商业走廊。除街区改造计划外,BIDs 也着手改善商业走廊。BIDs 是在其管辖范围内提供公共服务(包括改善公共场所)的准公共机构。BIDs 提供的典型服务包括增强安保、清洁街道、清除垃圾以及景观美化、照明和协调标牌等街景改善。

　　财政状况不佳的城市无法提供高品质的公共服务、改善落后的街区及吸引新的居民和投资,BIDs 是它们经常使用的策略。认可 BIDs 所作的改善可能导致客流量和地区商业收入的增加,BIDs 服务范围内的商业机构每年支付一笔费用以覆盖 BIDs 提供服务的成本。在费城最古老和最成功的 BID 是在 1991 年设立改善市区的旅游业和生活质量的城市中心区。这项研究采用的数据集评估了费城街区的九个 BID 的作用。

评估绿化投资经济效益的方法

　　尽管振兴街区的工作很重要,新的公共投资和再投资有改善街区质量的潜能,但相关的动态研究几乎没有。房产的价值增加通过"资本化"的过程进行　当资产的周期回报增长时该资产获得增值。因此,当社区成为更理想的居住地时,社区的生活质量提高,社区的房屋价格提高。

　　房子价值资本化的大部分研究采用了传统的"享乐"的分析框架[8],其中有意思的变量,如与公园的相邻度,被加入到基本的房屋面积、位置和其他特征中。这种静态且有用的方法体现不出新投资产生的收益,并可能低估福利设施带来的益处。像公园之类的设施可能与其他积极的住房特点相关联,使得单独评估公园的积极作用变得困难。[9]

　　这里我们不仅加入了绿化变量,而且还将绿化的时机列入变量。[10]该研究对时间和空间数据进行计量分析,并将独立的数据集集成到一个数据库中。这些数据收录了费城的物业销售、超过 12 万幢物业的 50 多个属性特征和 1980 年至 2005 年间的逾 20 万笔销售。数据库还收录了一些额外的属性如公共安全、公共交通便利度、商业走廊质量和教育以及给予场地的投资的数据。数据集允许通过地理位置和投资时间跟踪这些投资的质量和数量。特别的是,PHS 提供了新植树木、街道景观治理、稳定空地的时间和位置数据。因此,基于对附近物业销售数据的分析,我们能够比较投资前后的街区价值。

　　这些数据被用来建造一个更大的空间数据库。这个数据库容纳了含有基础地理信息(例如街道地址、纬度和经度、与中央商务区的距离值)的属性数据(如物业宗地价格、面积、单元设施),还包括物业与各种公务服务,如所属区域内学校、警所之间的关系以及物业是否处于商业改进区等数据。空间数据库和地理信息系统技术使我们能够估算个别居民区和城市整体的基于场地投资的各变量价值的影响。

这些数据也让我们能够控制构成物业价值的诸多属性。享乐定价模型将市场中的物品或服务分解为一系列的属性。这些属性构成消费者所要求的基本物理特性,并可以分别估值。

正如我们预期的那样,研究显示高房价与大面积、大地块、更好的物理条件、有壁炉或中央空调等设施、有车库以及位于或临街闹市区等属性有关。低价房屋则与位于街角位置、被租用、房价贬值等属性有关。

时间趋势变量被纳入到模型中以控制整体房地产市场的状态。房地产与资金可得性和融资成本高度相关。除了 1988 年至 1995 年,费城的房屋价格一直上涨,直到 2004 年,这段时间里置业的成本在下降。[11]

我们还对附近的公共服务措施进行了评估。虽然缺乏公共服务领域中新的投资数据,但是我们有一些成果,特别是对一个学校的质量(中学辍学率)和公众安全(当地的犯罪指数)的评估。正如所料,我们再次发现,附近学校和公众安全的质量对于置业也非常重要。[12]我们的研究结果表明,较高的犯罪率会拉低房屋价值——犯罪率每上升一个百分点,与房价的相关系数为−14%。此外,在控制学生的贫困率之后,中学辍学率与房价的相关系数为−5%。

最后,我们评估了位置(不只是与商业区的距离,还有与公共交通的距离)的重要性。结果表明,房屋价值与其到地铁站的距离呈正相关关系。离地铁站的步行距离小于 1/8 mi 的房屋比那些距地铁站远的房屋溢价超过 3%。[13]

基于场地的投资研究结果

我们通过评估投资发生地居民获得的附加价值确认基于场地的投资的潜在益处。我们通过评估投资何时何地发生以及其对附近物业交易价格的影响确认公共投资的影响。我们将数据纳入并分别讨论商业走廊的改善、空置土地管理、小区绿化战略及 BID 行动产生的结果。

商业绿化

我们用"商业绿化"表示商业性质的公共空间的改善，例如商业街或购物中心。对于评为"优秀"的走廊，在其 1/4 英里内的房屋被给予 23％的溢价，介于 1/4～1/2 英里之间的房屋被给予 11％的溢价。而地处有 BID 服务的区域的房屋将享受 30％的溢价。BID 的价值之所以高于优秀的商业走廊是因为大概一个 BID 已经是一个非常好条件的商业走廊，加上 BIDs 提供商业走廊没有的公共服务，例如额外的标牌、警察、清洁及根据时令变化的装饰。

空地管理

正如我们已经讨论过的，在房屋被遗弃和拆迁后留下的空地，吸引垃圾和破坏者并带给公众不安全的感觉，经常对社区的生活质量有重大和不利的影响。我们的研究结果表明，邻近一个被忽视的空地的房屋的价格会比距离空地远的可比房屋的价格低 20％。最近的一些公共活动已经在"稳定"清洁和绿化这些空地。这个过程涉及清理丢弃的垃圾；定级并修整土地；种植草、树木和灌木；甚至加入长椅、人行道、围墙等设施。我们的研究结果表明，这些努力几乎完全扭转了邻近空地的负面影响，使房屋价格上升 19％。

街区绿化

"街区绿化"投资，是指在公共场所建造公园、种植新的树木、改善街景活动的总称。表 17-1 中列出的结果表明，接近绿化带能够使房屋价格提高 9％。

街景是城市环境中"绿色基础设施"的一部分。一个街景项目指对人行道或车行道进行园艺改造，改善该地区的外观，使它成为一个更具吸引力和令人愉快的地方。街景建设包括植树、容器种植、小公园、停车场屏蔽和路中间植树。街景建设往往把重点放在具有较高的知名度和高层次的行人或行车的商业走廊。我们的研究结果表明，街景建设使其周围的房屋价值大幅增加，与没有街景改善的可比地区房价相比高出 28％。

表 17-1 中，我们总结了不同的公共投资对房屋价值影响的幅度。列"百分比影响"显示预期价格在基准价格之上的百分比变化。

<table>
<tr><th colspan="3">绿色基础设施研究结果摘要,费城,2004　　　　　　　　　　　表 17−1</th></tr>
</table>

	百分比影响	美元影响
1. 商业绿化		
距离优质商业街区≤1/4mi (净影响)	23	19021
距离优质商业街区为 1/4～1/2mi(净影响)	11	9097
位于商业改进区	30	24397
2.空地管理		
邻近空地	−20	(16540)
邻近平整的绿地	17	14059
3.街区绿化		
邻近植树区	9	7433
街景改善	28	23156

注:公共投资对房价的不同影响的波幅,基于 2004 年的房价中值82700 美元。"百分比影响"=价值预期的百分比变化;"美元影响"="百分比影响"×房价平均数。

绿化和基于场地的投资对街区质量的影响

本章的目的是讨论量化绿色基础设施的经济利益的方法。我们确定了关键的基于场地的绿色基础设施的公共投资,使用"愿意支付的"数据作为整体生活邻里质量变化的指标证明其潜在的影响。总体而言,实证结果表明在公共场所进行投资产生极大的积极影响。

利用这些数据和方法,我们确认,绿化活动和基于场地的投资赋予房屋和街区附加价值。其中的主要结论是:① 清理及绿化空地使邻近物业价值上升17%;② 改善街景使靠近商业走廊的物业价值上升 28%;③ 位于 BIDs 内的物业价值高于非 BIDs 内可比物业 30%。运用然值法,我们的研究结果可以帮助将抽象和理论的概念如"生活质量"或"对所在地的感觉"的概念转化为可衡量的经济指标。

这样的研究有助于我们了解人们评估小区价值的决定性因素。人们通过评估基于场地的投资对其房产价值的影响来评估其所在小区。社会投资对小区的重要性似乎是直观的,但大多数研究未能找到实证。采用基于场地式的方法评估基于场地的投资的作用,使用精确的时间、空间信息确定何时何地发生投资(控制其他物业和街区特征),可以量化绿色投资的好处。由于重点是投资策略而不是街区的静态特性,信息是关于社区和城市是否投资和支持哪类投资的决策的。

基于场地的投资的研究重点一直是公共场所的绿化。对于绿化研究而言该研究十分得当，因为特定的时间和空间的绿化活动可以观察和衡量。正因为如此，绿色投资是衡量在公共场所发生的基于场地的投资回报的一个特别合适的主体类别。对于政策制定者来说，这些结果可以帮助确定从基于场地的投资中能够获得的预期回报以及从特定类型的投资中能够获得的最高回报。

参考文献

Bowes，David R. 2001. "Identifying the Impacts of Rail Transit Stations on Residential Property Values." *Journal of Urban Economics* 50，1：1－25.

Bradbury，Katherine，Christopher Mayer，and Karl Case. 2001. "Property Tax Limits and Local Fiscal Behavior：Did Massachusetts Cities and Towns Spend Too Little on Town Services Under Proposition 22?" *Journal of Public Economics* 80，2：287－312.

Case，Bradford，Henry O. Pollakowski，and Susan M. Wachter. 1991. "On Choosing Among House Price Index Methodologies." *American Real Estate and Urban Economics Association Journal* 19，3：287－307.

Correll，Mark R.，Jane H. Lillydahl，and Larry D. Singell. 1978. "The Effect of Greenbelts on Residential Property Values：Some Findings on the Political Economy of Open Space." *Land Economics* 54，2：207－17.

Crompton，John L. 2000. "The Impact of Parks and Open Space on Property Values and the Property Tax Base." Ashburn，Virginia：National Recreation and Park Association.

Ellen，Ingird G.，Michael H. Schill，Scott Susin，and Amy Ellen Schwartz. 2001. "Building Homes，Reviving Neighborhoods：Spillovers from Subsidized Construction of Owner－Occupied Housing in New York City." *Journal of Housing Research* 12，2：185－216.

Florida，Richard. 2003. *The Rise of the Creative Class，and How It's Transforming Work，Leisure，Community，and Everyday Life.* New York：Basic Books.

Gillen，Kevin，Thomas Thibodeau，and Susan Wachter. 2001. "Anisotropic Autocorrelation in House Prices." *Journal of Real Estate Finance and Economics* 23，1.

Hammer，Thomas R，Robert E. Coughlin，and Edward T. Horn，IV. 1974. "Research Report：The Effect of a Large Park on Real Estate Value." *Journal of the American Institute of Planners* (July)：274－77.

Lee，Chang－Moo，Dennis P. Culhane and Susan M. Wachter. 1998. "The Differential Impacts of Federally Assisted Housing Programs on Nearby Property Values：A Philadelphia Case Study." *Housing Policy Debate* 10，1：75－93..

Lutzenhiser，Margot，and Noelwah R. Netusil. 2001. "The Effect of Open Spaces on a Hom's Sale Price." *Contemporary Economic Policy* 19，3：291－98.

Mills, Edwin S., and Bruce W. Hamilton. 2004. *Urban Economics*. New York: HarperCollins.

Philadelphia City Planning Commission. 2005. *Vacant Land in Philadelphia: A Report on Vacant Land Management and Neighborhood Restructuring*. Philadelphia: City Planning Commission.

Rosen, Sherwin M. 1974. "Hedonic Prices and Implicit Markets: Product Differentiation in Pure Competition" *Journal of Political Economy* 82.

Rothenberg, Jerome. 1991. *The Maze of Urban Housing Markets: Theory, Evidence, and Policy*. Chicago: University of Chicago Press.

Thibodeau, Thomas, Kevin Gillen, and Susan M. Wachter. 2001. "Anisotropic Autocorrelation in House Prices." *Journal of Real Estate Finance and Economics* 23, 1.

Wachter, Susan M. 2005. "The Determinants of Neighborhood Transformation in Philadelphia—Identification and Analysis: The New Kensington Pilot Study." Report to the William Penn Foundation.

Wachter, Susan M., and Kevin Gillen. 2006. "Public Investment Strategies: How They Matter for Neighborhoods in Philadelphia—Identification and Analysis." Philadelphia: Wharton School, University of Pennsylvania.

Wachter, Susan M., and Grace Wong. 2007. "Green Cities Strategies, Home Values and Social Capital." *Real Estate Economics*.

第18章

测量绿色运动的经济影响:邻里技术中心的绿色价值计算器

朱丽亚·肯尼迪、彼得·哈斯、比尔·艾林
(Julia Kennedy,Peter Haas,Bill Eyring)

自然资源保持城市的活力——清洁的空气、水、土地和能源是有限的。认为这些资源是免费、无穷的这种观点低估了健康的自然资源的实际价值。

近些年这些观念开始转变。石油和天然气的高价使可替代能源技术和产品市场充满活力。最近建立的碳排放交易市场已经为减少排放带来了经济价值。一个相似的认识是清洁水的价值和可靠的水利设施,在促进更有力的水资源管理的实践中正需要这种认识。世界银行认为,水应该被看成是一件商品,它的全部成本应该包括它的整个供应过程,那么一个期望是所有财务上表现出来的供应成本合计,能引向提高效能这个方向。如果水利设施的成本和收益是可知的而且可以明确地计算和对比,那么使用者和决策者能够更好地作出适合的决定。

邻里技术中心(CNT),一个芝加哥的非营利性组织促进了环境和经济上合理、不破坏生态平衡的社区的发展。它支持"绿色"或可替代雨水管理方法,这种方法通过在可能空荡荡的可能绿色的区域不只用美学观点来设计,而且在空间内建立起作用的土地,从城镇环境中的隐形资产中获利。最后,邻近区域技术中心已经发展了一个测量工具—绿色价值计算器—来对比绿色基础设施和传统的雨水管理方法在水利和经济上的成本和收益。

一旦雨洪管理的经济价值清楚了,决定和选择能够带来生态和经济收益最大化的改进方法便可随之而行。

了解绿色基础设施经济价值能够引导政策和行动的改变。绿色价值计算器给从官员到市民所有的雨水管理决策者提供了一种工具。计算器能够为政府官员和市政服务人员提供详尽的数据,支持绿色基础设施在市政范围内的实施,并且阐述了大量的能解释绿色基础设施收益的信息给市民们,这些信息是根据他们的个体特性选择的相适合的绿色基础设施的方式而得出的。

雨洪和污染

雨洪管理不是新的尝试,事实上,自从有了城市,在某种程度上这就是个问题,但是雨量随着不可渗透的沥青路面、屋顶和混凝土取代渗透表面的发展也在持续增长。在过去,雨水质量的主要威胁是一些可以识别到的点源,例如工厂和废水处理植物。尽管如此,在水清洁方面,联邦环境保护部门和州环境部门已经作了严格的点源污染排放规定。

今天水污染从非点源释放出来:更大量的雨水和在雨水流中增加的大量的更多种类的污染。在现代美国城市范围内,随着大片不能渗透道路和建筑物的出现,已经明显改变了水通过环境的运动轨迹。随着发展延展的速度比人口增长的速度还要快,城市化的水质量方面的消极影响是不可避免的。沿着被开发的海岸线,城市内的水流已经是海岸线水污染的最大来源。研究者已经在城市化和对河流、小溪产生的消极水利影响间建立了联系。证明分水岭上 10％～15％的不可渗透表面能够降低接收的水的质量等级。尽管如此,相关的研究已经阐述了这是怎么发生的,或者取消多少程度的城市化能够取得生态上的提高。

雨水由本地植物和土壤等景观吸收已经变成了一个高速的管道,使污染流入河、湖、海洋。传统的雨洪管理认为水流是不受欢迎的事物,要尽快地通过管道排到留置盆地或处理植物里,然后排到溪流中。这些管理系统分成两种:每一种都有它的效能和失败之处。一种是分开雨水和生活污水下水道,这一般出现在比较新的城市里。来自不同系统的水流,很大部分未被处理,带着宠物垃圾、道路污染物、劣质材料、瘟疫、肥料、痢疾及腐蚀物快速、直接倾倒进了水路。另一种是合流制,通常出现在比较老的城市里,雨水流跟污物一起进入同样的管道。这些水往往被用来灌溉植物。下雨时,甚至很小的雨,都能导致这个系统溢流,未经处理的人类生活废水、工业废水和商业废水,以及雨水一起倾倒入水路中。在华盛顿区,只要 0.2 英寸的雨水就能导致整个下水系统溢流。华盛顿的沉淀率是每个月 3 英寸雨水。

　　大多数政府当局在遵从联邦水质量标准上面都面临难以置信的挑战。虽然EPA 国家污染降低系统规定政府使用分流系统,但是他们的大量雨水量使常规的处理方法和点源控制方法变得不现实(图 18-1)。政策要求整合下水溢出系统的政府贯彻实施短期以及长期的提高政策,但是在联邦规定下服从这些许可并不能提高水的质量。

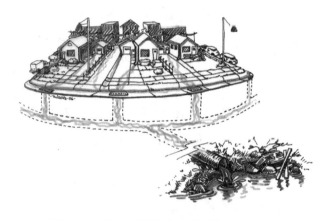

图 18-1　水流:从街道到下水道,再到河流。
(自由撰稿人 Lynda Wallis 配图)

　　虽然许多主要的项目在进行中,也正取得一些成果,但在很多情况下解决减轻下水溢流的问题会是一笔昂贵的花费:2000 年清洁分水岭研究(CWNs)估计要投资 560 亿美元在下水溢流问题上,除了这些投资外,联邦环境保护部门估计联邦托管雨水管理条例会议和成功地控制城市的水流将花费另外的 110 亿～220 亿美元(Kloss and Calarusse,2006:11)。

　　国内政府的财务压力,结合了各种学科对合理利用、不破坏生态平衡的兴趣,已经形成了一个关于雨洪管理可替代方式的广阔的关注群体,以提供更大的洪水防御、环境保护和经济价值。抓住、保留和试图提高大量的当地雨水质量通常比降低雨水流,通过以制定政策为开端来降低不可渗透表面和最大化地渗透和过滤的方式更难,花费更多。

各个层次的政府、工程师、环境团体、房地产开发商、城市规划者逐渐认识到采用绿色基础设施是迈向环保经济、不破坏生态平衡城市的必经之路。

什么是绿色基础设施

绿色基础设施在传统的意义上是指开放的空间和自然区域互相联系而成的一个网络(例如林荫路、湿地、公园和森林保护),能够自然地补充地下蓄水层、提高水的质量、提供再造野外生物生活习惯的机会。在当局或邻近区域范围内的绿色基础设施,是指最佳管理实践(BMPs)包括许多自然风景的特质的雨水花园、植物沼泽和可渗透性道路,它模仿风景的自然能力来管理和吸收它的沉淀物。这种解决方案通过渗透、过滤、蒸发和留用来管理雨水。极致的城市风景建设绿色基础设施能通过建设新的或者应用最佳管理实践(BMPs)在已经存在的绿色空间里来实现。

绿色基础设施方法使用雨水作为一种资源,结合其他风景的自然特点,在降低污染和洪水危害的同时为社会创造价值。绿色基础设施,随着在世界上的采纳而有多重名字:在切萨匹克是低影响式发展,在西雅图是自然排水系统,在波特兰是生态雨水管理,在城市西北是高表现基础设施。最佳管理实践(BMPs)是一个处理系列或一个整合的常见绿色雨水技术系统的部分。最普遍的最佳管理实践(BMPs)包括:

- 雨水花园(更正式来说,生物保持单元),是人工压实植物地面或用有收集贮存流水功能的技术性土壤填充进去,控制流水从屋顶雨水管或者路缘流下,在 48 小时或更少的时间内渗入土壤中。并且在过程中过滤掉很多污染物。
- 未接入系统的雨水管,它降低了流水的数量和速度,控制水直接到雨水花园、植物区域或者雨水桶内。
- 雨水桶收集屋顶的雨水重新利用,可以用来浇草坪和花园,或者进入建筑的中水循环系统。
- 绿色屋顶,是在屋顶的一种防水膜上安装一种介质,可供多种层次的植物生长在上面,它能保存和渗透雨水,保留少量的流水量,最终能使建筑隔冷隔热。

- 被设计的有空隙的可渗透的块状材料（混凝土、沥青、石头或者塑料）可以吸收雨水，过滤污染物和补充地下水。
- 种植植物通过植物吸收水分和土壤水分蒸发来减少雨水流水的总量。
- 当地植物有根茎吸收和过滤雨水（3～10 英尺长，对比 34 英寸的草皮草）。[1]
- 有植物的广阔洼地，上面有沟渠，能暂时储存流水，并且引水流走，同时渗透一部分。
- 摆放在建筑物附近和沿着步行道的植物箱用来接收屋顶和街上的雨水，在土壤里储存下来被植物吸收蒸腾掉或者慢慢地渗透到排水沟里。
- 完全渗透的一块植物区域，被设计用来接收附近不可渗透表面的流水，能够减慢流水速度，留下沉淀物和其他污染物，并且吸收其中的一部分。
- 暂时自然地留置流水的集水盆地，最终把其释放到下面的溪水排放系统里，同时可以利用生物、微生物的功能吸收一部分污染物和成分（图 18-2）。

图 18-2 绿色基础设施与城市院落相结合。
（自由撰稿人 Lynda Wallis 配图）

多种研究表示绿色基础设施技术能够去除雨水流中 50％～95％ 的一般有害成分并且降低流水总量的 90％。他们也表示最佳管理实践(BMPs)能够显著地降低建设成本。因为城市不断变化的影响,西雅图的街道减少了 11％ 的必要面积并且增加了 1000 棵新的树木。这个街道的变动降低了暴风雨流量的 98％。在伯明翰、华盛顿,城市用绿色基础设施改造了两个停车场,对比同样配置的普通基础设施项目(基于这个城市里同样的项目),建设成本下降了 75％～80％。

最佳管理实践(BMPs)首先能够避免洪水侵害,保护正常水量,也有其他益处,包括空气质量、能量保存、生物多样性、生命质量,甚至降低犯罪。在 2001 年,伊利诺伊大学的研究者发现住在树木和草地很少的公共住宅中的居民的进攻和暴力倾向,相对于他们的对比组中住在更贴近自然的建筑里的居民,要更大些。进攻倾向的增大,使居民精神上的疲累增加了。随着环境和社区对公共健康的影响,这个关于生命质量的课题刚刚开始研究。尽管如此,绿色基础设施技术的经济性的优势仍然是或者说大多数是其快速转为广泛实行的首要推动力。

对实行绿色基础设施的经济收益的理解刚刚显现。很多绿色基础设施的特点是建造和维护不昂贵,在降低雨水进入处理系统的流量的处理方案中降低了成本。在波特兰以及俄勒冈州的研究表明,洼地的应用相对于雨水管、路缘石和排水沟,在发展区域每英亩能够节省 4000～5000 美元。进行全生命周期、成本收益的基础设施因素的评估展示了绿色基础设施积累的经济收益。例如,建立一个普通的基础设施系统包括人力、运输和安装,这些在运营、维护和最后的更新过程中都会产生成本。最佳管理实践(BMPs)的建设材料都来自自然,需要最少的运输,运营和维护成本很低,生命周期也不确定。一个绿色基础设施区域的特点是自我补充,是新型的不破坏生态平衡的设计的典型:从摇篮到摇篮(图 18-3)。

图 18-3　绿色价值雨洪工具箱
为建设绿色基础设计提供了方法。
(自由撰稿人 Lynda Wallis 配图)

绿色价值雨洪工具箱

虽然最近的研究揭示了绿色基础设施的效能和成本的影响,它的广泛应用仍然面对着问题，就是它的使用、设计、表现、成本、收益的信息都很少。首先，现在正在建立多种示范项目，使用和检测绿色基础设施的特点，以帮助工程师和政府当局预测到最佳管理实践(BMPs)的效果。邻里技术中心的总部大楼就是这样的范例，它是一栋获得铂金级别绿色建筑认证的建筑，在芝加哥排名第二，在国内所有这个级别的建筑中排名第十三。建筑的特点是一个全部用当地植物种植的雨水花园，这个花园由邻里技术中心的职员负责维护。本地植物和许多树木围绕在建筑物的停车场周围，在场地的低点设置渗滤沟用来吸收流水，以前流水会形成一个大的雨水坑阻断面向办公室的部分路段。

邻里技术中心正在进行研究和支持的项目回顾了关于雨洪管理目前立法的立场和调整政策，这个研究认识到用绿色基础设施技术取代过时的雨水桶，认识到鼓励贯彻实行的机会。邻近区域技术中心也正发展一个积极的公共延伸和教育项目，包括学校、教堂、政府当局来合作他们的展示项目。除此以外，他们将绿色价值雨洪工具箱放在他们的网站上(GREEN-VALUE. CNT. ORG)。这个工具清晰地说明不同形式的绿色基础设施并且描述了它在管理雨洪和流水方面的能力。工具箱也包括绿色价值计算器，一个对比绿色基础设施和传统雨洪管理的成本的项目。

绿色价值计算器使用了使用者的特点数据，例如尺寸、不可渗透表面、植物、土壤类型和生命周期，来模拟一个地方的流水的数量和强度。使用者可以选择六个最佳管理实践(BMPs)来模拟一个"绿色"场景。绿色价值计算器会展现一个最终的绿色和传统管理系统对比的经济分析，揭示两者间水利和成本的不同。绿色价值计算器一个独一无二的特点是在特定的场景定义全生命周期的成本和收益因素(第一次建设成本和运营成本)。例如，计算器能将增加的绿色区域的碳吸收能力、每亩地下水的补充能力、在一个区域数目增多带来的财富增长都转换成用美元来表现。他也解释了不能被计算的收益，例如，城市植被覆盖率上升带来的美感。

绿色价值计算器方法

对比一个地方用的传统的水利系统和将最佳管理实践(BMPs)应用在同样的地方，或者与传统的系统合作，绿色价值计算器为工程师设计雨水系统时提供标准的水利方程式和系数变量。流量变化的不同需要管理。在使用方定义的生命周期中安装维护更新的需求的不同成为最佳管理实践(BMPs)实施中评估经济收益或损失的参数。这个分析的成本数据得自于工厂数据和网上一些显著的表格和数据。在水利和经济分析中运用的方法细节在以下论述。

用户界面

　　用户既可以从一组列表里选择社区配置,也可以输入自己社区和院子的具体数据。事先配置好的社区,从"人口密集的城市邻里"到"新开发的郊区"都有分配给各个字段的默认值,并有用于 BMP 的最佳设置。这些方案对于不在乎特定场地而只是想探索在各种情况下雨洪管理方案差异的用户同样有意义。至于那些希望分析一个特定位置的用户只需输入以下参数:场地面积、数量、屋顶大小、场地内树木数量、车道大小(如适用)、车库/防渗顶板尺寸(如适用)、人行道宽度、街道宽度、土壤类型、土地折扣率和生命周期。

　　这些参数决定了土地覆盖的防渗率和透水率,以确定水力学系数的合理数值(径流系数和 C 值)。然后,用户可以应用六大绿色基础设施技术中的任何一项,无论单独或组合使用。这六大技术包括这些最佳管理实践(BMPs)如屋顶的所有落水管都排向雨水花园,一半的草坪用本土植物替代,车行道、人行道和其他非街面步道用多孔路面铺装,提供额外的 25% 的树木覆盖和屋顶绿化,并用排水洼地替代雨水管道。然后绿色价值计算器就可使用场地参数来生成常规和水文绿色模型。

绿色价值计算器:水文分析

　　该分析基于芝加哥西北部郊区的降水资料模拟了一场持续 24 小时的 10 年一遇暴雨。从概念上看,绿色价值计算器模拟了从雨滴生成到被完全阻止的过程。该路线从场地到街道,穿过社区,测量体积和高峰流速[2]。在个体场地尺度上的收益清晰可见,它显示出了个人和街区尺度能够实现的径流减少量,确定了城市尺度可以达到的结果。

　　在每一种情况下,当用户应用了最佳管理实践(BMPs),径流体积、速度或所需滞留体积显著降低。地下水每年的补给在有绿色基础设施的情况下也更高了。用户可以用不同的最佳管理实践(BMPs)试验,以确定哪种组合能够产生预期的结果。为便于做出开发设计决策，他们也可以看到同时生成的成本分析。

而绿色价值计算方法使用广泛接受的水文分析时，它有一个局限性：认为汇水区是均质的基本假设。因此，不同预景的结果代表了它们的效果在模拟区域平均分布，而没有任何一处特殊。然而，对于只是用于提供管理实践的比较结果而言，这种做法仍然是合理的。

绿色价值计算器：一种经济分析

当绿色价值计算器进行传统的和绿色的基础设施系统对比时，它考虑使用者定义的生命周期和最初的建设成本。为了评估投资，要考虑到美元价格的变化和系统的增值或减值。最后，它要包括经常被忽视掉的因素，比如景色变化带来的财富增值，这样才能给出两种系统的经济价值的完全理解。

为了确定成本，绿色价值计算器需要标准工业来源和涉及他们的数据。全生命周期成本收益分析包括首次建设成本和每年的维护成本及整个雨水系统的每个要素更新的成本。在确认建设成本、维护成本和平均生命周期和更新需要的从高到低的价格系列后，每个基础设施要素被分配到一个中间值的价值（中间值是个直接的数据来源或者是整个系列的平均数，在系列是从一方面到另一方面）。最后，绿色价值计算器允许使用者定义投资的利率和条件。

结果显示绿色基础设施最佳管理实践（BMPs）常常要比传统的系统便宜很多。它维护费用更低，保持时间更长，能够提升价值并且如果维护适当的话，更新成本最小化。例如，新种的树木或者在发展过程中保留下来的树木，在它的生命周期内可以提升一个地区的价值，并且如果维护适当仅需要40年一更新。

在一项关于影响邻近地域变化的因素研究中发现新种植的植物使周围住房的价值增加了将近10%。在研究中邻近区域的价值通过树木种植体现为在价值上获得了400万美金。随着种植当地植物的排水洼地逐渐建立起来和达到生态平衡，功效也在提高。洼地需要偶尔地清洁，但是如果维护适当，永不需要更新。

绿色价值计算器不只计算出安装和维护一个雨水管理系统的成本，它还评估出绿色基础设施的特点的经济收益，包括很多树木成长起来后地块价值的上升，以及降低空气污染、碳吸收和地下水补充的价值（图18-4）。

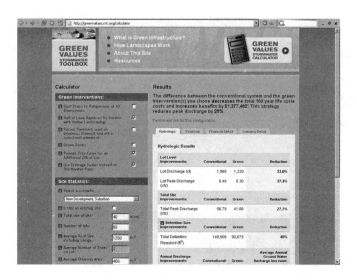

图 18-4　绿色价值计算器页面上部提供了水文和财务比较的
概要。用户可以通过参考以下四个选项查看结果的细节：水
文、财务、财务细节，以及预景细节。该预景细节提供了具体
的比较，是有助于理解系统之间差异的最好工具。

作为一个情景模拟的绿色价值计算器

为了理解绿色价值计算器的能力，以下情景展示了 Joe Grant，一个城郊分
支的开发者，怎样将他最近（打包）买的农业土地组合成一个社区。Joe 买了 40
亩土地和植物，把土地分为了 80 个半亩大的地块，他希望家、车道和露台都是一
样的大小。1200 ft² 的屋顶，400 ft² 的车道和 100 ft² 的平台或露台。街道和步
行道尺寸也是标准的。Joe 的分支计划要持续 100 年。但是他面临一个问题，为
了获得建筑许可他必须服从镇里最近通过的规划条例。条例要求保护性发展：
区域设计包括开放空间的保护，溪水的隔离和雨水流量留住的百分比。为了遵
从市政条例，Joe 向政府当局保证他的规划会将区域里的水向附近的溪水里排
放，且速度为每秒 0.25 立方英尺（芝加哥水利部门管理条例）。城镇坚持他达到
这个目标，并且他们推荐他通过使用雨水最佳管理实践（BMPs）。Joe 找到绿色价
值计算器开始工作。他选择了安装六种基础设施（雨水花园、不接雨水管、当地植
物、树木、植物洼地、可渗透性的路面和绿色屋顶）。表 18-1 展示了 Joe 的发现。

对于郊区新建情景的绿色价值计算器结果 表 18-1

传统技术	用绿色替代	绿色流量降低(所有最佳管理实践(BMPs)的累计收益)	成本收益分析(开发者、公众、100年生命周期的住房拥有者)
铺设草皮在草坪上	在屋顶上建设雨水花园；用当地植物替代半个草坪	27	节省 975000 美元
不种植树木	增长 25% 的树木覆盖	36	节省 810000 美元
建设路缘石、排水沟和雨水下水沟	安装植物洼地	36	节省 1239000 美元
用不渗透材料铺车道、步行道、露台	在影响少的区域铺设可渗透性道路	40	节省 865000 美元
在所有的房子屋顶上建设传统屋顶	在所有的房子上建设绿色屋顶	41	花费 4000000 美元

　　绿色价值计算器提供了三种重要的结果。首先，传统的系统表现不出收益。其次，可渗透性的路面，虽然是流量降低策略的成功手段，但是太昂贵了。再次，在一个新发展的城郊绿色屋顶不能作出水利或经济上的可观表现。[3]

　　绿色价值计算器显示 Joe 可以使用绿色基础设施，特别是将雨水花园、当地植物、树木和植物洼地结合在一起，可以符合城镇的条例，并且在过程中节省超过 30 万美元。[4]Joe 决定雇佣一个专业的工程公司，在保护性发展方面有特长的公司，来进一步在他的地块设计上探究雨水最佳管理实践(BMPs)的内涵。

　　绿色价值计算器也可以被用来在极端的城市环境中作长期的计划决策。在城市的环境中地块的面积正被考虑收缩(从大概 22000 in^2 到 5000 in^2)，但是不可渗透的区域，像屋顶、道路、露台等，只可能最小限度地改变(例如 1000 ft^2 的屋顶，没有车道，100 ft^2 的露台)。城市的位置是和存在的基础设施相联系的。城市当局可能会采取步骤降低存在的基础设施的压力，采取步骤符合合流制溢流污水(CSOs)的要求，它的所有新的和更新的发展必须符合在雨后被引入下水系统的水流量的指导要求。表 18-2 描述了在这个情境下绿色基础设施不同的成本收益分析。

　　绿色基础设施的替代在一个紧张的城市邻近区域作为翻新改建的方式表现得并不太受欢迎，在这个情景下，相对于传统的基础设施的建设成本并不占优势，因为传统的基础设施已经存在了。

对于城市密集区情景的绿色价值计算器结果　　　　　　　　　表 18-2

传统技术	用绿色替代	绿色流量降低(所有 BMPs 的累计收益)	成本收益分析(开发者、公众、100 年生命周期的住房拥有者)
铺设草皮在草坪上	在屋顶上建设雨水花园;用当地植物替代半个草坪	37	节省 56239 美元
不种植树木	增长 25% 的树木覆盖	44	节省 46286 美元
建设路缘石、排水沟和雨水下水沟	不应用,基础设施已经存在		
用不渗透材料铺车道、步行道、露台	在影响少的区域铺设可渗透性道路	48	节省 13554 美元
在所有的房子屋顶上建设传统屋顶	在所有的房子上建设绿色屋顶	48	花费 2389784 美元

　　在一个密集的城市情境下,也还是有可能积极地减少流量,并带来收益的。城市的规划者可以用这个分析说明最好的降低邻近城市区域的雨水流量的决定是,鼓励雨水花园种植和不安装雨水管,鼓励住户少种植草坪,多种植当地植物在他们的土地上,在城市的可控开放空间(公园和中间道路)增加当地植物,在公园里和路侧种植更多的树。

　　可渗透性的路面或者绿色屋顶仅用在已经存在的基础设施要被取代的情况下,例如,街景翻新——为了最大化成本收益对比。绿色或者传统的方法的相关价值部分是由雨水管理的计划定价决定的。费城,例如,已经改变其不动产不可渗透表面方面的固定贷款利率,给予实施绿色基础设施的土地拥有者,在例如大型停车场实施铺设地面方面的建设一定的折扣。费城的政策鼓励绿色基础设施应用,在整个雨水服务成本的费率上给予优惠。城市改建费用不能算入当地雨水基础设施的可避免成本,因为其能够节省在其他公共费用方面的支出。在面积紧张的地区绿色屋顶和可渗透道路是最可行的绿色应用,费城也意识到这种方式节省了为了满足清洁水要求降低下水道溢出而要增加建筑物储存能力的高公共成本。

绿色价值计算器的实际表现

　　虽然仍然在修订中,但是绿色价值计算器已经开始为政府当局和工程师分类许多真实的情况而服务了。在 2006 年 6 月，芝加哥市使用它来决定在一块 151 英亩的城市所有地块上哪里使用绿色基础设施，北公园镇，一个芝加哥西北部之前的肺结核疗养院。现在容纳了一个老年市民之家，一个 46 英亩的自然中心，一个公共公园，城市的综合服务部门考虑接受其的可能性。在这里邻里技术中心的分析师模拟了这样一个情境，包括雨水花园、当地植物、绿色屋顶和可渗透铺设道路（表 18-3）。

北公园镇机会与分析　　　　　　　　　　　　　表 18-3

机会	流量降低（%）	30 年周期节约
Peterson 公园：在运动场的房子旁建设雨水花园，沿着栅栏种植当地植物，种植树木会减少运动场的房子附近的雨水塘	47	9500 美元
小教堂和主草坪：小教堂周围管理水资源的雨水花园能够减轻薄弱的下水系统带来的问题。12 亩的草坪会从种植树木、当地植物，鼠李的空隙中得到很多益处	19	210000 美元
健康中心建筑，停车场和草坪：健康中心想要绿色屋顶是可行的，很多绿色屋顶在地面上是看不见的，这个可以，屋顶能够解决最初关闭这个中心的问题。大的停车场和车道是推广可渗透性路面的好地方，但是他们也应该考虑到使用有吸引力的花园来掌控不可渗透部分的雨水更便宜	39	—1208180 美元

这一分析为北公园镇绿色雨洪管理所提出的最有效且成本友好的机会包括在一些大型建筑的排水管下方设置雨水花园，以及将大片人工铺设的草坪替换为乡土植物。不过，在这一情境下，人类环境对于造成不那么令人满意的成本—收益结果负有主要责任。

作为创新项目和动机的结果，在美国范围内，芝加哥现在有比其他城市更多面积的绿色屋顶。[5] 在北公园镇的一个老年人社区优先重开了曾经因为许多原因关闭的健康中心建筑。用高成本的绿色屋顶翻建弥补了替换传统模式屋顶建设的要求。

老医院复杂的水落管和老年公寓露台门很接近，产生了洪水的危险，用绿色价值计算可以看出值得作个必要的小投资来处理上述风险。计算显示建设雨水花园是一笔经济损失，但不能说明如果大雨造成大量流水通过水落管冲到露台和许多老年公寓首层起居室而造成的潜在成本。如果导致物品和资源的损失，特别是易受伤害人群的损失，会远远超过建造和维护雨水花园的成本。一个相关的在洪水防御方面绿色基础设施的小投入会节省一大笔潜在危险的损失。

芝加哥市很满意绿色价值计算器的表现并且对其中凸显出来的绿色机会很感兴趣。计算器的分析提供了一个更容易理解的框架,用于讨论什么样的绿色基础设施的实施更适合这个地方,在哪里安装它。城市提交方案给伊利诺伊州环境保护部门非点源资源污染计划,在北公园镇建立一个绿色基础设施示范公园。如果建立起来,它将变成一个公众能够了解很多绿色基础设施和由此提供的环境经济效益的地方。

除此以外,芝加哥市找到邻里技术中心使用绿色价值计算器,协助其广泛宣传的、市长积极推进的、在绿色尤其是它的新的雨洪条例方面的工作。自2008年1月1日生效以来,条例要求,所有超过15000平方英尺的土地开发和超过7500平方英尺的停车场要通过最佳管理实践(BMPs)或不可渗透表面控制该地雨水的流量和流速。按照跟城市的协议,邻里技术中心正在调整绿色价值计算器来适用于条例对开发者和协议者要求的指导线。城市希望绿色价值计算器是一个给开发团体示范的工具,能够展示出绿色基础设施技术上是可靠的,经济上是可行的(图18-5、图18-6)。

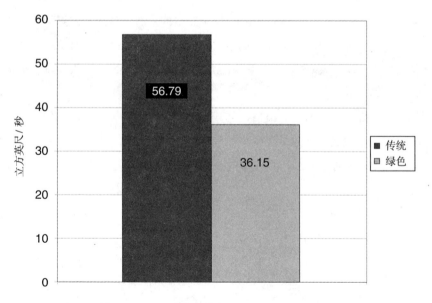

(a)

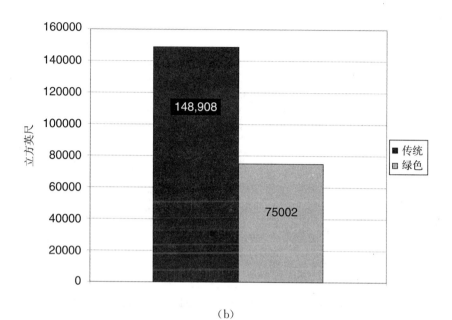

图 18-5　城郊新开发场地应用绿色基础设施后径流减少量：
（a）排放总峰值（立方英尺/秒）；（b）所需滞留体积（立方英尺）

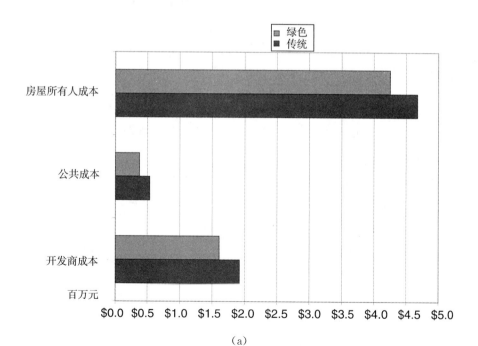

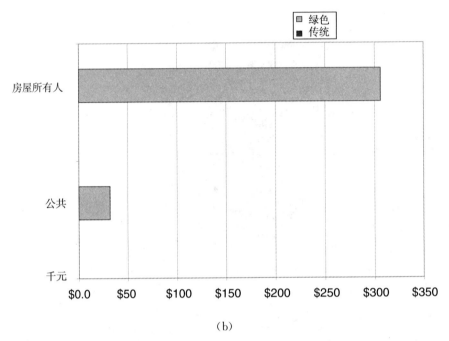

(b)

图 18-6　构建和维护绿色雨洪管理系统所减少的成本,以及利用该系统累计
　　　　超过 100 年的收益:(a) 利益相关者的成本;(b) 利益相关者的收益。

结论

　　雨洪给新的正在成长的城市带来了严重的生态威胁。随着大城市的发展,都市化的区域人口也随之增加,城市必须找到有效的、敏感的、聪明的管理自然资源的方法。

　　随着绿色发展的紧迫性,围绕着商业建筑和水利基础设施,随之而来的是对有信服力的缜密细致的环境和经济优势分析的需求。在绿色基础设施的背景下,这种类型分析运用的方法正随着绿色价值计算器这样的工具的使用和发展被快速地推进。绿色价值计算器虽然不完美,但是为讨论雨水管理可替代方式提供了作最优、最有道理和非常适合实际情况的决定的信息。这些决定正处于决策阶段。一个最近选举出来的委员会,芝加哥水再生资源委员会,一个在水资源管理方面的资深权威,在会议室带来一个新观点:在未来存在的城市应该是在改变他们的自然环境上是成功的,在把雨洪看做一个问题的观念上有所改变,把雨洪看成是一种流动的财富，能够获得、储藏、保存并且不会被浪费。随着环境带来的衍生问题由不活跃到活跃的变化和应用绿色方法解决问题的经济驱动日益紧迫，文化、社会和政策改变的必要性不只仅仅是可能，而应该是在我们的掌控中。

参考文献

Barr Engineering. 2006. *Burnsville Stormwater Retrofit Study*. Prepared for city of Burnsville, Minnesota. Minneapolis: Burns Engineering.

City-data. com. Washington, District of Columbia. Precipitation, http://www. city-data. com/city/Washington-District-of-Columbia. html.

City of Chicago. 2003. *A Guide to Stormwater Best Management Practices*. Chicago: City of Chicago Departments of Environment, Planning and Development, Transportation, and Water Management.

City of Chicago Department of Water Management Regulations for Sewer Construction and Stormwater Management, n. d. Stormwater Management Ordinance Regulations. Chicago: City of Chicago Department of Environment http://egov. cityofchicago. org/webportal/COCWebPortal/COCEDITORIAL/Stormwater Regulations. pdf.

"Green Roofs Keep on Growing. " 2007. *A Fresh Squeeze: Chicago Edition*, October 1. http://www. afreshsqueeze. com/articleDtl. php? id = 47014843bd083.

Hollander, D. A., Bill Eyring, and A. R. Schmidt. 2006. "Developing a Comparative Tool for Both Conventional and Green Stormwater Management Techniques. " Paper presented at the World Environmental and Water Resource Congress, May 2006, Lincoln, Nebraska.

Kloss, Christopher, and Crystal Calarusse. 2006. *Rooftops to Rivers: Green Strategies for Controlling Stormwater and Combined Sewer Overflows*. New York: Natural Resources Defense Council.

Kuo, Frances J., and William C. Sullivan. 2001. "Aggression and Violence in the Inner City. " *Environment and Behavior* 33: 543-71.

LaCroix, Renee, Bill Reilly, Joy Monjure, Kim Spens, Mary Knackstedt, and Bruce Wulkan. 2004. *Reining in the Rain: A Case Study of the City of Bellingham's Use of Rain Gardens to Manage Stormwater*. Bellingham, Wash.: Puget Sound Action Team.

Mau, Bruce, Jennifer Leonard, and the Institute Without Boundaries. 2004. *Massive Change*. New York: Phaidon Press.

Neukrug, Howard. M. "Clean Waters . . . Green City: A Sustainable Approach to Water Utility Management. " Presented at Stormwater Solutions That Hold Water meeting, Chicago, May 2007.

Schueler, Thomas R., and Heather K. Holland, eds. 2000. *The Practice of Watershed Protec-*

330

tion. Ellicott City, Md.: Center for Watershed Protection.

Seattle Public Utilities. Street Edge Alternatives Project. City of Seattle. 2001. http://www. ci. seattle. wa. us/util/About_SPU/Drainage_ &. : _Sewer_System/Natural_Drainage_Systems/ Street_Edge_Alternatives/index. asp.

Shore, Debra. 2007. "Changing the Culture About Our Liquid Asset. " *Chicago Tribune*, January 17.

Stormwater and Runoff Pollution, n. d. StormwaterFAQs. Raleigh: North Carolina Department of Environment and Natural Resources. http://www. ncstor- mwater. org/pages/stormwater _faqspage. html # whyshouldicare.

Wachter, Susan. 2004. *The Determinants of Neighborhood Transformations in Philadelphia—Identification and Analysis: The New Kensington Pilot Study*. Philadelphia: Wharton School, University of Pennsylvania.

第 19 章
什么造就了今日的绿色城市？

沃伦·卡林兹格（Warren Karlenzig）

随着人们对全球气候变化、能源价格上涨以及个人环境对健康的影响的日益关注，绿色城市的概念已迅速进入了公众的意识之中。今天的绿色城市不仅要求具有物理上的街巷及公共和私人空间的绿化，而且还战略性地要求具有可再生能源、污染程度较低的燃料、广泛使用的本地食品、高效的公共交通、对废物、污染土地和水的创新处理、适于步行的住宅性绿色建筑。

就在离现在不远的 20 世纪 80 年代中期，"绿色城市"只被认为是拥有高密度的行道树、公园、草坪、绿地的城市。至于是否有显著性污染的工业用地，或街道、人行道上的垃圾问题，或明显的空气和水的污染都可能是额外的判断标准。负责管理等问题的人员是一些无党派组织或个人，包括负责树木种植和公共空间绿化的园艺学会、负责街道绿化和公园维护的公共工程和娱乐部门、负责监督污染的工业现场整治和处罚空气和水的污染的美国环境保护署、负责垃圾控制的城市公共工程部门等。

1987 年后，一个以绿色的"可持续发展"的城市系统为基础的观点，出现在联合国环境与发展世界委员会的工作中。这个委员会就是以它的主席格罗·哈莱姆·布伦特兰的名字命名的布伦特兰委员会。布伦特兰委员会对可持续发展的定义是："在不损害子孙后代满足自身发展能力的基础上满足目前需要的发展"。这个定义拓宽了以往的思维，它不仅包括生活质量分析和环境分析，还包括复杂的评级制度，采用科学、技术和经济措施，全面而具体的政策目标和计划的倡议

（《我们共同的未来》,1987）。

此外,第四届联合国政府间小组关于气候变化与可持续发展最近的发现推动了对于温室气体排放的碳减排的区域性评估。这些结果也促进了地区发展战略,以适应局部气候变化的影响。局部气候的变化预计将产生的影响,包括导致洪水、干旱和野火爆发得更加频繁和严重。许多国家和城市参与了严格限制碳排放总量的减碳行动计划。加利福尼亚州、波特兰市、俄勒冈、西雅图和纽约在制定控制温室气体的碳排放总量及减少其排放计划的实践中走在前列。[1]

在帮助地方政府制定碳排放总量和减排标准与执行这个标准的实践中,国际地方环境行动理事会(ICLEI)也是一个重要的参与者。这个组织包含有 650多个地方政府,它们都参与到了城市气候保护运动当中。既然对绿色城市和可持续性在概念上的定义变得越来越清晰,那么评价一个城市的"绿色"和可持续性,在比较的基础上进行就变得更难。不同的方法各有优点和局限性。随着术语"绿色城市"继续发生着演化,纵向测量也越来越复杂化。

美国可持续性及绿色排名系统:概要

自主自愿绿色排名系统最近已在行业或具体问题领域加快发展。这些排名主要集中在阐明一个独立要素或指标。例如,自从 2000 年以来,美国绿色建筑委员会(USGB)的能源环境领导力(LEED)程序一直被用于绿色建筑的认证,这个程序使得不同城市间能够在绿色项目上进行比较。[2]通过数一个城市中获得LEED 认证和 LEED 登记的商业建筑的数量,研究者可以计算出人均比例,从而提供一个比较的基准。美国绿色建筑委员会对它的领域发展标准、住宅密度测量、公共交通使用状况调查的首次展示,将会增加另一个潜在的标准,而且这个标准会在全国范围内规范化。

跟踪特定县市环境情况的数据也是可用的。例如,美国环境保护署定期公布空气和自来水质量;人口普查局就城市居民的通勤模式包括乘坐公共交通工具、步行或骑自行车上班人数的百分比提供年度统计;得克萨斯交通学院保持提供对大都会地区的城市快速路与地面道路拥塞率以及该地区公共交通工具的整体平均时速的国家数据。

非政府组织,如公共土地信托,测量公园空间占城市总体土地面积的百分比;[3] 另一个非政府组织,"精明成长美国",创造了一个包含了 100 个美国大都会区的指数排名("测量扩张",2002)。其他可持续性指标包括一些具有性能标准的国家规定。例如,1989 年版的《加利福尼亚综合废物管理法》(939 号法案),强制社区至少需从垃圾中分离出百分之五十的固体废物,并要求所有城镇每年报告一次所辖社区的执行情况。[4] 此外,加利福尼亚可再生能源组合标准(来自加利福尼亚 2002 年参议院 1078 号法案),用来测量可再生能源被用于给每个城市提供电力的百分比。[5]

自 20 世纪 90 年代以来,许多地方,包括杰克逊维尔、佛罗里达州,连同西雅图和旧金山发展了详细的可持续性指标类别,往往被作为广泛的"可持续性计划"的一部分。这些指标由多方群体设计,包括政府官员、公民组织、企业代表和无党派人士,范围跨越了包括环境、生物多样性、能源和气候变化、人类健康、公共信息与教育在内的广泛领域。

这些提出的指标中有许多已经难以衡量或限制使用。在某些情况下,收集或创造所需的数据是不实际的、不符合成本效益的,或者甚至是不可能完成的,因此大多数指标没能保持在正常的基础上。此外,正如肯特·波特尼在《认真感受可持续城市》一书中所说的那样,"不幸的是,几乎所有的可持续性指标项目都缺乏广泛讨论,为什么选择这些特定的指标,或更具体地说,他们希望去测量可持续发展方面的什么方面"。尽管如此,西雅图在选取、更新、跟踪它的初始指标上一直是最成功的。"可持续发展的西雅图",一个无政府组织,在 1993 年首次提出了城市指标,并自 2003 年起,在社区级对这些指标进行持续跟踪。为扩大评估,2004 年,"永续西雅图"任命了一个"国王县指标指导委员会"。[6]

一个对绿色城市指标的全面检查

直到 2002 年,还没有一项研究能够统一全面地测量全国各个城市间的绿色指标。仅仅在某些特定领域(例如,乘坐公共运输工具的乘客人数或空气污染情况),从业人员、决策者和行业专家对于判断城市的优劣性具有总体的知识。他们没有能力通过这些"孤立"的知识和数据来审查城市的整体情况。当孤立的数据同由某些信息提供的地方性指标的"农场"结合起来时,从总体性能上综合对城市进行排名以判断孰优孰劣的标准是不存在的。

自 2003 年起,三个评判美国城市的绿色城市综合指标出现了。肯特·波特尼的《严格意义的可持续发展城市》(《*Taking Sustainable Cities Seriously*》)一书(2003 年出版,2006 年再版)提供了 25～40 个美国城市"严格意义可持续发展"的指标。[7]SustainLane,一个以互联网为基础的研究组织,在 2005 年就可持续性能力对 25 个美国城市进行了排名,2006 年度的排名中将分析对象扩大到了 50 个城市。绿色指南,一个经营网站和通信业务的公司,在 2005 年推出"十大绿色城市"排行榜,在 2006 年扩大名单至 25 强。

严格意义的可持续发展城市

塔夫斯大学政治学教授肯特·波特尼出版的第一个为人所知的城市可持续发展综合排名共使用34 个指标。最初他收录了 25 个城市,人口从 5 万(奥林匹克、华盛顿)到超过 100 万(凤凰城,亚利桑那州)的城市都有。后来他把列入排名的城市增加到了 40 个。波特尼的排名标准包括:

- 生态工业园的发展;
- 限制市中心停车空间;
- 工业回收和绿色建筑项目。

波特尼用一个简单的"是或否"问答系统得到答案,用积极的答案的数量对城市顺次进行排名。在这项调查开始的两年里,西雅图都名列第一。

SustainLane 美国城市排名

SustainLane,旧金山的一家互联网公司,在 2004 年开始开发一个业内评审的城市可持续发展指数,2005 年发布了 25 个城市的排行,2006 年排行城市数量增加到了 50 个。[8]SustainLane 选择对象城市时不使用大都会地区作为分析的基础,因为这样将减少它排行中的 50 个城市的数目,如果它曾经使用大都市地区作为主要的地缘政治实体来分析,那也不是完全需要的。通过这些城市,它还制定了切实可行数据的正常化,尤其是在诸如自来水和空气质量的这些领域。最后,因为城市是由明确的部门、角色和预算等组成的精密的政府单位,他们往往不仅承担着提供信息的责任,而且负责找出由此产生的有用的综合基准数据。

在这个业内评审的排名中,SustainLane评价来自公共机构和非政府组织的重要的和次要的数据。2005年,它收集了很多数据,其中包括:由美国人口普查局提供的居民上班通勤居住率,通过在各个城市调查获得的固体废物转化率(包括消费废物和绿色废物的回收),由美国环境保护局提供的平均空气质量指数,由美国农业部提供并结合城市调查得出的农贸市场和社区花园人均占有率,由美国绿色建筑委员会提供的具有低能电子衍射认证注册的建筑的人均占有率,由公共土地信托提供并结合城市调查得出的公园或开放的空间的城市土地占比。此外,它在一些城市调查收集对政策和工程进行定性评价的信息,这种定性的评价在以下领域以判断"是"或"否"的方式进行:这个城市

- 是否在过去的五年里对气候变化进行了记录管理;
- 是否有清洁技术研发项目;
- 是否拥有大型的绿色车队(其中至少有10%的车辆为替代燃料的车辆);
- 是否拥有可持续发展办公室或环境办公室或者类似的机构,并且是否与大学研究机构或政府机构就可持续性发展问题进行合作。

因为不完全满意2005年的调查结果,2006年SustainLane调整了它的调查方法,用来自公众、政府官员、可持续发展专家和业内评论家的反馈,指导调查方法的修正。除了扩大了被调查城市的范围(从25个增加到50个),还增加了关于灾害风险、住房负担能力、大都会地区交通使用状况和新城小区道路拥挤种类的数据。它把其中的后两个数据同居民上班通勤居住率结合起来分析,因为单凭居民上班通勤居住数据,并不能充分反映出当代城市与郊区之间的交通状况。

在这两年里,SustainLane还修订了它的排名方法。2005年,它对12类31种定性的或定量的数据在加权的基础上进行了排名;2006年,它引入了15大类36个指标(例如,城市居民通勤类有4个数据:交通输入乘客数、自驾机动车上班率、步行上班率、骑车上班率)进行了分析,并增加了一个权重系统。这15大类其中4类的权重结果不同于这项研究的其他11类。这4个类别分别是交通运输类指标、自然灾害风险类指标、住房负担能力类指标和高速公路/普通公路的交通拥堵类指标。SustainLane用1.5个权重来衡量整体的交通运输类别指标以反映交通运输对空气和水的质量的区域性影响,以及它对公路拥堵和地球大气变化的影响,并给予自然灾害风险类指标、住房负担能力类指标和道路拥挤

类指标 0.5 个权重,以使它们不会等于更关键的可持续性类指标如空气和自来水质量,绿色建筑和人均能源供应/气候变化政策。

SustainLane 也改变为整体评分。在 2005 年,一个城市的累积分值越高,其排名越靠后。例如,旧金山以 4.875 的累积分数,综合排名第一;而休斯敦累积分数 18.93,综合排名第 25——倒数第一名。所有 25 个城市的平均累积分数为 11.344。

2006 年的研究采用了与 2005 年研究相类似的相对衡量比率;排名第一或排名最接近第一的是最好的,排到第 50 名的是最差的。但是,与 2005 年的研究形成对照的是,它颠倒地采用总分为 100 分表示最高成绩。因此,得分最高的城市获得最高排名。俄勒冈的波特兰以 85.08 分排名最高,而俄亥俄州的哥伦布以 32.50 分的排名垫底。排名平均分为 54.42 分(彩图 14)。

绿色指南的"25 大绿色城市"

绿色指南,一个实时通信网站(由美国国家地理杂志社 2007 年创建),2005 和 2006 年连续两年在其网站上颁布了第三种类型的绿色城市排名。在两年里,因为 SustainLane 的存在,它采用了不同的做法。2005 年,它按字母顺序列出十大绿色城市,并且没有提供它们的综合成绩("十大绿色城市",2005)。在 2006 年,它不仅列出了一份长达 25 个城市的名单,这些城市选自总人口在 10 万人以上的城市,而且根据耶鲁大学林业学院研究生们设计出的比率对它们进行了排名。绿色指南 2006 年的评估报告的产生,依赖于那些发送给全国 251 个人口超过 10 万的城市市长办公室的调查作出,这些收集的数据来自美国环保局、绿色建筑委员会以及其他一些不明来源。绿色指南评估和简单加权了 11 个类别的评分,这些类别包括空气质量、电力的使用和生产、绿色设计、绿色空间、公共卫生、社会经济因素、公共交通和饮用水质量。

绿色城市综合评价研究

上述三种全面绿色城市排名的排名方法不同,但也有显著的相似之处。三个城市都用调查的办法来收集信息和数据,并且这三个研究排名的是城市,而不是大都市地区。同样,三个排名是就城市环境或可持续发展政策给出信用的排

名。其分析标准略有不同,绿色指南以"是否有一个环境政策"为标准,Sustain-
Lane 以是否城市"有一个环境管理或可持续性管理的角色或办公室"为标准,波
特尼的研究以是否有一个"单独的政府机构或非营利机构负责可持续发展项目
的实施"以及是否"可持续性是一个全市范围的综合或一般计划的明确提出的
部分"。

使用可再生能源这一市政府行为,是上述三项研究的共同标准。波特尼就
是否有"政府使用再生能源"的证据打分。绿色指南要求受访者"注意到各城市
的能源结构,包括煤炭、石油、生物质能、地热、水电、核能、太阳能和风能"。Sus-
tainLane 要求每个市披露该城市用来供应市电力的可再生能源的比重(太阳能、
风能、地热、小水电、沼气),并要求城市的可再生能源的比重只有达到百分之二
这一门槛才能够被收录入信用排名榜单之中。

其他领域包括盘点绿色建筑方案,自行车出行工程,或骑自行车通勤率,回
收计划(记录在 SustainLane 研究中关于废物转移率部分),和公共交通的赞助率
或载客率。这三个研究中的两个包括水和空气质量的评估。

SustainLane 和绿色指南在研究中都以来自环保和绿色建筑委员会等第三
方来源的数据对调查信息进行补充。与此相反,波特尼的研究仅仅依靠调查信
息;他强调,他的研究被用来作为评判城市的可持续性发展的程度如何的一个指
标,而不是他们如何建设绿色城市。值得注意的是,洛杉矶在波特尼 2006 年度
的研究报告中排名第三,在 SustainLane 的研究中排名第 25,但没有出现在该年
度的绿色指南的研究榜单中。难以确定这种差异是否来自不完备的评分办法,
还是源于调查时反馈的缺乏,或是两者兼有。

无论是波特尼还是绿色指南的研究榜单中都没有包括如达拉斯或圣安东尼
奥这些美国主要城市(2004 年美国人口数量排名第八和第九的城市),也都没有
任何关于为什么这些主要城市没有包括在内的原因的解释。而 SustainLane 榜
单中包括了所有最大的 50 个美国城市。

SustainLane 研究是三者当中唯一一个把地区粮食指标(社区花园和农贸市
场人均占有率)作为评判绿色和可持续城市的标准之一的研究。当地的食品消
费减少了与食品产业相关的交通压力。根据英国环境部的调查,从 1999 年到
2002 年,食品英里数——食品从产地到餐盘的距离——增加了 15%。这些活动
导致了大量的碳排放与全球气候变化(埃利斯,北达科他州)。作者海伦娜·诺伯

霍吉问道:"全球粮食系统的一个真正的主要贡献是温室气体排放量?是的,虽然确切程度的贡献几乎不可能量化。例如,在美国,1997 年食品运输总计约 5660 亿吨/千米,占所有商品运输 20% 以上"(诺伯霍吉等人,2002:31)。

绿色指南是三类排名中唯一包括公共卫生标准的。它参考了 2004 年出版的有机时尚杂志公布的前 125 位最健康城市的排名。

继"三重底线"的理念,倡导社会公平、环境和经济之后,SustainLane 和绿色指南又包括了社会经济标准,但波特尼的研究并没有。波特尼和 SustainLane 的研究包括了经济标准,而绿色指南没有。

每个调查展品在得高分的城市上有着显著的差异。虽然西雅图在波特尼的榜单中排名第一,在 SustainLane 指数中排名第三,在绿色指南研究中却排名第二十四。波特兰分别在 SustainLane 指数排首位,绿色指南第三位和波特尼第十位。得克萨斯的奥斯汀位居绿色指南第二位,SustainLane 第四位,波特尼第二十二位。这些变化来源于各排名组织不同的评价标准。

SustainLane 的案例研究:三城市概览

要了解城市排名的作用和重要性,需要深入了解这些研究评估的内容、其察觉到的弱点和引起的国家、州和地方领导人的反馈。对 SustainLane 个案的研究为这些问题的解决提供了一些深入了解。

下面是一个对关于在 2006 年 SustainLane 排名榜中位于高、中、低名次的三个城市的相对差异分析。它回顾了它们在各种评分指数上的表现。

俄勒冈州,波特兰

俄勒冈州的波特兰在 2006 年的 SustainLane 美国城市排名中以 85.08 分的总成绩名列第一(见彩图 15),成功地超越了亚军旧金山(81.82 分)。后者曾在 2005 年名列第一。波特兰从 2005 年的第二名前进到了 2006 年的第一名,是因为 2006 年的指标加入了一些新的类型的数据参数,例如住房支付能力、自然灾害风险等。这个城市在以下类别或子类别中的参数上获得较高的综合排名:

- 城市改革方面(并列第一):包括环境采购项目,即 2500000 美元用于绿色

住宅、绿色商业建筑、合伙用车、汽车共享、免费市区公共交通奖励的环境
购买项目,因此它有资格把奖金信用这一分类作为整个城市改革的一
部分。

- 能源/气候变化政策(并列第一):包括气候变化清单,气候变化碳减排目
标(1993 年波特兰成为美国第一个实施这些目标的大城市)(波特兰/摩特
诺玛县,北达科他州),环保公交车队的规模(2006 年的要求是百分之十二
以上),和占消耗能源总量 10% 的可再生能源要求,轻松超过研究设定的
2% 的门槛值。

- 绿色经济方面:这个城市根据其绿色建筑人均保有率(第二名)、农产品市
场人均占有率(第四名)、城市绿色商业指导参数数据,在此类别上有较高
的综合比率。

- 知识库/交流平台(并列第一):这个城市有一个可持续性或环境管理部
门——公布于一个可持续发展的规划文件,还拥有提供公共信息、政府计
划、公共政策、政府成绩的交流平台,它的政府部门还积极与进行可持续
性和环境研究的科研院所和高校合作。

- 骑自行车通勤率:作为居民通勤率指标里的一个下属类别,波特兰有
2.8% 的骑自行车通勤率,在被研究的 50 个城市中排名最高。

波特兰在以下三个类别中排名第二:自来水水质、空气质量、人均 LEED 认
证绿色建筑占有率。在土地利用规划参数上,它排名第四,自 1980 年起它就已
经计划了它的城市增长边界。来源于美国城市精明增长(Smart Growth America Sprawl)指数和公共土地信托的数据确定了规划和土地使用排名。

波特兰整体排名卓越可能源于多种因素,包括公民高比率地参与可持续发
展规划。特别是,它的成功可以归因于城市在其发展改革中扮演的领导者的作
用,当然,这个改革创新计划同时还需要由城市的各个部门、机构、委员会、市民
团体和个人组成的系统来支援。该市的自行车通勤率排名在首位是由于多个公
共机构和通勤者相协调的结果。根据市长汤姆·波特的说法,该市已发展了超过
700 英里的自行车道。[9] 公共运输系统允许自行车在任何时间的轻轨或巴士上运
输,没有限制。公共汽车上有自行车架和轻轨规定允许自行车进入任何车厢。
这些设施,给骑自行车的人群提供了更多的选择,例如,他们可能骑着自行车去

上班,而带着他们的自行车坐上轻轨和公共汽车回家。

在调查期间,波特兰大力发展具有 LEED 认证和注册的建筑的数量。并且,民众建议和专业指导的结合,公共政策、现金激励、对房地产业的支持都为波特兰的良好表现作出了贡献。波特兰绿色建筑运动在 1994 年伴随着一个市民咨询委员会的诞生而开始兴起,这个委员会创建了绿色建筑运动的计划并在 2000 年的时候随可持续发展办公室的创建运行而获得力量支持,这个办公室下辖有一个绿色建筑分配及投资基金(《工程历史》,未注明出版日期)。波特兰在 2001 年实施了自己的绿色建筑评级体系——"G 级"评级体系,并从这一年开始广泛地应用 4250 亿美元的绿色建筑激励基金(在 2006 年的 SustainLane 城市排名中,仅亚特兰大拥有更高的人均绿色建筑量)(《绿色投资基金》,未注明出版日期)。一个新的房地产多重上市服务(大联盟)在 2007 年出现了,它的目的是让这个地区的住宅市场与广泛的住宅建筑的奖励和培训结合起来,来使得波特兰有可能在绿色城市建设活动中继续保持领先位置。

在这 15 大类指标中,波特兰的最低排名是在住房支付能力指标和自然灾害风险指标上,分别位列第 32 名(美国人口普查局)和第 30 名(《风险管理解决方案和 SustainLane 主要研究》)。

加利福尼亚州,洛杉矶

排名在中等水平(第 25 名)的洛杉矶,以在各项指标上参差不齐的表现得到了 52.28 分(见彩图 16)。在较高的一侧,它以令人印象深刻的 62% 的废物转移率在固体废物转移指标上与其他城市并列第一,它在能源和气候变化政策的指标上也得到了不错的分数——其 5% 的能源来自可再生能源(该市刚刚制作完成了最近的气候变化二氧化碳排放量清单,在 SustainLane 排名的各个城市中拥有最积极的碳减排目标)。在其他一些并不算得上是表现极好的领域,洛杉矶也取得了不错的分数或中等以上的良好表现,例如:

- 地铁公共运输:洛杉矶地区排名第八(得克萨斯交通大学)。该市从 2000 年起已增加开通了很多"快速公共汽车运输"线路。从 1990 年至 2005 年,该市增加了 60 mi 的铁路线路。[10]
- 城市居民通勤率:洛杉矶居民值得尊敬的 9.5% 的日常公共运输通勤率排

名第 17(美国人口普查局)。

- 土地利用规划:洛杉矶在城市规划和土地利用上排名第 21(公共土地信托和美国精明增长)。虽然洛杉矶拥有多个"城市中心",它也是密度最高的美国大都市区,但是考虑到城市扩张街区连接、集中度、综合开发以及城市密度方面,精明增长指数仍然使洛杉矶排名到了第 26 位。

　　洛杉矶在空气质量方面继续面临着重大的挑战(排名第 49,与长滩并列倒数第一名)和自来水质量问题(以第 46 名的成绩排名最后,因为有四个城市的数据在这个项目上无法使用)。根据环保局在 2006 年城市排名调查期间的数据,在空气质量类别上,洛杉矶是极其严重的臭氧不达标和严重的一氧化碳、颗粒物质超标。

　　此外,洛杉矶从该区域以外引进大量自来水,从而导致了高能源的支出和水质的降低,因为其露天进口水道跨越数百英里,很容易受到空气污染和水污染。洛杉矶自来水,根据环境工作组的说法(它收集的数据来自美国环保署),其中包含 46 种污染物,其污染水平超过环保局规定的最低标准的七倍。值得注意的是,该市已经发展了节水工程,使用水量等于 1990 年时的水平,尽管它的地区人口数量已经增加了 15%。

俄克拉荷马州,俄克拉荷马城

　　俄克拉荷马城以第 49 名的成绩排名倒数第二(见彩图 17)。城市的整体评分为 32.92 分,明显低于平均水平 54.42 分。该城市在许多领域表现都不是很好,尤其在交通领域的参数上:

- 居民通勤率:俄克拉荷马城人数排名第 49,城市居民使用公共交通工具的通勤率低于 1%(美国人口普查局)。
- 汽车共享与市政府发起的拼车:城市报告中没有汽车共享工程,也没有提到市政府的拼车协调行为。
- 地铁公共运输乘客人数排名第 45(得克萨斯交通大学)。

　　俄克拉荷马城市长麦克·克南特回应这些公布的 SustainLane 城市排名数据

时,确认了城市对于私家车的可选择性上还很不足,他说,"从公共运输的角度来看,我们还没有准备好(应付能源危机)。我们已经设计并建立了关于这个城市的私家车文化。如果有一天,当私家车不再是一种选择,那么,这个城市将会迅速地适应其他城市已经做了很长一段时间的那种模式"。

俄克拉荷马城排名较差的其他一些领域包括:

· 固体废物转移:这个项目上该城市排名第 41,与其他几个城市并列最后一位。据报道,它的固体废物转移率是 4%。

· 土地规划与利用:由于城市公园占城市土地总面积的比率排在第 44 位(城市公共土地信托)和一个较高的城市蔓延评级——第 41 名(美国的精明增长研究),俄克拉荷马城在该项目上综合排名第 49。

· 知识基础:排名第 35。在这个城市的市政府中缺少一个环境或可持续发展的部门或角色,而且它没有一个可持续性的计划。

· 当地食物和农业:以低人均占用率的农贸市场(第 35 名)和社区花园(第 40 名)综合排名第 41。

· 绿色建筑人均占有率:根据来自美国绿色建筑委员会的数据,俄克拉荷马城排名第 45,在调查期间该市记录在案的只有一个通过 LEED 认证注册的建筑。

俄克拉荷马城仅在两个类别中获得了高分,分别是空气质量(第 12 名)和自来水质量(第 7 名)。

SustainLane 排名的知觉缺陷

对 2006 年 SustainLane 的城市排名研究方法最重要的负反馈是缺少对水资源保护的指标和人均水消费量的指标。这两个参数的缺少是因为建立了 SustainLane 的基本假设。这些假设是:① SustainLane 采用的数据对于美国的城市来说具有相对平等的重要性。例如,水资源保护项目不包括在内,是因为比起在五大湖旁的拥有全年丰富的当地水供应的城市来,它们对于那些西南部的城市更重要;② SustainLane 使用标准化的数据以利于收集。例如,空气质量数据,可以一个标准化的格式从环保局的中位数空气质量指数中免费提供,但水资源保护指标和人均水消费量的指标却不能被满足。

关注这项研究的一个评论家声称,"虽然这(缺乏节水/消费数据)使得对城市中心区的比较可以更加简洁,但是也忽略了一个可持续发展的基本原则:像自然环境那样去适应它"。

对于 SustainLane 排名的另一个问题是一些人曲解了排名的意义。那是因为他们不精通阅读研究的方法。有些人误解的排名是一个关于国家的"50 大绿色城市"的名单,而不认为它们是作为一个对美国最大的 50 个城市进行的整体可持续发展能力的相对排名。他们误认为排名靠前的城市就是目前的引领者,而排名靠后的城市现在就是落后者。

可持续性排名的影响

2005 年首个城市排名结果的发布式包括在旧金山为排行榜前十名举行的一个典礼。五名市长和其他的公共官员出席了这个典礼。他们分别来自:伯克利、旧金山、加利福尼亚州的圣塔莫妮卡、俄勒冈州的波特兰、芝加哥州的西雅图、伊利诺伊州的华盛顿、马萨诸塞州的波士顿、明尼苏达州的明尼阿波利斯、得克萨斯州的奥斯汀。在收到他的城市的第三名排名奖时,西雅图市长格雷戈·尼克尔斯说,"谢谢你们开始用某种方法试图衡量我们在美国城市里做的一些事情。我是城市的信奉者。我的整个成年时期的工作都是在地方政府中度过。因为在这里可以有所作为:你可以在每一天卷起你的袖子忙碌,而在一天结束时看到因为你而带来的不同……我认为这是适当的,美国的城市也应该是一个谈论可持续性并真正为之奋斗每一天的地方。"[11]

媒体对 2006 年 SustainLane 城市排名的反应是巨大的。国家媒体包括美国有线电视新闻网、美国财经杂志、《华尔街报》《纽约时报》《华盛顿邮报》就整个排名以及任何与之相关的事件进行了全覆盖式的报道。几十个大都会地区的广播和大小报社也报道了这次排名。[12]大量的媒体报道来自金融或房地产记者,他们关于这次排名的文章发表在《华盛顿邮报》《纽约时报》和瓦乌街杂志上。商业媒体的文章出现在 marketwatch 网站上和圣安东尼奥商业杂志、达拉斯商业杂志、奥斯汀商业杂志和《俄克拉荷马日报》中。对这次排名的报道的全方位覆盖性暗示出了媒体心目中如何开始对可持续性或绿色城市与经济和环境问题二者进行次序排名。也许由全球气候变化和能源供应中断带来的经济威胁已经把可持续性的讨论从环境抨击记者的唯一统治中带了出来。

城市官员对这个排名的反应，从引以为豪到义愤填膺表现不一。2006 年 6 月 1 日，波特兰市发布了一条以"波特兰被命名为最可持续的城市"为题的新闻，指出市长汤姆波特将在一年一度的玫瑰游行时得到 SustainLane 奖杯。《哥伦布第一财经》(*Business First Columbus*)(俄亥俄州)刊登出了头条文章："哥伦布在城市可持续发展排名垫底——市长并不认同"("哥伦布排名"，2006)。

其他监督城市可持续性发展部门或环保部门的官员声称，他们将同别的城市一样，使用这项研究来跟踪内部可持续发展的主动性。自从 2005 年城市排名出现以来，很多城市创建了可持续性及环境的管理机构或特殊的管理员角色(例如，纽约市，长期规划和可持续性主任；华盛顿特区，区环境部主任；丹佛，可持续发展主管；休斯敦，环境规划主管；图森，环境策划经理)。

这些新的城市的可持续发展或环境管理机构也开始同波特兰、旧金山、西雅图、芝加哥和奥克兰(2006 年排名前五位的城市)这些城市的部门进行比较。旧金山在 1997 年设立了一个只有三个人的环境部门，而在 2006 年这个环境部门的员工已超过 60 个。芝加哥和旧金山这两个城市，在通常的环境部门的职位之外，还为城市"街道绿化"项目而专门设立了管理岗位。

在 2006 年，人口最多的 50 个美国城市中，有 60% 以上建有可持续发展及环境部门或岗位，表明城市为可持续发展和环境问题提供的人力和资源比以往的任何时候都多。

概念及实践的交叉

是什么造就了一个绿色城市，以及你如何衡量它，这是当今此领域正在进行的辩论、分析和持续改进的主题。排名系统的研究让以下这一点越来越清晰：要想被视为绿色或可持续的城市，城市必须制定明确的可持续发展计划或详细的环境声明，以主动进行下列项目相关政策的处理：特定物品的处理回收、公园、开放空间、可再生能源、节能、绿色建筑、公共交通、骑自行车上下班。他们不仅要跟踪这些项目，也要让公众知晓他们的目标、进展，以此鼓励公民团体、公民和商业，促进形成彼此间的合作机会。

主要新兴绿色城市元素包括发展公平的地方娱乐机会、城市林业和道旁树项目、节水工程、当地食品准入制度以及社会经济因素，如改善住房支付能力，使用替代燃料的车队，以及清新的空气和水这些生活质量相关指标的透明度。

究竟如何实施和管理绿色城市或可持续发展的政策和项目，在不同的城市背景下采用的方法是不同的。一些城市如旧金山、芝加哥、波特兰和波士顿已经建立了环境和可持续发展部门作为一个单独的管理实体。一些城市包括西雅图、丹佛和奥克兰则在市长办公室部门发展了一些办事处作为管理实体。

值得瞩目的是，2006 年，纽约市市长迈克尔·布隆伯格任命了一个规划和可持续发展主管的职位，以此将可持续发展的实施纳入该市的规划和预算程序当中。布隆伯格市长也在他的战略规划办公室建立了一个高水平的可持续发展咨询委员会，这个委员会由行业专家、科学家、学者、企业领导人和规划师组成。在2007 年，市长颁布了一个广泛的计划——"规划纽约：绿色大纽约"，以引导那些为可持续发展计划服务的增长发展政策，这项可持续性发展规划是关于 10 个地区 2030 年前发展的规划。[13]

波特兰、旧金山、芝加哥和明尼阿波利斯公布了一个综合可持续发展计划和目标，其覆盖时间从 20 世纪 90 年代中期到 21 世纪第一个 20 年的中期，而在2006 年丹佛宣布成立一个被称为"绿色丹佛"的多方推行机构。[14] 这些目标和计划有可能持续不断地引入不同的利益相关者，这些利益相关者可能代表经济学家、商业、房地产、社会正义问题、社区、教育利益、传统环境社会活动家和关心改善他们社区经济和生活质量的公民等。

虽然建立绿色、可持续的城市的方法和途径不同，但是车辆行驶问题是所有这些努力中的共同之处。全球气候变化正在成为最重要的催化剂。全球气候变化清单与碳排放量的减少目标是在 SustainLane 研究排名里五个一流的城市共同具有的项目，尽管在三大排名研究中，该研究是唯一一个具有测量气候变化政策评价指标的研究。其次是强力关注促进绿色城市发展与能源有关的问题，包括诸如国内能源安全、能源经济、原油价格峰值引发的可能性（丹佛已模仿影响原油峰值对城市的采购和业务）[15]、食品安全与新城市主义。

最后，应该指出的是，领导城市变得更绿色或更持续的效果正越来越显著；各个州县纷纷追随这些城市的领导，在可再生能源发展和地球大气变化政策上发挥补充作用，例如，25％的碳减排目标就被加利福尼亚州全球变暖解决方案法案

(AB32)放在第四条的位置。[16]

许多人公开表示,联邦政府在可持续发展政策的发展和实践上,特别是区域性的地球气候变化政策上,已经落后了。一项由 19 个私人组织提出的、后来又有 12 个州和地方政府(包括了纽约和巴尔的摩)加入的反对环境保护局的诉讼,在 2007 年 4 月 2 日这个历史性的时刻,被最高法院以 5 比 4 的票数予以裁决。法院认为,如果美国环境保护署认为,温室气体"可以被合理地预期将会危及公众的健康和福利",那么温室气体排放可以标记和调整为就像《清洁空气法案》规定的任何其他污染物一样的污染物(约斯特和马塞里尼,2007)。

加利福尼亚共和党州长,阿诺·施瓦辛格,在他 2007 年月面向全州的发言中表示他不愿在联邦成员一级应对全球气候变化:"我们需要一定的气候改变的一个方面是联邦政府对全球变暖的态度。它不会采取行动,所以加利福尼亚也不会。加利福尼亚已经发挥了它在把整个国家从是否行动的辩论和否定中解救出来的领导作用……"。

绿色城市现象能在多大程度上影响 2008 年联邦选举的议程和随后的国家政策,仍然有待于观察。我们能够明确知道的是,所谓的大问题——环境、经济、社会正义——已经不再被视为是国会、环境保护局和其他联邦政府的权力机构的唯一的或主要的责任。

参考文献

"Beyond Oil: Intelligent Response to Peak Oil Impacts." 2005. Denver World Oil Conference, Denver, Colorado, November 10-11. http://www.aspo—usa.com/fall 2005/.

"California Owned Electric Utilities and the California Renewables Portfolio Standard." 2005. Report for California Energy Commission by KEMA, Inc. November. http://72.14.253.104/search? q = cache:16nO－G3JmigJ:www.energy.ca.gov/2005publications/CEC－300－2005－023/CEC-300-2005-023.PDF＋％22renewable＋energy＋percentage％22＋％22state＋of＋california％22＋％22utility％22&hl＝en&gl=us&ct=c lnk&cd＝1.

"Columbus Ranked Least Sustainable City-Mayor Disagrees." 2006. *Business First of Columbus*, June 2. http://www.bizjournals.com/columbus/stories/2006/05/29/daily28.html? from_rss＝1.

Ellis, Hattie. n. d. "Food Miles." BBC website, http://www.bbc.co.uk/food/food_matters/foodmiles.shtml.

Fessenden, Ford. 2006. "Americans Head Out Beyond the Exurbs." *New York Times*, Week in

Review, May 7. http://www. nytimes. com/2006/05/07/weekin review/07fessenden. html?
ex = 1304654400&.en = ce20f029585f8c6a&.ei = 5090 &.partner=rssuserland&.emc=rss.

Gerencher, Kristen. 2006. "Making the Grade by Making the Most of Natural Resources."
Washington Post, June 17: F19. http://www. washingtonpost. com/ wp—dyn/ content/ arti-
cle/ 2006/06/16/AR2006061600753. html? referrer = delicious.

Hardin, Blaine. 2005. "Out West, a Paradox: Densely Packed Sprawl." *Los Angeles Times*,
August 11. http://www. washingtonposL.com/wp — dyn/content/ article/2005/08/10/
AR200508100211 0. html.

"Green Investment Fund. " n. d. City of Portland, Oregon website. http://www . portlandon-
line. com/osd/index. cfm? c = 42134

Karlenzig, Warren et al. 2007. *How Green Is Your City? The SustainLane US City Rankings*.
Gabriola Island, British Columbia: New Society Publishers.

"Measuring Sprawl and Its Impact. " 2002. Smart Growth America. http://www . smart-
growthamerica. org/sprawlindex/sprawlreport. html.

"The New New York. " 2006. *Economist*, December 13. http://www. economist . com/world/
na/displaystory. cfm? story_id = 8417954.

Norberg — Hodge, Helena, Todd Merrifield, and Steven Gorelick. 2002. *Bringing the Food
Economy Home: Local Alternatives to Global Agribusiness*. Bloomfield, Conn.: Kumarian
Press.

"Our Common Journey. " 1987. Report of the UN World Commission on Environment and De-
velopment. New York: United Nations. http://www. iwahq . org/templates/ld_templates/
layout_633184. aspx? ObjectId = 644589.

"Portland/Multnomah County Local Action Plan on Global Warming. " n. d. City of Portland,
Oregon website, http://www. portlandonline. com/osd/ index. cfm? c = ebijg.

Portney, Kent. 2003. *Taking Sustainable Cities Seriously: Economic Development, the Envi-
ronment, Quality of Life in American Cities*. Cambridge, Mass.: MIT Press.

——. 2006. Personal website, http://ase. tufts. edu/polsci/faculty/portney/sustainable —
cities. asp.

"Program History. " n. d. City of Portland, Oregon website. http://www. portland online. com/
osd/index. cfm? c = 42248&.a = 126515.

Schwarzenegger, Arnold, 2007. State of the State address, January 9. http://gov . ca. gov/in-
dex. php? /press—release/5089/.

Shu, Catherine. 2006. "Telecommuting to Cope with Rising Gas Costs. " *Wall Street Journal*,
May 9 http://www. careerjournal. com/myc/officelife/20060515− shu. html.

"SustainLane Releases 2006 City Sustainability Rankings. " 2006. Treehugger . com. June 2
http://www. treehugger. com/files/2006/06/sustainlane_rel_l . php.

"Top 10 Green Cities in the US. " 2006. *The Green Guide*. http://www. thegreen guide. com/
doc. mhtml? i = 113&.s = top10cities.

"Top 10 Green Cities in the US: 2005. " 2005. *The Green Guide* http://www. the greenguide.

com/doc/ 107/cities.

Wilmouth, Adam. 2006. "Are We Ready for the Next Energy Crisis?" *Daily Okla – homan*, April 18.

WMO and UNER 2007. "Climate Change 2007: Mitigation of Global Climate Change. " Intergovernmental Panel on Climate Change, Fourth Assessment Report http://www. ipcc. ch/ SPM040507. pdf.

Yost, Geoffrey H., and Smauel J. Maselli. 2007. "United States: U. S. Supreme Court Issues Seminal Environmental Opinion in Massachusetts v. Environmental Protection Agency. " http://www. mondaq. com/article. asp? articleid = 48444&lastestnews = 1.

后记

尼尔·佩尔斯

　　21世纪的早期已经凶多吉少。要采取措施来应对潜在的灾难性的全球变暖，国际恐怖主义，中东战争，种族灭绝的岛屿和流行病带来的恐慌。理由比比皆是，这让我们对所处的时代深深地失望。

　　但有一个例外：生命在诞生，生命在支持绿色。这并不仅仅是指绿色的田野和森林，它同保持"地球的肺"是一样重要的。新焦点是如何在沥青、混凝土、砖、钢铁、玻璃这些迅速发展的城市丛林中将绿色再生。"绿色"的定义在迅速发展，就像牵牛花迅速爬满了墙那样，包括节能和可再生能源，减少化石燃料的燃烧，清洁的空气和水，更有效的水处理系统和污水处理系统，土地治理，社区花园以及更健康的生活。

　　本书的论文以崭新的视角探讨了这种绿色景观。它们对历史先例、各国比较，对健康、房地产城市规划以及城市基本社会结构的影响进行了探讨。仅仅是浏览一下目录就已经很振奋人心了。它们传达了一个清新的、明确的信息：这些手段、方法和科学理论用来为我们自己和子孙后代创造可持续发展的绿色城市，这确实是存在的并且也可以通过我们的力量去实现。现在的问题不是这样一个绿色的宜居城市有没有可能在一个更加可持续发展的世界中实现，而是我们所有人是否都有意愿让那个世界在我们当地当代实现。

　　但是这本书也会让你在许多方面不耐烦。

　　除西雅图、南佛罗里达、波士顿和其他一些地方外，为什么我们缺乏关于大都市区域（我和我的同事称之为"城邦"）可持续性和绿色程度的具有统计学意义的重要数据呢?

我们正是在建设的是什么? 现在我们有一系列神奇的工具来判断建筑物使用能源、水、建筑材料的效率。其中之一被称之 LEED(能源和环境设计的领导者)绿色建筑评估体系,是由美国绿色建筑委员会提出的,一个全国公认的在设计、建造和高性能绿色建筑的运行方面的标杆。问题的关键是建筑物的温室气体排放量要占到60%。按照 LEED 标准施工的建筑的增量成本大约是2%,但这很容易被后续的节能所抵消。因此,在美国大多数城市中,LEED 为什么不要求公共和私营部门出台新的建筑标准,而是仅在少数社区制定,比如说盐湖城。

另外,除了建设紧凑型、适宜步行的小区外,到底是什么推迟了通过新定义的 LEED-ND 来推广关于可持续社区的新标准? 美国一直很幸运,在过去20年采用了新都市主义思想规划城镇和社区并一直在扩展。现在很多曾经蔑视它的开发商都开始接受了它的特征,如开放的前廊、小巷还有方便到达的城镇中心。

但往往真正的紧凑发展违背了从二十世纪初就实施的没有生气的、单一功能的区划法律。这本书中的许多论文在宾夕法尼亚大学举办的"发展绿色城市"会议中首次提出。在这次会议上,美国政府和各地政府似乎已经达成广泛共识,认为时机已经成熟,可以考虑用现代的、更灵活的方法来取代过时的区划制度。这些方法包括基于形态的法规,解决废弃建筑物的法规,和设置更加灵活的新标准。可悲的是,这种改革被许多材料制造商和工会怀疑,并且在大多数州的立法机构的议程上处于较低的位置。

诱人的新一代"绿蓝"战略在这本书中提出并在全国各地推广。这种战略以更敏感、更绿色的方法处理城市水(径流)。这一传统可以追溯到我们伟大的城市公园的设计;今天它已经扩展到使曾经被埋没的城市河流"重见天日",以及通过洼地、雨水塘及其他景观设施过滤雨水。这种方法避免了较大的工程建设,利用大自然较为温和而更加生态的绿色方法处理雨水。

但"绿蓝"战略的推广速度与建设新社区和改造旧社区的巨大机会相比仍然缓慢,同样的,本书中讨论的较为流行的理念比如绿色屋顶和"植物墙"也是这种情况。芝加哥市长理查德·戴利通过把市政厅的屋顶换成草皮和植物,使绿色屋顶获得了国家荣誉。确实,绿色屋顶的成本比普通屋顶要高,但可以得到的长期回报是巨大的,从耐久性到建筑节能及减少雨水径流。那么,让美国各地感兴趣的业主用更少的前期投资来选择绿色屋顶的金融工具在哪呢? 所有的这些战略可以更迅速地扩大么？

那么更积极地循环利用城市土地又如何呢？棕地修复正在进行，虽然常常进展缓慢。除此之外，在美国的城市景观方面，填补城市"缝隙"的大好机会就在眼前。"废弃的景观"包括老厂房、停车场、废弃的购物商场。引入这些手段，可以将设计糟糕的廉价商业道路转变为雅致的、带有自行车道、绿化带和其他绿化的、人性的林荫大道。美国正在出现这样的情况。特别是滨水区正在经历复兴，大范围的老工业建筑和铁路被设计为散步道，供游人使用。然而，相较于需求和机会，我们在大都市区域内部和周边进行土地利用的速度仍然远远落后。这是为什么呢？

这本书中引用了各种令人振奋的"绿色城市战略"，如费城在循环利用废弃住宅区用于园林绿化和重建的尝试，及很多其他的案例。这些战略的好处是巨大的——促进城市经济发展，弥合社会分歧，消除影响投资的城市不良景观。但是，很少有城市从绿色和经济的视角来思考问题。

芝加哥仍然是美国将天然绿色资源转变为更高质量生活回报的最佳范例。只需要在春季或者夏季去芝加哥市，你就会看到鲜花的海洋和盛开的盆栽。从密歇根大道开始到环路，周边，然后沿道路中央绿带向外延伸到各个社区。到目前为止很可能没有任何其他美国城市像芝加哥一样，将沥青校园转变为草地，将空地变成小区花园，也没有其他城市投资像它这样投巨资重建了570座城市公园，31个海滩和16个历史悠久的潟湖。市长戴利和他的政府部门把部门建设绿色城市作为重大的、明确的优先战略。在迪安·伯纳姆时代建设的绿色芝加哥滨水地带，通过4.75亿美元的投资。被提升改造为千禧公园。该公园聚焦了绿地，雕塑，喷泉和各种植物，每年吸引400万游客。

芝加哥市议员玛丽安·史密斯在2006年的"公园会议"上说："我们正在创作人们想要的地方，而不是人们想逃离的地方。"只要看一下芝加哥新建公共场所中摩肩接踵的人们的年龄、性别和种族就能证明这一点。绿色就是社会的趋势。你甚至可以在农贸市场看到它，农民看着你的眼睛，市民与生产种植者直接接触。绿色不仅是新鲜的，它更是个人的。

"绿色"学校也让人受益颇多。孩子们可以更好地学习，更健康地成长，甚至学校也会消耗更少的能量。绿化良好、树荫浓密、公园连绵的城市对人类健康有巨大的好处。在城市为吸引专业人才而不断竞争的时代，绿色城市具有重要的吸引力。绿色不仅是降温、美化、恢复身心健康和给予欢乐,更是城市希望与成功的核心。

费城会议为我打开了一个意想不到的绿色视角。主讲人是旺加里·马塔伊,一具卓越的肯尼亚环保主义者和社会活动家。她于 1977 年发起的"绿带运动",已经在整个肯尼亚种植了 30 万棵树,以对抗由于粗放发展所导致的严重土壤侵蚀。2004 年,因其"对可持续发展、民主与和平的贡献"被授予诺贝尔和平奖。她是第一个获得该奖的非洲裔妇女。

马塔伊对于绿色问题的认识具有强烈的个人色彩。她说我们正处于这样的时代,潜在的剧烈气候变化可能导致海平面上涨,海水入侵含水层,资源稀缺,及可能的"环境难民潮"。

各个民族和国家在消耗地球自然资源上严重不均,这违反了公平与公正。那么我们的责任是什么? 她建议听众从种植一棵树开始。遵从圣雄甘地的倡议,做"绿色的主导者","成为你想看到的变化。"更接受这样一个观点,即世界自然资源的共享就当比今天更加公平。马塔伊倡导,绿色的世界与和平的世界是分不开的;它们必须齐头并进,否则两者都会止步不前。

马塔伊说我们必须"扩展我们的和平观"。植树造林、创造真正的"绿色"世界,更平等地分享地球自然资源,这些不再是相互独立的问题。

注释

引言:城市绿色行动与绿色城市理念

1. 详情见

www. thegreenguide. com/doc/113/top10cities;

www. earthday. net/UER/report/cityrank-overall. html。

第 2 章　日益增长的绿色区域

1. 不同的交通方式对能源的使用和气候变化有不同的影响。能源消耗最少的是非机动模式,包括步行和骑自行车,而另一端是单人乘坐的私家车。

2. 波士顿、华盛顿特区、巴比伦和纽约近年来颁布了新的强制性绿色建筑标准。波士顿的标准要求新建超过 50000 平方英尺的商业建筑,必须达到美国绿色建筑委员会的 69 项标准中 26 项以上。改善市场投资条件和创新监管技术将限制区域内建筑电器和照明的能源消耗,从而减少需电量。

第 3 章　跨区域维度:伦敦和泛东南地区的绿化

1. 详情见《伦敦战略性公园项目报告》(EDAW/Geater London Authority 2006)

2. 市长利文斯顿认为,全世界各大城市都有特定的责任,去努力缓解适应气候变化。他领导世界上 20 个最大城市的联盟(包括费城和纽约),承诺联合行动。该联盟最近联手克林顿基金会,使用购买市政府权力的方式,来更有效地应对气候变化。

第 4 章　城市绿化:公共空间规划设计方法

在此之前，这是一个美国文学爱好者熟悉的地方——有着《了不起的盖茨比》特点的灰堆。

第5章　更加绿色的城市：纽约模式

这一章节改编自《纽约市移动性需求评估 2007—2030 年》（Weinberger，2007）。这篇评估是作者在市长办公室长期规划和可持续部门担任运输系统的高级政策顾问时写的。在这里要特别感谢长期规划和可待续工作部门的埃米莉·尤哈斯和她在准备移动性需求评估时给予的帮助。她的帮助在这篇文章的准备过程中起了非常重要的作用。同时也要感谢长期规划和可持续工作部门的马克·西曼以及纽约市运输部门政策规划办公室的成员们为本文所做的贡献。

1. 纽约市规划部门已经预测：到 2030 年纽约居民人口会增长大约一百万。

2. 波士顿区的数据无法使用。

3. 即使以非常高的速率增长，卡车运输仍会在交通中保持低比例，即在2030 年城市中卡车运输占总行车英里数的 4.5%。

4. 国家家庭旅行调查－纽约市 2001 年（http://nhts.ornl.gov/）；2000 年美国人口统计数据；纽约都市交通委员会（NYMTC 1998）。

5. 只观察少于 0.5 英里的最短出行，也能看出推广步行的挑战。在这些短途出行中 84% 的都是徒步，其中最典型不超过 10 分钟。但是步行方式的比重在整个城市内分布不均。在曼哈顿区旅程少于半英里的徒步出行占 95%，但是在斯塔顿岛只占 46%；的确，在斯塔顿岛过超过 50% 的短途出行都是开车，通过更细致的观察发现在汽车保有量高的专区开车出行是一种默认的模式。布鲁克林区，布朗克斯区和皇后区在短途出行中步行分别占 84%，75% 和 71%。

6. 纽约交通运输管理局是一个建立、运行和维持纽约市公共运输系统的州级机关，包括服务于东部和北部城郊的通勤铁路线。纽约交通运输管理局同时操控着纽约市内以及连接纽约市和维斯特斯郡的收费桥梁和隧道。然而，作为一个州级机关，管理者的目标并不是完美地与城市的利益相挂钩。

第6章　绿色家园，绿色城市：通过可持续住宅开发扩大经济适用住宅的比例并巩固城市地位

1. 详情见麦格劳希尔集团建筑网站，http://construction.com/AboutUs/

2007/0326pr. asp。

2. 根据美国绿色建筑委员会的规定,LEED 住宅评估是"确认和奖赏在资源效率和环境管理方面表现最好的 25％的新住宅"。为了回应委员会要求的"经适房的独特需求",它建立了由行业领导组成的特别工作组来决定在何种程度上房屋标准能更好地满足经适房的市场需求。

3. 参阅 Tassos(2006:5)和企业的额外分析(即将出版)。

4. 截至 2007 年 7 月,在美国市长气候保护协定帮助下超过 600 个城市的市长已承诺 2012 年实现在 1990 年温室气体排放水平基础上减少 7％。

5. 具体而言,自 2008 年 10 月起法律要求超过 10000 平方英尺的住宅接受 15％或更多的公共融资以符合绿色社区标准。参看绿色住宅准备的"2006 年哥伦比亚区绿色建筑法,议案 16-515"。

6. 所能够获得的收效益是推测的,原因是对于已经运行了一段时间的可承受的绿色发展方面可供使用的数据有限。

7. 2007 年 6 月,美国国家税务局发布了法规,将实质性提高住房机构精确计算实用的经适房发展津贴的能力,这些津贴由联邦低收入住房税收抵免。这项法规如果通过,会使经适房开发商从更节能的收缩、复原以及操作中实现更大的经济利益。

8. 赤道原则是基于国际金融公司的标准的基础上是一组自愿的指导方针,用于管理项目融资贷款中的环境和社会问题。原则上,最初应用于建设成本在五千万美元以上的投资。2006 年 7 月 6 日,修改后的赤道原则的版本得到采纳。新的赤道原则适用于所有的国家和行业类别,和所有资本成本在一千万美元以上的项目融资。参见 www. equator-principles. com。

第7章 城市河流的治理:修复退化流域的生态系统服务

1. 本章的研究由美国国家科学基金会项目(CMS 0201409)资助。相关的出版物包括来自从事同一个研究的 Platt(2006)和 Sievert(2006)。

2. 本案例研究改编自提摩太·比特利和库尔特·莱斯克斯卡斯为马萨诸塞州大学城市流域项目所进行的早期研究。

3. 本案例研究基于贝丝·芬斯特的一篇研讨会论文。贝丝·芬斯特是马萨诸塞州大学(阿默斯特)景观设计系的研究生。

4. 本案例研究基于滑铁卢大学的南茜•古彻和莎拉•迈克尔斯博士的未发表的报告。她们与麻省大学签订了一个合同计划进行城市流域管理研究。在原有研究的准备过程中来自滑铁卢市的罗恩•奥姆森提供了宝贵的援助。

第8章　市民活动在城市基础设施开发中的作用

1. 美国土木工程师学会(ASCE)在其"历史遗产的土木工程"的网站中列出了200个具有里程碑意义的项目,网址是 http://live.asce.org/hh/index.mxml。

2. 约翰•缪尔在1982年建立塞拉俱乐部,并且在从20世纪初到他的去世的这段时期,集中他的大部分力量反对赫奇赫奇水系统的发展,这个系统由水库和渡槽构成,用于从约塞米特蒂国家公园引水到旧金山市。

3. 阿尔文•埃姆,1970到1973年为总统环境质量委员会办公室主任,总结这段历史时如是说:"与国家环保局一起创建的是环境诉讼机构,即美国自然资源保护委员会和环境保护基金会。国家环保局就像环境诉讼的助燃剂。这些和其他环境及公民团体使用国家环保局的工具起诉联邦机构不符合国家环保局的相关规定。法院通常站在了他们的一边。"

4. 独立部门是一个代表慈善和志愿团体的非营利组织。在其"2001年度美国赠予和志愿活动报告"中估计,总计8390万美国人为他们所从事的社区志愿正式服务贡献了155亿个小时。他们还依靠社区成员捐赠和志愿服务,建立了"123万个慈善机构,社会福利团体和宗教团体"。虽然这些组织负责健康、人性化服务、宗教、教育、艺术和其他慈善活动,但值得注意的是,约3%的独立部门的约700个成员,他们的组织主要集中在"生态保护"。即使只有一半的人负责总人口(123万),它表明在今天的美国可能有近2万个组织和团体关注环境问题(Independent Sector 2007)。此外,美国劳工统计局报道,在6540万名志愿者中,1.8%的志愿者奉献他们的时间来进行"环境或保护动物",这是一类有趣的问题。

5. 在"衡量志愿活动:一种实用工具集"中,独立部门以如下的方式简洁的描述这个问题:"尽管志愿服务具有社会效益和经济效益方面的好处,但建立在实验基础上的数据在世界上大多数地方都是稀缺的。因为仅进行了极少数的调查,几乎没有人知道有多少人参与志愿服务,他们做什么,他们的动机是什么,以及他们的贡献是什么。如果这宝贵的资源需要发挥其全部潜力,那么获得有关志愿服务可靠的信息是必要的"(Independent Sector 2001)。

6. 该剧全长四小时，每一集关注一个美国主要城市，即芝加哥，费城，洛杉矶，西雅图。每一集通过结合一个简短的历史概况，并对社会活动家，专业人士和政府官员进行深度刻画。这些人在改善街区和城市方面具有重要影响。该系列为这些人庆祝，并且讲述了有关他们的挫折和成就的故事。同样重要的是，它是一种行动，呼吁其他人更多地参与他们自己感兴趣的社区。

第9章　从蓝向绿转变的实践：它们如何发挥作用？为什么通过公共政策实施它们这么困难？

1. Tourbier 时任宾夕法尼亚大学景观设计学助理教授，及生态研究中心规划设计主任

2. R-WIN 程序是由德国汉诺威的 mbH 城市水文工程公司（Ingenieurge-sellschaft für Stadtsydrologie mbH）开发的。这个程序是为了校准位于斯图加特南部的一个绿色顶研究站收集的数据研究收集的数据。它被德国市政府用于评估发展建议。

第10章　城市绿色运动之源

1. "Fruitvale 娱乐和开放空间计划"（FROSI）包含所有这些要素，如振兴一座城市公园，新建第二座城市公园和恢复四个由社区土地信托管理的开放空间。FROSI 的合作伙伴可以在 Rubin（1998）和西班牙语团结委员会网站查到。www. unitycouncil. org。

2. 历经 25 年去关闭旧金山附近非常肮脏的发电厂是其中一个例子。

3. Barros（2006）。

4. 内城 100 家，是"具有竞争力的内城倡议及 Inc. 杂志的联合经营项目，是美国第一个关于内城成长最快的 100 家公司的排名"。参见 www. innereity100. org。

5. 然而，网络的快速增长以及受欢迎的年会无法长期保证稳定。2005 年，NCBN 暂停了其作业，虽然大多数成员组织仍然继续运作。

6. 参看 Rubin（1998）和联合委员会的网站。

7. 居民参与过程，Robinson（2005）。

8. 居民可以投资项目，并分享已开发的资产和滨河市场广场项目的风险。

在实体控制商店地产所有权时可以采取个人股票的形式。最近的第一次尝试是 450 位居民购买了"社会首次公共股票。"一个新的致力于社会慈善的基金会已经形成。随着项目的扩展及家庭基金会的衰退和向社会区转让其所有物,社区基金会的资产将增长。更多详情参见 www. marketcreek. com。

9. 例如,由圣迭戈州立大学"积极生活"研究项目以及北卡罗来纳大学教堂山分校"通过设计实现积极生活"项目赞助的研究和社区级创新。这两个实体由罗伯特·伍德·约翰逊基金会建立。每年的新合作伙伴会议,已经成为研究这些问题的设计师、规划者、卫生专业人员和决策者的聚会场所,www. newpartners. org。

10. 领导健康饮食和积极生活的几个主要基金包括罗伯特·伍德·约翰逊基金会,W. K. 凯洛格基金会,卡利福尼亚养老基金,和凯瑟永久医疗集团基金会。CDC 部门检查社区因素,www. cdc. gov/healthyplaces,包括 11 类与社区设计相关的健康问题。

11. 除了精明增长会议上面提到的新合作伙伴,区域会议是一典型的发展趋势,职 2006 年 12 月举行的由海湾地区规划理事协会和海湾地区区域健康不平等倡议(代表县公共健康理事)举办的会议。城市绿化工程和其他土地利用问题是会议的焦点,结果是地方层面的新合作的开始。

12. 关于城市规划和再发展的卫生专业人员的手册已经由公共卫生法律程序推行,www. healthyplanning. org.

13. Ruvin(2006);也可参见(Pastor and Rrrd 2005)。

14. Rubin(2006)详细讨论了七项原则。

第 11 章 社会变革中的媒体力量

1. 更多信息参见 www. edenslosrandfound. org.

2. 在 2006 年,哈里·威兰德和达乐·贝尔当选阿育王终身研究员,这是第一次媒体专业人士获此殊荣。

第 12 章 绿色带来的变革

1. 选择目标区域的"费城绿色"标准包括:现有闲置地的特性;强大社区组织的存在;私人和公共机构的高山高水平投资;高质量的基础设施,如公共交通的可达性，以及城市医院、学校和其他社区机构的临近性和地理分布。

2. 见 Wachtre and Gillen（2006）。

第13章　社区开发金融与绿色城市

1. 有关再投资基金的更多信息，请参见该基金的网站，http://www.tr-fund.com/。社区发展金融机构分配资本以实现经济增长和提供机会，其重点在于恢复衰退地区，协助低收入人群，或将资源分配给资金有限的领域。它们对实现财务回报和社会影响都趣。关于社区发展金融机构的最佳信息在机遇财政网发布，http://www.opportunityfinance.net。

2. 这个词起源于一个 TRF 出版物；参见 Development Finance Network（2004）。

3. 那些评论可以在 Norquist（1998）找到。关于市长改革管理的想法，可参看 Manhattan Institute（1999）；关于 1970—2000 年的城市复兴，参看 Birch（2007）。

4. 很多人都论述了区域土地问题和研究机构的作用，见 Katz and Stern（2006）中城市人口变化的有趣分析。

5. 费城人口具有显著的以 50 年为周期的对称性变化：140 万（1900 年）；200 万（1950 年）；回到 150 万（2000 年）。

6. 此信息是从费城的《邻里变革倡议报告》中得到的，该报告可以在费城的网站上找到。通过与再投资基金的咨询，费城于 2001 年发布了《邻里变革倡议报告》。McGovern（2006）讨论了《邻里变革倡议报告》。

7. 国家健康住宅中心，http://www.centerforhealthyhousing.org/，是此信息的重要来源。

8. 作为一种科学实践的产业发展和流行病之间的历史联系，请参阅Winkelstrin（2000）。

9. 当然，我说的是抽象意义上的开发商，而不是持有环境可持续性和植被、土地或自然资源使用观点的某一个特定的开发商。很多人做投资和发展的选择时，自觉地优先考虑、强调或避免环境质量或后果的某些方面。而且，越来越多的环境发展商机正成为许多企业的核心部分，包括专门从事绿色建筑设计，利用自然审美特征，或修复受损土地的国家的商业和住宅发展。这些企业成功的程度取决于消费者对它们产品的需求。市场需求和盈利能力使得传统的投资者和开发商成为环境学家。

10. 欲了解更多关于希望 VI 程序,请参见 Popkin 等(2004)。

11. East Camden 工作的分析出现在由费城联邦储备银行出版的社区事务的讨论文件中,见 Smith and Hevenre(2005)。

第 14 章　可持续的粮食供应城市

1. 参看 Brown(2006);Pfeiffer(2006);Deffeyes(2005);Murray(2005);Pimentel and Giampietro(1994);Heller and Keoleian(2000:40)。

2. 参看 UNDP(1996);FAO(2004);Koc et al.(2000);Mougeot(2005);Schurmann(1996);Steele(1996);"Urban Food Production"(1992);Stix(1996)。

3. 永久培养的经典范文参看 Mollison and Holmgren(1990);参见 Holmgren(2002)。

4.《社区的力量》(Powre of Community)(2006);Quinn(2006);Murphy(2006),Premat(2005);Rodriguez(2000);Diza and Harris(2005);Viljoen and Howe(2005)。

5. 持续的本地化尝试,参看后碳研究所,www. psstcarbon. org;重新定位网络,www. relocalize. net;解决社区,www. communitysolution. org;全球生态村网络,gen. ecovillage. org。尤其是在经济发展中,本地化的价值和最佳实践的更多主流处理方法,参看 Shuman(2000,2006);Hammel and Denhart(2006)。

6. Lyson(2004);同样参看 Kocet al.(2000);Mougeot(2005);Jacobi et al.(2000).

7. Ratta and Smit(1993);Kaufman(1999);Sommers and Smit(1994);Greenhow(1994);Quon(1999);Patel(1996)。

8. Nelson(1996);Smit and Nastr(1995,1992);Rose(1999);Flynn(1999).

9. 参看 Flores(2006);Katz(2006);Gottlieb and Fisher(1999a,b)。

10. Silva(1999,nn. 28,30—31);Pollan(2006a,b);Tansey and Worsley(1995);Lawson(2005);Johnson(2005)。

11. Viljoen(2005)。分阶段计划把洛杉矶变成一个农业托邦或生态乌托邦。参看 Glover(1983);http://www. ithacahours. con/losangeles. html。

12. http//www. sustainlane. us/Local_Foo_and_Agriculture. jsp。

13. 参看 www. thefoodtrust. org；《Food Matters》(2006)；Karlen(2007)。

14. Pierson and Karlen(2006)；参看 www. whitedogcafefoundation. org/fair-food。

15. 参看 www. weaversway. org。

16. 参看 www. urbannutrition. org。

17. 详情见 www. phila. k12. pa. us/schools/saul；www. lincolnhs. phila. k12. pa. us/academies/hort。

18. Corboy(2005)；详情同样见 www. greensgrow. org。

19 详情见 www. somertontanksfarm. org。

20. Chrisensan and Weissman (2006)；Institute for Innovations in Local Farming(2005)；Van A llen(2004)。

21. 和南希·威斯曼通信(2006 年 12 月 1 日)。

22. Spirn(2005)；www. millcreekurbanfarm. org。

23. 采访 Rosen and Walker(2006)；Smith(2006)；Mill Creek Farm(2006)；www. millcreekurbanfarm. org。

24. 费城果园项目的网站包括城市果园计划在北美、和英国的对比联系；详情见 www. healthdemocracy. org/pop. html。

25. 采访 Pierson(2006)。

26. 对现有的和拟议的本地食品举措的城市产量估计，参见 Ratta and Smit (1993)，Kaufman (1999)；Sommers and Smit (1994)；Greenhow (1994)；Quon (1999)；Patel(1996)；Naelson(1996)；Smit and Nasr(1995，1992)；Rose(1999)；Flynn(1999)；Flores(2006)；Katz(2006)；Gottlieb and Fisher(1996a，b)。

第 15 章　生态系统服务与绿色城市

1. 参见 Salzman，Thompsin，and Daliy(2001：310—12)，区分生态系统的"产品"和生态系统的"服务"。

2. 全球生态系统服务价值约为 16～54 万亿美元/年；参见 Costanza et al. (2997：259)。

3. 同上；Zwerdling(n. d.)；Louisiana Coastal Wetlands Commission(2998：

203）；Mckay（2005）。

4. Mckay（2005）。他认为，在飓风经过的地方每三英里设置一个湿地可以减少暴潮。对 1992 年安得烈飓风的研究表明，科科德里与侯马通航运河之间的湿地将风暴潮减少了 6 英尺，距北端约 23 英里）Louisiana Coastal Wetlands Commission1998：55）。"显然，风暴对沿海地区的人口和基础设施的影响可以通过维持大范围的沿海湿地和屏障岛屿来改善"（56）。

5. 举几个例子，美国缅因州刘易斯顿征收了这些费用。www. ci. lewiston，me. us/publicservices/stormwaterutility. htm；

堪萨斯州达勒姆，www. ci. lawrence. ks. us/publicoworks/stormwater-faq. shtml；

北卡罗来纳州达勒姆，www. durhamnc. gov/departments/works/stormwa-ter_fees. cfm；

华盛顿州亚基马，www. ci. yakima. wa. us。

6. 对于这个程序的说明，请参阅 Salzma and Ruhl（2000）。

7. 纽约市在北部流域土地的直接投资将会是一个反例。然而，应该指出的是，决定进行投资并不完全是自愿的。城市面临着安全饮用水法案的要求，要么建立处理厂要么恢复流域。因此纽约把购买北部土地的权利，作为服从监管要求的一种方法。从这个意义上来说，合规情况与交易系统以及与直接投资方式有许多共同处。

8. Salzman and Ruhl（2000）详细讨论这个问题。

第 16 章　都市自然景观的功能、优点与价值

1. 一个关于城市奇怪的、并行的态度出现了转变。早期的人类历史中，城市是庇护所，免受入侵者和自然的威胁。早期城市是荒野海洋中富有安全和秩序的岛屿。在过去的一个世纪左右，城市获得了一些原先属于荒野的不安。

2. Paul Samuelson 被认为是第一个提出公共物品的人，将"集体消费口"定义为："……（产品）被所有人共享，一部分人对产品的消费不会影响另一些人该产品（1954：387—89）这种属性是众所周知的非竞争性。

3. 参见 Boyer and Polasky（2004：744—55）；de Groot and Boumans（2002：393—408）。

4. Payne(1973:74—75)发现增加了 1.9％,Schroeder(1982:371—22)增加 4.5％,而 Tyrvainen and Miettinen(2000:205—23)增加 7％。

5. 改编自 Boyd(2006)。

第17章　绿色投资策略:如何作用于城市社区

1. 参见 Florida(2003)生活质量在吸引新知识工作者到城市工作方面的差异。

2. 识别这些收益可使用资金来源,否则有可能无法获得。对于财产税收入增长的预期来源于提出的城市绿化项目。这种预期可以被用来表明通过片儿融资机制进行地方投资的可行性。这些机制包括税收增量融资(TIF)或商业改善区的建立(BID)。

3. 见 Rothenberg(1991)。

4. 这个数据库集合了住房销售、地方公共投资和邻里属性的信息,创建了一个集成的空间数据库。这个数据集还包括了关于价值和影响房产价值的附加变量的信息,如特定房屋的物理特性,周围邻里的位置和密度,以及销售时间,讨论如下。

5. 这是基于当前区划条例允许的最小住宅地块尺寸,由于,对拆除住宅物业的土地总面积(1440 平方英尺)的保守估计。参见 Philadephia City Planning Commission(1995)。

6. "破窗"的理念曾被纽约警方用于清理城市的街道。http://www. natioalreview. com/comment/bratton_kelling200602281015. asp。建筑物的窗户固定住了,因此不再是罪犯和贩毒者的避难所,从而帮助减少附近的犯罪。Wachter and Wong(2007)指出,绿色投资,如种植可以被看作是一个信号事件。如果是这样,该事件的价值将超出投资本身。这表明,在对某个邻里进行投资,居民之间的社会资本在改善,邻里似乎也被认为在"上升"。作者通过事件研究法衡量这种影响的跨期动态,衡量绿色投资的资本化如何随时间变化。

7. 参见 Wachter(2005)。

8. 参见 Rosen(1974)对房价建模的经典论述。替代价格的讨论方法,参见 Case et al. (1991),Gillen et al. (2001),Lee al. (1998)和 Thibodeau et al. (2001)。

9. 参见 Mills and Hamilton (1994)的讨论,关于为什么使用传统的享乐价格法难以确定邻里娱乐设施的效应。

10. 参见 Hammer et al.(1974)对公园影响的早期享乐研究。Correll et al. (1998),Crompton et al.(2000),和 Lutzenhiser et al.(2001)使用享乐价格方法揭示了绿色投资的影响。

11. 进一步讨论的结果参看 Wacht and Gillen(2006)。

12. Bradbury et al.(2001)及 Bowes(2001)证明了公共服务的具体价值。艾伦等人(2001)采用了类似的方法,在这里被所采用了。

13. 所需的空间和时间信息的可获得性决定着这种方法可被使用的范围。这意味着,如果树木种植和闲置地地稳定活动的日期被大家知道,我们就能够将房屋销售分为"升级前"和"升级后"。然而,至于潜在的重要的变量,如学校的辍学率和犯罪率,只有一个时间段的数据是可用的。高辍学率的地区也可能有一些相关的变量,我们没有在模型中捕获到。我们不能将某些特定的基于时间的变化归类为"升级",因此无法准确衡量其影响。

第18章 测量绿色运动的经济影响:邻里技术中心的绿色价值计算器

1. 芝加哥的场地评估表明,使用自然植被的洼地和过滤带可减少65%的年径流量。这些植物去除悬浮固体和重金属的比例可高达80%,去除营养物可达70%。参看 City of Chicago(2003:12)。

2. 由绿色价值计算器产生的特定水文指示是:单个地块产生的径流量,整个场地产生的径流总量(所有的地块综合),径流流出每个地块的最大流苏和整个场地的最大流速,满足传统政府雨水调节要求的滞留体积,由于绿色基础设施的实施,被地表吸收和补给地下水的年均体积(Hollander et al. 2006)

3. 相比于常规屋顶,安装绿色屋顶在减少径流方面带来的好处对于成本的增加而言是微不足道的。然而,在城市未来发展预景中,透水路面和绿色屋顶更有意义。虽然它们仍然是昂贵的技术,但当没有其他的开放空间可用时,它们可以被纳入城市景观。这些减少径流的技术跟大型隧道工程和其他城市雨水管理措施相比,最终它们可以提供的效益有可能更多并超过所需的资金投入。

4. 表1显示了开发商、业主以及公众在全生命周期中节约的总成本。30万美元仅是开发商首次建设成本。

5. 参看"日益增多的绿色屋顶"(2007)

第19章　什么造就了今日的绿色城市？

1. 参看当地环境倡议国际委员会网站

http：//www. iclei. org/index. php? id＝800。

2. 参看美国绿色建筑委员会网站

http：//www. usgbc. org/DisplayPage. aspx? CMSPagelD＝220。

3. 公园的数据表明全市可以用于公园的所有土地可从华盛顿特区的公共土地信托获得，来自彼得·哈尼克2002年的报告。

4. 加州政府网站总结了加州1989年综合废物管理规划的要求，见

http：//www. leginfo. ca. gov/cgi－bin/displaycode? section＝prc&group＝41001－42000&file＝41750－41750

5. "加州所有公用事业"（2005）总结了加州参议法案1078。

6. 在该组织的网站综述了西雅图的可持续指标，http：/www. sustainableseattle. org/Programs/RegionalIndicators/。

7. 伯特尼的进一步研究发表于2006年1月，在他的个人网页可找到，

http：//ase. tufts. edu/polsci/faculty/portnev/sustainable－cities. asp。

8. 参看 Karlenzig et al. （2007）年。另请参阅 SustainLane 美国城市排名的网上摘录，http：//www. sustainlane. us/overview. jsp。完整的2006年城市排名和研究方法还可以参看其他更新和 Karlenzig et al. （2007）。

9. 作者采访，2005年4月

10. 洛杉矶市、县运行10条快速公交运输线，它们由洛杉矶县大都会交通局管理。http：//www. mta. net/projects_programs/rapid/rapid. htm。

11. 来自视频记录，2005年6月3日，旧金山

12. 有部分列表在 SustaiLane 政府网站可以获得，http：//www. sustainlane. us/sl－media. jsp.

13. 参看"纽约规划：更加环保而繁荣的纽约。"

http：//www. nyc. gov/html/planyc2030/html/plan/plan. shtml。

14. 网址是 http：/www. greenprintdenver. org/。

15. 参看"丹佛世界石油会议"论文集（"Beyond Oil"2005）

16. 参看尤气候中心的网站

http：//www. pewclimate. org/what_s_being_done/in_the_states/ab32/index. cfm。

本书贡献者

　　提摩太·比特利（Timothy Beatley）是弗吉尼亚大学建筑学院城市与环境规划系可持续绿色社区的特蕾莎·海因茨（Teresa Heinz）教授，从教近 20 年。他的大部分工作聚焦在绿色社区及创造性战略方面，通过创建绿色社区，城镇可以从根本上减少其生态足迹的同时，变成更宜居的和谐之地。他关于这一主题的最新著作是《绿色城市主义：向欧洲城市学习》（*Green Urbanism：Learning from European Cities*），以及《无处不在的自然：全球化时代的可持续绿色住宅和社区》（*Native to Nowhere：Sustaining Home and Community in a Global Age*）。他拥有北卡罗来纳大学教堂山分校城市与区域规划专业的博士学位。

　　达乐·贝尔（Dale Bell）是一个电影制片人和社会活动家，其作品伍德斯托克（Woodstock）荣获奥斯卡大奖，其作品《今晚的肯尼迪中心》（*Kennedy Center Tonight*）系列节目，荣获皮博迪奖（Peabody Award），并荣获两项艾美奖（Emmy Award）、两项切利斯托弗奖（Christopher Award），以及其他一些奖项的提名。为了建立有关养老、医疗和可持续环境的公共广播节目（PBS），他与哈里·威兰德（Harry Wiland）一起，在圣塔莫妮卡成立了非营利的媒体与策略中心基金会（Media & Policy Center Foundation）。该公共广播节目得到了许多其他媒体的全面支持，包括书籍、网站、社区行动指南、专题讨论会、学术课程和市政厅会议等。他是阿育王组织的一员（Ashoka Fellow），加入了世界公认的 1700 名社会企业家的阵营；他和威兰德是第一次获此殊荣的媒体工作者。

　　欧仁妮·L·伯齐（Eugenie L. Birch）是宾夕法尼亚州城市研究学会主任，宾夕法尼亚大学设计学院城市与区域规划系主任兼教授。她最近被授予劳伦斯·

C·努斯多夫(Lawrence C. Nussdorf)城市研究会主席一职。她在如何将可持续发展纳入到大都市的政策和法规之中做了大量工作,目前正从事城市生活的纵向研究。

J·布莱恩·博纳姆(J. BlaineBonham, Jr.),现担任宾夕法尼亚园艺学会执行副主席,并领导下属的城市绿化项目"费城绿色"(Philadelphia Green)。在博纳姆的指导下,"费城绿色"项目已走在美国城市绿化工作的前列,并已成为其他城市在这方面的楷模。1974 年,博纳姆参加了一个开发公众教育项目的团体,自1998 年以来,一直担任该团体的执行副主席。他持有政治学和园艺学的学位,1991 年在哈佛大学完成了在环境研究领域领先的罗博学者(Loeb Fellowship)研究项目。他出现在系列电视节目《寻找失去的伊甸园》(*Edens Lost & Found*)费城分集之中。

戴娜·L·包尔兰(Dana L. Bourland),是美国注册规划师(AICP),美国 LEED认证协会的高级理事,也是企业社团伙伴绿色社区基金(Green Communities for Enterprise Community Partners)的高级主任。绿色社区是一个 5.55 亿美元的基金,是为给低收入者建设 8500 幢可持续住宅项目而建立的,该基金还帮助绿色行动在经济适用住宅领域的推广。戴娜负责绿色社区基金项目的全面指导,包括战略规划、能力建设、技术援助、国内伙伴关系等,并提供项目融资。对于经济适用住宅开发方面的挑战来说,她是可持续解决方案方面的领导者和公认的权威人士。她获得了明尼苏达大学休伯特·H·汉弗莱公共事务学院(Hubert H. Humphrey Institute of Public Affairs)的规划硕士学位,同时还是前和平队(Peace Corps)的志愿者。

卡洛琳·R·布朗(Carolyn R. Brown),是宾夕法尼亚大学城市与区域规划系的博士研究生,其研究兴趣是城市改造和城市政治理论。她的研究论文将论证利益集团冲突的性质,同时研究在空置房拆迁的规划和实施方面的公众舆论。作为一个专业的规划人员,她就经济适用住宅项目、房屋保护和社区规划等方面咨询了当地的住房和社区开发机构、非营利住房开发商和公共住房部门。

保罗·R·布朗（Paul R. Brown）是 CDM 公司（总部设在马萨诸塞州剑桥市的咨询、工程、建筑与运营公司）的董事，CDM 致力于为全球的公共和私人客户改善环境和基础设施。布朗在项目融资，以及公用事业和环保设施的规划和管理方面，有 30 年以上的项目开发经验。在强调利益相关者参与和多目标决策的同时，布朗也是一些水资源规划项目的领军人物。

汤姆·丹尼尔斯（Tom Daniels）是宾夕法尼亚大学城市与区域规划学科的教授，讲授土地利用规划、增长管理与环境规划方面的课程。九年来，他一直在管理他所居住的宾夕法尼亚州兰开斯特县的耕地保护项目。他是《当城市与农村发生冲突的时候》（*When City and Country Collide*）一书的作者，同时也是《把握我们的土地：保护美国的农场和农田》（*Holding Our Ground：Protecting America's Farms and Farmland*）、《小城镇规划手册》（*The Small Town Planning Handbook*）、《环境规划手册》（*The Environmental Planning Handbook*）等书的合著者。他经常担任州和地方政府以及土地信托机构的顾问。他对土地利用和水质之间的关联性有特殊的兴趣。

比尔·艾林（Bill Eyring）是芝加哥邻里技术中心（The Center for Neighborhood Technology）的高级工程师。他在城市水资源管理方面拥有超过 35 年的专业经历，包括在邻里技术中心担任高管的 13 年。他组织了在学校、公共走廊和私人住宅里进行的水管理景观（绿色基础设施）示范项目。他参加了三个组织的工作，这三个组织分别针对德斯普兰斯河流域（Des Plaines River Watershed）的不同问题开展工作。他曾在两个流域的开发方面与基层团体一道工作，并提出和使用报告卡供决策者参考。他在邻里技术中心领导了"绿色价值"（the Green Values）计算器的开发，该计算器提供了低成本、高效率的社区水资源管理的评估方法。

贝丝·芬斯特曼彻（Beth Fenstermacher）拥有马萨诸塞州大学景观设计专业的硕士学位，并拥有波士顿大学的环境科学学士学位。她目前在美国马萨诸塞州的沃特敦（Watertown）从事景观设计实践活动，关注的重点是生态与绿色的设计实践。

亚历山大•加文(Alexander Garvin)在城市规划、房地产以及教育、建筑和公共服务领域具有从业经验。他是亚历山大•加文联合有限公司(Alex Garvin and Associates，Inc.)的总裁兼首席执行官，他是纽约申办 2012 年奥运会管委会(New York City's Committee for the 2012 Olympic Bid)的管理经理，也是纽约曼哈顿下城开发公司(The Lower Manhattan Development Corporation)负责规划、设计和开发的副总裁，该机构负责重建"9•11"之后的世界贸易中心。在过去的 35 年，他曾五次担任纽约市行政部门的副局长，包括住房和城市规划局的专员。他是耶鲁大学城市规划与管理系的教授。

凯文•C•吉伦(Kevin C. Gillen)博士，宾夕法尼亚州城市研究所的研究员，是经济咨询公司(Econsult Corporation)的副总裁。作为沃顿(Wharton)商学院的校友，他具有城市经济和房地产金融领域的背景，他的研究兴趣是分析房地产的开发和房地产市场的运营，包括房地产市场的财政、经济和财务问题。他的研究赞助商和客户包括：费城住房管理局(The Philadelphia Housing Authority)、费城赋税改革委员会(Philadelphia Tax Reform Commission)、费城地区中心城市业主协会(Philadelphia Center City Owners' Association)、宾夕法尼亚住房金融管理局(Pennsylvania Housing Finance Authority)、宾夕法尼亚园艺学会(Pennsylvania Horticultural Society)、斯古吉尔河开发公司(Schuylkill River Development Corporation)、威廉•佩恩基金会(William Penn Foundation)和美国地质调查局(U. S. Geological Survey)。他的研究成果曾被《纽约时报》、《费城询问报》(*Philadelphia Inquirer*)、《费城每日新闻》(*Philadelphia Daily News*)和《费城杂志》(*Philadelphia Magazine*)所引用。

南茜•古彻(Nancy Goucher)刚刚完成加拿大安大略省滑铁卢大学规划专业的环境学硕士学位。她论文的研究重点是，通过水管理机构的适应能力来增强机构的组织性知识的创造。她的研究方向是，探索科学知识在环境决策和政策制定方面的作用，同时还研究具体的水资源问题，包括水源保护、降低洪水的破坏性以及节水。她已经发表了九篇论文，包括在《环境管理》(*Environmental Management*)和《政策研究评论》(*Review of Policy Research*)上发表的期刊论文。

艾米·古特曼（Amy Gutmann）是宾夕法尼亚大学的校长，同时担任政治科学、传播学、哲学、教育学等学科的教学工作。她曾任普林斯顿大学的教务长，还担任劳伦斯·S·洛克菲勒大学（Laurance S. Rockefeller University）的政治学教授、校长顾问、学院院长，同时也是人文价值大学中心的创始董事。她最近的著作包括：《为何需要协商的民主》（*Why Deliberative Democracy？* 与丹尼斯·汤普森合著）、《民主的身份》（*Identity in Democracy*）、《民主教育》（*Democratic Education*）、《民主与争论》（*Democracy and Disagreement*，与丹尼斯·汤普森合著）和《有色人种的意识》（*Color Conscious*，与K·安东尼·阿皮亚合著）。她的评论发表在《纽约时报书评》（*New York Times Book Review*）、《时报文学副刊》（*Times Literary Supplement*）、《华盛顿邮报》（*Washington Post*）和其他一般出版物中。

彼得·哈斯（Peter Haas）已在邻里技术中心（The Center for Neighborhood Technology）工作了11年，负责监管该中心受国家承认的地理信息系统（GIS），该系统能帮助社区对资源进行绘图、建立模型、量化分析和可视化研究，并能为社区提供获取资源的机会。他开发了用于房地产市场和其他社会资产的分析工具。在与布鲁金斯学会（Brookings Institution）达成伙伴关系的同时，他领导了检验区位特征和家庭交通成本之间关系的研究项目，研究结果显示，区位特征对交通成本的影响比家庭收入和家庭规模对交通成本的影响更大。他获得了俄亥俄州立大学粒子物理学博士学位。

丹尼斯·D·赫希（Dennis D. Hirsch）从法学院毕业后，在美国法院担任小约翰·M·沃克法官的书记员。然后他在华盛顿特区的盛德国际律师事务所（Sidley & Austin）从事环境法律的实践活动，后来在德雷克大学法学院和圣母大学法学院讲授环境法和物权法。1998年，赫希加入美国首都教师协会，并教授环境法、进步的环境法和物权法。他的学术著作包括有关环境法实践方面的教科书以及几篇关于环境法和政策的论文。他是美国律师协会（The American Bar Association）环境、能源和资源分部的副主席。

沃伦·卡林兹格（Warren Karlenzig）是考门卡仑特公司（Common Current）的总裁和创始人，该公司是一家咨询公司，在可持续的经济政策、协调利益相关者及产品开发方面,与企业、政府和非政府组织开展合作。卡林兹格是"可持续发展社区组织"(SustainLane)的前首席战略官员,同时也是《你的城市是否绿色?》(*How Green Is Your City?*)和《可持续发展社区组织美国城市排名》(*The SustainLane US City Rankings*)的主要作者。他已向白宫科学和技术办公室、美国环保署、加利福尼亚保护局和旧金山市提供了可持续经济政策方面的咨询服务。

朱丽亚·肯尼迪(Julia Kennedy)是芝加哥邻里技术中心的一名自然资源工程师。自 2000 年在布朗大学获得工程学士学位以来,她一直致力于通过使用适当的技术并利用社会组织,来促进环境和社会的健康与可持续发展。为了推广利用绿色基础设施,在完成研究项目和社区宣传的同时,她为绿色基础设施设计并撰写了袖珍指南,并改善了"绿色价值"(The Green Values)的在线计算器和工具箱(greenvalues. cnt. org)。她曾为纽约市的"新公民工作"(The New Civic Works)项目进行绿色基础设施的研究,并在毛里塔尼亚伊斯兰共和国的和平队中任职。

戴维·M·古利斯(David M. Kooris)是区域规划协会(The Regional Plan Association)区域设计方面的高级规划师。他在康涅狄格州和长岛上的哈德逊河谷地区,管理了各种各样的社区设计与增长管理项目,项目范围从乡村一直延伸到城市。为了实现整个地区的精明增长和以交通为导向的发展,项目将社区参与、可视化和技术的逐步实现有机地结合起来。他获得了麦克吉尔大学的人类学和地理学学士学位,并获得了宾夕法尼亚大学城市与区域规划及城市设计专业的硕士学位。戴维出生在康涅狄格州费尔菲尔德地区,并在蒙特利尔、温哥华、悉尼、珀斯、费城等地生活过,足迹遍及北美、欧洲和大洋洲。

莎拉·迈克尔斯(Sarah Michaels)是内布拉斯加大学林肯分校政治系的教授。她在水资源政策管理、从灾害中获得知识、科学—政策界面、环境政策比较等领域发表了很多论文。她曾在科罗拉多大学地理系、塔夫斯大学城市与环境政策系、新西兰奥克兰大学地理系任职。在加入内布拉斯加大学之前,她是滑铁卢大学规划学院的副教授和副主任。她经常向政府和私人机构提供与她的专长有关的咨询服务。

查利·米勒(Charlie Miller)是屋顶景观有限公司(Roofscapes, Inc.)的创始人和总裁。他的获奖作品——绿色屋顶定制设计,整合了审美和技术要求。该设计是一个考虑周详的水文工程,具有维持生态系统活力的功能。他对绿色屋顶的兴趣源自于他在水资源工程方面的深厚背景。为了绿色屋顶处理城市径流,米勒与奥普梯润公司结成联盟,并使他的研究项目成功进入德国。查利是宾夕法尼亚州立大学绿色屋顶研究中心技术咨询委员会(The Technical Advisory Committees for the Center for Green Roof Research)的委员,同时也是总部位于多伦多的健康城市联盟绿色屋顶(The Green Roofs for Healthy Cities Coalition)技术咨询委员会的会员,该机构是一个研究公共政策的组织。他也是美国材料试验协会(ASTM)可持续建筑分会的会员,同时还是德国屋顶花园协会(The German Roof Gardening Association)的会员。

杰瑞米·诺瓦克(Jeremy Nowak)是再投资基金会(The Reinvestment Fund)的主任。在参与多种社区的开发并担任机构职务之后,1985年诺瓦克与他人合作创建了再投资基金会。除了领导再投资基金会之外,诺瓦克还担任 Mastery Charter School 和 Alex's Lemonade Stand 的董事会主席。从1990年到1994年,他在美国联邦储备银行消费者咨询委员会(The Consumer Advisory Board to the Federal Reserve Bank)担任职务,还担任美国社会资本协会(The National Community Capital Association)工业贸易协会的董事会主席。两年后,诺瓦克被授予费城奖(Philadelphia Award),这是费城市的最高市民荣誉。

尼尔·皮尔斯(Neal Peirce)是一位关于大都市和州际区域在国家和全球地位方面的资深美国记者。他1975年开始集中撰写以州、地方政府和联邦制度为主题的第一份国家级报纸专栏,并一直持续到今天,该专栏属于华盛顿邮报作家团体。与柯蒂斯·约翰逊(Curtis Johnson)搭档,皮尔斯曾在报纸上撰写了美国24个大都会地区所面临的战略问题的系列报告。二人合编的《跨州城市》(Citistates),探索了新的区域现象,并创建了跨州城市小组(The Citistates Group)。该组织是关注建设有竞争力的、公平的、可持续发展的21世纪区域的记者、演讲者和民间领导者的网络。皮尔斯是《国家期刊》(National Journal)的创始人,并在20世纪60年代担任《美国国会季刊》(Congressional Quarterly)的政治编辑。

卢瑟福·H·普拉特(Rutherford H. Piatt)是马萨诸塞州麻省大学地理科学系地理与规划法专业的教授。他专门研究城市土地和水资源以及自然灾害方面的公共政策。皮亚特还负责指导生态城市项目(The Ecological Cities Project)，这是马萨诸塞州麻省大学的一个研究、教学和推广项目。皮亚特曾在许多国家级的和区域性的专家小组任职，包括美国水科学技术委员会的研究理事会(The National Research Council Water Science and Technology Board)和其他的几个委员会。2002年，他被美国科学院授予终身国家会员(Lifetime National Associate of the National Academies)。他的最新著作是《人文大都市：二十一世纪的人与自然》(The Humane Metropolis：People and Nature in the 21st Century)。

维克托·鲁宾(Victor Rubin)是政策关联(PolicyLink)学会的研究主任。为了给公平开发策略、社区的能力建设和政策宣传创建一个强有力的研究基地，鲁宾领导了有关的知识建设、评价以及定性与定量的分析活动。鲁宾曾担任美国住房及城市发展部大学伙伴关系办公室(U. S. Department of Housing and Urban Development Office of University Partnerships)主任，在那里，他负责高等教育机构的社区参与事务。他还在奥克兰大学都市论坛(The University Oakland Metropolitan Forum)担任了13年的社区项目研究主任，该论坛是以加利福尼亚大学伯克利分院为基础的合作项目，鲁宾同时兼任伯克利分院城市及区域规划专业的助理教授。

帕特丽夏·L·史密斯(Patricia L. Smith)是再投资基金特别倡议部的主任。她在那里负责协调涉及两项或更多业务主线的有目标的倡议活动。她以前曾负责费城的邻里改造倡议(Neighborhood Transformation Initiative)。这是一个2.95亿美元的抵押担保重建项目，她设计这一计划是为了解决几十年来费城存在的城市病，同时刺激在城市邻里改造方面的新投资。她的职业生涯跨越基金会、政府部门和非营利部门，包括公共政策宣传、项目开发、战略规划和住房债券融资。她也出现在系列电视节目《寻找失去的伊甸园》的费城分集之中。

罗宾·汤普森(Robin Thompson)是伦敦大学学院巴特列特建筑学校(The University College of London Bartlett School of Architecture)规划系的访问教

授,也是英格兰东南部肯特郡的原规划处主任。他目前是伦敦市长肯·利文斯通的城市规划顾问。他领导了许多泰晤士门户项目(The Thames Gateway Project),现在正负责将可持续发展理念整合到伦敦的开发规划之中。

多米尼克·维蒂洛(Domenic Vitiello)是城市规划师和历史学家,任教于宾夕法尼亚大学城市研究计划专业。他曾参与由费城城市公园协会(The City Parks Association of Philadelphia)、宾夕法尼亚园艺学会、宾夕法尼亚环境委员会(Pennsylvania Environmental Council)和再投资基金为费城的闲置土地(也被称为"城市真空废墟")的重新开发利用而举办的"LANDvisions"设计大赛,并展现了多种能力。他目前研究和规划的重点聚焦在移民社区的社区开发、城市艺术与文化规划,以及石油产销峰值和能源使用方式改变对城市和地区的影响。

苏珊·M·瓦赫特(Susan M. Wachter)是宾夕法尼亚大学宾州城市研究所的联合主任,也是财务管理专业理查德·B·沃利教授,以及沃顿商学院房地产与金融专业教授。从1997年到1999年,瓦克尔担任沃顿商学院房地产系主任。她也是宾夕法尼亚大学设计学院城市与区域规划系的教授。她的研究领域是房地产经济学、城市经济学和住宅金融学。从1998年到2001年,她担任美国住房及城市发展部(The U.S. Department of Housing and Urban Development)政策开发与研究的助理秘书长。作为沃顿商学院地理信息系统实验室的创始主任,瓦克尔是住宅分析领域的国家级专家,同时也是领导美国城市房地产经济协会(The American Real Estate Urban Economics Association)的第一位女性。她最近已完成的一项研究是社区向绿色转型对经济的影响:"费城邻里转型的影响因素:识别和分析"(The Determinants of Neighborhood Transformation in Philadelphia: Identification and Analysis)。

雷切尔·温伯格(Rachel Weinberger)在宾夕法尼亚大学城市与区域规划系任教。她的专业领域包括:城市交通、土地利用、交通规划和绿色交通。在离开宾夕法尼亚大学的同时,温伯格担任了纽约市长迈克尔·布隆伯格的《2030可持续发展规划》在运输政策方面的高级顾问。在这方面,她是《纽约交通需求评估》的主要作者,这方面的论文目前正在撰写中。其他的近期出版物包括,在《爱达

荷州法律述评》(*Idaho Law Review*)发表的"免费高速公路的高成本"(The High
Cost of Free Highways),以及在《公共工作岗位的管理与政策》(*Public Works
Management and Policy*)发表的"男人、女人、工作地点的蔓延和通勤"(Men,
Women,Job Sprawl and Journey to Work)。

　　哈里·威兰德(Harry Wiland),是媒体和政策中心基金会(Media & Policy
Center Foundation)的总裁助理兼首席执行官,也是《寻找失去的伊甸园》系列节
目的联合制片人和导演。作为一个电视制作人、导演和跨媒体的创新者,威兰德
在其职业生涯中多次荣获艾美奖,是一个多才多艺的影视制作者。他制作和导
演了许多的影视作品,特别是在网络、公共电视、有线电视领域,包括艾美奖获奖
作品:《宫殿的最终对决》(*Showdown at the Palace*),一部反映国际财团的特别
作品,和《混水之上的大桥》(*Bridge over Troubled Waters*)。威兰德是列奥纳多
网站(Leonardo Internet)的创始人和前任首席执行官,该网站开发了多媒体教育
软件。威兰德与他的伙伴达乐·贝尔(Dale Bell)一起,制作了《你必充满荣耀》
(*And Thou Shalt Honor*)这一获奖作品。贝尔是《你必充满荣耀》的执行制片
人、导演兼作家,这是一个由乔·曼特格娜(Joe Mantegna)主持的关于家庭看护
的两小时特别公共广播节目。由于他们在公共政策和社会宣传中,使用了创新
的媒体传播方法,所以,在2006年春天,威兰德和贝尔入选了阿育王会员(Asho-
ka Fellows),加入了这个致力于解决全球社会问题,并鼓励社会变革的社会企业
家组织。

　　斯托克顿·威廉姆斯(Stockton Williams)负责企业社团合作伙伴股份有限
公司(Enterprise Community Partners,Inc.)的对外事务、公共政策、资金筹措和
交流联络等事务。他2000年来到该公司任公共政策部主任,2004年晋升为负
责外部事务的副总裁,后来晋升为高级副总裁。他领导的绿色社区倡议,是一个
5.5亿美元的项目,旨在为低收入家庭创建8500个以上的环保住宅。在加入企
业社团合作伙伴股份有限公司之前,他是国家住房机构全国理事会(The Na-
tional Council of State Housing Agencies)在立法和政策方面的一位资深助理。
他还曾在纽约市、巴尔的摩市、南卡罗来纳州查尔斯顿市的非营利型社区开发组
织工作过。他是国家住房研讨会(The National Housing Conference)的理事,经

376

济适用住宅纳税信用联盟(The Affordable Housing Tax Credit Coalition)的董事会成员,也是新市场纳税信用联盟(New Markets Tax Credit Coalition)和公共土地房地产信托委员会(The Trust for Public Land's Real Estate Council)的指导委员。

凯瑟琳·L·沃尔夫(Kathleen L. Wolf)是西雅图华盛顿大学城市园艺中心与森林资源学院的社会科学研究者。根据环境心理学的理论和方法,她研究人们在城市景观方面的观念和行为。基于她早年的职业经历(作为佛罗里达州南部的城市园艺家和中西部的景观设计师),她对自然环境如何影响人们的态度、价值观和行为方式产生了兴趣。她的研究涉及开放空间、城市林业和自然系统中的人类活动,包括公众对城市公共景观的感知和偏好、零售和商业区内的城市林业的成本效益与感知、城市自然系统和交通系统的整合、青年参与城市绿化工作的有关好处、通过技术转移有效地整合科学与政策。

罗伯特·D·亚罗(Robert D. Yaro)是区域规划协会主席。区域规划协会成立于1922年,总部设在纽约市,是美国最古老、最受人尊敬的独立研究和宣传大都市的团体。亚罗也是宾夕法尼亚大学城市与区域规划专业的教授。他是重建纽约市中心市民联盟(The Civic Alliance to Rebuild Downtown New York)的主席,该联盟是"9·11"恐怖袭击之后指导重建曼哈顿下城区的基础广泛的公民联合体。他是《危险的区域》(Region at Risk)和《应对康涅狄格河谷的变化》(Dealing with Change in the Connecticut River Valley)的合著者。

致谢

　　《寻找失去的伊甸园》是美国公共广播公司的系列电视节目,这个节目展示了费城、芝加哥、西雅图和洛杉矶在将城市和社区改造为更美丽的可持续城市景观方面的基层创举。受这个节目的启发,宾州城市研究所、宾夕法尼亚园艺协会(费城分集的明星),以及哈里·威兰德和达乐·贝尔(该节目的制作者),共同组织了一个为期两天的研讨会,该研讨会于 2006 年 10 月 16 日至 17 日在宾夕法尼亚大学举行,会议主题是"绿意城市:城市环境问题"(Growing Greener Cities: A Symposium on Urban Environmental Issues)。

　　会议除了探索绿色城市领域最前沿的研究方法和最佳的创新实践,还安排了诺贝尔奖得主、肯尼亚绿色带运动奠基人旺加里·马塔伊(Wangari Maathai)的主题演讲。与会的 300 多名学者、设计师和环境科学工作者、社区领导人、决策者和学生,通过他们的演讲、提问和讨论,为会议的成功作出了巨大的贡献。这次会议是一次全国性的对话,对城市空间转变为绿色和可持续发展城市等题进行了探讨,并创造了一个远景、一种能量和一个承诺,这正是我们希望在本书中捕捉到的。我们特别感谢宾夕法尼亚园艺学会和《伊甸园的遗忘与发现》的制作人,帮助召集了这么多的与会者。他们的作品被呈现在本书中。

　　我们衷心感谢主持会议并致力于城市可持续发展的基金会和机构对会议的慷慨支持,包括 CDM,花旗银行基金会(The Citizens Bank Foundation),威廉·佩恩基金会,SCA 美国(SCA Americas),宾夕法尼亚大学教务长办公室、艺术与科学学院、环境研究所;也衷心感谢白犬咖啡馆(The White Dog Café)和费城水利局(The Philadelphia Water Department)的大力支持。

　　此外,我们非常感谢宾州城市研究所的咨询委员会、执行委员会和我们的教师协会(our Faculty Associates)所提供的详细指导和建议,他们中的许多人曾用多种方式提供过帮助。

我们感谢宾夕法尼亚州出版社的领导和编辑人员，是他们使这本书能成为宾夕法尼亚州出版社"21 世纪城市系列丛书"（The City in the Twenty-First Century Series）的一部分。我们要特别感谢彼得·阿格勒（Peter Agree）总编辑，他对全书提供了宝贵的监审，我们也要特别感谢发展编辑威廉·费南（William Finan），他提供了细致的审查和编辑。此外，宾州城市研究所出版经理艾美·蒙哥马利（Amy Montgomery），在这一项目的过程中，一直关注本书的许多细节。

我们非常感谢所有作者的贡献，他们在这样短的时间里所做的工作，再一次证明了他们为使城市更和谐、更持久和更可持续发展所奉献的专业知识和敬业精神。

译后记

不知不觉,半年过去,原本以为艰难无比的翻译工作也在一天天满满当当的工作间隙中慢慢完成了。就如同这本书的书名《绿意城市》一样,它一天天长大,关于绿色城市的理念,虽然早已在中国生根发芽,我们也迫切希望它能早日长成参天大树。

最早从中国建筑工业出版社段宁编辑手里拿到这本书的英文原版的时候,正是抱着这样的信念,我们这个翻译团队才迅速组建完成,从原书扫描、文档电子版整理到按章节分工,再到初译、统稿、一校、二校、三校,再到编辑校审,一步步的工作完成,走来至今已有两年,这背后凝聚着许多人的心血,请容许我们在此占用宝贵的篇幅一一致上最真诚的谢意。

本书由王思思和贾濛领衔翻译,王思思负责第1章至第9章、编后记、注释的翻译、校对及全书的统稿工作;贾濛负责第10章至第19章的翻译、校对工作。其中,第1~9章由王思思、王少华合作翻译,第10章由贾濛、戚洪彬合作翻译,第11章至第14章及第16章由贾濛翻译,第15章由姬婷翻译,第17章由任晓译,第18章由徐超翻译,第19章由戚洪彬翻译,后记和注释由于迪、武若冰翻译。此外,感谢贾潇、刘申亮、郜勇、桑桂玉、孙艳萍、程慧在资料整理方面做出的辛苦工作,李兴、郭建新、郭曼妮、武若坤对本书亦有贡献,在此一并谢过。

本书受国家自然科学基金青年基金项目(51208020)资助。在本书翻译过程中,也得到了北京建筑大学环境与能源工程学院,城市雨水系统与水环境教育部重点实验室领导、同事和同学的大力支持,以及中国建筑设计研究院建筑院领导、同事的帮助,在此一并表示感谢。

一本书的翻译,绝不仅仅是简单的文字语义转换及整理过程,每一个高频词组背后的语境、每一组数据的内涵、每一篇参考文献的征引、每一个单词多语义的推敲，对我们而言都既是查阅资料、抽丝剥茧探寻真相的过程，又是深刻比对自身、不断学习的过程。

最后再次感谢所有为此书最终成功付梓做出辛苦努力的人们，希望此书能够为中国当下及未来的城市建设提供一种新的发展思路。

本书翻译团队

2013 年 12 月 18 日